CAD/CAM 技术系列案例教程

Mastercam X5 边学边练基础教程

杨志义 编

机械工业出版社

本书是从自学与培训的角度出发而编写的基础教程，内容编排上打破常规的习惯，采用任务驱动教学法巧妙地将所要介绍的内容融入任务中，从任务导入到任务实施详细地介绍了 Mastercam X5 常用的功能。对于各个功能的介绍，行文尽量避免冗长的文字说明，通过指导性的操作，采用"练—学—练"的模式，巧妙地结合所设计的任务进行知识点的介绍与学习，有效地提高了用户的学习效率与学习深度，力求培养用户综合应用知识、独立完成设计的能力。

全书一共分为七个模块，具体内容包括：Mastercam X5 应用初探、绘制二维图形、曲面造型、实体造型、二维加工、曲面加工和刀具路径转换与后处理。

本书对各个任务都配套了详细的视频操作过程和相关的素材文件，使用户及时地应用与巩固所学知识，凡选用本书作为授课教材的教师可登录 www.cmpedu.com 注册后免费下载。

本书结构新颖，实例典型，知识全面，语言通俗易懂，操作性强，可作为职业学校、技工学校和短期培训教材，也可作为机械设计、工业产品造型设计等行业人员的参考用书。

图书在版编目（CIP）数据

Mastercam X5 边学边练基础教程/杨志义编. —北京：机械工业出版社，2013.5（2024.7 重印）
CAD/CAM 技术系列案例教程
ISBN 978-7-111-41907-5

Ⅰ.①M… Ⅱ.①杨… Ⅲ.①计算机辅助制造-应用软件-教材 Ⅳ.①TP391.73

中国版本图书馆 CIP 数据核字（2013）第 057111 号

机械工业出版社（北京市百万庄大街 22 号　邮政编码 100037）
策划编辑：王佳玮　　责任编辑：黎　艳　王佳玮
版式设计：霍永明　　责任校对：丁丽丽
封面设计：张　静　　责任印制：邓　博
北京盛通数码印刷有限公司印刷
2024 年 7 月第 1 版第 9 次印刷
184mm×260mm·19.5 印张·482 千字
标准书号：ISBN 978-7-111-41907-5
　　　　　ISBN 978-7-89433-856-3（光盘）
定价：49.80 元（含 1CD）

凡购本书，如有缺页、倒页、脱页，由本社发行部调换

电话服务	网络服务
服务咨询热线：010-88361066	机 工 官 网：www.cmpbook.com
读者购书热线：010-68326294	机 工 官 博：weibo.com/cmp1952
010-88379203	金 书 网：www.golden-book.com
封面无防伪标均为盗版	教育服务网：www.cmpedu.com

前　　言

　　Mastercam 是美国 CNC Software NC 公司研制与开发的集 CAD/CAM 于一体的软件。自 1984 年推出第一代产品开始，Mastercam 就以其强大的加工功能闻名于世。多年来，该软件在功能上不断更新与完善，而且对硬件的要求不高，操作灵活、界面友好、易学易用，适用于大多数用户，能使企业迅速使用并取得好的经济效益，现已被广泛应用于机械、模具、汽车、造船、航空航天等领域。

　　为进一步深化课程教学改革，结合编者多年来对该软件的学习体会与实践经验，考虑到该软件与数控技术的关系，本书采用了任务驱动式的编写模式，主要介绍了常用的 CAD 造型功能及三轴数控铣床功能。作为一本实践型的书，本书以突出技能操作为特色，使读者在操作学习的过程中体会其功能的使用；所有任务都经过精心设计，巧妙地将所要学习的内容有机地结合成一体；以任务为导线，在任务中简明扼要地讲解相关命令的功能意义并适时地加入技术指导；避免冗长的文字说明，有效地提高读者学习的兴趣并降低难度。读者在学习操作的过程中理解相关命令的功能，然后再进行任务实施，使所学知识得到及时应用，形成"练→学→练"的循环过程。无论是"大任务"还是"小任务"的实施所用到的相关素材都配备了教学视频文件，大大降低了学习的难度，提高了可操作性。对于书中所介绍的例子，若没有特殊说明则为继续采用相同的素材进行下一步的学习操作。

　　本书共分为七个模块，各模块的主要内容如下：

　　模块一介绍 Mastercam X5 的基本知识，熟悉其工作环境，对其工作过程进行初探。

　　模块二介绍如何绘制二维图形，包括几何图素的创建和编辑，以及阵列、旋转和尺寸标注等。

　　模块三介绍曲面的造型方法，包括挤出、旋转、网状和曲面曲线等的创建方法，以及图层管理和曲面编辑的方法，包括倒圆角、填补内孔、恢复修剪曲面等。

　　模块四介绍实体的造型方法，包括挤出、扫描、举升和实体阵列等创建方法，以及对实体进行编程修改的方法。

　　模块五介绍如何对机床类型、刀具、材料与安全区域等进行设置，以及二维刀具路径，包括外形铣削、平面铣削、挖槽铣削、钻孔加工和全圆铣削刀路等。

　　模块六介绍曲面加工的刀具路径，包括平行铣削粗加工、放射状粗加工、等高外形粗加工、平行铣削精加工、等高外形精加工、浅平面精加工和环绕等距精加工等刀路，以及编程技巧。

　　模块七介绍刀具路径转换及后处理的一般方法。

　　限于作者的水平，本书难免有不当之处，恳请广大读者批评指正。

　　另请读者注意，由于软件中将"坐标"写作"座标"，故文中依软件所写，只为方便阅读，敬请谅解。

编　者

目 录

前言
模块一　Mastercam X5 应用初探 ………… 1
任务　模拟加工 ………………………… 2
1. Mastercam 基本功能 ………………… 2
2. Mastercam X5 工作界面简介 ……… 3
3. 系统规划 ………………………… 7
4. 显示/隐藏工具栏 ……………… 11
5. 自定义右键菜单 ………………… 12
6. 自定义快捷键 …………………… 12
7. 选择图素 ………………………… 12
8. Mastercam 的快捷键 …………… 14
9. Mastercam 的 CAD/CAM 应用过程 … 14

模块二　绘制二维图形 ………………… 21
任务 1　绘制箭头指示图 ……………… 22
1. 绘制直线 ………………………… 22
2. 绘制矩形 ………………………… 26
3. 绘制变形矩形 …………………… 28
4. 倒角 ……………………………… 29
5. 修剪/打断 ………………………… 30
6. 连接图素 ………………………… 32
7. 删除与恢复 ……………………… 32

任务 2　绘制托盘零件图 ……………… 35
1. 绘制圆与圆弧 …………………… 36
2. 绘制椭圆 ………………………… 42
3. 倒圆角 …………………………… 42
4. 补正 ……………………………… 44
5. 镜像 ……………………………… 45

任务 3　绘制控制面板零件图 ………… 49
1. 绘制多边形 ……………………… 49
2. 旋转 ……………………………… 50
3. 比例缩放 ………………………… 51
4. 阵列 ……………………………… 52

任务 4　图形标注 ……………………… 56
1. 设置图素属性 …………………… 56
2. 尺寸标注 ………………………… 59
3. 图形注释 ………………………… 64
4. 剖面线 …………………………… 65

模块三　曲面造型 ……………………… 69
任务 1　奖杯设计 ……………………… 70
1. 图层管理 ………………………… 70
2. 构图面和构图深度 ……………… 72
3. 创建基本曲面 …………………… 77
4. 创建直纹/举升曲面 ……………… 78
5. 挤出曲面 ………………………… 78

任务 2　铸管零件设计 ………………… 82
1. 创建旋转曲面 …………………… 82
2. 创建扫描曲面 …………………… 83
3. 曲面倒圆角 ……………………… 85
4. 曲面修剪 ………………………… 86
5. 分割曲面 ………………………… 89
6. 填补内孔 ………………………… 90
7. 恢复曲面边界 …………………… 90
8. 恢复修剪曲面 …………………… 90

任务 3　电器壳设计 …………………… 94
1. 绘制曲线 ………………………… 94
2. 螺旋曲线 ………………………… 97
3. 曲面曲线 ………………………… 98
4. 投影 ……………………………… 103
5. 曲面补正 ………………………… 103
6. 网状曲面 ………………………… 104
7. 围缗曲面 ………………………… 105
8. 平整修剪曲面 …………………… 105

任务 4　耙子设计 ……………………… 112
1. 牵引曲面 ………………………… 112
2. 曲面延伸 ………………………… 112
3. 曲面熔接 ………………………… 113
4. 由曲面转为实体 ………………… 116

模块四　实体造型 ……………………… 121
任务 1　化妆盒下盖设计 ……………… 122
1. 挤出实体 ………………………… 122
2. 实体倒圆角 ……………………… 124
3. 抽壳 ……………………………… 126
4. 移除实体表面 …………………… 127
5. 薄片加厚 ………………………… 128

| 任务 2   手机壳模具设计 …………… 132
| 1. 扫描实体 ……………………… 133
| 2. 实体修剪 ……………………… 133
| 3. 实体布尔运算 ………………… 134
| 4. 非关联布尔运算 ……………… 135
| 任务 3   底座设计 ………………… 142
| 1. 绘制文字 ……………………… 143
| 2. 旋转实体 ……………………… 143
| 3. 举升实体 ……………………… 144
| 4. 实体倒角 ……………………… 144
| 5. 牵引实体面 …………………… 146
| 6. 实体阵列 ……………………… 147
| 7. 实体操作管理器 ……………… 148

模块五   二维加工 ………………… 155
    任务 1   仿真加工 ………………… 156
       1. CAM 公共设置 ………………… 156
       2. 操作管理 ……………………… 164
    任务 2   顶块加工 ………………… 170
       1. 外形铣削 ……………………… 171
       2. 钻孔加工 ……………………… 188
       3. 平面铣削 ……………………… 191
    任务 3   铝腔体加工 ……………… 201
       1. 对象分析 ……………………… 201
       2. 挖槽加工 ……………………… 202
       3. 雕刻加工 ……………………… 211
       4. 全圆铣削 ……………………… 214

模块六   曲面加工 ………………… 229
    任务 1   表壳样板加工 …………… 230
       1. 动态平移 ……………………… 231

       2. 平移转换 ……………………… 232
       3. 移动至原点 …………………… 232
       4. 平行铣削粗加工 ……………… 233
       5. 等高外形粗加工 ……………… 239
       6. 平行铣削精加工 ……………… 240
       7. 曲面等高外形精加工 ………… 241
       8. 曲面精加工残料清角 ………… 244
    任务 2   充电器加工 ……………… 254
       1. 曲面挖槽粗加工 ……………… 254
       2. 浅平面精加工 ………………… 256
       3. 环绕等距精加工 ……………… 257
       4. 交线清角精加工 ……………… 258
       5. 熔接精加工 …………………… 259
    任务 3   盘子凸模加工 …………… 269
       1. 钻削式粗加工 ………………… 269
       2. 放射状粗加工 ………………… 270
       3. 放射状精加工 ………………… 272
    任务 4   电极加工 ………………… 276
       1. 曲面投影粗加工 ……………… 276
       2. 平行式陡斜面精加工 ………… 277
       3. 曲面投影精加工 ……………… 279
    任务 5   手柄凹模加工 …………… 284
       1. 曲面流线粗加工 ……………… 285
       2. 曲面残料粗加工 ……………… 287
       3. 曲面流线精加工 ……………… 288

模块七   刀具路径转换与后处理 … 295
    任务   拨叉加工 …………………… 296
       刀具路径转换 …………………… 296

参考文献 ………………………………… 306

模块一

Mastercam X5 应用初探

Mastercam 是美国 CNC Software 公司开发的集 CAD/CAM 于一体的软件，在全球具有众多的用户。Mastercam X5 是目前最新的版本，本模块将对其进行简单的介绍，同时结合任务进行指导性的实施，让用户对其工作环境与工作过程有一定的了解。

任务　模拟加工

 任务目标

- 了解 Mastercam 的基础知识。
- 熟悉 Mastercam X5 的工作环境。
- 初探 Mastercam 运用过程。

 任务导入

根据随书光盘素材\模块一　初探 Mastercam X5 中的"镶片.dwg"文件，如图 1-1a 所示，将其调入 Mastercam X5 系统中，厚度为 5.0mm。只对其进行轮廓精加工编程，最后导出加工程序。其中，镶片最小的凹圆弧半径为 11.0mm。

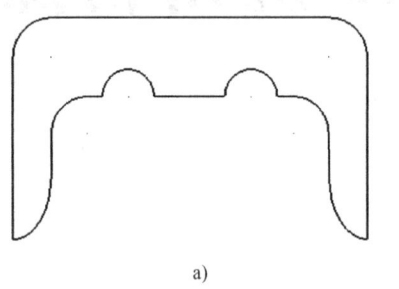　　　　　　　　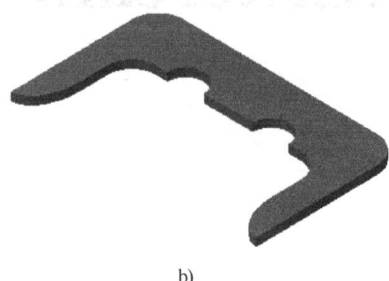

　　　　　　a)　　　　　　　　　　　　　　　　　b)

图 1-1　镶片
a) 镶片二维图　b) 镶片立体图

 任务分析

根据 Mastercam 的工作特点与任务要求，可通过 Mastercam 打开所提供的文件，创建外形铣削精加工并模拟加工即可。

 知识准备

1. Mastercam 基本功能

Mastercam 按照功能划分可以分为 CAD 和 CAM 两部分，一共包含了 5 个模块：Design（设计）、Mill（铣削）、Lathe（车削）、Wire（线切割）和 Router（雕刻）。用户可以根据需要自行选择相应的模块，以满足设计与编程需要。

（1）CAD 部分

在进行编程加工时必须先有 CAD 模型，Mastercam 提供了完整的造型功能，可快速地进行复杂二维图形和三维图形的设计与编辑，如对二维图形进行标注、添加注释，将三维实体零件转化为二维图形并标注、打印输出，对三维模型进行材质渲染，产生非常逼真的效果等。强大的曲面与实体造型功能，使得 Mastercam 的 CAD 功能更加完整。在与其他软件的数据接口方面，Mastercam 生成的 CAD 图档数据可以转换至其他软件中，如 AutoCAD、Pro/E 等，同样其他软件的图档数据也可以转换至 Mastercam 中，极大地方便了软件间的数据转换。

（2）CAM 部分

Mastercam 的 CAM 功能主要由铣削、车削、线切割和雕刻模块完成，各模块有相对应的加工功能，如铣削模块主要生成铣削加工的刀具路径，车削模块主要生成车床的刀具路径，本书主要介绍应用广泛的铣削模块功能。

铣削模块中提供了丰富的刀具路径模组，二维刀具路径有轮廓铣削、平面铣削、标准挖槽、2D 高速铣削和钻孔刀具路径等。三维曲面加工刀具路径分为粗加工与精加工，其中曲面粗加工刀具路径有平行铣削加工、放射状加工、投影加工、流线加工、等高外形加工、残料加工、挖槽加工和插削式加工。曲面精加工刀具路径有平行铣削加工、平行陡斜面加工、放射状加工、投影加工、流线加工、等高外形加工、浅平面加工、交线清角加工、残料加工、环绕等距加工和熔接加工。针对二维的线架加工提供了直纹曲面、旋转曲面、扫描曲面、昆氏曲面、举升曲面的加工，还提供了丰富的 4 轴、5 轴的多轴加工。为了提高刀具路径的编程速度，用户还可以对刀具路径进行复制、粘贴的操作，对相同刀具路径进行平移、旋转和镜像。在生成刀具路径后，若 CAD 模型数据发生变化，系统将迅速更新相应的刀具路径，以保持加工刀具路径与被加工 CAD 模型数据的一致性。

生成刀具路径后，为了直观地观察加工过程，检验刀具路径的正确与否，如是否存在着干涉、过切等，系统提供了功能齐全的模拟器，使加工过程更加逼真，使编程人员对加工过程有着预见性的掌握，有效地提高编程的效率。系统还提供了多种后处理程序，以供各种 CNC 控制器的使用。

2. Mastercam X5 工作界面简介

Mastercam X5 的工作界面与其他 Windows 应用软件相似，如图 1-2 所示，主要由标题栏、菜单栏、工具栏、操作管理器、操作命令记录栏、绘图区和状态栏构成。用户可以根据个人需要对工作界面进行设置，使其具有个性化。

（1）标题栏

Mastercam X5 系统工作界面最顶端显示为标题栏。不同的模块，其标题栏的内容也不同。如图 1-2 所示，启用模块为铣削模块，因此标题栏显示出"Mastercam Mill"的字样。对已经打开的文件，则在标题栏上显示该文件的路径和文件名。

（2）菜单栏

Mastercam 将系统大部分功能集中分类到菜单栏，用户只要在相应功能的菜单栏进行下拉式的选择即可。下面简单介绍各个菜单的主要功能。

1）【文件】：对文件进行管理，包括新建、打开、合并、保存、打印、属性和退出等功能。其中在执行打开功能与保存功能时，选择不同的文件类型格式可实现不同软件间的相互转换。

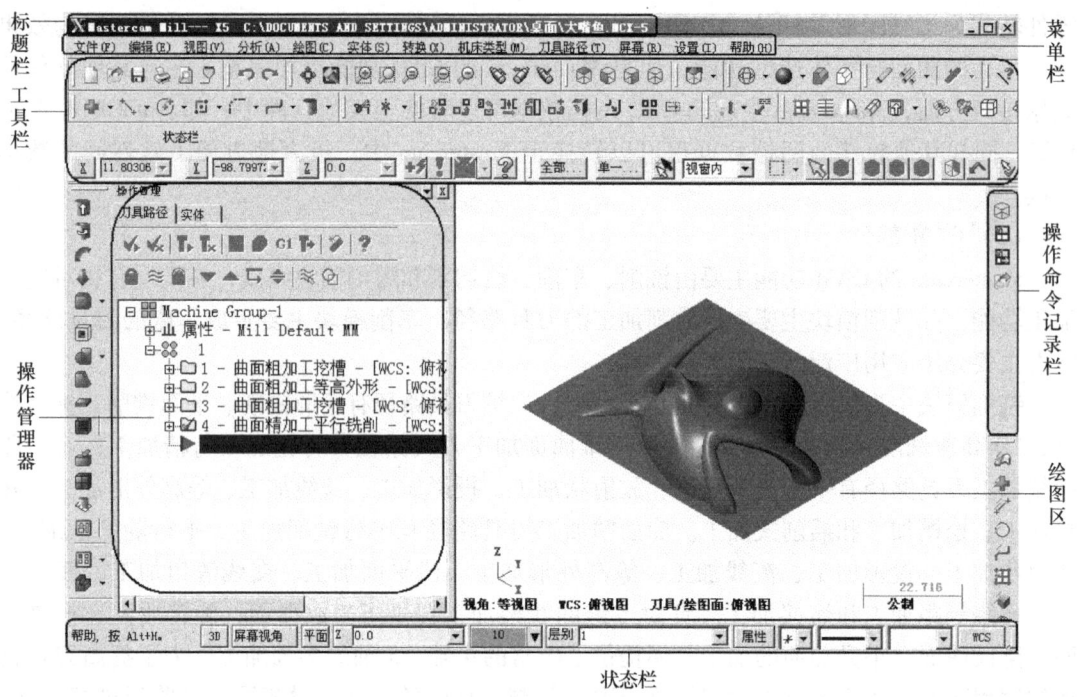

图1-2 工作界面

技术指导：

若要打开其他软件的数据文件，单击【打开】按钮，系统弹出【打开】对话框，在【文件类型】选项中单击按钮▼，则系统弹出可供打开的文件格式菜单，如图1-3所示。其中，常用的格式有*.IGS、*.STEP和*.DWG等。保存文件时也可以选择不同的文件类型格式，以和其他软件实现数据间的转换。

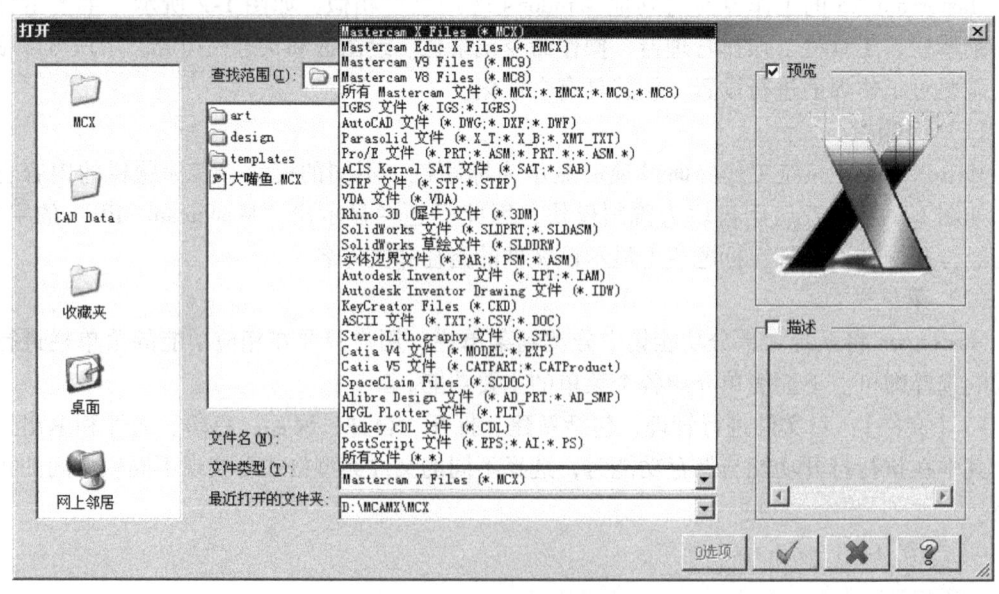

图1-3 【打开】对话框

为了实现 Mastercam 低版本软件能打开高版本软件文件，Mastercam X5 提供了【保存为 X 版本】的功能。在打开【保存】对话框后，单击【选项】按钮，系统弹出【保存为 X 版本】对话框，在【输出为 X 版本】选项的下拉列表中选择所需要输出的版本类型即可，如图 1-4 所示。

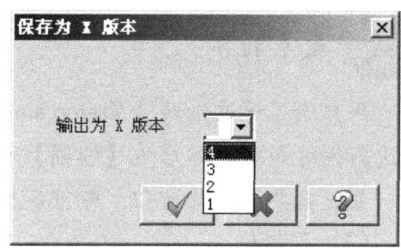

图 1-4 指定保存版本

2)【编辑】：对文件进行编辑，包括复制、剪切、粘贴、删除、选取等功能，及对图素进行修剪、打断、连接等。

3)【视图】：对视图进行管理，包括操作管理器切换显示、多重视角、平移视图、缩放视图、动态旋转视图、视角的设置。

4)【分析】：对模型进行数据分析，包括点的位置、距离、面积、角度、串连与否、动态分析图素的属性等。

5)【绘图】：通过该菜单可以绘制各种二维图形、空间曲线和曲面等，对图形进行尺寸标注、添加注释等。

6)【实体】：通过该菜单可以使用【挤出】、【旋转】、【扫描】和【举升】等操作创建实体，同时还提供了实体编辑功能，对实体进行【倒圆角】、【倒角】和进行布尔运算的操作等。

7)【转换】：通过该菜单可以实现对图素的平移、镜像、旋转、比例缩放、补正、阵列等操作。

8)【机械类型】：用于选择功能模块，同时进入相应的 CAM 模块，其中设计模块为默认模块。

9)【刀具路径】：包括各种刀具路径的生成与编辑功能，以及后处理功能。

10)【屏幕】：通过该菜单可对图素进行属性改变，如着色、隐藏、消隐等。

11)【设置】：用于系统配置、定义快捷键、工具栏等工作环境的设置。

12)【帮助】：提供系统帮助，是指导用户使用方向的全面手册。如打开【帮助】菜单下的【帮助目录】选项，系统弹出《Mastercam Help》电子书供用户参考学习，如图 1-5 所示，用户可在【索引】选项卡输入需要查询的内容，系统则即时显示相关的内容。

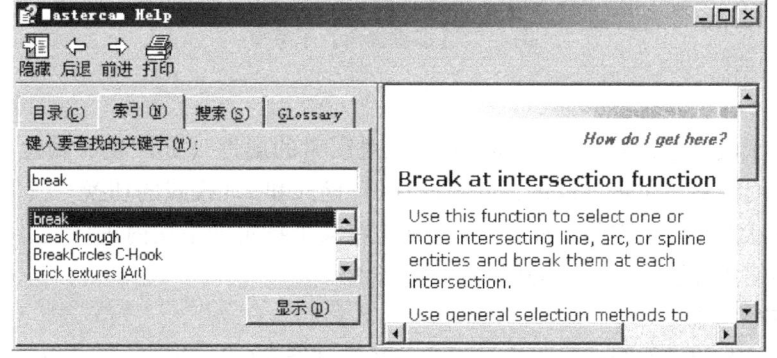

图 1-5 《Mastercam Help》电子书

技术指导:

用户除了通过借助《Mastercam Help》电子书了解命令相关的内容外，还可针对某一命令进行适时帮助。如启用【绘圆】功能 后，系统会在弹出的工具栏上出现【帮助】按钮 ，用户只要单击此按钮，即可获得相应的帮助。

(3) 工具栏

为了提高绘图效率，系统将菜单栏的命令以图标按钮的方式进行分类集中到工具栏。用户只要单击相应的按钮即可激活相应的命令，使用起来更加方便快捷。图1-6所示为常用的视图管理按钮，主要功能介绍如下，具体用法用户可自行尝试。

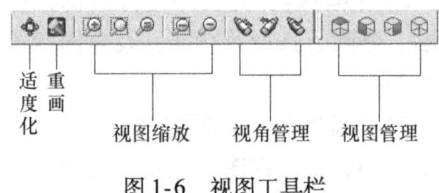

图1-6 视图工具栏

1) 【适度化】：将所有图素显示在整个绘图区。
2) 【重画】：对作图过程中的一些痕迹进行清除，相当于"刷新"功能。
3) 【视图缩放】：对图素进行缩放显示，以更好地观察图素的结构特点。鼠标滚轮的前后滚动也可以起到缩放的效果。
4) 【视角管理】：定义察看视角的方位，以方便在不同视角对图素进行观察，察看图素结构特点。激活【动态旋转】按钮 ，单击选择一点作为旋转中心点，移动鼠标即可对图形进行旋转察看。按住鼠标中键（滚轮）后移动鼠标也可对视图进行动态旋转。

若要对视图分成多个视窗显示，则可在菜单栏选择【视图】/【多重视角】子菜单的不同选项，如图1-7所示。

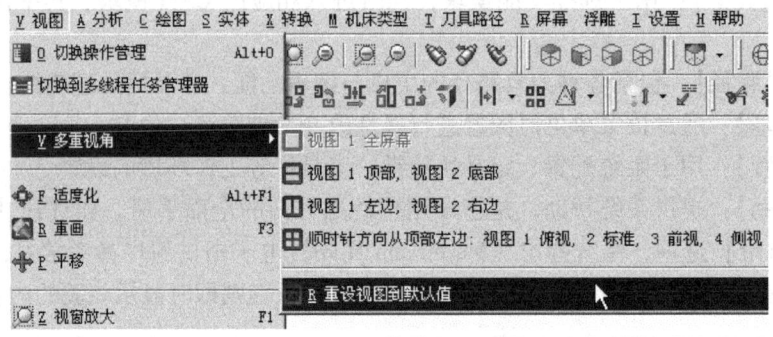

图1-7 【多重视角】子菜单

(4) 状态栏

状态栏位于最下方，通过该工具栏可实现对图素的属性（如图别、颜色、线型）进行设置和修改，对屏幕视角进行设定，以及进行3D模式和2D模式的切换，其中，3D模式是指当前的设计状态是整个空间，而2D模式则是在某个特定的平面内进行设计。对于状态栏各选项的具体使用方法将在后续的模块中进行介绍。

(5) 操作管理器

Mastercam X5的操作管理器集中了刀具路径管理器和实体管理器，界面简练、清晰。通过该管理器可直接进行编辑修改，如对实体进行编辑和刀具路径的参数进行修改、校验，对刀具路径进行复制和粘贴等。

（6）操作命令记录栏

对于刚刚使用过的 10 个命令，Mastercam 会自动将其记录在操作命令记录栏中，下次启用时，用户可直接从操作命令记录栏上选择，极大地方便了用户的使用。

3. 系统规划

在新建文件或打开文件时，Mastercam 将按其默认的配置进行系统各属性的设置。一般而言，采用系统默认的参数配置就可以较好地完成大多数的工作，但是对于一些有特殊要求的参数配置，如修改文件保存路径的默认设置，设定后处理器参数等，则需要对系统重新进行参数配置。调用设置窗口方法如下：在菜单栏选择【设置】/【系统配置】选项，系统弹出【系统配置】对话框，如图 1-8 所示。这里只介绍部分参数的设置。

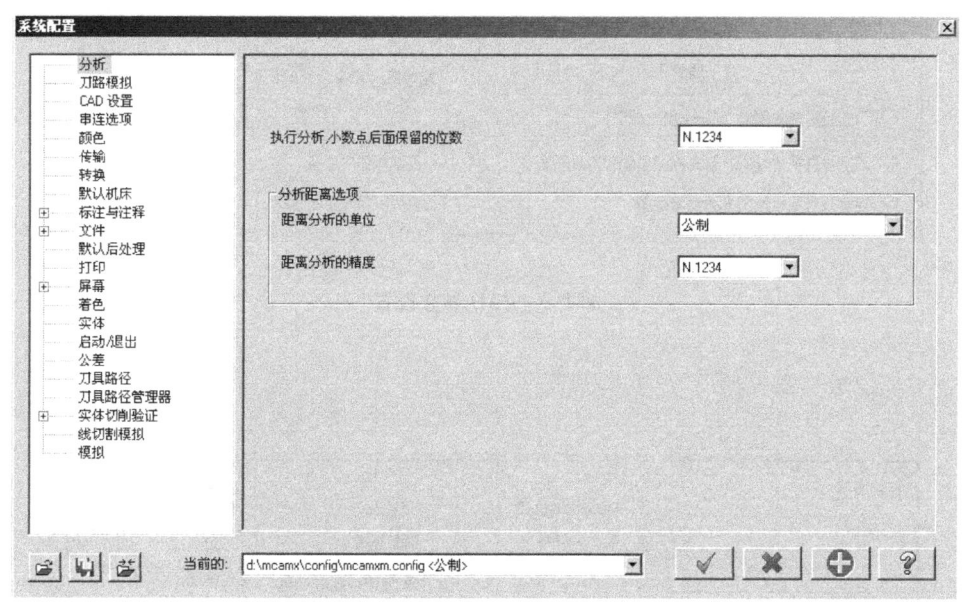

图 1-8 【系统配置】对话框

（1）CAD 参数设置

主要用于设置绘制图形时所用的线型、线宽、点类型和曲线/曲面的构建形式，如绘制圆弧时是否自动产生圆弧的中心线等，具体参数设置如图 1-9 所示。其中【默认属性】栏的参数设置与工作界面下方状态栏的选项相对应。

（2）传输参数设置

用于设置 Mastercam 软件与其他设备之间进行数据传输的默认传输参数，要求该参数与传输设备中的参数应完全一致。具体参数设置如图 1-10 所示。

（3）转换参数设置

用于设置系统在输入、输出文件时默认的初始化参数，如实体的输入、输出参数设置，单位换算等，具体参数设置如图 1-11 所示。

（4）文件参数设置

用于设置不同类型文件的储存目录和默认的后处理文件等。具体参数设置如图 1-12 所

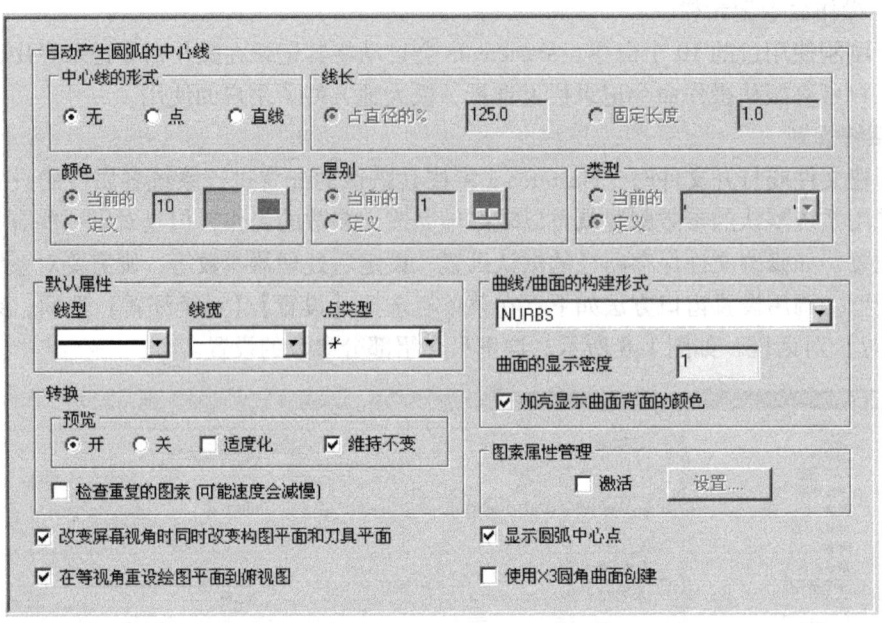

图 1-9　CAD 参数设置

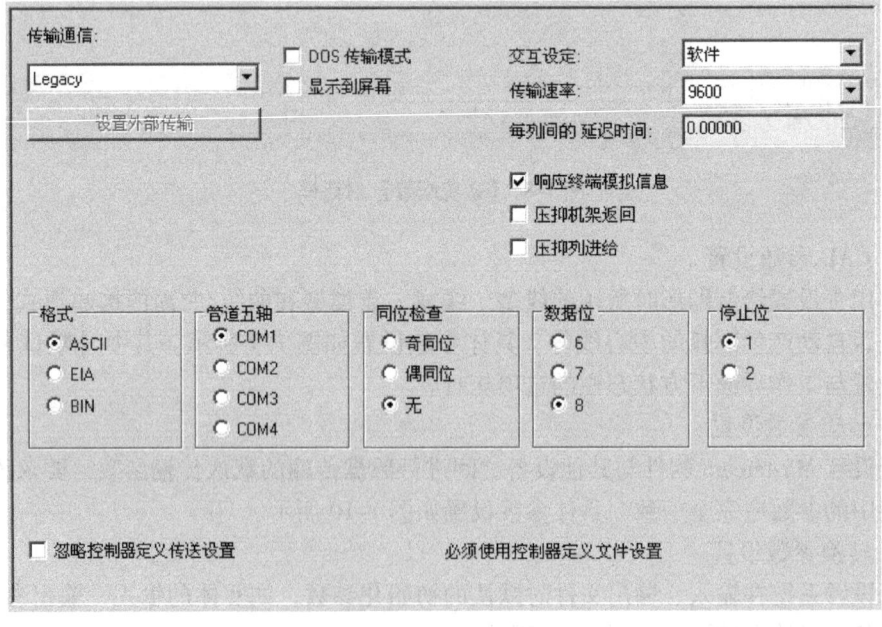

图 1-10　传输参数设置

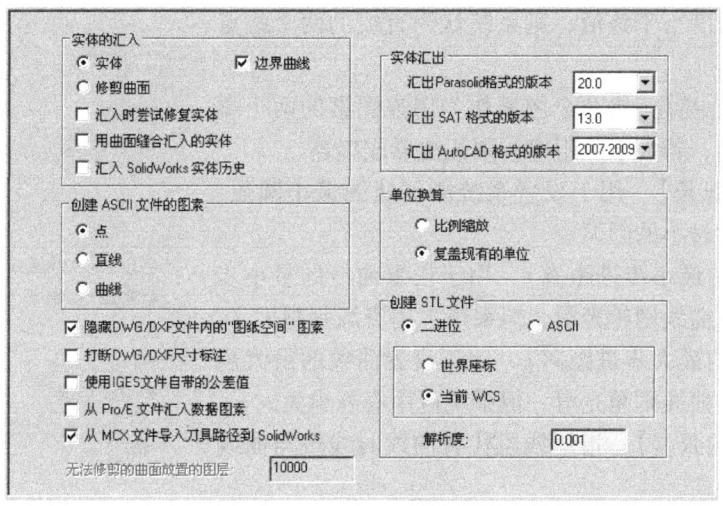

图 1-11 转换参数设置

示。若需修改不同类型文件的储存目录,可先在【数据路径】栏上选择其中某种数据格式,然后在【选中项目的所在路径】文本框中输入指定的路径,或通过右侧的按钮进行指定。

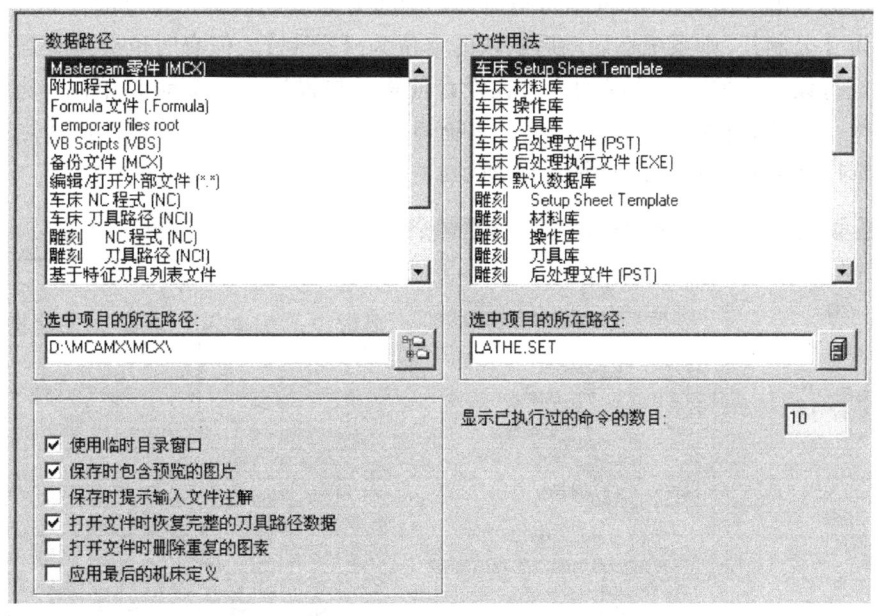

图 1-12 文件参数设置

(5) 公差参数设置

主要用于设置曲线、曲面的公差值,从而控制曲线、曲面的光滑程度。曲线、曲面的公差值会影响造型的精度,从而间接影响编程加工精度。公差越小,零件尺寸越精确,但是相对应的文件就会越大。具体公差参数设置如图 1-13 所示。

这里简单介绍各项参数功能:

1)【系统公差】 为系统能识别两个点的最小距离,也就是系统能创建直线的最短长度。若直线的长度小于该值，则系统认为直线的两个端点重合。

2)【串连公差】 指两个图素作为串连图素的两个端点间的最大距离，若大于此距离，则无法形成串连。

3)【最短弧长】 用于设置系统能创建的最小圆弧，以避免创建尺寸过小的圆弧。

4)【曲线的最小步进距离】 用于设置曲线的最小步长。步长越小，曲线则越光滑，但系统占用资源则越大。

5)【曲线的最大步进距离】 用于设置曲线的最大步长。步长越小，曲线则越光滑，但系统占用资源越大。

6)【曲线的弦差】 指用线段代替曲线时线段与曲线间允许的最大距离。

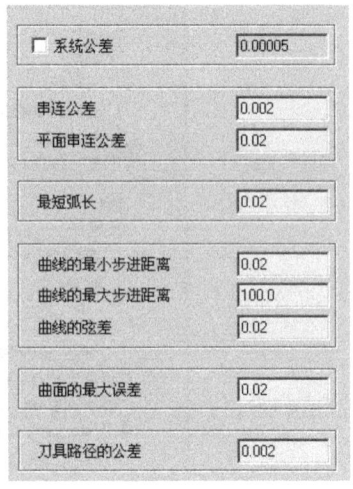

图 1-13 公差参数设置

7)【曲面的最大误差】 用于设置从曲线创建曲面的最大误差距离。

8)【刀具路径的公差】 用于设置刀具路径的公差值。

(6) 公制/英制单位设置

一般情况下用户在安装 Mastercam 软件时已设置好系统默认的工作环境，如安装时勾选默认单位为【公制】，则系统在启动后默认的单位为【公制】。但有时也会遇到需采用【英制】单位进行设计的情况，这时用户可在设计前将单位设置为【英制】单位。方法是：在菜单栏选择【设置】/【系统配置】选项，系统弹出【系统配置】对话框，在【当前的】下拉列表中选择【英制】选项，如图 1-14 所示。

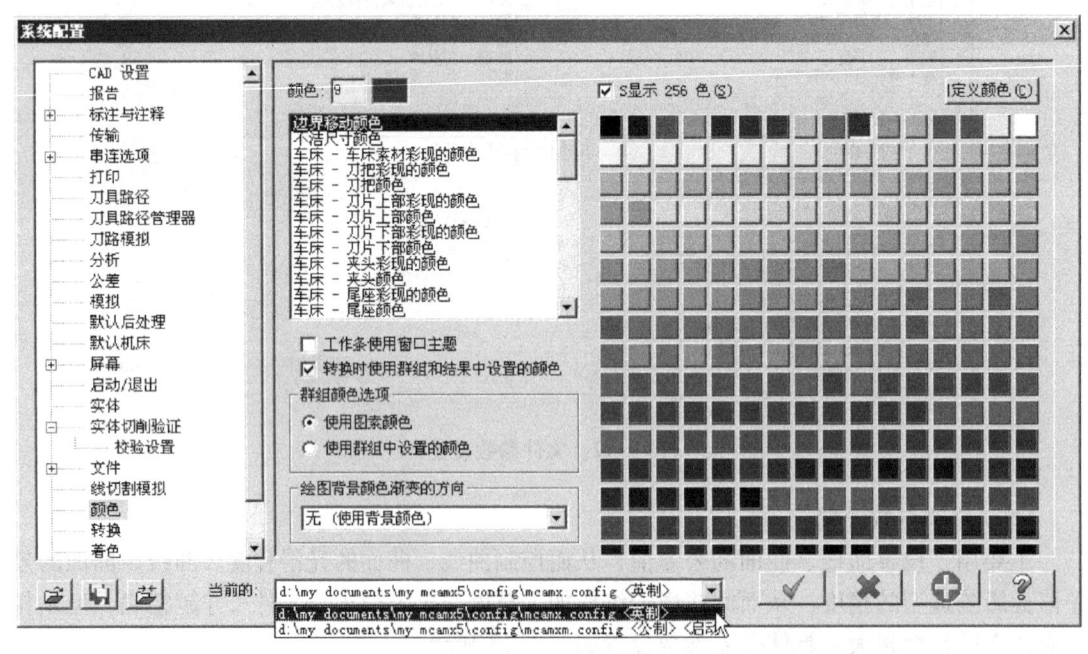

图 1-14 单位转换

技术指导:

采用这种方法可实现【公制】单位与【英制】单位的互换,但一般不推荐采用这种方法进行单位间的转换。因为转换后的尺寸显示精度与小数点的精确位数有很大关系,如100mm = 3.94in,为精确到2位小数点的结果,但是当确定到10位时,则变为100mm = 3.9370078740in。

4. 显示/隐藏工具栏

用户可以根据需要在工作界面中显示或隐藏工具栏,例如,要显示二维刀具路径工具栏,可在菜单栏选择【设置】/【工具栏】选项,系统弹出【自定义】对话框,如图1-15所示。

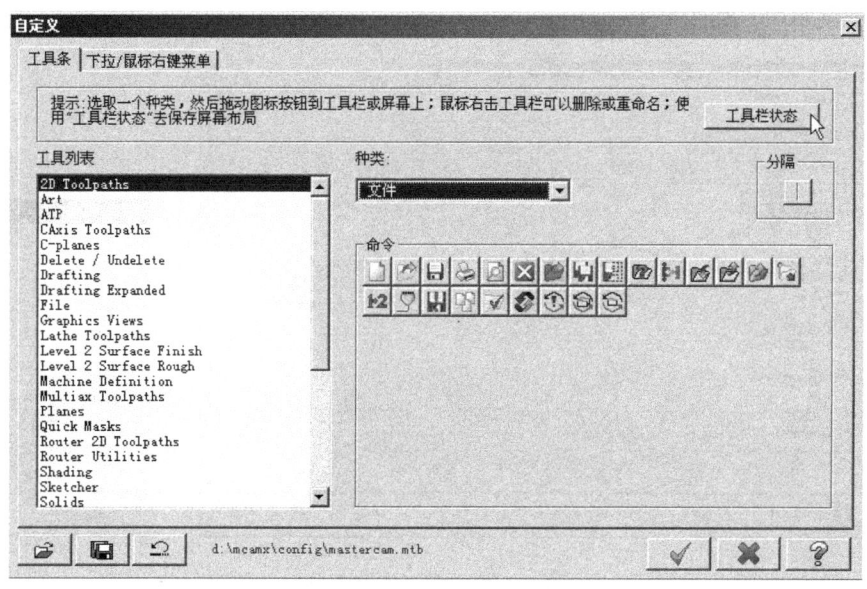

图 1-15 【自定义】对话框

在【自定义】对话框中的【工具条】选项卡上单击【工具栏状态】按钮 ，系统弹出【工具栏状态】对话框,勾选【2D Toolpaths】选项,系统弹出【2D Toolpaths】工具栏,如图1-16所示。单击 按钮,拖动工具栏到相应的位置即可,反之若要隐藏某一工具栏则不勾选该项相对应的工具栏即可。

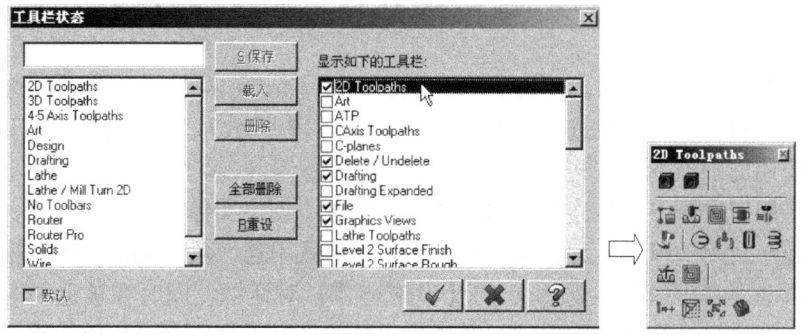

图 1-16 显示工具栏

技术指导：

用户还可通过在菜单栏选择【设置】/【工具设置】选项以显示或隐藏工具栏。

5. 自定义右键菜单

用户可以添加右键菜单，以满足某一命令的快捷启用。以添加【删除】功能为例，在菜单栏选择【设置】/【自定义】选项，系统弹出【自定义】对话框，打开【下拉/鼠标右键菜单】选项卡。在【菜单】列表中双击【定义鼠标右按钮菜单】选项，在【种类】下拉列表中选择【编辑】选项，系统列出【编辑】相关的功能图标，在【命令】列表中按住【删除】按钮并拖动到【Z视窗放大】选项处后释放鼠标，单击按钮，则该功能随即被添加到右键菜单中，如图1-17所示。

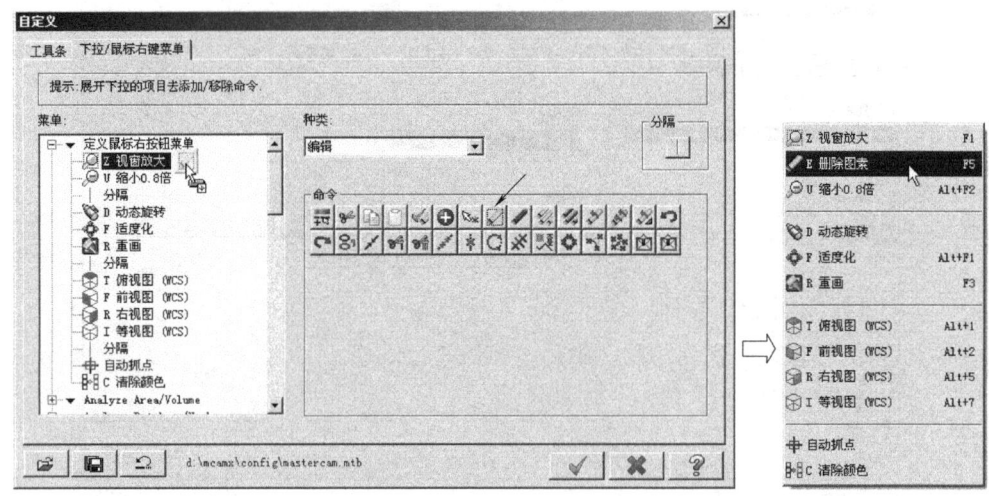

图1-17　自定义右键菜单

6. 自定义快捷键

除了系统提供的快捷键外，用户还可以自定义快捷键。以定义【结束选择】命令快捷键为例，在菜单栏选择【设置】/【定义快捷键】选项，系统弹出【设置快捷键】对话框，在【种类】下拉列表中选择【标准选择】选项，系统列出【标准选择】的相关命令，单击【结束选择】按钮，在【新的快捷键】文本框中按 Ctrl 键的同时输入"Q"，单击【指定】按钮，单击按钮即可完成快捷键的设定，如图1-18所示。

7. 选择图素

在进行图形设计与修改时离不开图形的选择，Mastercam 提供了一系列的选择方式，如串连、窗选、针对图形的属性进行快速选择等。图1-19所示为【标准选择】工具栏，这里只介绍经常使用的串连选择方法。

串连选择用于选择一组串连在一起的图素，常用于创建实体与刀具路径等，串连图素分为开放式串连与封闭式串连，起止点不重合的为开放式串连，反之则为封闭式串连。系统在执行串连选取时会弹出如图1-20所示的【串连选项】对话框，同时在被选择的串连图素上会显示一箭头，以箭头表明串连方向，在创建刀具路径时需特别注意，因为箭头指向是判别刀具补正偏置方向的依据。

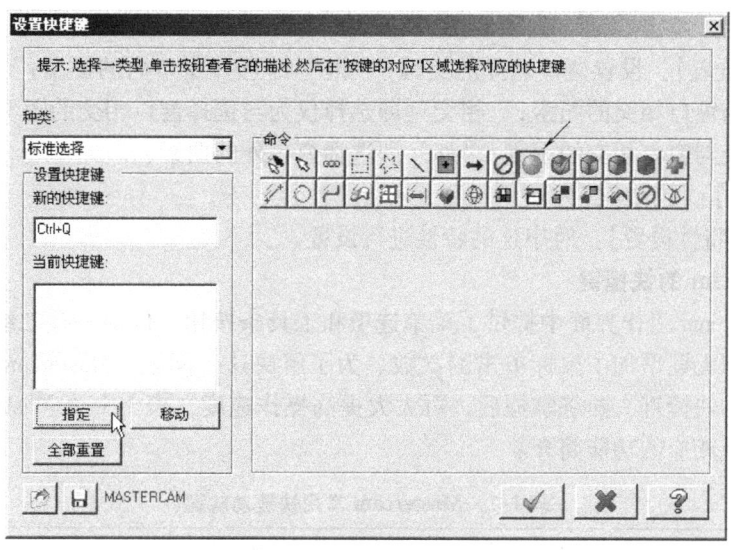

图 1-18　设置快捷键

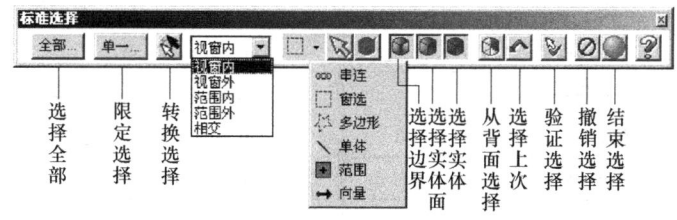

图 1-19　【标准选择】工具栏

【串连选项】对话框各功能按钮介绍如下。

1)【串连】：系统默认选项，用于选取一组被串连在一起的几何对象。若串连图素中存在交叉点，系统会在交叉点处显示箭头，以提示用户指定搜索方向，此时可根据需要选择合适的搜索方向，即可完成整个串连的选取。

2)【单点】：选择点作为构成串连的图素。

3)【窗口】：通过定义窗口选择图素，系统以第一个角点作为设置串连方向的起点。

4)【区域】：使用鼠标选择在一边界区域内的图素作为串连图素。

5)【单体】：选择单一图素为串连图素。

6)【多边形】：采用一个封闭的多边形作为串连选择窗口。

7)【向量】：与向量围栏相交的图素被选中并构成串连。

8)【部分串连】：指定选择图素的起点与终点，只选择整个串连的部分图素，为开放式

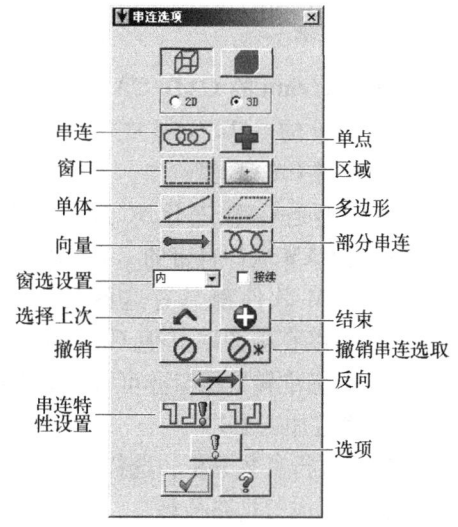

图 1-20　【串连选项】对话框

串连选择模式。

9)【窗选设置】：设置窗口选择的类型，"内"即选择窗口内的图素；"内＋相交"即选择窗口内及与窗口相交的图素；"相交"即选择仅为与选择窗口相交的图素；"外＋相交"即选择窗口外及与窗口相交的图素；"外"即选择窗口外的图素。

10)【反向】：更改串连方向。

11)【串连特性设置】：对串连的特性进行设置。

8. Mastercam 的快捷键

虽然 Mastercam 工作界面中提供了菜单选项和工具条按钮，但对一些二级或三级子菜单选项的选择，则无疑增加了鼠标单击的次数。为了解决这一问题，Mastercam 系统中默认设置了一些常用的快捷键，熟练掌握后，可大大提高操作速度，表 1-1 为 Mastercam 常用的组合键式快捷键及相应的功能简介。

表 1-1　Mastercam 常用快捷功能键

快　捷　键	功　　能	快　捷　键	功　　能
F1	指定区域放大	Alt + F8	打开"系统配置"对话框
F2	将图形缩小一半	Alt + A	自动保存
F3	将图形刷新	Alt + D	打开"尺寸标注设置"对话框
F4	图形分析	Alt + S	渲染
F5	删除	Alt + O	打开"操作管理器"
F9	显示座标轴	Alt + Z	打开"层别管理"对话框
Alt + F1	将所有图素显示在屏幕上	Page Down	缩小
Alt + F2	以 0.8 倍率缩小图形	Page Up	放大
Alt + F4	退出 Mastercam 系统	End	自动旋转

注：键盘箭头键（←、→、↑、↓）代表平移方向。

9. Mastercam 的 CAD/CAM 应用过程

Mastercam 的 CAD/CAM 应用一般流程如下：

（1）获得 CAD 模型

CAD 模型是 CAM 进行 NC 编程的前提和基础，任何 CAM 的程序编制都离不开 CAD 模型。可以由 CAM 软件自带的 CAD 功能直接造型获得或通过与其他软件进行数据转换获得。目前很多 CAM 软件都具有这两种功能，如 Mastercam、UG、Catia、Cimatron、Pro/E 等。Mastercam 可以直接读取其他 CAD 软件所创建的图档，如 PRT、DWG 等格式文件。通过 Mastercam 的标准转换接口亦可输出如 IGES、STEP 等格式的文件。

（2）确定加工工艺

对零件进行工艺分析，选择合适的机床类型和夹具，设置通用的加工参数，包括切削方式的设置，生成刀具路径等。

（3）程序检验

编制好的刀具路径必须进行检验，以免因个别程序出错影响加工效果或造成事故，主要检查是否发生过切、欠切或夹具与工件之间是否存在干涉。通过刀具路径重绘功能查看刀路有无明显的不正常现象，如有些圆弧或直线形状不正常，显得杂乱等，也可利用实体模拟

加工查看切削效果。

（4）后处理

将生成的刀具路径文件转化为 NC 程序代码并导出，通过对 NC 文件进行一定的编辑后传输到数控机床进行实际加工。

任务实施

在桌面上双击 Mastercam 的快捷方式图标或选择【开始】/【所有程序】/【Mastercam X5】/【Mastercam X5】选项，启动软件，进入 Mastercam X5 工作界面。

在菜单栏选择【文件】/【打开文件】选项，系统弹出【打开】对话框，在【文件类型】下位列表中选择【所有文件（*.*）】类型，打开随书光盘：素材\模块一 初探 Mastercam X5 中的"镶片.dwg"文件，如图 1-21 所示。

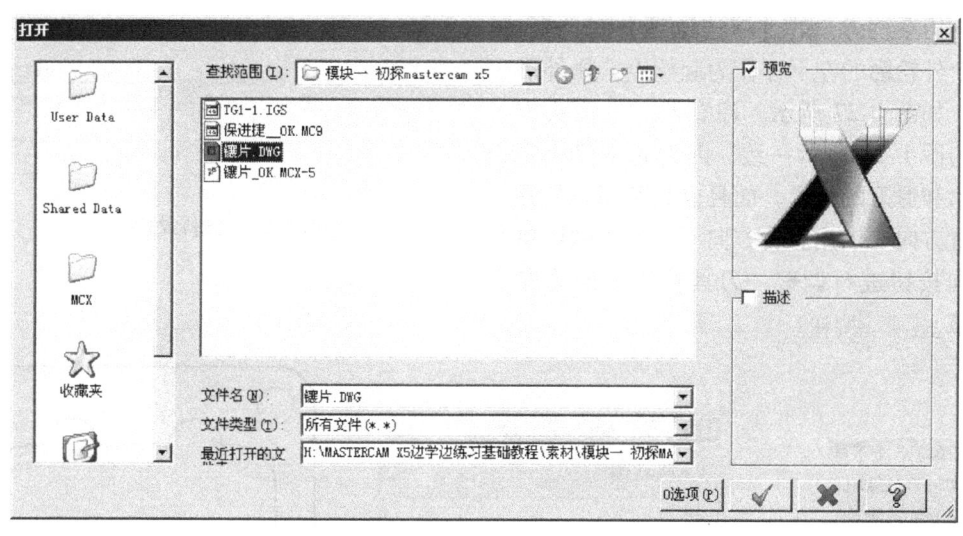

图 1-21 打开"镶片.dwg"文件

单击 ✓ 按钮，按 F9 键，显示系统坐标系，如图 1-22 所示。

技术指导：

将系统坐标进行显示，以便了解打开文件相对于系统坐标系的位置，这里默认此系统坐标系为编程坐标系，即工件坐标系。

在菜单栏选择【机床类型】/【铣床】/【默认】选项，如图 1-23 所示。

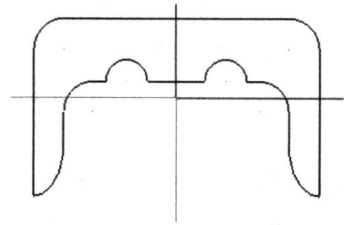

图 1-22 显示系统坐标系

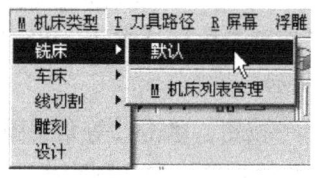

图 1-23 选择机床类型

在【操作管理器】上单击【材料设置】选项，系统弹出【机器群组属性】对话框，在【材料设置】选项卡设置 X、Y、Z 方向尺寸分别为"160.0"、"100.0"、"5.0"，不勾选【显示】选项，如图 1-24 所示，单击 按钮。

在菜单栏选择【刀具路径】/【外形铣削】选项，如图 1-25 所示。

系统弹出【输入新 NC 名称】对话框，接受系统默认【镶片】名称，如图 1-26 所示，单击 按钮。

利用系统弹出的【串连选项】对话框，在整个外轮廓的左下方作为起始点选择外形轮廓，如图 1-27 所示。注意此时的箭头方向应与图 1-27 所示一致，因为它不仅决定了进给和退刀的位置，而且也是判别刀具补正偏置方向的依据。若方向不一致时则可单击反向按钮进行调整，刀具补正方向为左补，单击 按钮。

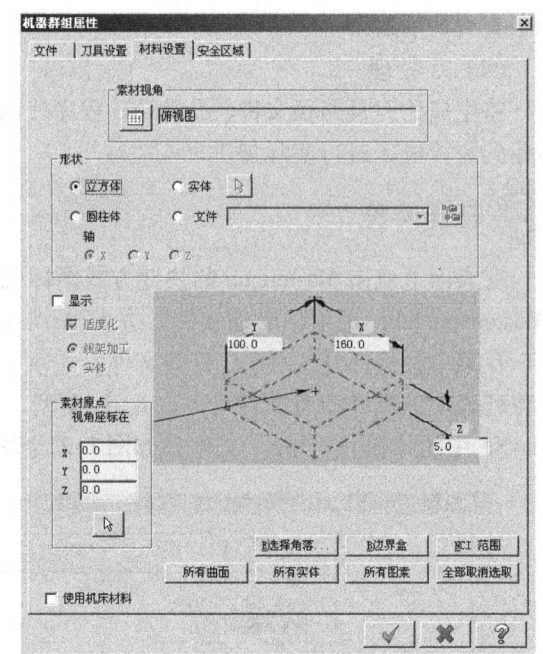

图 1-24 材料设置

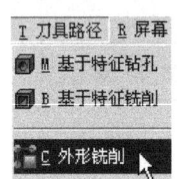

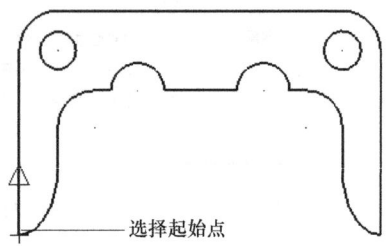

图 1-25 选择【外形铣削】选项 　　图 1-26 输入新 NC 名称 　　图 1-27 选择外形轮廓

系统弹出【2D 刀具路径—等高外形】对话框，单击【刀具】选项卡，通过【选择库中的刀具】按钮，选择直径为 12.0mm 的平底刀，设置进给速率为 800.0mm/min，【主轴转速】为 3500.0r/min，【下刀速率】为 500.0mm/min，如图 1-28 所示。

单击【共同参数】选项卡，设置【参考高度】为 10.0mm，【进给下刀位置】为 2.0mm，【工件表面】为 0.0mm，【深度】为 -5.0mm，其他参数如图 1-29 所示。

单击【切削参数】选项卡，设置【补正方向】为【左】，接受系统其他默认的参数，如图 1-30 所示。

单击 按钮，单击【等角视图】按钮 ，生成刀具路径如图 1-31 所示。

在【操作管理器】勾选刚刚生成的刀具路径，单击按钮 进行实体加工模拟。系统弹出【验证】对话框，如图 1-32a 所示，单击按钮 ，模拟结果如图 1-32b 所示，单击 按钮。

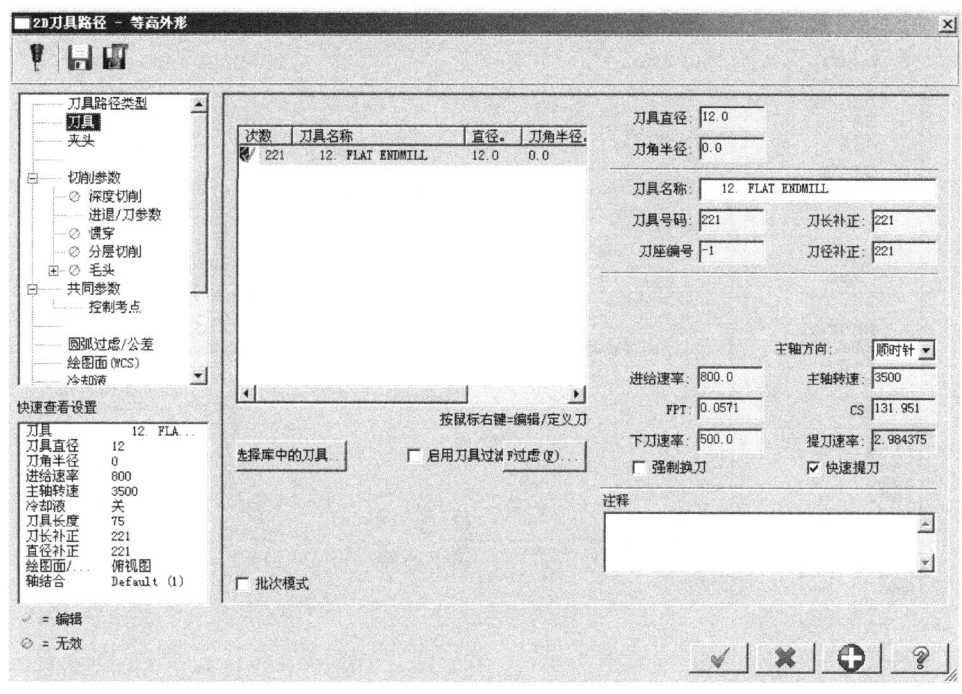

图 1-28　外形铣削刀具参数设置

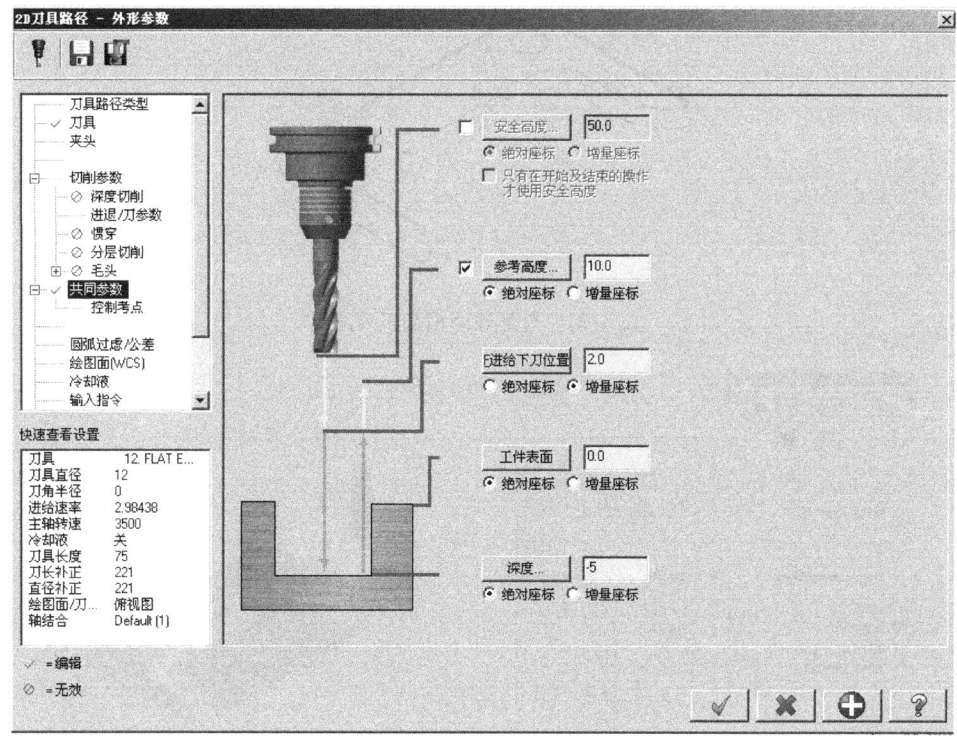

图 1-29　外形铣削共同参数设置

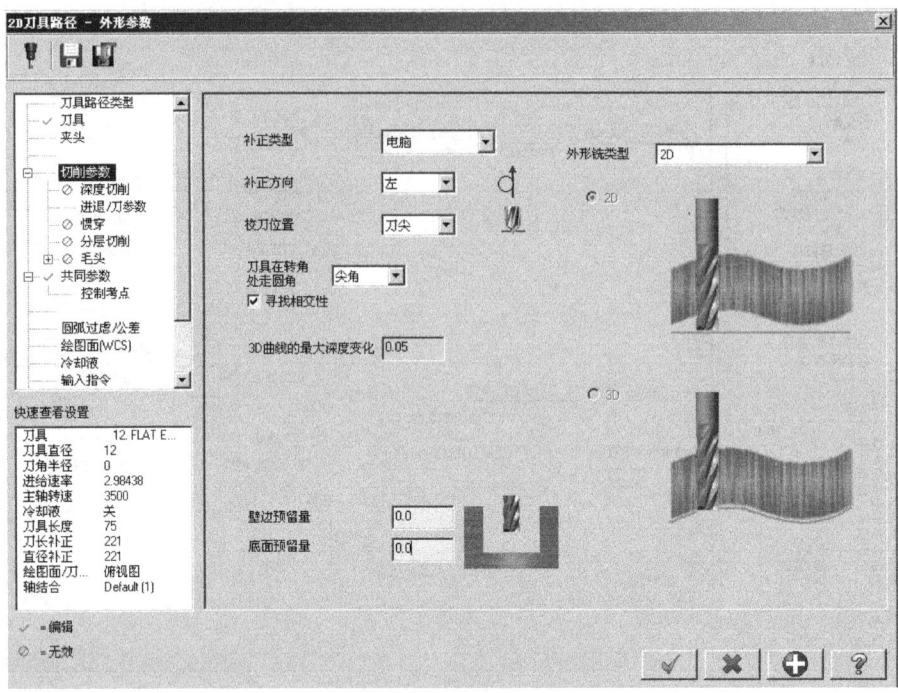

图 1-30 外形铣削切削参数设置

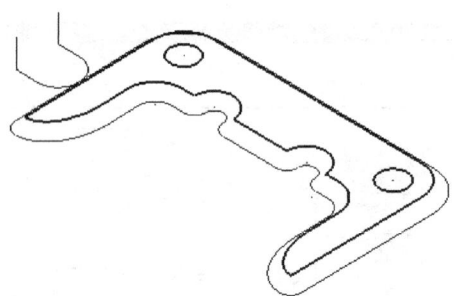

图 1-31 外形轮廓精加工刀路

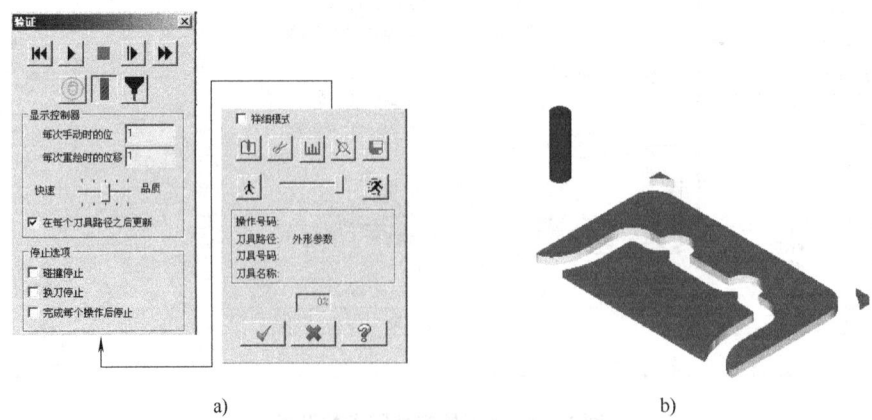

a)   b)

图 1-32 刀具路径模拟验证
a)【验证】对话框   b) 验证结果

在确定了刀具路径正确后则可导出 NC 程序，单击按钮，系统弹出【后处理程式】对话框，勾选【NC 文件】选项与【编程】选项，如图 1-33 所示。接受其他参数设置单击按钮，接受默认 NC 名称，保存后处理文件到指定的文件路径上，这里指定到计算机桌面。

系统弹出【Mastercam X 编辑器】对话框，系统生成的 NC 程序，如图 1-34 所示。

技术指导：

这里只进行简单的精加工编程目的是为了让读者对 Mastercam 的工作过程有一个深刻的认识，在实际编程加工中一般不允许直接对零件进行精加工。

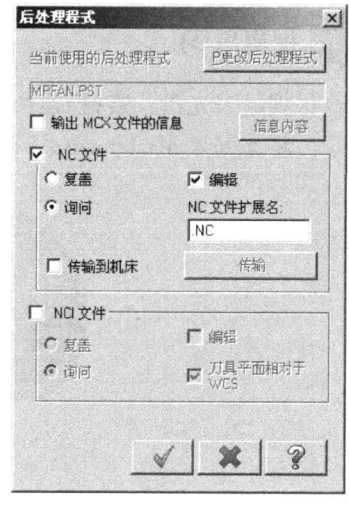

图 1-33 【后处理程式】对话框

任务总结

本任务简单学习了 Mastercam 的基本功能以及对 Mastercam X5 版本进行了简单的介绍，对图素的选择、快捷键的使用，及对其工作界面和系统配置的设置也有一定的认识。通过打开其他不同软件文件的方式实现编程过程的介绍，使读者对 Mastercam 的工作过程有了一定的认识。

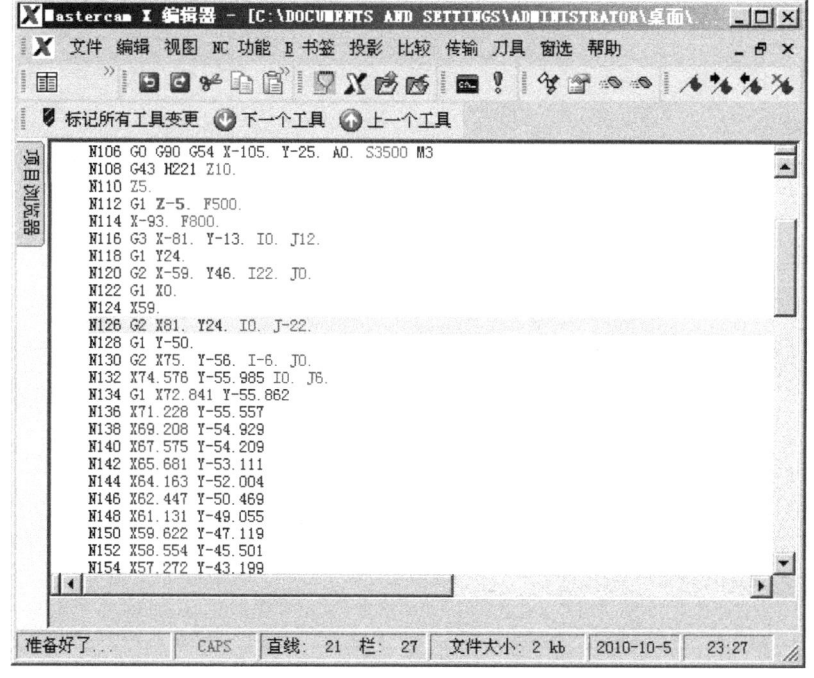

图 1-34 程序输出

提高练习

根据随书光盘：素材\模块一 初探 Mastercam X5 中的"TG1-1.IGS"文件，如图1-35所示，将其调入 Mastercam X5 系统中，并将其另存为"保时捷.MC9"格式的文件。

图 1-35 TG1-1

模块二

绘制二维图形

二维图形的创建是进行 CAD/CAM 的重要部分，Mastercam 提供了丰富的二维绘图功能，如直线、圆弧、矩形、正多边形和尺寸标注等，对其相关功能掌握的熟练程度将直接影响产品设计的效率与数控加工的准确性。本模块将介绍各种二维图形的创建及应用技巧，让用户能较快掌握二维图形的创建方法。

任务1 绘制箭头指示图

 任务目标

- ➢ 了解草图的绘制方法。
- ➢ 掌握直线、平行线及矩形的绘制方法。
- ➢ 掌握修剪、打断和删除的编辑方法。
- ➢ 学会对图素进行单一和串连的倒角操作。

 任务导入

绘制如图 2-1 所示的箭头指示图。

 任务分析

该箭头指示图外形框为一矩形，周边倒角 $C1$，中间为一箭头图案。绘制时可先创建矩形再进行倒角操作。通过绘制具有一定角度的直线和构建平行线的方法绘制箭头部分，对于多余的直线可采用修剪和删除的方式去除。

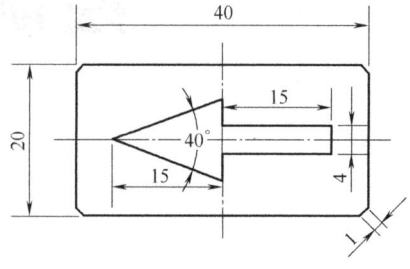

图 2-1 箭头指示图

 知识准备

1. 绘制直线

直线作为图形基本构成单元，也是最基本的线性对象，根据直线的形成原理可知两点构成一条直线，结合直线的类型可分为任意线、水平线、垂直线等。

（1）绘制任意直线

通过确定直线的两个端点，即可创建一条直线。在菜单栏选择【绘图】/【任意线】/【绘制任意线】选项，如图 2-2 所示，或在草绘工具栏上单击【直线】按钮，即可激活绘制任意直线命令。

系统弹出【直线】工具栏，如图 2-3 所示。

在绘图区分别选取如图 2-4 所示的 A、B 两点，即可生成如图 2-4 所示的直线。若需结束绘制任意直线命令接着进行下一直线的绘制，则按回车键或单击按钮即可。若按 Esc 键或单击按钮则完全退出绘制任意直线命令。

模块二　绘制二维图形

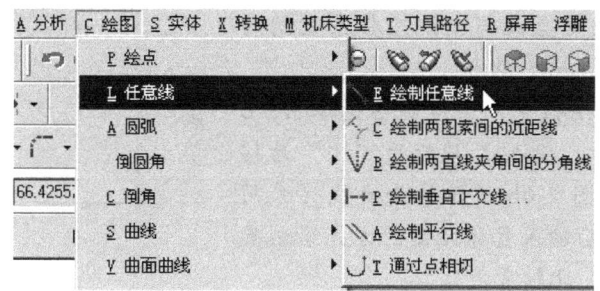

图 2-2　选择【绘制任意线】选项

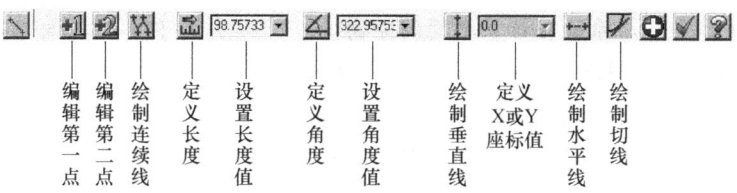

图 2-3　【直线】工具栏

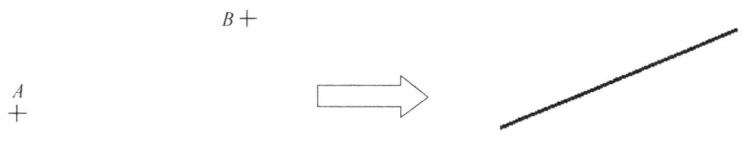

图 2-4　绘制任意直线

 技术指导：

通过单击【直线】操作栏上相对应的按钮可绘制具有一定角度或长度的直线段、连续线、水平线、垂直线和相切线等。其中，按钮 +1 与按钮 +2 用于修改直线段、垂直线、水平线的起点与终点，但对连续线和切线不起编辑作用。按钮 📏 102.28604 用于设置直线段的长度，按钮 ∠ 349.67097 用于设置直线的角度。

◆ 绘制连续线：通过选取一系列点，创建连续的折线。前一直线段的终点为后一直线的起点。

绘制方法：单击按钮 ，在绘图区分别按 A、B、C、D、E 的顺序选取点，即可生成如图 2-5 所示的连续线。

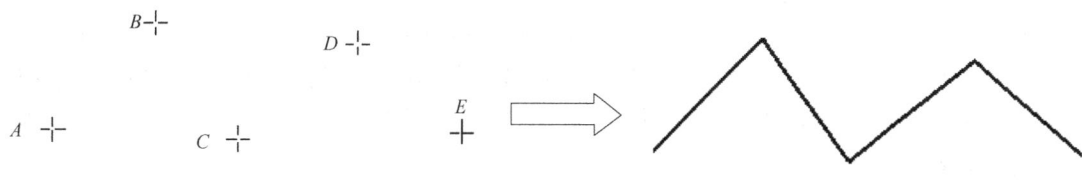

图 2-5　绘制连续线

◆ 绘制垂直线：垂直线是指在当前构图平面上绘制平行于 Y 轴的直线，通过

输入 X 座标可设定该垂直线与系统座标系之间的距离。

绘制方法：单击按钮 ↕，在绘制区选取 A、B 两点，如图 2-6a 所示，输入 X 座标为 "10" 后按回车键，即可绘制如图 2-6b 所示的垂直线（采用这种先确定直线类型后输入具体距离的方式绘制直线有利于直线的定位，比较常用）。

◆ [0.0] ↔ 绘制水平线：水平线是指在当前构图平面上绘制平行于 X 轴的直线，通过输入 Y 座标值可以设定该水平线与系统座标系之间的距离。

◆ ╱ 绘制切线：绘制与圆弧或样条曲面相切的直线段。采用这种方法可创建与圆弧相切并成一定角度、长度的直线，还可创建与两圆弧或样条曲线相切的直线。需注意，选择不同的相切位置会产生不同的效果。

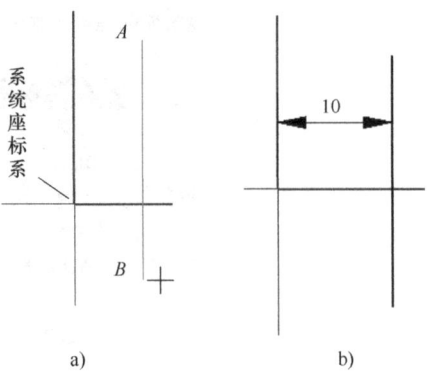

图 2-6　绘制垂直线
a）选取两点　b）绘制效果

绘制方法：单击【绘制切线】按钮 ╱，在靠近如图 2-7a 所示的圆弧 A、B 处单击，即可生成如图 2-7b 所示的切线。

若要绘制与圆弧相切且具有一定长度与角度的直线时，可先在【直线】操作栏上输入直线长度与角度，然后选取需要相切的圆弧，最后选择需要保留的直线段即可。如图 2-7b 所示的直线即采用这种方法创建。

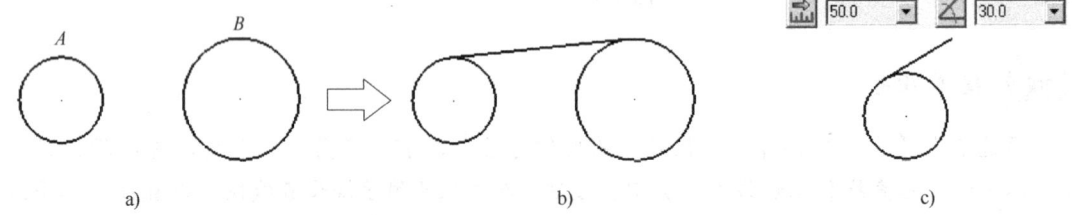

图 2-7　绘制切线
a）选取点　b）形成切线　c）具有一定长度与角度的切线

（2）绘制近距线

通过这种方法可以绘制两图素间最近距离的直线，包括点、直线、圆弧和样条曲线之间的图素。若两图素相交，则系统将在交点处创建一点代替直线。

打开随书光盘：素材\模块二　绘制二维图形\任务 1 中的 "近距线.MCX-5" 文件，如图 2-8a 所示。在菜单栏选择【绘图】/【任意线】/【绘制两图素间的近距线】选项或在草绘工具栏上单击【绘制两图素间的近距线】按钮 ，选取如图 2-8a 所示的直线与样条曲线，则生成如图 2-8b 所示的近距线。

（3）绘制分角线

分角线即角平分线，用于绘制两条相交直线的角平分线，或在平行直线的中间生成一条平行线。

打开随书光盘：素材\模块二绘制二维图形\任务1中的"分角线.MCX-5"文件，如图2-9a所示。在菜单栏选择【绘图】/【任意线】/【绘制两直线夹角间的分角线】选项或在草绘工具栏上单击【绘制两直线夹角间的分角线】按钮，选取如图2-9a所示的直线 A、B 两侧边，输入长度为 100.0mm，结果如图

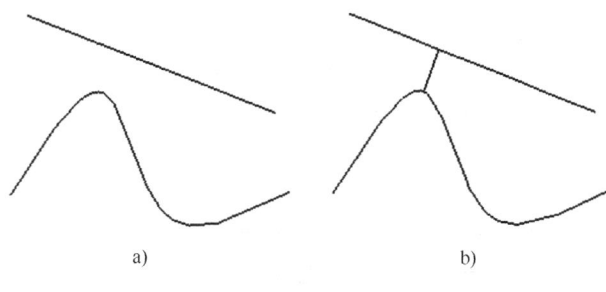

图 2-8 绘制近距线
a）近距线.MCX-5 b）绘制近距线

2-9b 所示。系统默认情况下只激活按钮，即直接生成一条角平分线，当激活按钮时，系统生成四条角平分线供用户选择保留，用户可自行尝试操作。图2-9c 所示为在两平行直线间绘制角平分线的效果。

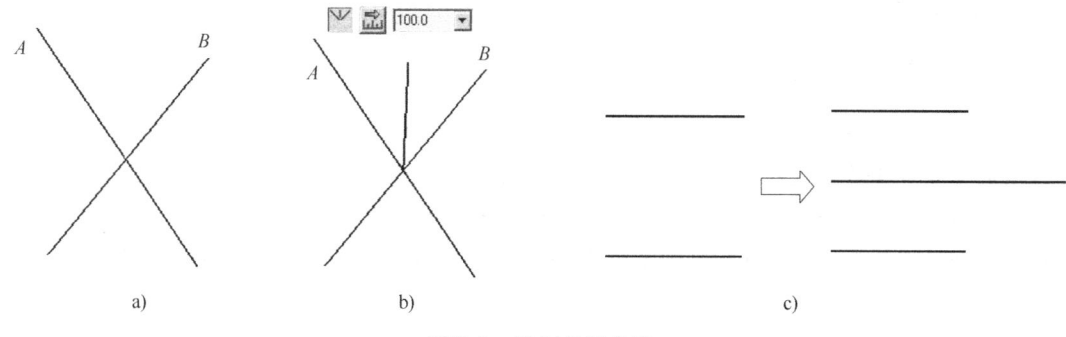

图 2-9 绘制角平分线
a）分角线.MCX-5 b）绘制分角线 c）平行线间的角平分线

（4）绘制法线

用于绘制一条与已知直线、圆弧或样条曲线相垂直的直线。

打开随书光盘：素材\模块二 绘制二维图形\任务1中的"法线.MCX-5"文件，如图2-10a 所示。在菜单栏选择【绘图】/【任意线】/【绘制垂直正交线】选项或在草绘工具栏上单击【绘制垂直正交线】按钮，在系统弹出的【垂直正交线】操作栏上单击【相切】按钮，选择如图2-10a 所示的圆弧与直线，系统提示选择保留的直线，选择如图2-10b 所示的直线，结果如图2-10c 所示。除了采用上述相切的方式绘制法线外，还可以通过一点的方式绘制法线，用户可自行尝试。

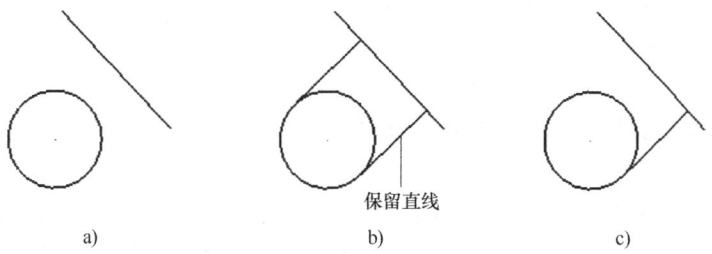

图 2-10 绘制法线
a）法线.MCX-5 b）选择保留直线 c）绘制法线效果

(5) 绘制平行线

用于绘制一条与已知直线平行的直线，具有偏移复制的效果。在实际应用中常常用于图素间的定位，使用频率较高。

打开随书光盘：素材\模块二 绘制二维图形\任务1中的"平行线.MCX-5"文件，如图2-11a所示。在菜单栏选择【绘图】/【任意线】/【绘制平行线】选项或在草绘工具栏上单击【绘制平行线】按钮，

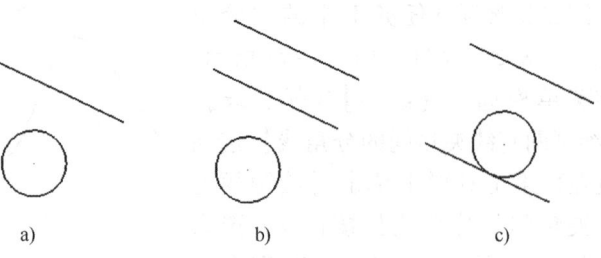

图2-11 绘制平行线
a) 平行线.MCX-5 b) 绘制平行线
c) 绘制与圆弧相切的平行线

选择如图2-11a所示的直线，朝右上角的方向单击，在【距离】文本框输入"20.0"，结果如图2-11b所示。

 技术指导：

在【平行线】操作栏上通过【编辑第一点】按钮可改变平行线所通过的点，以修改平行线的位置。若要修改平行线生成的方向则单击【反向】按钮即可。系统还提供了绘制与已知直线平行，且与圆弧相切的平行线。在【平行线】操作栏上单击【相切】按钮，分别选择如图2-11a所示的直线与圆，选择保留的平行线，可绘制如图2-11c所示的平行线。

(6) 绘制通过点相切直线

用于绘制通过圆弧或样条曲线上某点且相切的直线。

打开随书光盘：素材\模块二 绘制二维图形\任务1中的"通过点相切直线.MCX-5"文件，如图2-12a所示。在菜单栏选择【绘图】/【任意线】/【通过点相切】选项或在草绘工具栏上单击【创建切线通过点相切】按钮，选择圆，继续选择如图2-12a所示的A点作为相切点，向上拖动鼠标并单击确认，单击按钮，结果如图2-12b所示。

2. 绘制矩形

在创建矩形的同时还可以创建带曲面的矩形，系统提供了两种绘制矩形的方法：一点法与二点法。命令启用方法：在菜单栏选择【绘图】/【矩形】选项或在草绘工具栏上单击【矩形】按钮。

图2-12 绘制通过点相切直线
a) 通过点相切直线.MCX-5
b) 通过点相切直线

(1) 二点法

二点法是通过指定矩形对角线上的两个点或通过指定宽度和高度进行绘制。例如，创建长度为100.0mm，高度为50.0mm的矩形，单击【矩形】按钮，系统弹出如图2-13所示的【矩形】工具栏，如图2-13所示。

在绘制区选择A点，在工具栏上输入【宽度】为"100.0"，【高度】为"50.0"，单击

【应用】按钮，即可绘制相应的矩形，如图 2-14 所示。

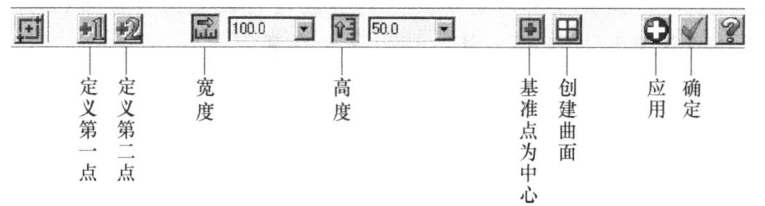

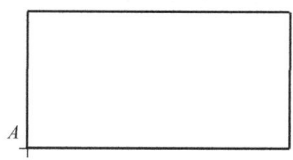

图 2-13 【矩形】工具栏　　　　图 2-14 绘制矩形

 技术指导：

除了可以通过给定矩形的宽度与高度绘制矩形外，还可以绘制任意宽度与高度的矩形，只需在绘图区上选择任意两个矩形的对角点即可，如图 2-15 所示，该矩形是通过随意定义矩形两个对角端点 E 点和 F 点进行创建。

(2) 一点法

一点法是指定矩形的宽度和高度后，通过确定矩形的中心点进行创建。对于矩形中心点的位置可以直接通过输入点的方式进行确定。以需绘制如图 2-16 所示的矩形为例，在草绘工具栏上单击【矩形】按钮，在工具栏上输入【宽度】为"100"，【高度】为"50"，单击【基准点为中心】按钮，通过键盘输入"100，80"以确定矩形中心点，按回车键，单击【应用】按钮即可。

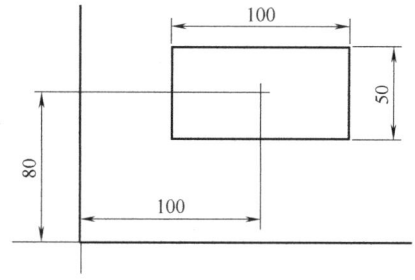

图 2-15 绘制任意矩形　　　　图 2-16 一点法绘制矩形

 技术指导：

在实际应用中常采用直接输入座标系进行精确定位的方法。

在采用座标系输入方法时必须注意，系统默认点座标顺序为 X，Y，Z。以 Z0.0mm 的构图深度为例，如"100，80"相对应的座标为 X100，Y80，Z0。用户还可采用"X100Y80Z0"或"X100，Y80，Z0"两种不同格式。有时为了方便还可以输入数学式，如"-10*2，50+60/2"，即相当于输入的座标系为"X-20，Y80"，可见 Mastercam 的座标系输入方法非常灵活多变。

在绘制二维几何图形时，系统弹出如图 2-17 所示的【自动抓点】工具栏，以供用户方便精确定位。其中采用输入座标系的方式，与采用【快速绘点】功能效果一样，用户可在该工具栏中输入 X、Y、Z 进行定位。系统还提供光标自动抓取功能，对一些特殊点进行捕捉定位，以提高用户精确捕捉效率。用户还可对自动抓点的类型进行设置，单击按钮，接着对系统弹出的【光标自动抓点设置】对话框（图2-18）进行设置即可。

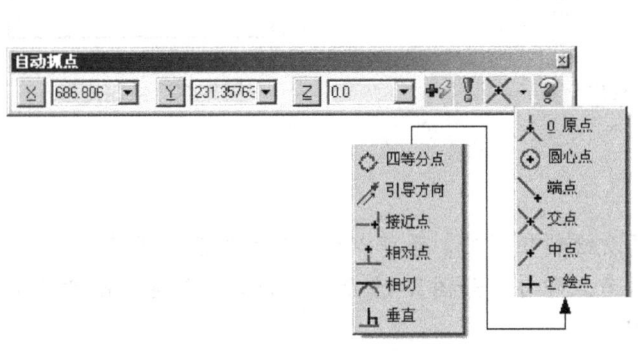

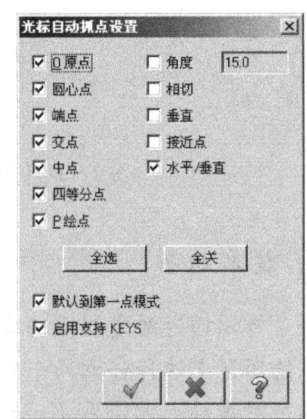

图 2-17 【自动抓点】工具栏　　　　图 2-18 【光标自动抓点设置】对话框

3. 绘制变形矩形

Mastercam 除了可以绘制一般的矩形外，还可绘制不规则的矩形，以需创建如图 2-19a 所示的"跑道形"为例。

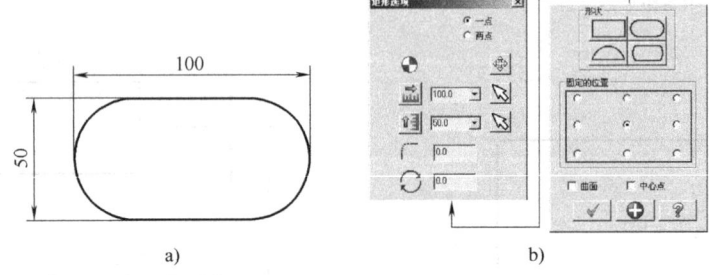

a)　　　　　　　　　　　　b)

图 2-19　创建不规则矩形

a)　不规则矩形　b)【矩形选项】对话框

在菜单栏选择【绘图】/【矩形形状设置】选项或在草绘工具栏上单击【矩形形状设置】按钮，系统弹出【矩形选项】对话框，输入【宽度】为"100.0"，【高度】为"50.0"，在【形状】栏上单击【圆角形】按钮，如图 2-19b 所示。在绘图区选择一点，即可生成如图 2-19a 所示的图形。

技术指导：

系统默认绘制变形矩形的方法为一点法，若要修改矩形的定位基准点时可通过【基准点】按钮进行修改。对于存在尖角的矩形还可以在【圆角半径】选项中设置倒圆角的大小，以保证尖角部分采用圆弧光滑过渡。对于其他形状的矩形，用户可自行尝试。

4. 倒角

倒角是在两相交或延伸相交的图素间按指定的距离进行倒斜角。创建倒角的方法有两种：单一倒角和串连倒角。

（1）单一倒角

单一倒角是指针对所选取的两条相交或延伸相交的直线进行倒角，每一次操作只能创建一个倒角。

打开随书光盘：素材\模块二 绘制二维图形\任务1中的"倒角.MCX-5"文件，如图 2-20a 所示的矩形框。

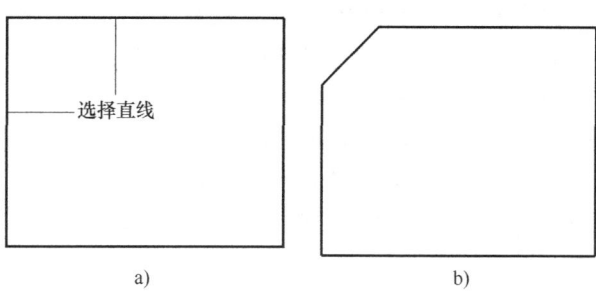

图 2-20 倒角
a）倒角.MCX-5 b）倒角效果

在菜单中选择【绘图】/【倒角】/【倒角】选项或在草绘工具栏上单击【倒角】按钮，系统弹出【倒角】工具栏，选择【单一距离】方式创建倒角，输入【倒角】距离为"10.0"，如图 2-21 所示。

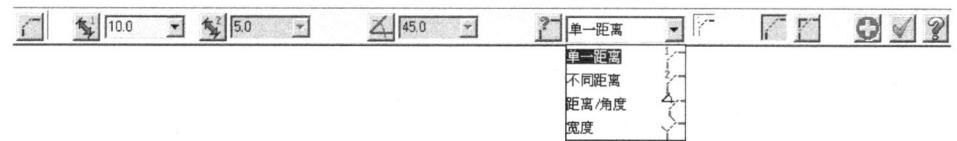

图 2-21 【倒角】工具栏

分别选择如图 2-20a 所示的两条直线，结果如图 2-20b 所示。

 技术指导：

系统提供了四种不同的倒角样式，如图 2-22 所示。

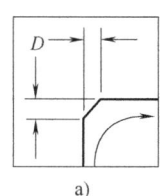 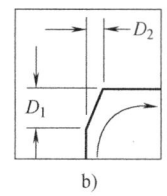 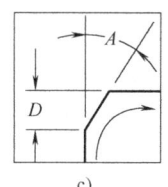 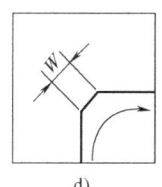

a) b) c) d)

图 2-22 倒角样式
a）单一距离 b）不同距离 c）距离/角度 d）宽度

在进行倒角的过程中，若单击【修剪】按钮，则对倒角的两直线边进行剪切操作，反之，单击【不修剪】按钮，则不进行修剪操作。

（2）串连倒角

与单一倒角不同的是，串连倒角是将所选取的串连图素的所有边角都进行倒角操作，从而有效地提高倒角效率。

打开随书光盘：素材\模块二 绘制二维图形\任务1中的"串连倒角.MCX-5"文

件，如图 2-23a 所示。在菜单栏选择【绘图】/【倒角】/【串连倒角】选项或在草绘工具栏上单击【串连倒角】按钮，系统弹出【串连选项】对话框和【倒角】操作栏，在如图 2-23a 所示的 A 点处选取多边形并确定，选择倒角方式为【单一距离】，输入【倒角】距离为"2.0"，单击✓按钮，结果如图 2-23b 所示。

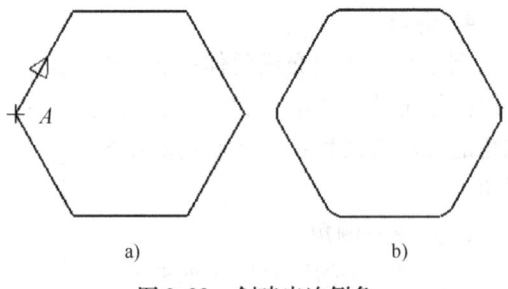

图 2-23　创建串连倒角
a）选择串连边　b）串连倒角效果

5. 修剪/打断

在设计过程中，对于一些多余的线常常需进行修剪或打断，从而获得准确有效的编辑效果。

（1）修剪/打断/延伸

打开随书光盘：素材\模块二　绘制二维图形\任务 1 中的"修剪.MCX-5"文件，如图 2-24a 所示。在菜单栏选择【编辑】/【修剪/打断】/【修剪/打断/延伸】选项或在【修剪】操作栏上单击【修剪/打断/延伸】按钮，系统弹出【修剪/打断/延伸】工具栏，如图 2-25 所示。

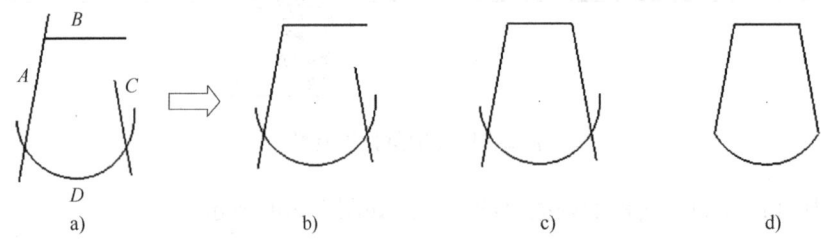

图 2-24　修剪物体
a）选择线　b）修剪一物体　c）修剪二物体　d）修剪三物体

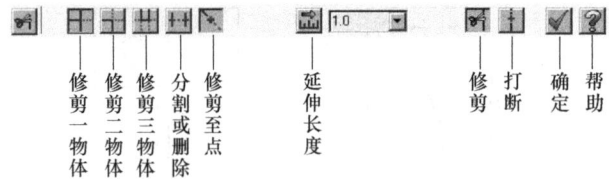

图 2-25　【修剪/打断/延伸】工具栏

1）修剪一物体：单击【修剪一物体】按钮，分别按如图 2-24a 所示的 A、B 处选择直线，结果如图 2-24b 所示。

2）修剪二物体：单击【修剪二物体】按钮，分别在如图 2-24a 所示的 B、C 处选择两直线，结果如图 2-24c 所示。

3）修剪三物体：单击【修剪三物体】按钮，分别在如图 2-24a 所示的 A、C、D 处选择三直线，结果如图 2-24d 所示。

技术指导：

只有当所选择的曲线有交点或具有延伸交点时才可以进行修剪，鼠标所选择的一侧为保留部分。

在采用【修剪三物体】功能进行修剪时，需注意选择的顺序，最后选择保留的曲线应为其他两条曲线的共有交线，如图 2-24 所示的圆弧 D 为直线 A、C 的共有交线。

4）分割/删除：使用【分割/删除】功能 不仅可以将所选图素以交点部分为界进行修剪删除，而且还可以对独立的图素进行删除，具有任意性。

打开随书光盘：素材\模块二　绘制二维图形\任务 1 中的"删除修剪 . MCX-5"文件，如图 2-26a 所示。

在【修剪】工具栏上单击【修剪/打断/延伸】按钮 ，单击【分割/删除】按钮 ，分别选择如图 2-26a 所示多余线段，结果如图 2-26b 所示，箭头所指为鼠标所选取的位置，即为删除部位。

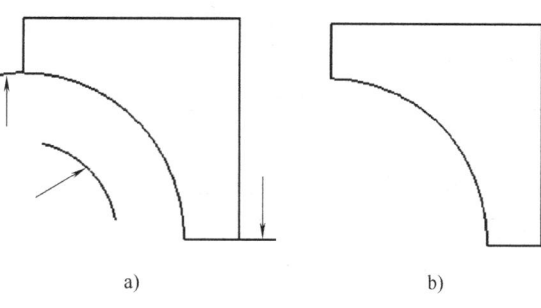

图 2-26　分割/删除图素
a）删除修剪 . MCX-5　b）删除结果

5）修剪至点：使用【修剪至点】 功能可以将所选图素在指定点处修剪/打断或延伸到指定点，效果如图 2-27 所示。

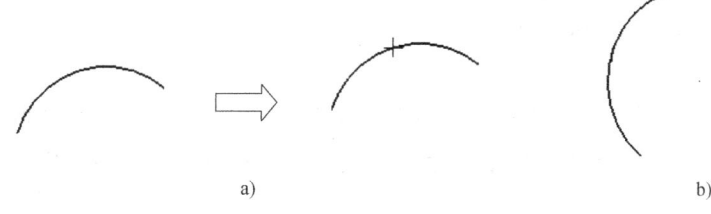

图 2-27　修剪至点
a）打断　b）延长

6）延伸长度：使用【延伸长度】 功能可以将图素在所选择的端点开始按指定长度进行延伸。

（2）多物修剪

多物修剪是将所选取的图素以某一图素为边界的同时修剪或延伸多个图素。

打开随书光盘：素材\模块二　绘制二维图形\任务 1 中的"多物修剪 . MCX-5"文件，如图 2-28a 所示。在菜单栏选择【编辑】/【修剪/打断】/【多物修剪】选项或在【修剪】工具栏上单击【多物修剪】按钮 ，选择如图 2-28a 所示的直线 A、B、C、D 后，单击【应用】按钮 ，继续选择直线 E 为修剪曲线，单

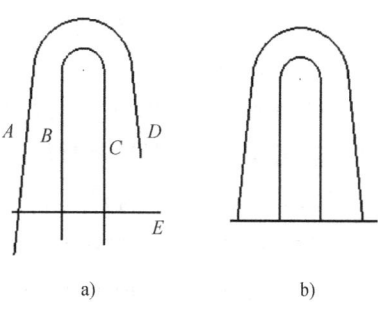

图 2-28　多物修剪
a）多物修剪 . MCX-5　b）修剪结果

击直线 E 的上方为保留部分，结果如图 2-28b 所示。

（3）其他【修剪/打断】编辑功能

1）在交点处打断：将所选图素在交点处打断，从而获得以交点为界的多个图素。

2）打成若干段：将所选图素根据距离或段数等参数进行打断。

3）打断全圆：将所选圆或圆弧按指定的段数进行均分打断。

4）恢复全圆：将所选圆弧恢复成完整圆。

6. 连接图素

在进行图形设计时，会遇到需对某一几何图素进行打断后又需重新将其连接成同一图素的情况。如一直线被打断后，需重新连接成一段直线，这时可通过【连接图素】功能完成。

在菜单栏选择【编辑】/【连接图素】选项或单击【连接图素】按钮 ，选择如图 2-29a 所示两段直线，单击按钮 ，结果如图 2-29b 所示。

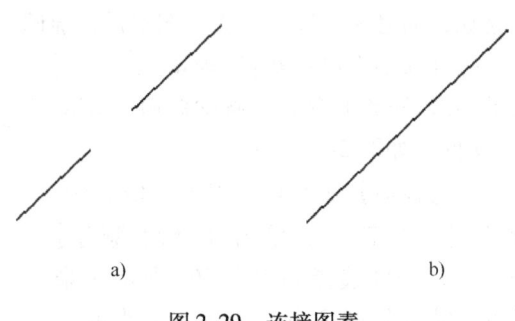

图 2-29　连接图素
a）打断后的直线　b）连接后的直线

技术指导：

在进行图素连接时须注意，能进行连接的图素必须具有相容性，对于直线只能是共线，对于圆弧则要求具有同圆心或相同半径的圆弧，对于样条曲线则要求是同一图素的曲线才能进行连接，但不能连接 NURBS 曲线。

7. 删除与恢复

在进行图形编辑时需对一些图素进行删除，以使图形变得清晰，避免选取错误，尤其是对于复杂的图形。系统对于误删除的图素也可以进行恢复删除，从而减少修复工作量。

（1）删除

在菜单栏选择【编辑】/【删除】/【删除图素】选项或单击【删除图素】按钮，选择所要删除的图素，单击【应用】按钮即可。

技术指导：

选取需要删除的图素后按 Delete 或 F5 键亦可实现删除。

（2）删除重复图素

在绘图的过程中难免会出现图素重复的情况，而这种情况对于后续操作将带来不便，如选择串连图素生成刀具路径时往往会出错，因此需对重复的图素进行删除。

在菜单栏选择【编辑】/【删除】/【删除重复图素】选项或单击【删除重复图素】按钮。此时，系统自动对重复的图素进行删除，并以对话框的形式提示所删除的重复图素类型和数量，以供用户对所删除的图素作进一步了解。

用户还可以对需重复删除的图素进行过滤选择。以只对某种颜色的重复图素进行删除为例，单击【删除重复图素：高级选项】按钮，选择所要删除的图素，单击【应用】按钮

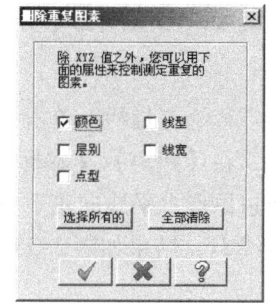

, 此时系统弹出【删除重复图素】对话框,勾选【颜色】选项,如图 2-30 所示,此时系统将只对同一种颜色的重复图素进行删除。

(3) 恢复删除功能

通过【恢复删除】功能可以恢复最近一次被删除的图素。

(4) 恢复删除指定数量的图素

系统根据指定撤回删除的数量进行图素删除恢复。

(5) 恢复删除限定的图素

通过条件过滤的方式恢复被删除的图素。

图 2-30 【删除重复图素】对话框

任务实施

启动 Mastercam X5 后,按下 F9 键打开系统座标系。

在草绘工具栏上单击【矩形】按钮,在矩形工具栏上输入【宽度】为 "40.0",【高度】为 "20.0",单击【基准点为中心】按钮,在【自动抓点】工具栏上选择【原点】,单击✓按钮,结果如图 2-31 所示。

在【绘图】工具栏上单击【串连倒角】按钮,系统弹出【串连选择】对话框和【倒角】工具栏,选择矩形框线并确定。选择倒角方式为【单一距离】,输入【倒角】距离为 "1",单击✓按钮,结果如图 2-32 所示。

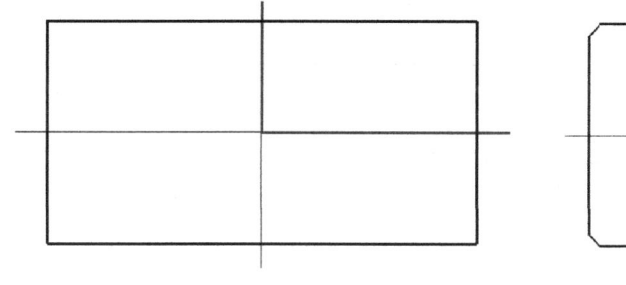

图 2-31 绘制矩形

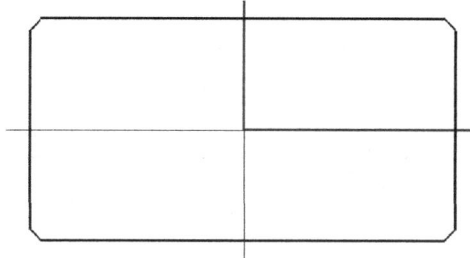

图 2-32 串连倒角

在草绘工具栏上单击【直线】按钮,键盘输入 "-15,0" 并确定,在【定义角度】文本框中输入角度为 "20",以绘制成 20° 的直线,移动鼠标到 A 点的合适位置后并单击,结果如图 2-33a 所示。采用相同的方法绘制成对称的 -20° 的直线,如图 2-33b 所示。

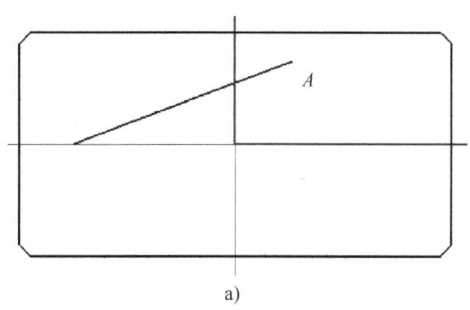

a)

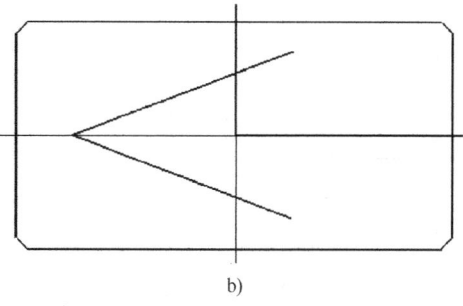

b)

图 2-33 绘制箭头直线

a) 绘制 20° 直线　b) 绘制 -20° 直线

继续采用直线命令分别绘制通过系统座标系原点的水平线 N 与垂直线 M，如图 2-34 所示。

在草绘工具栏上单击【绘制平行线】按钮，绘制过原点的水平直线，朝 Y 轴正上方单击，在【距离】文本框输入"2.0"，结果如图 2-35 所示的 L_1。继续采用相同的方法分别创建过原点水平线向正下方偏移距离为 2.0mm 的直线 L_2 和垂直线向右偏移距离为 15.0mm 的直线 L_3，结果如图 2-35 所示。

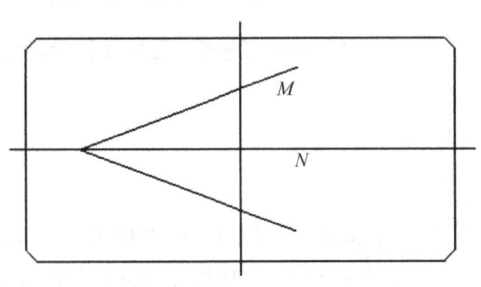
图 2-34　绘制水平线与垂直线

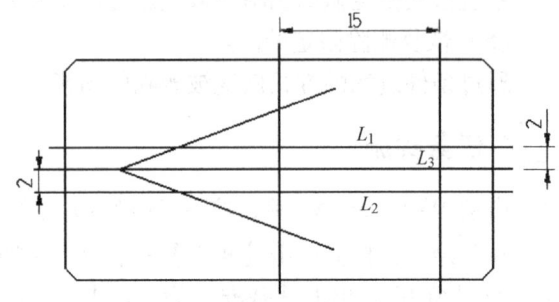
图 2-35　绘制平行线

在【修剪】工具栏上单击【修剪/打断/延伸】按钮，在【修剪/打断/延伸】操作栏上单击【修剪两物体】按钮，选择如图 2-36 所示 A、B 直线，B、C 直线。单击【修剪三物体】按钮，选择 L_1、L_2 和 L_3 直线，结果如图 2-37 所示。

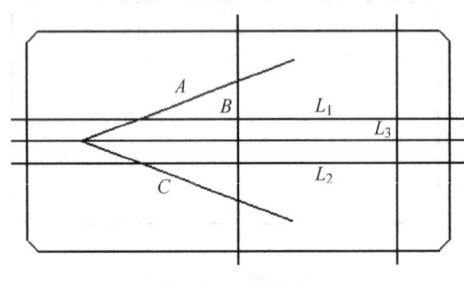
图 2-36　其他绘制平行线

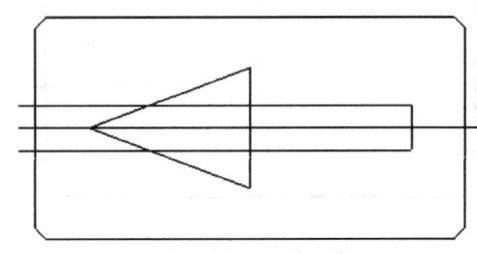
图 2-37　修剪直线

单击【分割/删除】按钮，将多余的直线分割删除，结果如图 2-38 所示。

单击【删除图素】按钮，将不需要的直线删除，结果如图 2-39 所示。至此箭头指示图完成。

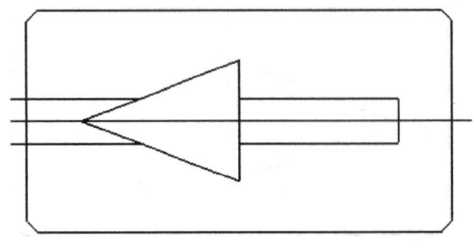
图 2-38　分割直线

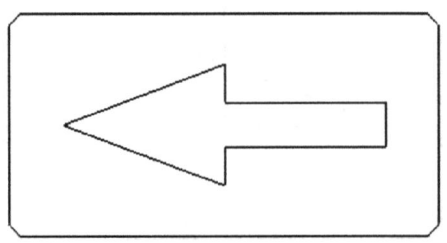
图 2-39　结果

技术指导：

同一个图形可以有多种不同的画法，用户可自行尝试采用其他的方法，如任务中的箭头图形可采用输入座标值的方法绘制。

 任务总结

本任务的难点是箭头部分的绘制，通过本任务的学习，读者对 Mastercam 二维图形的绘制方法有一定的了解，同时也掌握了最基本的绘图命令，如直线和矩形的绘制，以及对图素进行编辑的方法，如倒角、修剪、打断和删除等功能。在对图素进行修剪时，采用不同的方法可以起到事半功倍的效果，特别是修剪三物体和分割/删除功能的应用。作为初学者，在绘制图素时需注意所绘制的图形中是否存在着重复的图素，因为存在重复图素时会不利于后续的编辑，而且容易出错，此时可采用删除重复图素功能进行删除。

 提高练习

绘制如图 2-40 所示的二维图形。

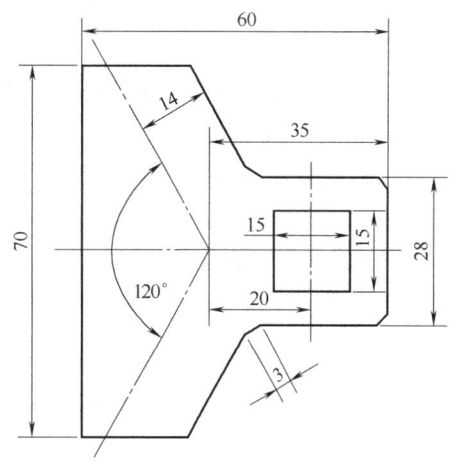

图 2-40　TG2-1

任务 2　绘制托盘零件图

 任务目标

➢ 掌握圆、圆弧和椭圆的绘制方法。
➢ 掌握倒圆角、补正操作。
➢ 学会对具有对称特点的图形进行镜像操作。

 任务导入

绘制如图 2-41 所示的托盘零件图。

 任务分析

该零件图外形为一椭圆，全图绘制的难点在于左侧上下对称的"心瓣"图案，可先构建外形，然后采用补正偏移的方式完成偏移轮廓的绘制，接着进行镜像复制即可。

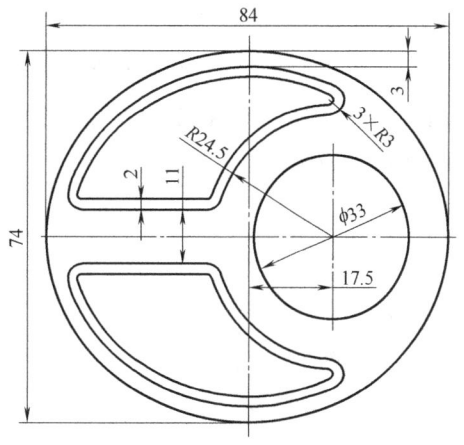

图 2-41　托盘零件图

知识准备

1. 绘制圆与圆弧

除了直线外,圆弧也是构成几何图形的基本图素之一,主要用于表达具有圆弧特点的零件,如圆弧外形、孔和圆柱面等。

(1) 通过圆心 + 点画圆

采用这种方法可以通过指定圆心、半径、直径的方式绘制圆弧,还可以在指定圆心位置后,绘制与圆弧或直线相切的圆。

在菜单栏选择【绘图】/【圆弧】/【圆心 + 点】选项(图 2-42)或在草绘工具栏上单击【圆弧】按钮,系统弹出【编辑圆心点】工具栏,如图 2-43 所示。

在绘制区指定一点,输入圆弧的半径或直径后确定即可生成一整圆,如图 2-44 所示为指定直径为"100"的圆。

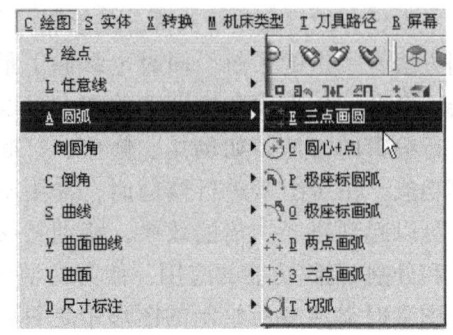

图 2-42 选择【圆心 + 点】选项

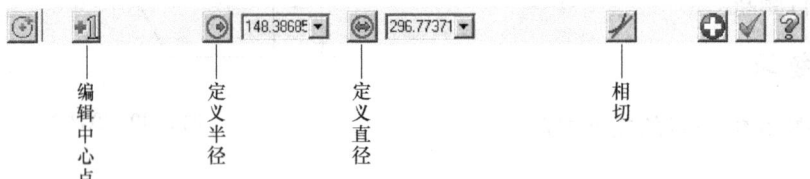

图 2-43 【编辑圆心点】工具栏

 技术指导:

若需修改圆心的位置可单击【编辑中心点】按钮进行重新选择。用户还可先确定圆的大小再确定圆心的位置。

若需绘制已知圆心且与某直线相切的圆,如图 2-45 所示,需绘制与直线相切且圆心在 A 点的圆,可先单击【相切】按钮,先选择 A 点作为圆心点,再选择直线即可创建如图 2-45 所示的相切圆。

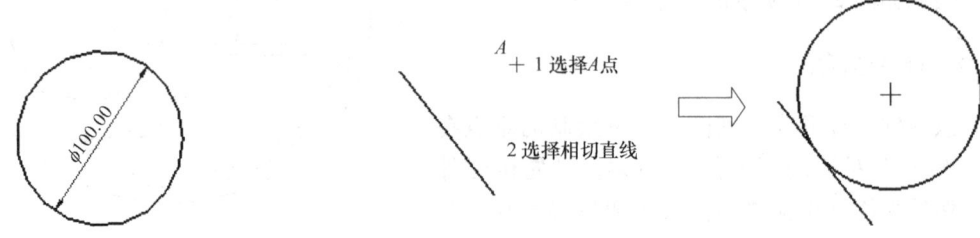

图 2-44 指定直径绘制圆   图 2-45 绘制相切圆

(2) 三点画圆

通过【三点画圆】命令可创建一个通过 3 点的圆，必须注意这 3 个点不能在同一直线上，同时可创建通过两点的圆。此方法常用于已知该圆所通过的 3 个点或已知两个点但半径未知的情况，采用相切条件绘制通过 3 点或两点的相切圆。

打开随书光盘：素材\模块二 绘制二维图形\任务 2 中的"过两点相切圆.MCX-5"文件。

在菜单栏选择【绘图】/【圆弧】/【三点画圆】选项或在草绘工具栏上单击【三点画圆】按钮，系统弹出【已知边界点绘圆】工具栏，如图 2-46 所示。

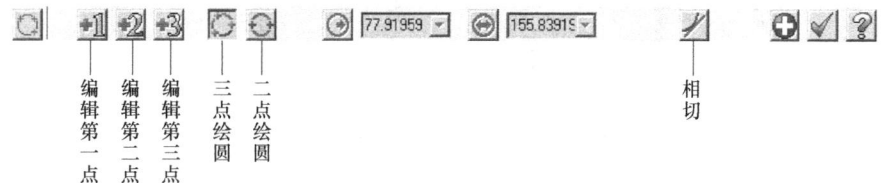

图 2-46 【已知边界点绘圆】工具栏

单击【二点绘圆】按钮和【相切】按钮，选择如图 2-47 所示的 A、B 圆弧，输入半径为"100.0"，系统生成 5 个与 A、B 圆弧同时相切的圆，选择中间圆为需保留的圆，结果如图 2-47 所示。

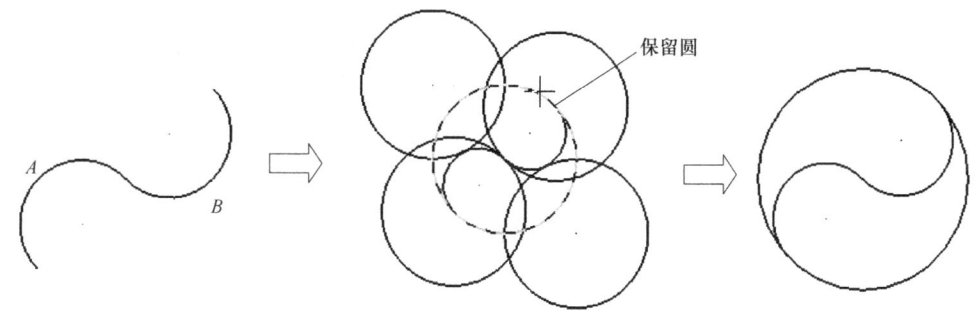

图 2-47 绘制过二点相切的圆

 技术指导：

三点相切绘圆的方法与此方法操作一样，用户可自行尝试。

若需创建通过已知 3 个点或两个点的圆，可采用如下的方法：分别选择如图 2-48a 所示的 A、B、C 三点即可创建如图 2-48b 所示的圆。若选择 A、C 两点，则可创建如图 2-48c 所示的圆。

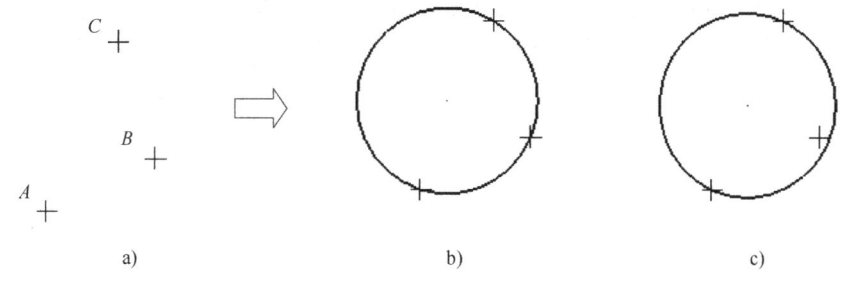

图 2-48 通过三点/二点绘圆

a) 已知点　b) 三点绘圆　c) 二点绘圆

（3）极座标圆弧

通过【极座标圆弧】命令可指定圆弧中心、半径或直径、起始与终止的角度创建一段圆弧，当起始角度与终止角度相同时则可创建一整圆。

在菜单栏选择【绘图】/【圆弧】/【极座标圆弧】选项或在草绘工具栏上单击【极座标圆弧】按钮，系统弹出【已知圆心，极座标画弧】工具栏，如图2-49所示。

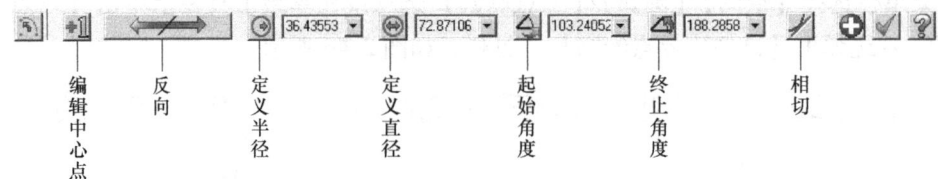

图2-49 【已知圆心，极座标画弧】工具栏

选择如图2-50a所示的 A 点为圆弧的圆心，分别选择 B、C 两点为圆弧的起始角度点与终止角度点（也可以在相对应的文本框中输入角度值），即可生成如图2-50b所示的圆弧。

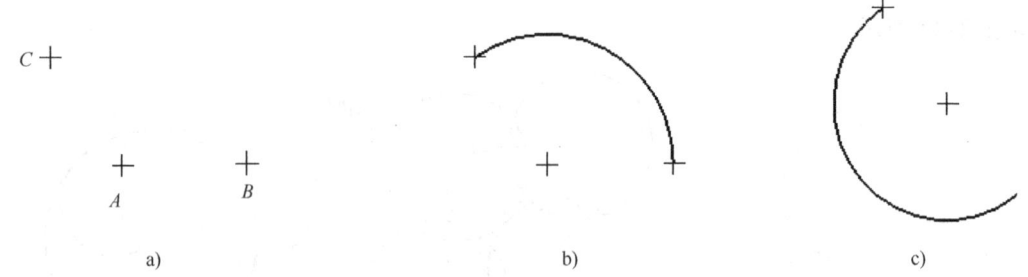

图2-50 绘制极座标圆弧
a）已知三点 b）正向圆弧 c）反向圆弧

 技术指导：

若单击【反向】按钮，则生成反方向的圆弧，如图2-50c所示。

（4）极座标画弧

通过【极座标画弧】命令绘制极座标圆弧的方法有两种，分别为指定圆弧的起始点或终止点，然后指定圆弧半径或直径、起始角度和终止角度的方式创建一段弧。由于两种方法操作一样，这里只介绍指定圆弧终止点的方法。当起始角度与终止角度相同时，则可创建一整圆。

在菜单栏选择【绘图】/【圆弧】/【极座标画弧】选项或在草绘工具栏上单击【极座标画弧】按钮，系统弹出【极座标画弧】工具栏，各按钮相对应的功能如图2-51所示。

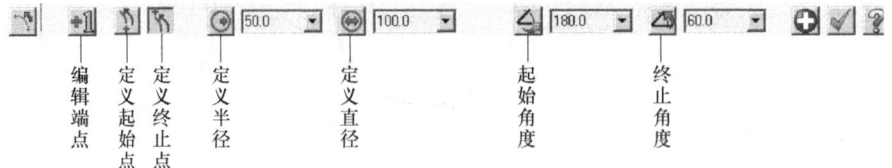

图2-51 【极座标画弧】工具栏

单击【终止点】按钮，在绘图区指定一点作为圆弧的终点，指定圆弧半径为 50.0mm，起始角度为 180.0°，终止角度为 60.0°，则可生成如图 2-52 所示的圆弧。

（5）两点画弧

通过【两点画弧】命令可指定圆弧的起始点与终止点后再确定圆弧半径或直径的方式绘制圆弧。在指定了圆弧的起始点与终止点后，用户还可通过指定与圆弧相切的图素完成相切圆弧的绘制。

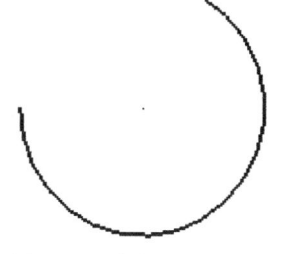

图 2-52　绘制极座标圆弧

在菜单栏选择【绘图】/【圆弧】/【两点画弧】选项或在草绘工具栏上单击【两点画弧】按钮，系统弹出【两点画弧】工具栏，如图 2-53 所示。

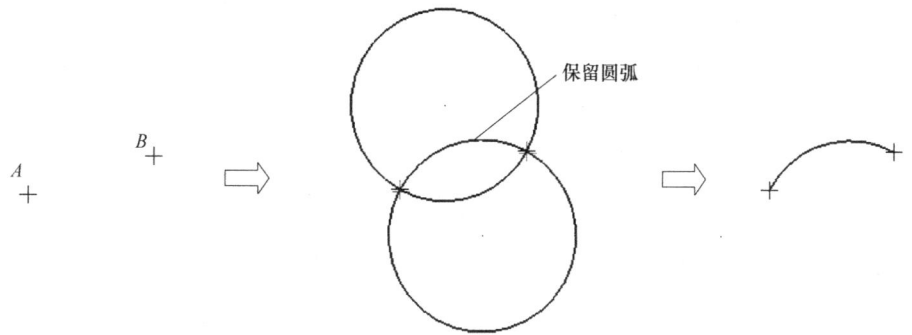

图 2-53　【两点画弧】工具栏

在绘图区分别选择如图 2-54 所示的 A、B 两点，输入圆弧半径为 50.0mm，系统生成 4 段通过 A、B 两点且半径为 50.0mm 的圆弧，选择中间圆弧为需保留的圆弧，结果如图 2-54 所示。

图 2-54　绘制两点圆弧

（6）三点圆弧

通过指定圆弧上的 3 点绘制一段圆弧。

打开随书光盘：素材 \ 模块二　绘制二维图形 \ 任务 2 中的"三点画弧.MCX-5"文件。

在菜单栏选择【绘图】/【圆弧】/【三点画弧】选项或在草绘工具栏上单击【三点画弧】按钮，系统弹出【三点画弧】工具栏，单击【相切】按钮，分别在如图 2-55a 所示的 A、B、C 所处位置选取圆弧，结果如图 2-55b 所示。

 技术指导：

创建三点相切圆弧时，选择不同的位置可创建不同的相切圆弧，因此需特别注意所选择的相切位置。这里只举例了一种过三点绘制相切圆弧的情况，用户可尝试其他三点创建圆弧的方法。

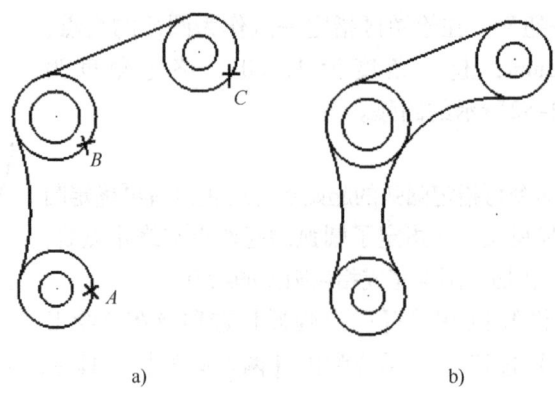

图 2-55 创建三点圆弧
a) 三点画弧.MCX-5 b) 与三点相切圆弧

(7) 切弧

使用切弧命令可绘制与其他直线或圆弧相切的圆弧或圆，系统提供了 7 种绘制切弧的方法。

在菜单栏选择【绘图】/【圆弧】/【切弧】选项或在草绘工具栏上单击【切弧】按钮，系统弹出【切弧】工具栏，如图 2-56 所示。

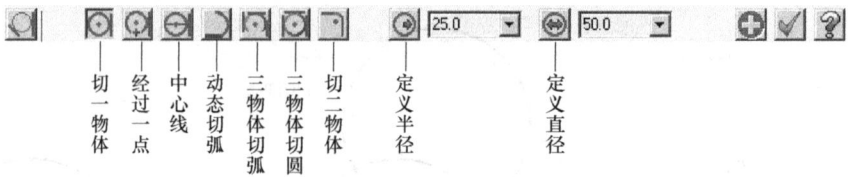

图 2-56 【切弧】工具栏

1) 切一物体。切一物体是通过指定相切的几何对象和相切位置，绘制一段 180°的圆弧。

打开随书光盘：素材\模块二 绘制二维图形\任务 2 中的"切一物体.MCX-5"文件。

单击【切一物体】按钮，选择如图 2-57 所示的直线，并选择该直线上端点作为圆弧相切位置，输入圆弧半径为"25.0"，系统生成 4 段 180°的圆弧，选择右上角的圆弧为保留段，结果如图 2-57 所示。

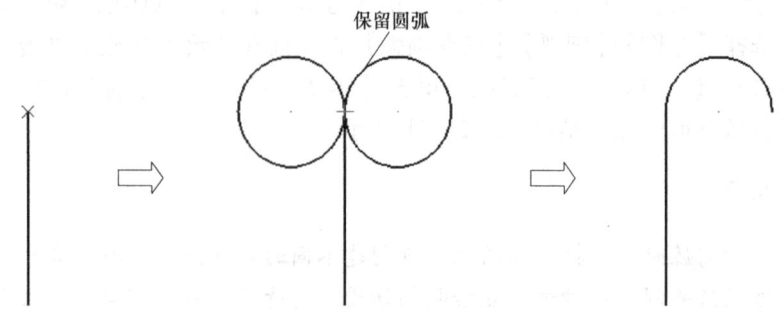

图 2-57 切一物体

2）经过一点。用于绘制经过一特定点，并与直线或圆弧相切的圆弧。

打开随书光盘：素材 \ 模块二绘制二维图形 \ 任务 2 中的"经过一点.MCX-5"文件，如图 2-58a 所示。启动【切弧】命令后，单击【经过一点】按钮，输入圆弧半径为"60.0"，分别选择如图 2-58a 所示的直线端点 A 点和圆弧端点 B 点，系统生成 4 段圆弧，如图 2-58b 所示，选取需保留的圆弧，结果如图 2-58c 所示。

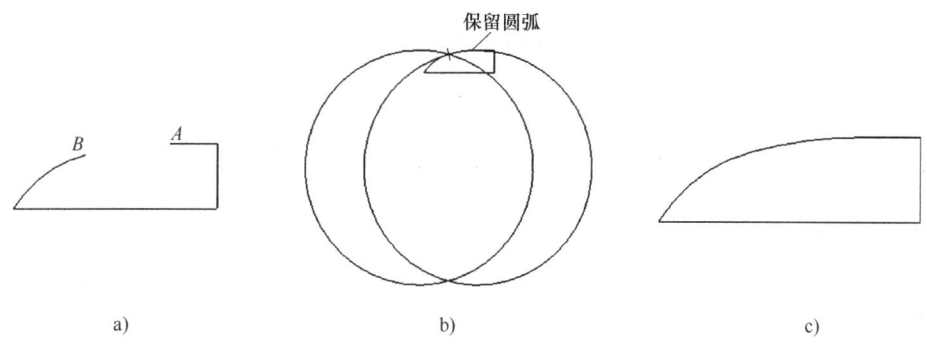

图 2-58 采用【经过一点】绘圆
a）经过一点.MCX-5 b）生成 4 段圆弧 c）结果

3）中心线。用于绘制与一直线相切，且圆弧中心在另一直线上的圆。

单击【中心线】按钮，输入圆弧半径为"25.0"，分别选择如图 2-59a 所示的直线 A 为相切直线，直线 B 为圆心所在的线，系统生成两个满足条件的圆，如图 2-59b 所示，选取上侧圆为需保留的圆，结果如图 2-59c 所示。

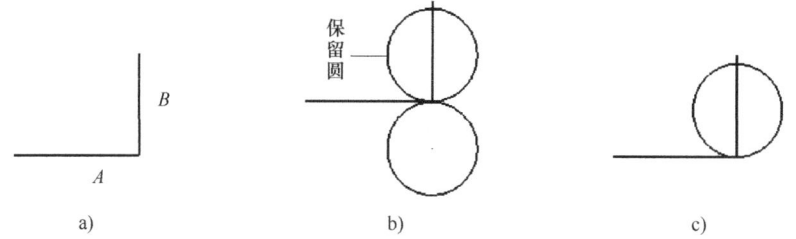

图 2-59 采用【中心线】绘制圆
a）两直线 b）生成两圆 c）结果

4）动态切弧。用于动态地绘制与直线、圆弧或样条曲线相切于某一特定点的圆弧。

单击【动态切弧】按钮后，选择如图 2-60a 所示的圆弧，并在圆弧的 A 点上单击作为圆弧相切的起始点，然后动态拖动鼠标使圆弧的形态发生变化，当移至理想位置时单击鼠标作为圆弧的终止点，结果如图 2-60b 所示。

5）三物体切弧。该命令与【三点圆弧】采用相切条件绘制圆弧时的操作一样，这里不再介绍，用户可参照【三点圆弧】采用相切方法创建圆弧。

6）三物体切圆。与【三物体切弧】不同的是，通过【三物体切圆】方法绘制的是整圆，而不是圆弧。操作方法可参照【三物体切弧】命令。

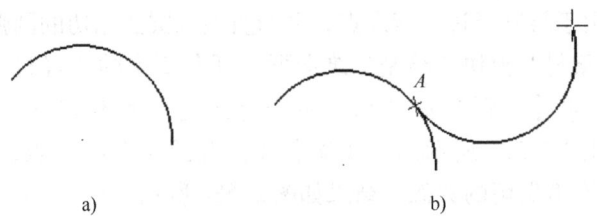

图 2-60 采用【动态切弧】绘制圆
a) 原有圆弧 b) 结果

7) 切两物体。与采用相切方式的【两点绘弧】一样,具有倒圆角的效果。操作方法可参照【两点绘弧】命令。

2. 绘制椭圆

采用【画椭圆】命令可绘制完整椭圆或椭圆弧,还可绘制具有旋转特征、曲面和中心点的椭圆。

在菜单栏选择【绘图】/【画椭圆】选项或在草绘工具栏上单击【画椭圆】按钮,系统弹出【画椭圆】对话框,如图 2-61a 所示。输入长半轴为"30.0",短半轴为"10.0"。在绘图区选择一点作为椭圆中心点,即可绘制一椭圆,如图 2-61b 所示。

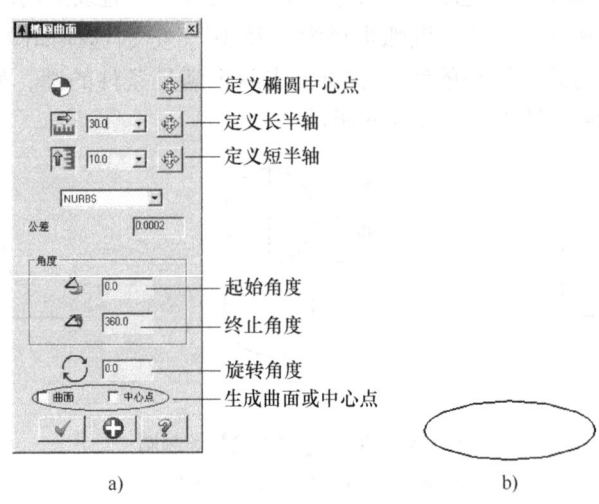

图 2-61 绘制椭圆
a)【画椭圆】对话框 b) 椭圆绘制结果

技术指导:

用户也可以先指定椭圆中心,然后再定义椭圆长、短半轴的长度。

3. 倒圆角

倒圆角是在曲线的相交点处采用圆弧相切过渡,有助于消除尖角的存在。创建倒圆角的方式有两种:单一倒圆角和串连倒圆角。

(1) 单一倒圆角

在菜单栏选择【绘图】/【倒圆角】/【倒圆角】选项或在绘图工具栏上单击【倒圆角】按钮，系统弹出【倒圆角】工具栏，如图2-62所示。

图2-62 【倒圆角】工具栏

输入倒圆角半径为"10.0"，选择如图2-63a所示A、B直线的两侧，单击【不修剪】按钮，结果如图2-63b所示。若为【修剪】状态，则倒圆角效果如图2-63c所示。

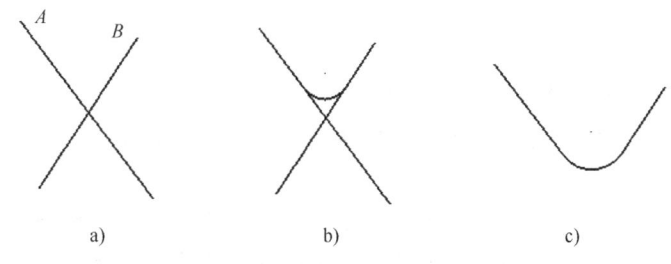

图2-63 倒圆
a) 两相交直线 b) 不修剪结果 c) 修剪结果

技术指导：

在进行倒圆角时，选择不同的侧边位置会产生不同的倒圆角效果。

(2) 串连倒圆角

与单一倒圆角不同的是，串连倒圆角是将所选取的串连图素的所有边角都采用相同半径的倒圆角操作，从而有效地提高倒圆角效率。

打开随书光盘：素材\模块二 绘制二维图形\任务2中的"串连倒圆角.MCX-5"文件。

在菜单栏选择【绘图】/【倒圆角】/【串连倒圆角】选项或在绘图工具栏上单击【串连倒圆角】按钮，系统弹出【串连倒圆角】工具栏，如图2-64所示。

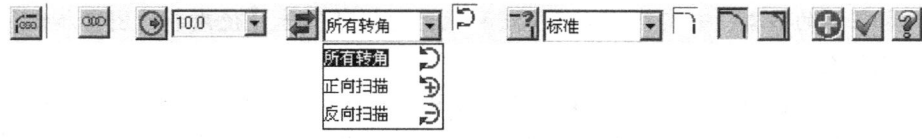

图2-64 【串连倒圆角】工具栏

系统弹出【串连选项】对话框,在如图 2-65a 所示的 A 点位置选取矩形并确定,选择倒圆角方向为【所有转角】,输入倒圆角【半径】为 "10.0",单击【修剪】按钮,单击 按钮,结果如图 2-65b 所示。

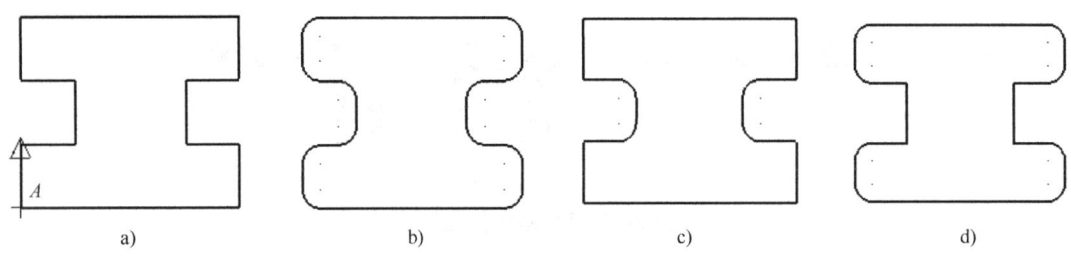

图 2-65 串连倒圆角操作

a) 串连倒圆角.MCX-5 b) 所有转角效果 c) 正向扫描效果 d) 反向扫描效果

技术指导:

系统提供了三种搜索方向执行倒圆角操作,分别如下:

◆ 所有转角:所选择串连图素中,所有边角都采用圆角过渡,不受搜索方向和倒圆角形式的限制。

◆ 正向扫描:只在所选择串连图素的正方向进行圆角过渡,效果如图 2-65c 所示。

◆ 反向扫描:只在所选择串连图素的反方向进行圆角过渡,效果如图 2-65d 所示。

4. 补正

补正是将所选择图素按指定法线方向偏移一定的距离,或复制生成新的图素,因此也称为偏移。必须注意的是,补正操作的效果并不是纯粹地移动一定的距离,而是在法线方向上移动一定的距离(即法线方向上的距离都相等),如偏移一个圆,若是向外偏移,则产生一个更大的圆,反之向内则产生一个更小的圆。系统分别提供了单体补正与串连补正两种补正方式。

(1) 单体补正

单体补正是指只对所选择的图素按指定的方向与距离进行偏移或复制。

在菜单栏选择【转换】/【单体补正】选项或单击【单体补正】按钮,系统弹出【补正】对话框,如图 2-66a 所示。选择【复制】选项,补正【次数】为 "1",【补正距离】为 10.0mm,选择如图 2-66b 所示的圆,朝圆的内侧单击以确定补正方向,结果如图 2-66c 所示。

技术指导:

对于补正后的图素,若需重定义其图层和颜色时,可勾选【使用新的图素属性】选项,然后设置相关选项即可。

Mastercam 自动将补正或偏移等复制得到的图素进行分组,并采用不同的颜色显示,用户可对这些颜色进行清除,还原至所设置的颜色,在菜单栏选择【屏幕】/【清除颜色】或单击【清除颜色】按钮即可。

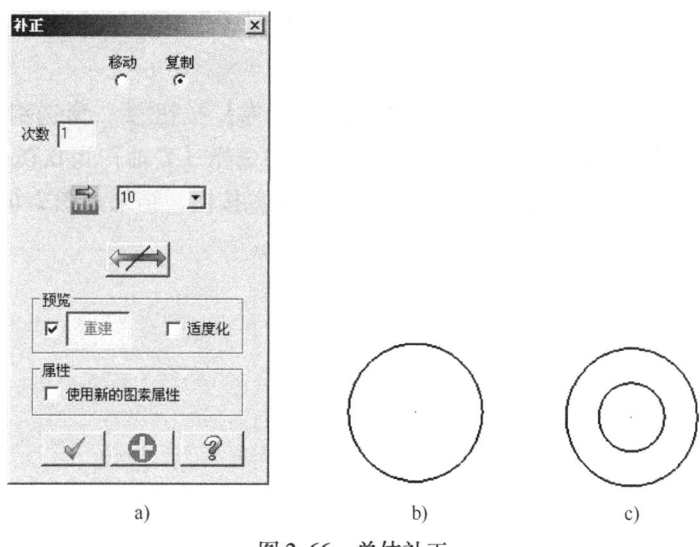

图 2-66 单体补正
a)【补正】对话框 b) 需补正圆 c) 单体补正效果

（2）串连补正

通过串连补正可以对所选择的多个首尾相连的图素按指定的方向与距离进行偏移或复制。

打开随书光盘：素材\模块二 绘制二维图形\任务 2 中的"串连补正.MCX-5"文件，如图 2-67a 所示。

在菜单栏选择【转换】/【串连补正】选项或单击【串连补正】按钮，系统弹出【串连选项】对话框，选择如图 2-67a 所示的外形轮廓并确定，系统弹出【串连补正】对话框，如图 2-67b 所示，设置【偏移距离】为 10.0mm，其他参数为默认值，补正方向为向内。若向外时可单击【反向】按钮 进行更改，结果如图 2-67c 所示。

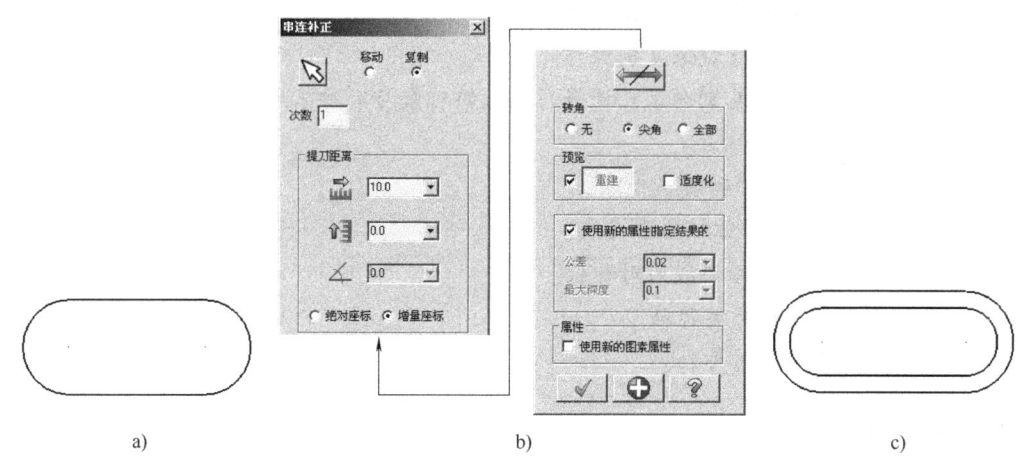

图 2-67 串连补正操作
a) 串连补正.MCX-5 b)【串连补正】对话框 c) 补正效果

5. 镜像

镜像操作是将所选择的图素按指定的对称轴进行镜像移动或复制操作，适用于具有对称特征的几何图形。

打开随书光盘：素材\模块二 绘制二维图形\任务2中的"镜像.MCX-5"文件，如图2-68a所示。

在菜单栏选择【转换】/【镜像】选项或单击【镜像】按钮，窗选刚打开的所有图素并确定。系统弹出【镜像】对话框，在【轴】选项中选择【Y轴】为0.0mm的水平线为对称轴，如图2-68b所示，接受其他参数并确定，单击 按钮，结果如图2-68c所示。

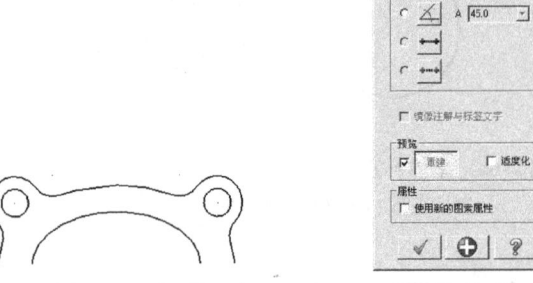
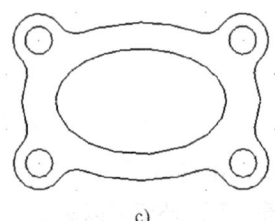

a)   b)   c)

图2-68 镜像操作

a) 镜像.MCX-5   b)【镜像】对话框   c) 镜像效果

技术指导：

镜像方式有三种：

◆【移动】：即只对图素进行镜像移动操作。
◆【复制】：对图素进行镜像复制操作。
◆【连接】：除了产生复制对象外还将新生成的对象与旧对象采用直线连接。

镜像轴的确定有5种方式：

◆  ：对称轴为水平线。
◆ ：对称轴为垂直线。
◆ ：以倾斜线为对称轴。
◆ ：选择现有直线为对称轴。
◆ ：使用两点作为对称轴。

任务实施

单击【新建】按钮，按F9键，在草绘工具栏上单击【画椭圆】按钮，系统弹出【画椭圆】对话框，输入长半轴为"42.0"，短半轴为"37.0"，单击【快速定位】按钮，在文本框中输入"0, 0"并确定，即以原点为椭圆中心，结果如图2-69所示。

在草绘工具栏上单击【直线】按钮，单击【水平线】按钮，在系统座标系的左侧绘制一段水平线，输入Y坐标为5.5mm并确定，单击 按钮，结果如图2-70所示。

技术指导：

在绘制此水平线时，还可先绘制通过原点的水平线后再向上偏移。实际应用中常采用创建平行线间接求出其他特征参考定位的方法进行绘制图形。

在草绘工具栏上单击【圆弧】按钮，输入"17.5，0"座标为圆心位置，设置圆的半径为24.5mm，结果如图2-71所示。

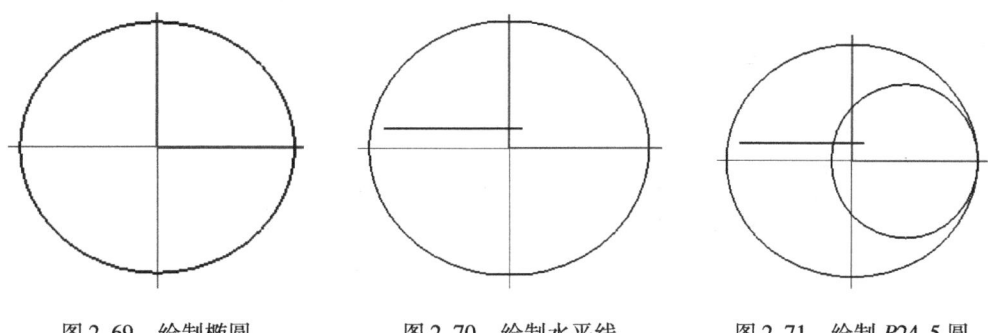

图2-69　绘制椭圆　　　　图2-70　绘制水平线　　　　图2-71　绘制R24.5圆

单击【单体补正】按钮，系统弹出【补正】对话框，选择【复制】选项，补正【次数】为"1"，【补正距离】为3.0mm，选择椭圆，朝内侧单击，以确定补正方向，结果如图2-72所示。

按下F9键，取消系统座标系的显示。在绘图工具栏上单击【倒圆角】按钮，分别对如图2-72箭头所指的三个交角进行倒圆角，其中倒圆角半径为3.0mm，结果如图2-73所示。

 技术指导：

由于各倒圆角的半径都一致，因此在进行倒圆角操作时也可先对相交的图素进行修剪，然后采用串连倒圆角的方式创建倒圆角。

单击【串连补正】按钮，系统弹出【串连选项】对话框，选择心瓣的外形轮廓并确定。在【串连补正】对话框上设置【偏移距离】为2.0mm，补正方向为向内，若向外时可单击【反向】按钮进行更改。结果如图2-74所示。

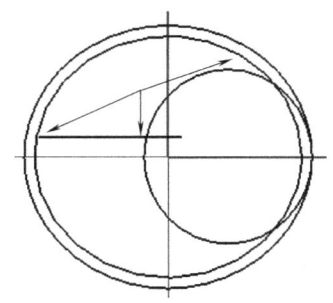 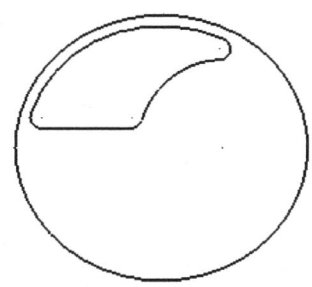 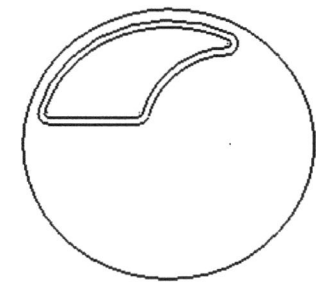

图2-72　向内复制偏移椭圆　　图2-73　倒圆角处理　　图2-74　向内复制心瓣轮廓

单击【镜像】按钮，窗选如图2-74所示的心瓣轮廓并确定，系统弹出【镜像】对话框，在【轴】选项中选择【Y轴】为0.0mm的水平线为对称轴，接受其他参数并确定，结果如图 2-75 所示。

在草绘工具栏上单击【圆弧】按钮 ⊙，在【自动抓取点】工具栏上选择【圆心】选项 ⊙，选择半径为 24.5mm 的圆弧以确定圆心位置，并输入圆的直径为 33.0mm，结果如图 2-76 所示。至此托盘零件草绘图完成。

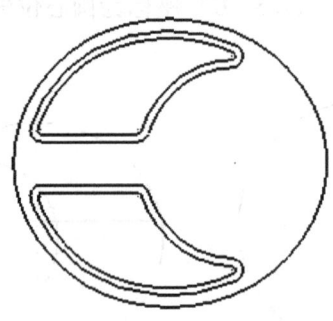 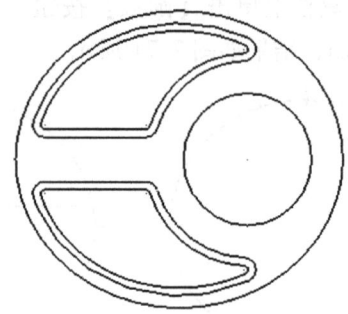

图 2-75　镜像复制心瓣轮廓　　　　　图 2-76　完成零件绘制

 任务总结

本任务的难点是心瓣轮廓的创建，通过本任务的学习，读者应进一步掌握圆、圆弧和椭圆的绘制方法，以及对图素进行倒圆角、偏移和镜像的编辑操作。对于具有偏移特征的图形可先创建其中一图形后再进行偏移，而对于具有对称特征的图形，往往先绘制其中相同的部分，然后采用镜像复制的方法获得另一部分的图形，灵活地根据图形特点采用相适应的绘制方法往往可以起到较好的绘制效果。

提高练习

绘制如图 2-77 所示的二维草绘图。

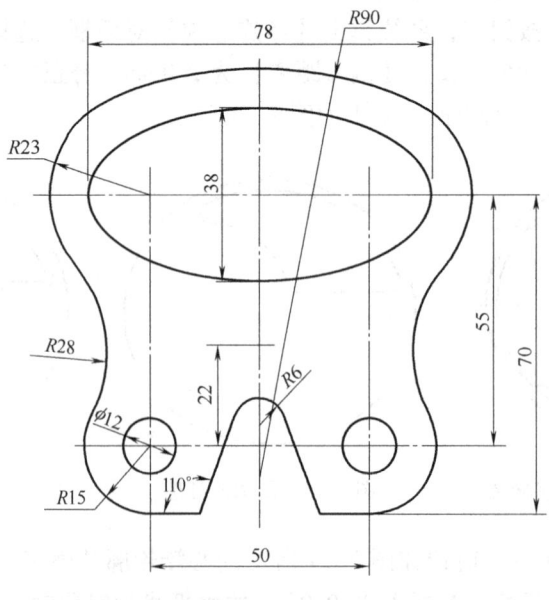

图 2-77　TG2-2

任务 3 绘制控制面板零件图

 任务目标

➢ 掌握多边形的绘制方法。
➢ 掌握旋转转换、比例缩放转换和阵列转换功能的应用。

 任务导入

绘制如图 2-78 所示的某控制面板二维图。

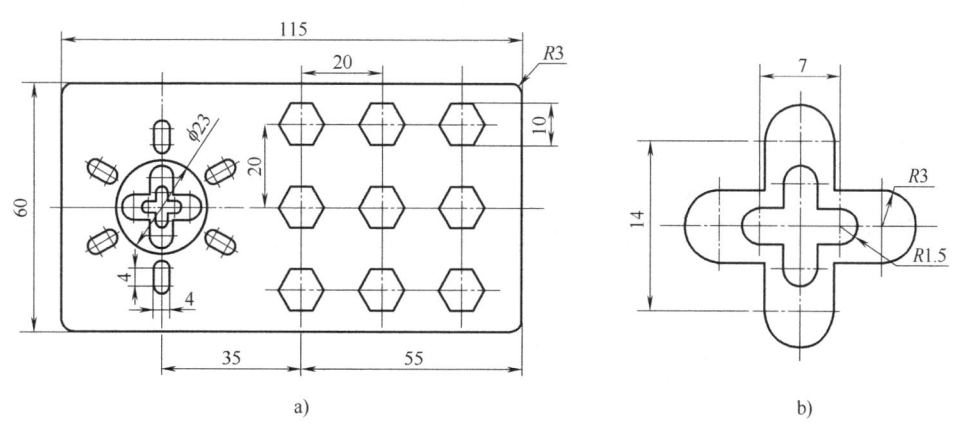

图 2-78 某控制面板
a) 全图   b) "十字" 局部尺寸放大图

 任务分析

该控制面板外形由一矩形构成,内部有较多的相似特征,如左侧两个"十字"图形尺寸为两倍比例关系,因此可只绘制其中一个特征,然后进行比例缩放。与圆周边相邻的 6 个相同的跑道形矩形,可采用旋转复制得到。对于图形右侧的 9 个正六边形,可采用阵列的方式进行创建。

 知识准备

1. 绘制多边形

在零件外形设计中,正多边形被广泛应用在如螺母、定位件,以及其他结构中。
在菜单栏选择【绘图】/【画多边形】选项或在草绘工具栏上单击【画多边形】按钮 ⬠,系统弹出【多边形选项】对话框,如图 2-79a 所示。
在绘图区选取一点作为正多边形的中心点,选择正多边形为【外接圆方式】,输入边数为 6.0,半径为 20.0mm,单击 ✓,结果如图 2-79b 所示。

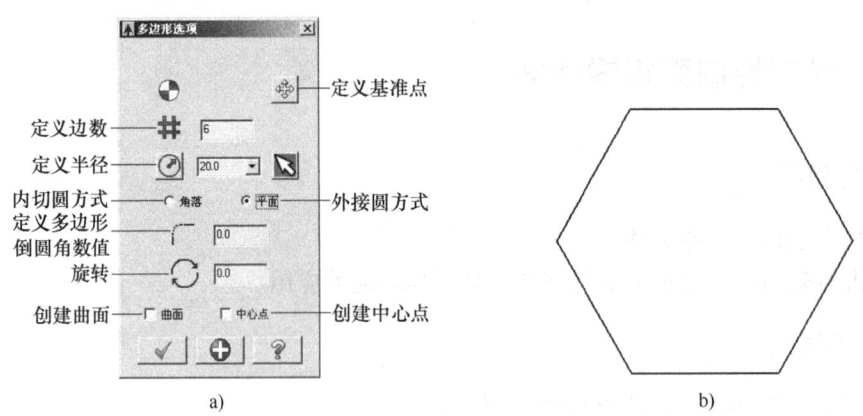

图 2-79 绘制正多边形
a)【多边形选项】对话框 b) 结果

 技术指导：

在绘制正多边形时，需先确定正多边形与圆是内切还是外切，然后确定相切圆半径，从而确定正多边形的大小，因此需在绘制时要注意正多边形与圆的相切形式。其中，内切圆方式如图 2-80a 所示，外接圆方式如图 2-80b 所示。

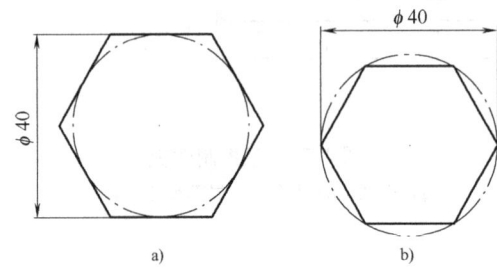

图 2-80 正多边形和圆的相切形式
a) 内切 b) 外接

2. 旋转

通过【旋转】命令可将所选择图素绕某一基准点旋转一定的角度，从而进行移动、复制或连接的操作。

打开随书光盘：素材\模块二 绘制二维图形\任务 3 中的"旋转.MCX-5"文件，如图 2-81a 所示。

在菜单栏选择【转换】/【旋转】选项或在转换工具栏上单击【旋转】按钮，选择刚打开的图形并确定，系统弹出【旋转】对话框，如图 2-81b 所示。设置【次数】为"7"，点选【单次旋转角度】选项，设置【旋转角度】为"45.0"，其他参数默认，单击【定义旋转中心或点】按钮，在绘图区选取系统座标系原点作为旋转复制基准点，单击 按钮，结果如图 2-81c 所示。

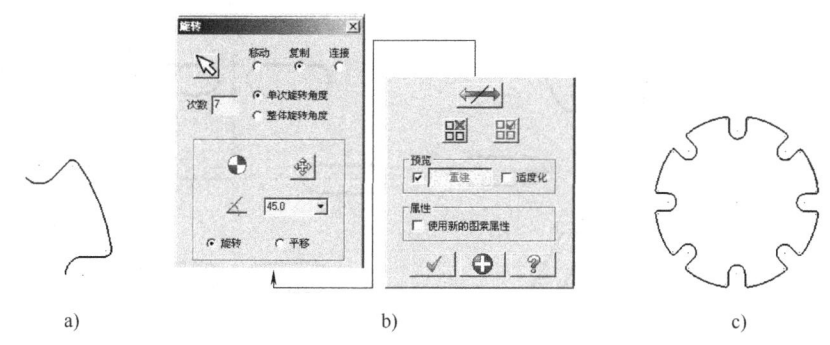

图 2-81 旋转复制操作
a) 旋转 . MCX-5 b)【旋转】对话框 c) 旋转复制结果

 **技术指导：**

旋转【次数】是指从所选取的图素中进行复制的次数，并不包含原有的图素。如这里若设置【次数】为 "8"，旋转复制后一共有 9（即 8+1）组相同的图素，虽然也可以生成所要的效果，但是由于多复制了一组，因此会存在着重复的图素。检查是否存在重复图素时，可通过【删除重复图素】命令 进行删除。

当旋转次数大于 1 且选择【单次旋转角度】选项时，角度为两相邻图素间的角度；若旋转次数大于 1 且选择【整体旋转角度】选项，则角度为所有图素总的旋转角度。图 2-82 所示为【次数】为 "2" 和【旋转角度】为 "45" 在设置不同旋转角度时所产生的效果。

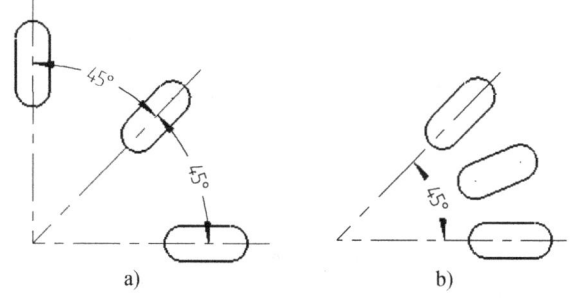

图 2-82 单次与整体旋转角度选项效果对比
a) 选择【单次旋转角度】选项 b) 选择【整体旋转角度】选项

【旋转/平移】选项用于设置旋转生成的图素与原图素是以旋转方式旋转还是以平移方式旋转，效果对比如图 2-83 所示。

在旋转复制图形时，用户可通过【删除图素】按钮 进行有选择的删除，若要恢复删除图形时可通过【重置图素】按钮 进行恢复。

3. 比例缩放

通过【比例缩放】功能可以将图形按指定的缩放中心和比例因子进行整体放大或缩小。

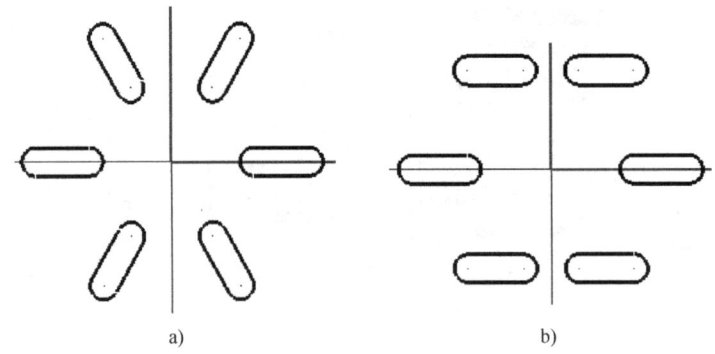

图 2-83 【旋转/平移】选项效果对比
a) 选择【旋转】选项 b) 选择【平移】选项

打开随书光盘：素材 \ 模块二　绘制二维图形 \ 任务 3 中的 "比例缩放.MCX-5" 文件，如图 2-84a 所示。

在菜单栏选择【转换】/【比例缩放】选项或在转换工具栏上单击【比例缩放】按钮，窗选刚打开的所有图素并确定。系统弹出【比例】对话框，如图 2-84b 所示，设置【次数】为 "1"，采用【等比例】的方式设置【比例因子】为 "1.2"，单击【定义比例缩放参考点】按钮，选择系统座标系原点为参考点，单击，结果如图 2-84c 所示。

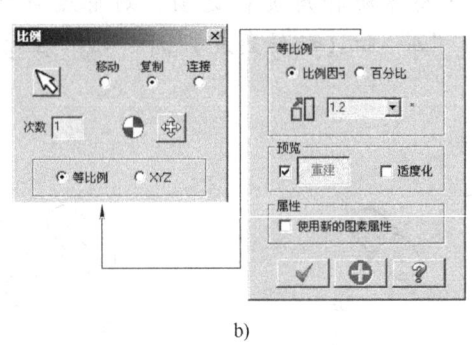

a)　　　　　　　　　　　　b)　　　　　　　　　　　　c)

图 2-84 比例缩放操作
a) 比例缩放.MCX-5 b)【比例】对话框 c) 放大复制结果

 技术指导：

若选择【XYZ】选项，可分别指定沿 X、Y、Z 方向进行不等比例缩放。

4. 阵列

通过【阵列】功能可以将图形沿 X、Y 方向按指定的距离、次数和角度进行有规律地复制，对于阵列生成的图形还可进行有选择地复制。

打开随书光盘：素材 \ 模块二　绘制二维图形 \ 任务 3 中的 "阵列.MCX-5" 文件，如图 2-85 所示。

在菜单栏选择【转换】/【阵列】选项或在转换工具栏上单击【阵列】按钮，选择左下角的圆并确定。系统弹出【阵列选项】对话框,在【方向1】栏中设置【次数】为"4",【距离】为25.0mm,在【方向2】栏中设置【次数】为"3",【距离】为20.0mm,如图2-86所示。

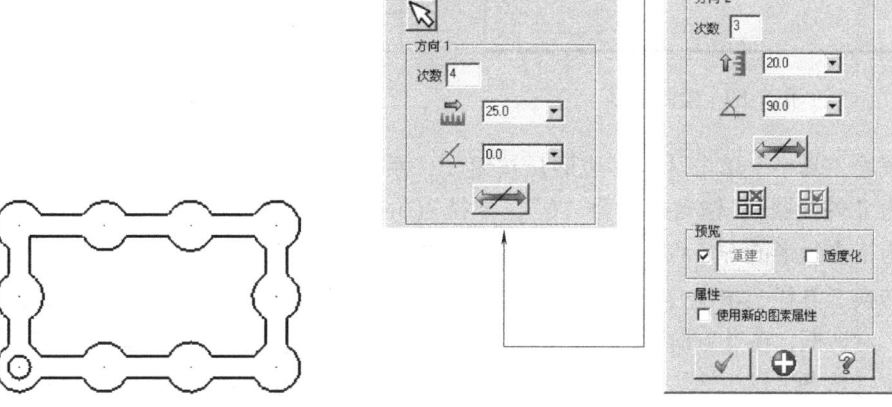

图2-85　阵列.MCX-5　　　　图2-86　【阵列选项】对话框

此时系统生成如图2-87所示的阵列图形。单击【移动项目】按钮,选择中心处的两个小圆后按回车键,单击,结果如图2-88所示。

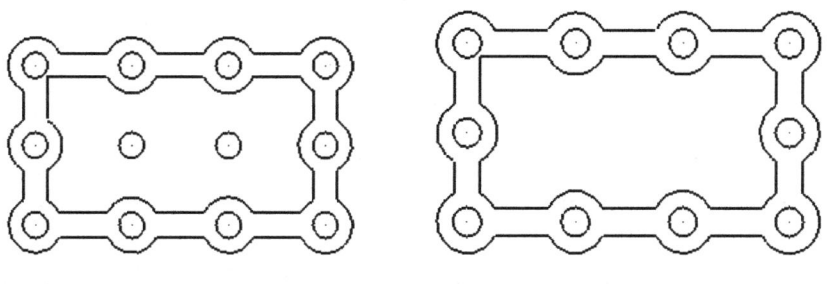

图2-87　阵列效果　　　　图2-88　去除其他图素效果

 技术指导:

通过单击【反向】按钮,可更改阵列的方向。

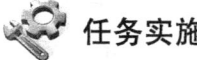 任务实施

单击【新建】按钮,按F9键。单击【矩形】按钮,在【矩形】操作栏上输入【宽度】为"115.0",【高度】为"60.0",单击【基准点为中心】按钮,在键盘上输入"0,0",按回车键,单击按钮,结果如图2-89所示。

在草绘工具栏上单击【绘制平行线】按钮,选择矩形右侧直线,在其左方单击,在【距离】文本框输入"55.0"。采用相同的方法绘制其他的3条平行线,具体偏移尺寸如图2-90所示。

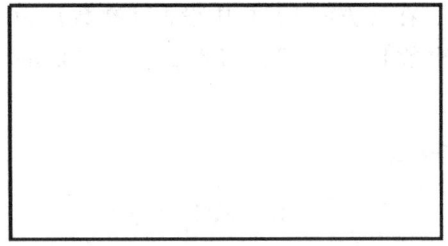
图2-89　绘制矩形

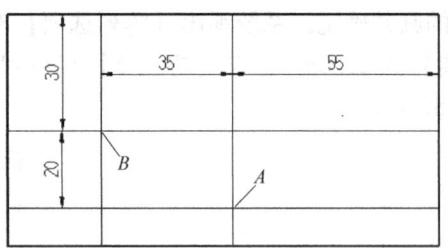
图2-90　绘制其他基准线

在草绘工具栏上单击【画多边形】按钮◯，系统弹出【多边形选项】对话框，选择正多边形为【外接圆】，输入边数为"6"，半径为5.0mm，在绘图区选取如图2-90所示的A交点作为正多边形的中心点，单击✓按钮，结果如图2-91所示。

在转换工具栏上单击【阵列】按钮▦，选择刚创建的正六边形并确定。系统弹出【阵列选项】对话框，在【方向1】栏中设置【次数】为"3"，【距离】为"20.0"。在【方向2】栏中设置【次数】为"3"，【距离】为"20.0"，阵列方向接受系统默认方向，单击✓按钮，结果如图2-92所示。

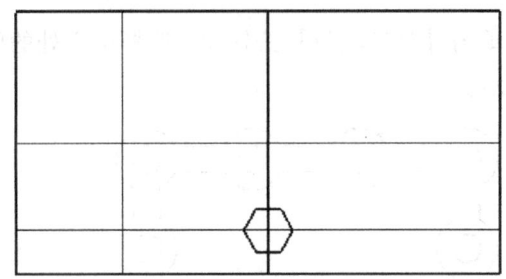
图2-91　绘制正六边形

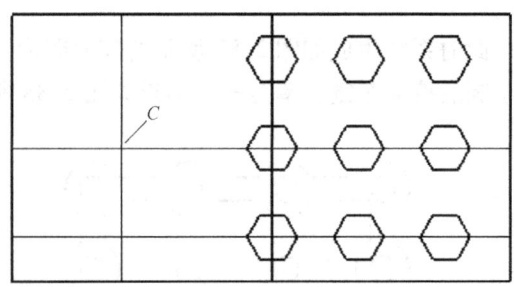
图2-92　阵列正六边形

在草绘工具栏上单击【矩形形状设置】按钮▣，在系统弹出的【矩形选项】对话框中输入【宽度】为"3.0"，【高度】为"10.0"，在【形状】栏上单击【圆角形】按钮⬭，选择【固定的位置】为中心点，选择如图2-92所示的交点C为矩形中心点，单击✓按钮，结果如图2-93所示。

在转换工具栏上单击【旋转】按钮，选择刚生成的"U"形图并确定，系统弹出【旋转】对话框，设置【次数】为"2"，【旋转角度】为"90.0"，其他参数默认，单击【定义旋转中心或点】按钮✥，在绘图区选取如图2-92所示的C点为旋转中心点，单击✓按钮，结果如图2-94所示。

在修剪工具栏上单击【修剪/打断/延伸】按钮，在【修剪/打断/延伸】操作栏上单击【分割/删除】按钮，选择图2-94所示不需要的直线，单击✓按钮，结果如图2-95所示。

在转换工具栏上单击【比例缩放】按钮，窗选如图2-95所示修剪的图形并确定。系统弹出【比例】对话框，设置【次数】为"1"，采用【等比例】的方式设置【比例因子】为"1.5"，单击【定义比例缩放参考点】按钮✥，选择如图2-92所示的交点C为参考点，单击✓按钮，结果如图 2-96 所示。

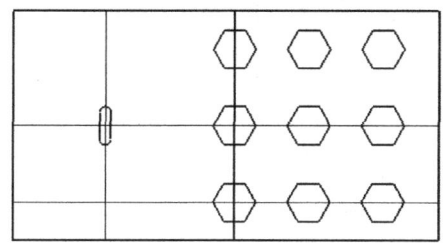
图 2-93 绘制左侧"U"形图

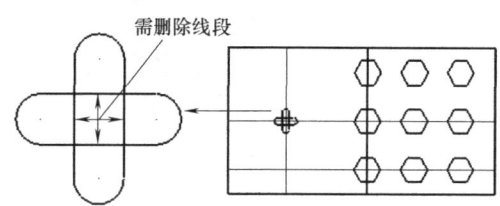
图 2-94 旋转复制"U"形图

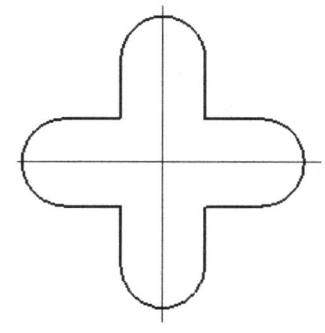
图 2-95 分割删除多余线段

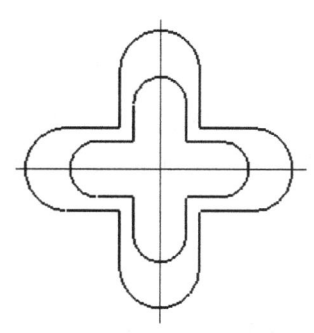
图 2-96 放大复制图形

在草绘工具栏上单击【圆弧】按钮⊙，选择如图 2-92 所示交点 C 为圆心，分别绘制直径为 23.0mm 和 34.0mm 的圆，结果如图 2-97 所示。

在草绘工具栏上单击【矩形形状设置】按钮，在系统弹出的【矩形选项】对话框中输入【宽度】为"4.0"，【高度】为"8.0"，在【形状】栏上单击【圆角形】按钮⬭，选择【固定的位置】为中心点，选择如图 2-97 所示的交点 D 为矩形中心点，单击✓按钮，结果如图 2-98 所示。

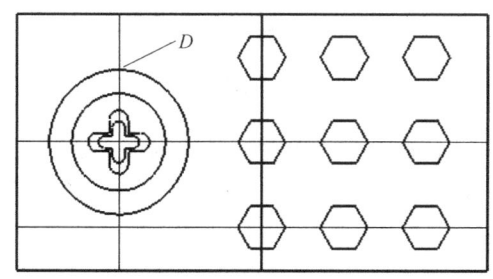
图 2-97 绘制两圆

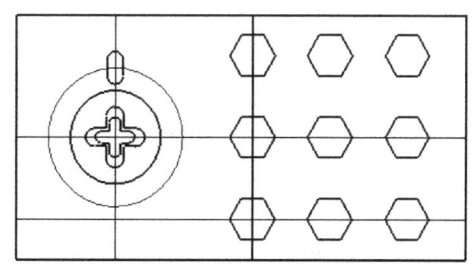
图 2-98 绘制跑道形图

在转换工具栏上单击【旋转】按钮，选择刚生成的跑道形矩形并确定，在【旋转】对话框设置【次数】为"5"，【旋转角度】为"60"，其他参数默认，单击【定义旋转中心或点】按钮✣，在绘图区选取直径为 23.0mm 的圆心为旋转复制基准点，单击✓按钮，删除其他辅助线，结果如图 2-99 所示。至此控制面板草图绘制完成。

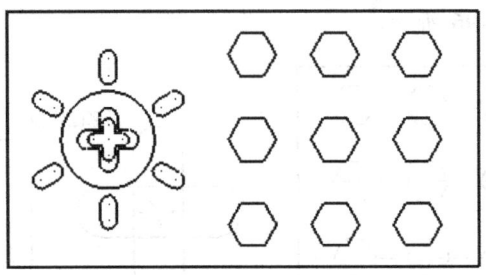

图 2-99 旋转复制跑道形图

 任务总结

本任务的难点是各个按键的创建，通过本任务的学习，读者应学会正多边形的绘制，以及对图形进行旋转、比例缩放和阵列。对于这三个转换功能的对象，除了这里例举的二维图形外，还可以是实体或曲面特征。实际应用中根据各图形的特点选择不同的转换方法，能有效提高设计的效率。

 提高练习

绘制如图 2-100 所示的二维草图。

任务 4　图形标注

 任务目标

- 掌握图素属性的设置方法。
- 学会对尺寸标注样式进行设置。
- 掌握创建尺寸标注、剖面线和添加注释的方法。

 任务导入

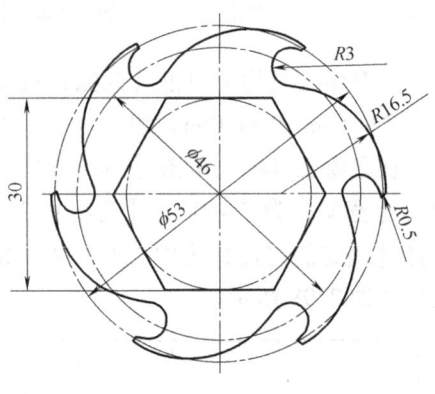

图 2-100　TG2-3

根据随书光盘：素材 \ 模块二　绘制二维图形 \ 任务 4 中的"尺寸标注.MCX-5"文件，如图 2-101a 所示，对其进行尺寸标注、添加文字说明、设置图素线型等，最终效果如图 2-101b 所示。

 任务分析

本任务主要是对二维图进行尺寸标注，标注时需结合零件特点采用相适应的标注样式和方法，剖面线与文字注释的创建一般在最后进行。

 **知识准备**

1. 设置图素属性

在造型设计中常常需根据各图素自身的特点颜色、线型、线宽等进行设置，以满足设计需要。

在状态栏上单击【属性】按钮,系统弹出【属性】对话框,如图 2-102 所示,此时用户可设置颜色、线型、点型、层别、线宽和曲面密度等。其中,【层别】设置将在后续的任务中介绍。

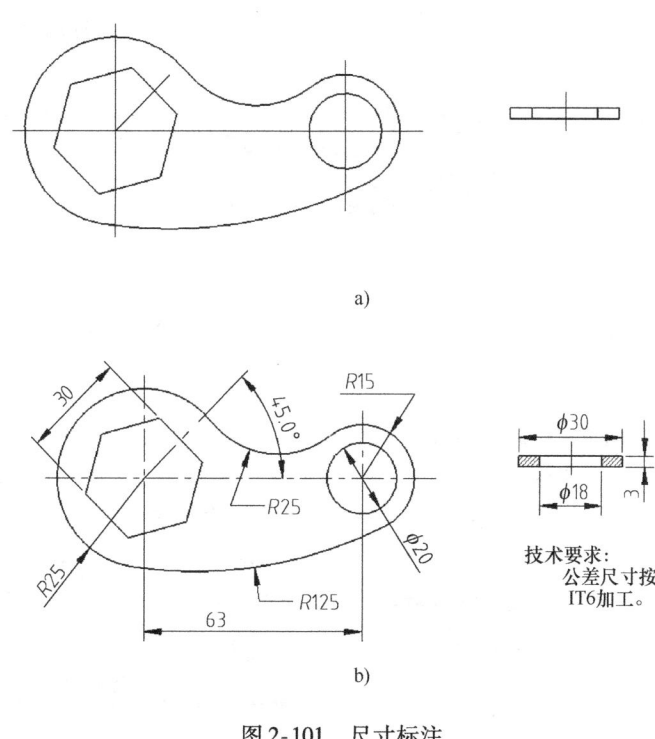

图 2-101 尺寸标注
a) 尺寸标注. MCX-5　b) 标注效果

(1) 颜色设置

Mastercam 提供了 16 色和 256 色的颜色样板,用户可选择其中某一颜色作为当前工作颜色,还可以自定义颜色或选择其他的颜色对不同图素(如曲面或实体)进行渲染。

在状态栏上单击【系统颜色】按钮,系统弹出【颜色】对话框,系统默认提供 256 种颜色供选择,如图 2-103a 所示。用户只要选择相应的颜色或输入颜色号即可设置当前工作颜色。若单击【16 色】按钮 ,系统弹出【颜色】对话框供用户选择,如图 2-103b 所示。

🔧 技术指导:

用户可对有关颜色的工作环境进行设置。方法是在菜单栏选择【设置】/【系统配置】选项,打开【系统配置】对话框,如图 2-104 所示。打开【颜色】选项卡,在【颜色】选项列表中找到需设置不同颜色的选项即可,如这里设置【选择单一颜色】选项为【14】黄色,即当选择图素时,被选择的图素将以黄色进行显示。

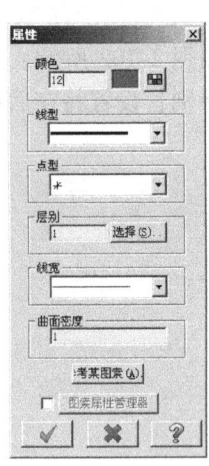 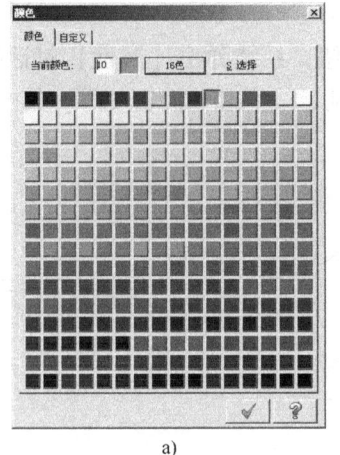 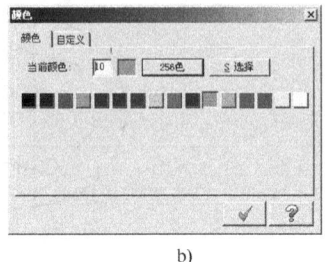

图 2-102 【属性】对话框 　　　图 2-103 颜色设置
a) 256 种颜色　b) 16 种颜色

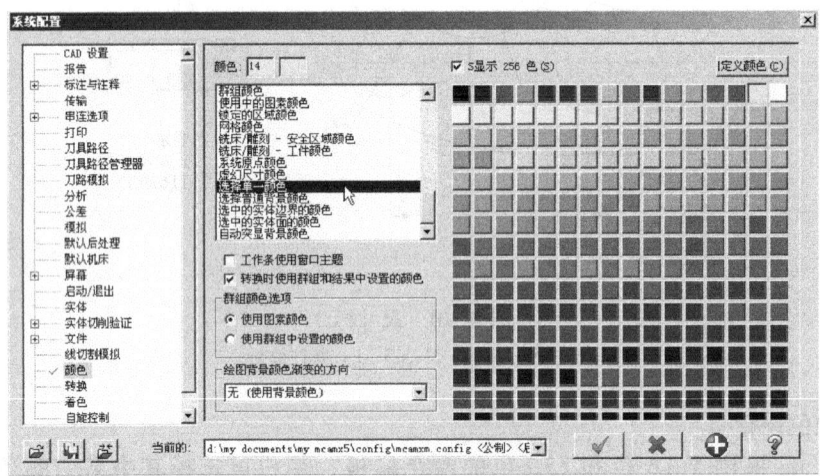

图 2-104 【系统配置】对话框

　　这里介绍如何修改图素颜色的操作方法。打开随书光盘：素材 \ 模块二　绘制二维图形 \ 任务 4 中的 "dim. MCX-5" 文件，如图 2-105 所示。

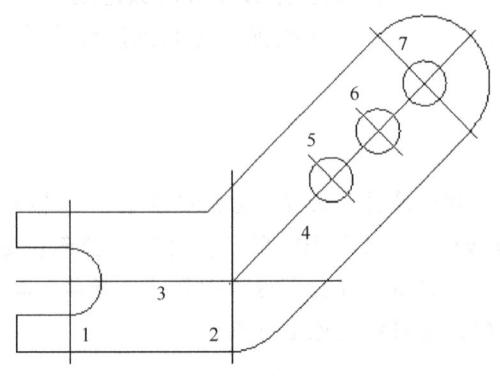

图 2-105　dim. MCX-5

窗选所有图素，在状态栏上的【系统颜色】选项单击右键，系统弹出【颜色】对话框，设置【当前颜色】为黑色（颜色号为0）并确定，则所有图素由绿色变为黑色。

（2）线型设置

不同的对象往往采用不同的线型进行表示，设计前用户可先在状态栏选择所需设定的线型，然后再进行设计。这里介绍如何修改线型。

分别选择如图 2-105 所示的 7 条辅助定位线，在状态栏【线型】列表中单击右键，系统弹出【设置线风格】对话框，选择【点画线】线型，如图 2-106 所示。

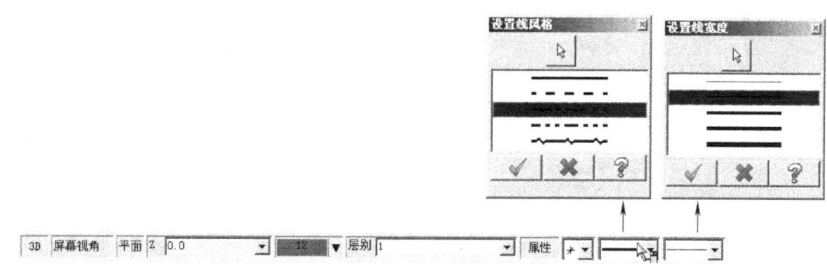

图 2-106　更改线型

单击 ✓ 按钮，结果如图 2-107 所示。

（3）线宽设置

用户可对一些特殊的线设置不同的线宽，如这里选择除 7 条辅助定位线外的其他所有轮廓线后，在状态栏的【线宽】列表中单击右键，系统弹出【设置线宽度】对话框，选择 2 号线宽，如图 2-106 所示，单击 ✓ 按钮，结果如图 2-108 所示。

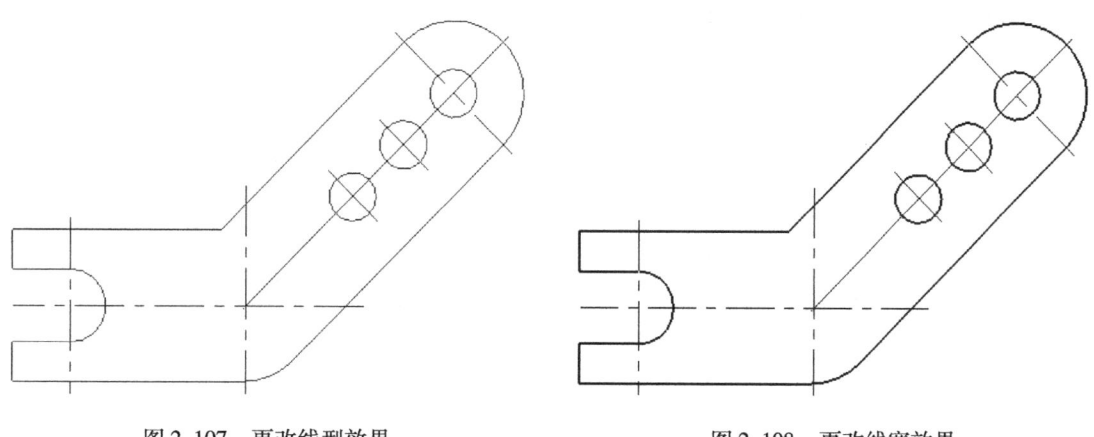

图 2-107　更改线型效果　　　　　　　　图 2-108　更改线宽效果

2. 尺寸标注

一张完整的机械工程图除了有反映零件结构的轮廓线外，还应有完整的尺寸标注与文字注释等，从而为技术人员提供足够的信息指导生产。系统提供了水平标注、垂直标注、角度标注、圆弧标注等标注方式。

（1）尺寸标注样式设置

在进行尺寸标注前，用户可根据相关的规定和要求设置不同的标注样式。

现结合对图 2-105 的尺寸标注进行标注样式设置，在菜单栏选择【绘图】/【尺寸标注】/

【选项】选项或同时按下 Alt + D，系统弹出【尺寸标注设置】对话框，如图 2-109 所示。以下参数设置将结合对图 2-109 的标注要求创建标注样式。

1）尺寸属性设置。通过【尺寸属性】选项卡，用户可设置尺寸数字的格式、符号样式、是否带公差等，参数设置如图 2-109 所示。

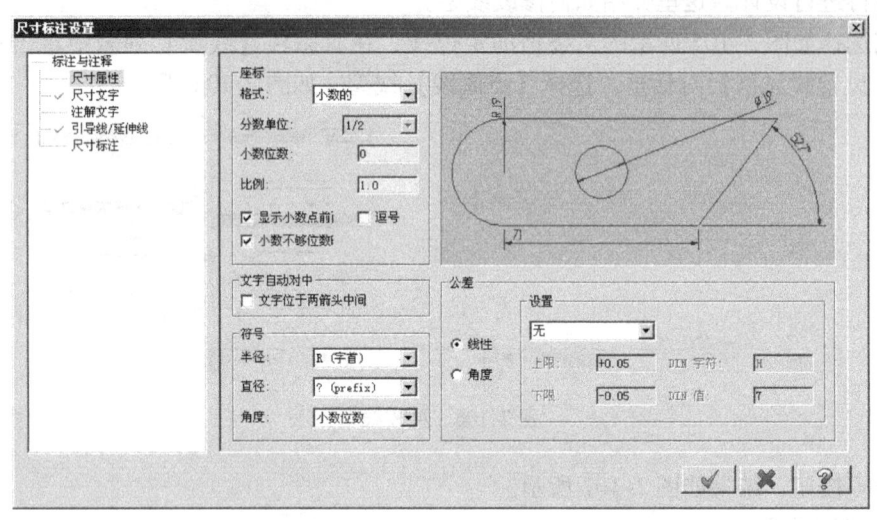

图 2-109　【尺寸标注设置】对话框

2）尺寸文字设置。通过【尺寸文字】选项卡，用户可设置尺寸标注文字的大小、字体和文字定位方式等，参数设置如图 2-110 所示。

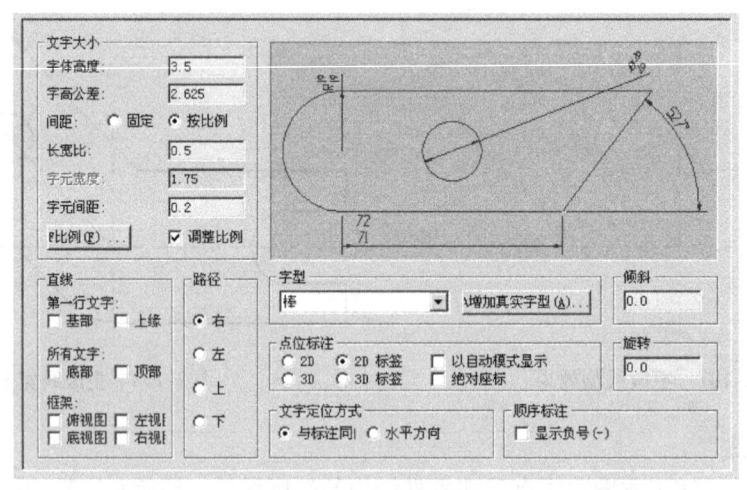

图 2-110　尺寸文字设置

3）注解文字设置。通过【注解文字】选项卡，用户可设置注解文字的大小、字体与文字定位方式等，参数设置如图 2-111 所示。

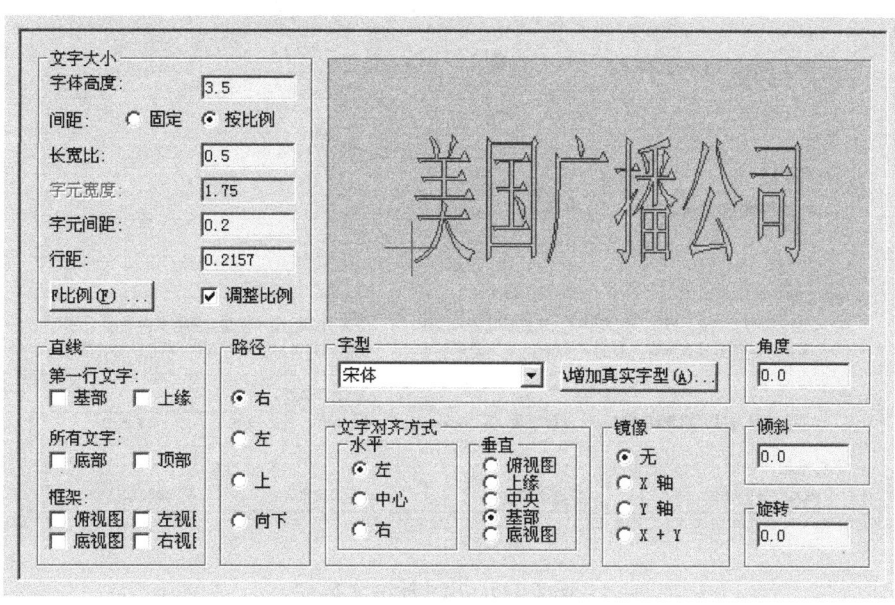

图 2-111　注解文字设置

4）引导线/延伸线设置。通过【引导线/延伸线】选项卡，用户可设置引导线的样式、箭头方向与格式等，参数设置如图 2-112 所示。

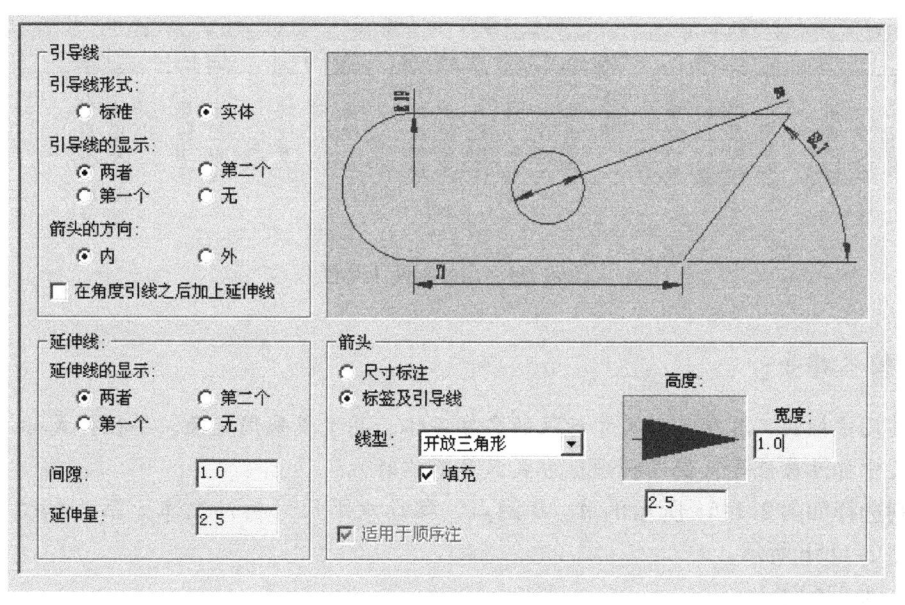

图 2-112　引导线/延伸线设置

5）尺寸标注设置。通过【尺寸标注】选项卡，用户可设置尺寸标注的关联性、重建方式和将设置好的尺寸样式保存或进行样式取档等，如图 2-113 所示。

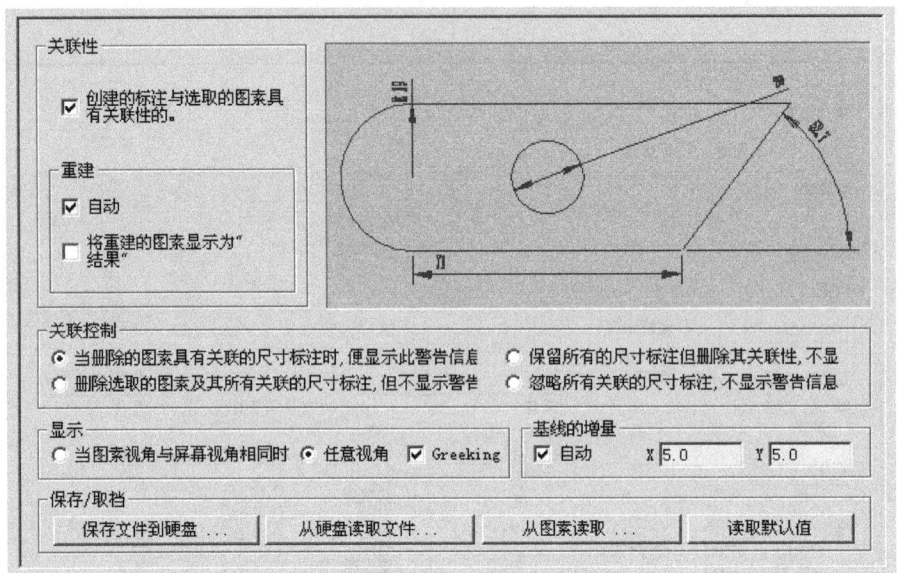

图 2-113　尺寸标注设置

(2) 水平标注

用于标注两点间的水平距离，可直接选择直线或两点。

在菜单栏选择【绘图】/【标注尺寸】/【水平标注】选项或在尺寸标注工具栏上单击【水平标注】按钮 水平标注，系统弹出【尺寸标注】工具栏，如图 2-114 所示。

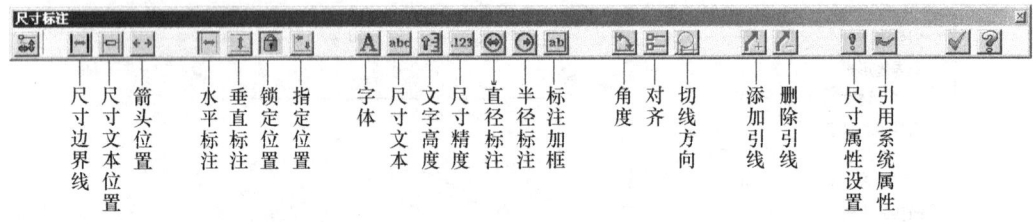

图 2-114　尺寸标注工具栏

 技术指导：

通过尺寸标注工具栏可对尺寸标注的文字字体、高度或采用直径、半径样式标注，或单独设置尺寸标注属性等，但这种设置方式只具有临时性。

分别选择如图 2-115a 所示的 A、B 两点，移动水平尺寸标注文本至适当的位置单击，结果如图 2-115b 所示。

(3) 垂直标注

用于标注两点间的垂直距离，可直接选择直线或两点。

在标注工具栏上单击【垂直标注】按钮 垂直标注，选择如图 2-115a 所示的 A、C 两点，移动垂直尺寸标注文本至适当的位置单击，结果如图 2-116 所示。

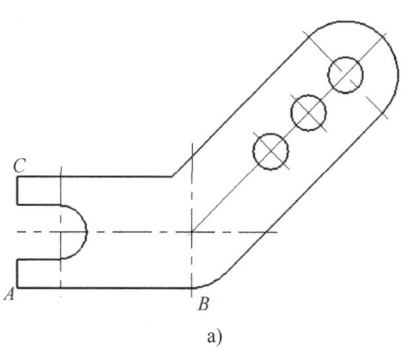
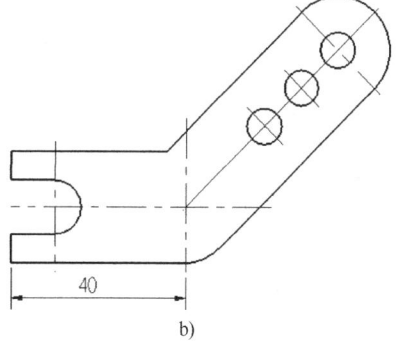

图 2-115 水平标注

a) 选择两点 b) 标注结果

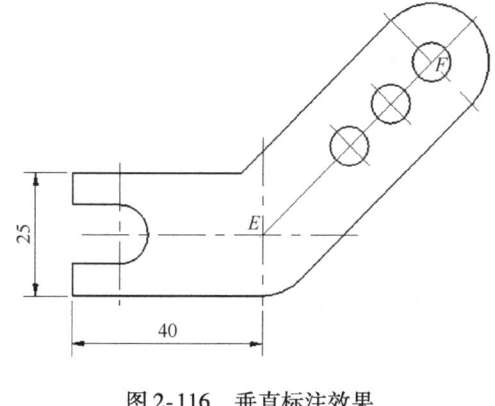
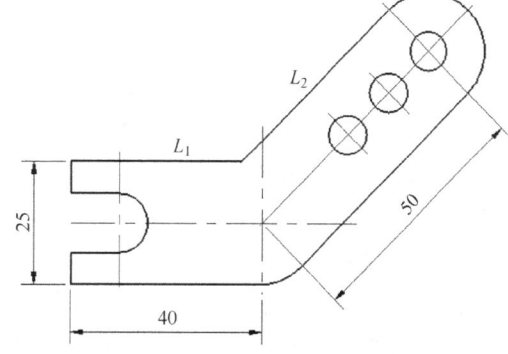

图 2-116 垂直标注效果   图 2-117 平行标注效果

(4) 平行标注

平行标注用于标注两点间的距离，可直接选择直线端点或两点。

在标注工具栏上单击【平行标注】按钮 平行标注，选择如图 2-116 所示的 E、F 两点，移动尺寸标注文本至适当的位置单击，结果如图 2-117 所示。

(5) 角度标注

角度标注用于标注两条不平行直线间夹角的大小。

在标注工具栏上单击【角度标注】按钮 角度标注，选择如图 2-117 所示的 L_1、L_2 两直线，移动尺寸标注文本至适当的位置单击，结果如图 2-118 所示。

(6) 圆弧标注

圆弧标注用于标注圆、圆弧直径或半径的大小。

在标注工具栏上单击【圆弧标注】按钮 圆弧标注，选择如图 2-118 所示的 C_1 圆弧，移动尺寸标注文本至适当的位置单击。继续选择 C_2 圆，移动尺寸标注文本至适当的位置单击，结果如图 2-119 所示。

(7) 其他标注

除了前面介绍常用的尺寸标注方式外，系统还提供了串连标注、基准标注、正交标注、相切标注和点位标注，操作比较简单，这里不再介绍。

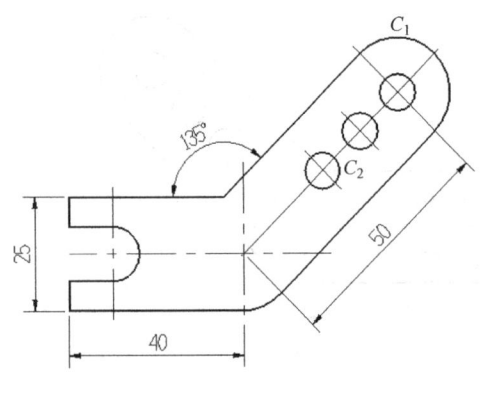 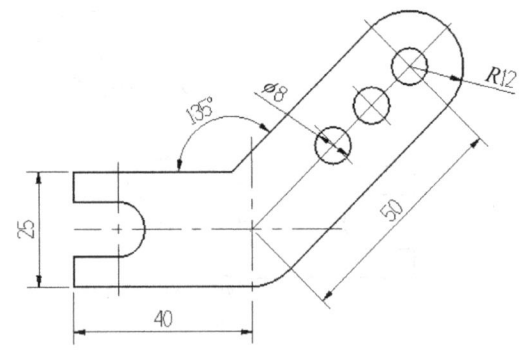

图 2-118　角度标注效果　　　　　　　图 2-119　圆弧标注效果

 技术指导：

用户可对已标注的尺寸进行编辑修改，如对其箭头位置、文字位置、改变直径或半径的标注形式、编辑字体及大小、改变尺寸标注小数点位数等。方法是在菜单栏选择【绘图】/【标注尺寸】/【快速标注】选项或在标注工具栏上单击【快速标注】按钮，系统弹出【尺寸标注】操作栏，选择需要编辑修改的尺寸标注，然后在【尺寸标注】操作栏作相应的修改即可。

3. 图形注释

在工程制图中，除了进行尺寸标注外，往往还需要添加一定的注释进行辅助说明，如技术要求和其他文字说明等，以完善图样信息。

在菜单栏选择【绘图】/【标注尺寸】/【注解文字】选项或在标注工具栏上单击【注解文字】按钮，系统弹出【注解文字】对话框，在文本框中输入"材料为Q235。"如图 2-120a 所示。单击【属性】按钮，系统弹出【注解文字】对话框，设置【字体高度】为"5.0"，通过单击【增加真实字体】按钮设置【字型】为【宋体】，如图 2-120b 所示。

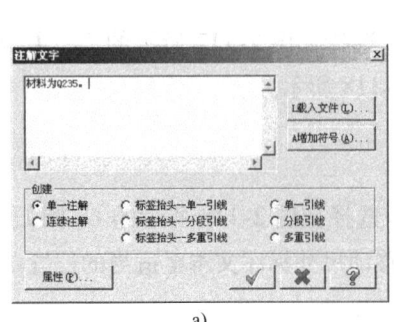 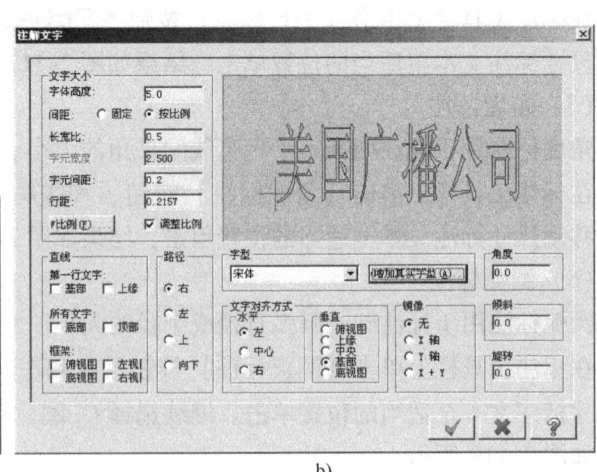

　　　　　a)　　　　　　　　　　　　　　　　　　　b)

图 2-120　添加注释

a) 输入注解文字说明　b) 注解文字属性设置

单击 ✓ 按钮，在绘图区中单击以确定注解文字放置位置，结果如图2-121所示。

 技术指导：

除了采用直接输入的方式外，用户还可通过在【注解文字】对话框上单击【载入文件】按钮，打开需要添加的文字文档（如＊.TXT格式的文件）。

图2-121 添加文字效果

4. 剖面线

在工程图中，某些特殊的区域需采用剖面线（如装配图中表示不同的零件或材料）才能清晰地表达该区域的特征。

打开随书光盘：素材 \ 模块二　绘制二维图形 \ 任务4 中的"图案填充.MCX-5"文件，如图2-122a 所示。

在菜单栏选择【绘图】/【尺寸标注】/【剖面线】选项或在尺寸标注工具栏上单击【剖面线】按钮 ▩ 剖面线，系统弹出【剖面线】对话框，设置【图样】为【铁】，【间距】为"2.0"，【角度】为"45.0"，如图2-122b所示。选择如图2-122a所示放大的封闭轮廓线并确定，继续对左则对称的部位添加剖面线，结果如图2-122c所示。

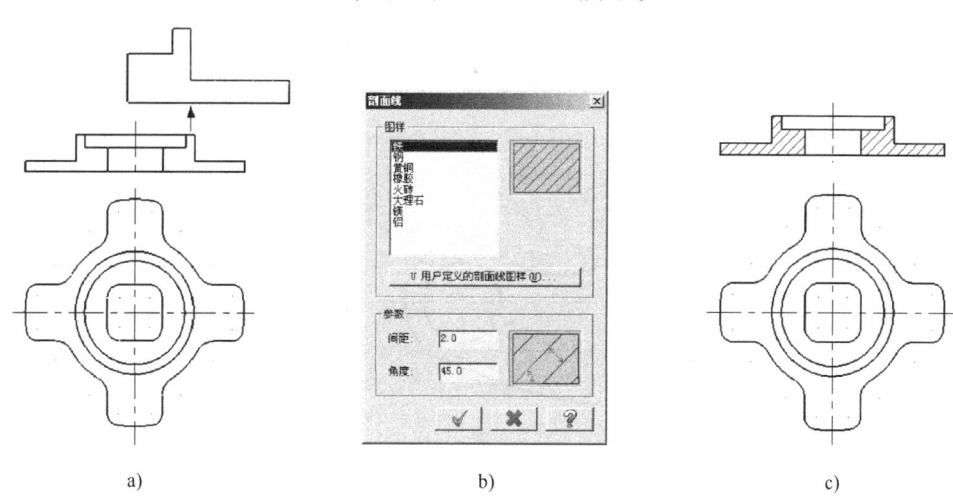

图2-122　添加剖面线
a）图案填充.MCX-5　b）设置剖面线格式　c）结果

 **技术指导：**

创建剖面线的轮廓必须为封闭轮廓。

 任务实施

打开随书光盘：素材 \ 模块二　绘制二维图形 \ 任务4 中的"尺寸标注.MCX-5"文件，如图2-123所示。

同时选择如图2-123所示的5条辅助定位线，在状态栏【线型】列表中单击右键，系统弹出【设置线风格】对话框，选择【点画线】线型，单击 ✓ 按钮，结果如图2-124所示。

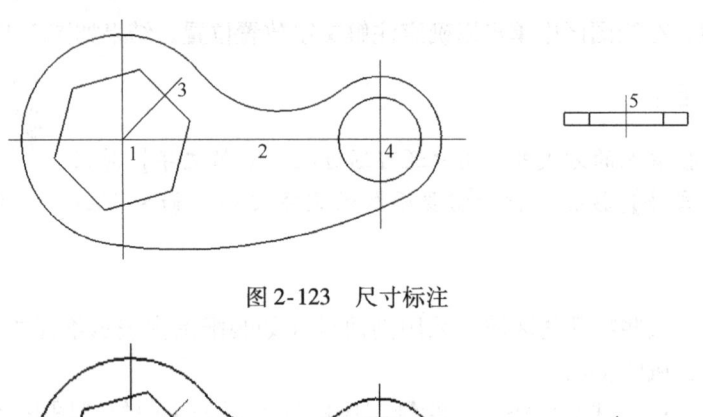

图 2-123　尺寸标注

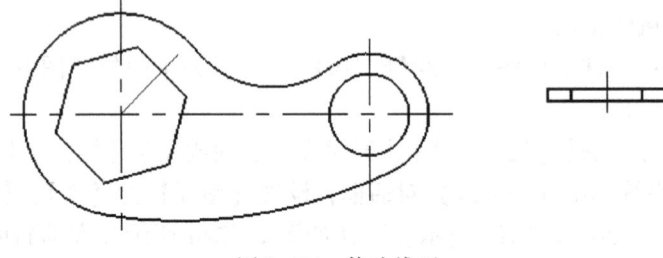

图 2-124　修改线型

在标注工具栏上单击【快速标注】按钮 进行线性标注，结果如图 2-125 所示。其中在标注"φ30"、"φ18"的线性标注时，需在【尺寸标注】工具栏上单击【直径标注】按钮 以添加直径符号。

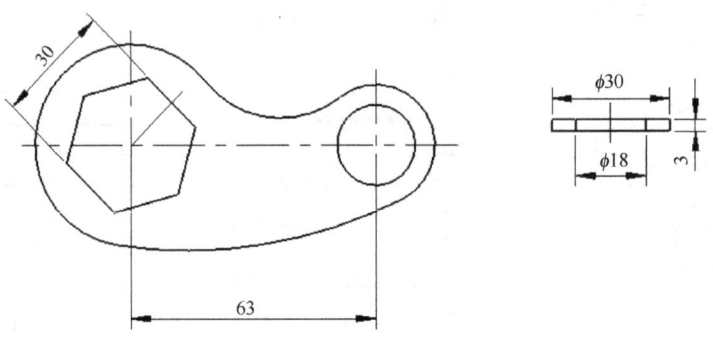

图 2-125　线性标注效果

继续采用角度标注与圆弧标注，完成其他尺寸的标注，结果如图 2-126 所示。

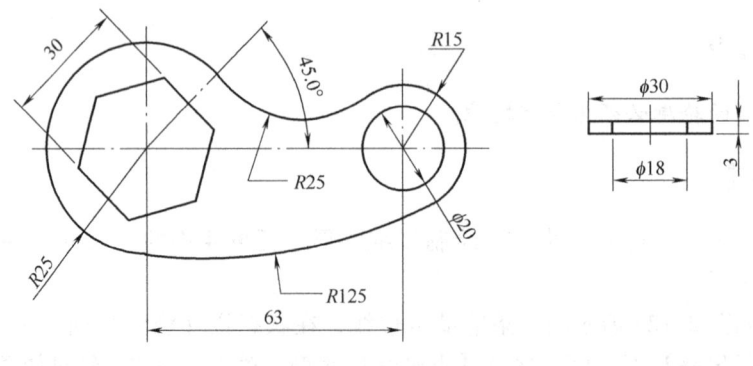

图 2-126　标注效果

在尺寸标注工具栏上单击【剖面线】按钮 ▓ 剖面线，系统弹出【剖面线】对话框，设置【图样】为【铁】，【间距】为"1.0"，【角度】为"45.0"。选择垫片的左侧封闭轮廓线并确定。采用相同方法继续对右侧对称部位添加剖面线，结果如图 2-127 所示。

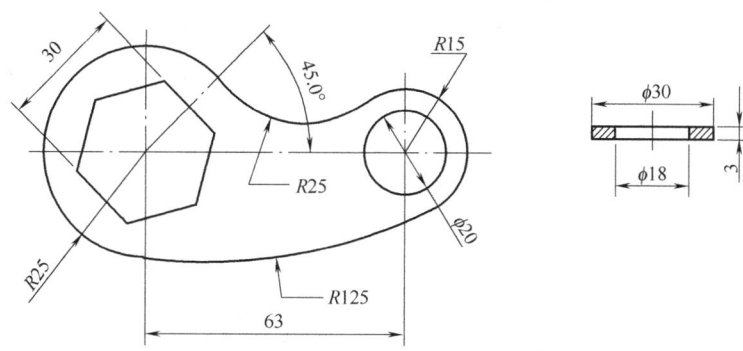

图 2-127　添加剖面线

在标注工具栏上单击【注解文字】按钮，系统弹出【注解文字】对话框，在文本框中输入"技术要求：公差尺寸按 IT6 加工。"单击【属性】按钮，系统弹出【注解文字】对话框，设置【字体高度】为"5.0"。通过单击【增加真实字体】按钮设置【字型】为【宋体】。单击✓按钮，在绘图区单击以确定注解文字放置位置，结果如图 2-128 所示。至此零件尺寸标注与添加注释说明完成。

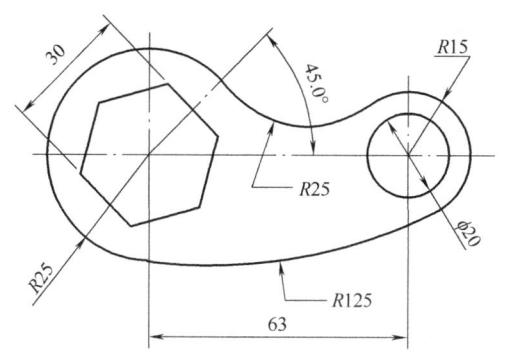
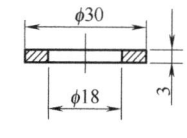

图 2-128　添加文字说明

 任务总结

本任务的难点是尺寸标注样式的设置。通过本任务的学习，读者应掌握图素属性和尺寸标注样式的设置方法，以及尺寸标注的常用方法，学会剖面线的创建与添加注解文字的方法。

提高练习

根据随书光盘：素材 \ 模块二　绘制二维图形 \ 任务 4 中的"TG2-4.MCX-5"文件，如图 2-129a 所示。对其进行线型修改并标注尺寸，结果如图 2-129b 所示。

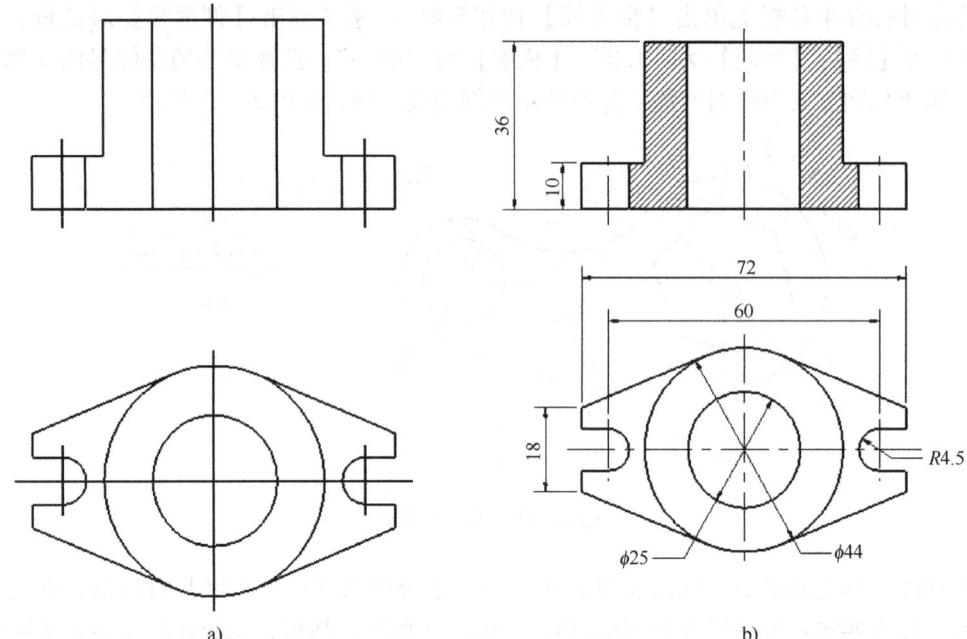

图 2-129 TG2-4
a) TG2-4.MCX-5 b) 结果

模块三

曲面造型

除了前面介绍的二维绘图功能外，Mastercam 还提供了功能强大的曲线、曲面造型功能。通过对二维图素或曲线进行挤出、旋转、扫描和举升等操作可设计出复杂的造型。另外，系统还提供了创建操作简单的基本曲面体。本模块将介绍各种曲面造型的创建方法与技巧，使用户对曲面造型有一个全新的认识。

任务 1　奖杯设计

 任务目标

- 掌握图层管理的方法。
- 掌握构图平面的创建方法。
- 掌握曲面基本体、直纹（举升）曲面与挤出曲面的创建方法。

 任务导入

以曲面形式设计如图 3-1 所示的奖杯，在设计时将主体曲面颜色设置为浅蓝色，其他辅助框架线为绿色，并将曲面归类至层别名称为"曲面"的图层中，其他框架线归类至层别为"框架"的图层中，最终只显示曲面。

 任务分析

该奖杯由三部分特征组成，底座为正方体，顶部为球体，中间连接部分为截面旋转变化的六棱柱。设计时，可先以正方形为截面进行拉升创建底座，中间的六棱柱部分可通过举升方式创建，最后在顶部创建一球体。

图 3-1　奖杯

 知识准备

1. 图层管理

在进行造型设计时，特别是对于复杂的图形，往往需要针对不同的特征进行分类管理，以方便编辑修改和控制其可见性，这时可采用图层分类的方式进行管理。这里简单介绍如何将已经设计好的模型进行分图层管理。

新建图层的方法：在状态栏上单击【层别】按钮 层别 或按下 Alt + Z，系统弹出【层别管理】对话框，如图 3-2 所示。在【层别号码】文本框中输入新建层别号码，然后在【名称】文本框中输入图层名称以示区别。

在该对话框中可以查看各图层所包含的图素数量，其中主图层（即当前工作层）只有一个，系统默认用黄色高亮显示。设置主图层时，需用鼠标在【次数】列表中单击该层。同时还可以在【突显】列表中单击以指定某图层是否可见。若为【X】则为显示状态，反之，若没有【X】则为隐藏状态。

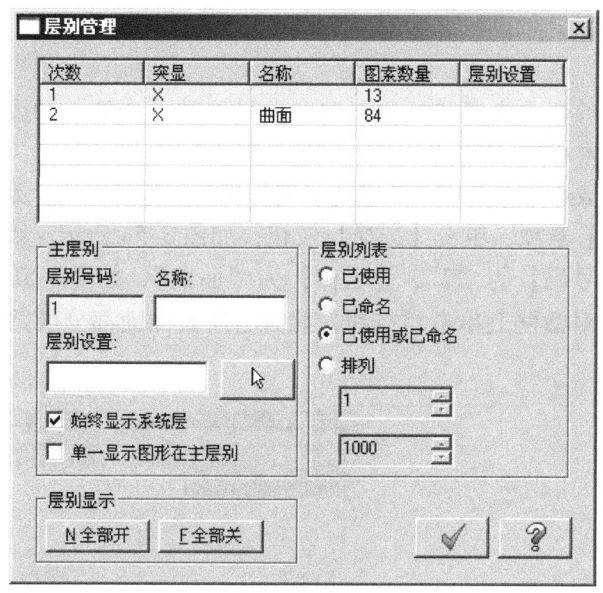

图 3-2 【层别管理】对话框

这里重点介绍如何将原来没有分层的图素归类至其他的图层中，以方便管理。打开随书光盘：素材\模块三 曲面造型\任务1中的"分层管理.MCX-5"文件，如图3-3所示。现需将全部曲面独立归类至第2图层中。

在标准选择工具栏上单击【全部】按钮 全部...，系统弹出【全选】对话框，勾选【选取图素】选项，继续勾选【曲面】选项，如图3-4所示，单击  按钮。

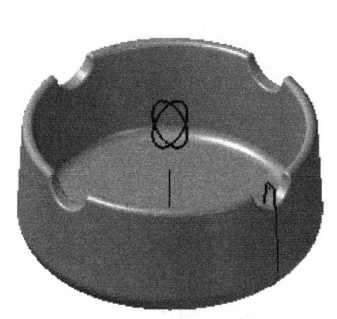

图 3-3 分层管理.MCX-5

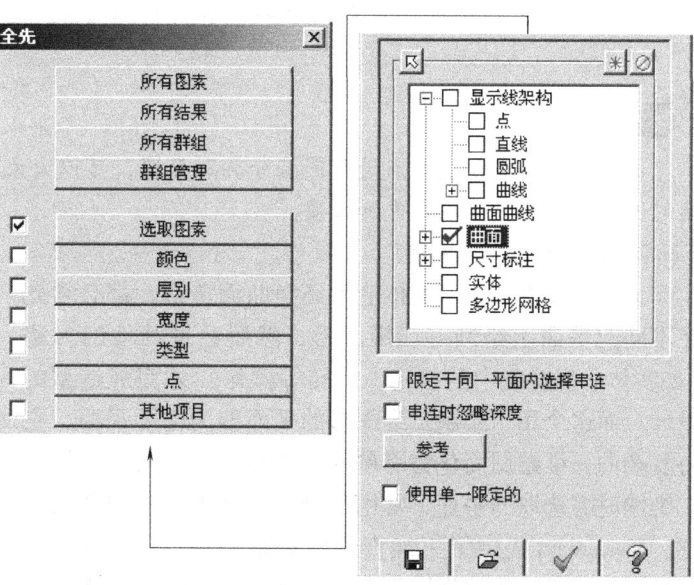

图 3-4 【全选】对话框

技术指导：

当需将某一类型的图素全部进行选取时，采用这种"全选"的方式非常简便，另外，窗选也是经常使用的方法。

此时所有曲面都被选中，在状态栏的【层别】按钮处单击右键，系统弹出【改变层别】对话框，选择【移动】选项，单击【选择】按钮，如图3-5a所示。系统弹出【深度选择】对话框，输入【层别号码】为"2"，【名称】为"曲面"，如图3-5b所示。单击✓按钮，继续在【改变层别】对话框上单击✓按钮，此时将所有曲面都分层归类至名称为"曲面"的第2图层中。

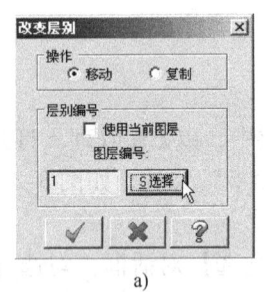
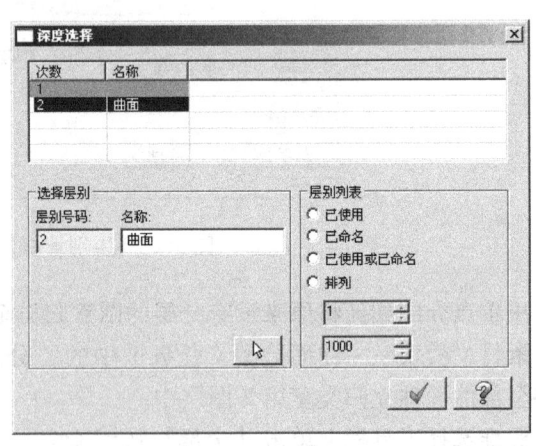

图3-5　改变图层
a)【改变层别】对话框　b) 设置层别号码与名称

 技术指导：

养成按图素类型或特点进行图层分类的习惯，可以大大方便后续的管理。特别是对于复杂的图形，这种习惯显得更加必要。

2. 构图面和构图深度

无论是线框造型、实体造型还是曲面造型，都必须先在不同的平面上绘制好二维图形，然后经过其他的方法（如实体造型功能中的挤出、旋转等操作）才完成造型的设计，而这个用于绘制二维图形的平面即为构图平面，它将复杂的三维绘图简化为简单的二维绘图，是用户在绘制二维图时需选取的平面，常用于绘制三维零件中的截面轮廓。Mastercam提供了三维直角座标系，其中 XY 平面为 TOP 平面，也称为俯视图面，XZ 平面为 FRONT 平面，也称为前视图面，YZ 平面为 SIDE 平面，也称为侧视图面，如图3-6所示。默认情况下，以 TOP 平面为构图面，三维

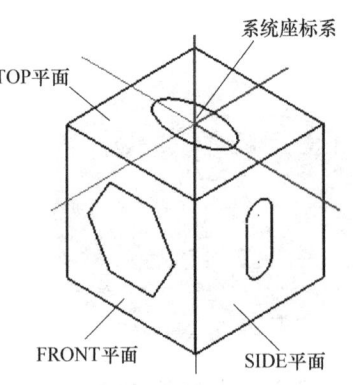

图3-6　构图平面示意图

造型过程中常常在这三个平面上绘制二维图，但是往往不可能所有的二维图都绘制在同一平面上，因此系统采用具有正负之分的构图深度以示区别。图 3-7 所示为不同深度的二维图形，通过举升操作得到举升曲面。对于复杂的三维造型仅仅采用这三个构图平面并不能满足造型的需要，因此还需要另外创建其他构图平面，如按图形定面、按实体面定面和旋转定面等。

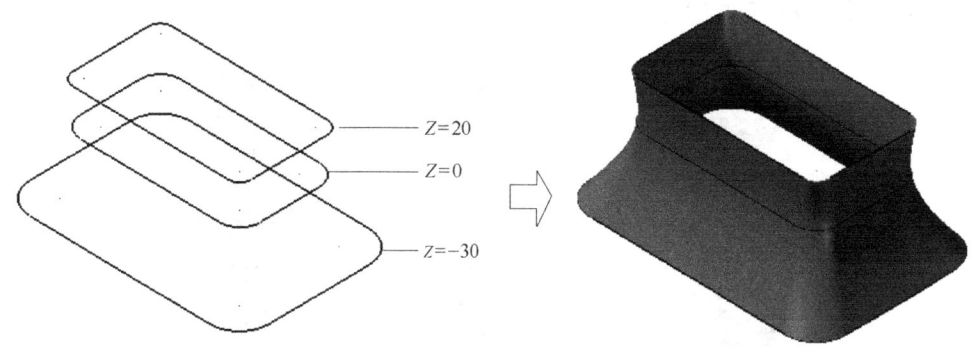

图 3-7　不同深度构图平面示意图

（1）构图平面的设置方法

1）深度设置。当所要创建的构图平面与系统提供的 TOP 平面、FRONT 平面或 SIDE 平面平行时，常常采用深度设置的方法。

在创建时需先确定与其平行的平面，然后进行深度的设置。例如，用户需设定与 TOP 平面平行且 Z 座标为 10.0mm 的平面为构图面时，可在构图面工具栏上选择【俯视图（WCS）】按钮，如图 3-8a 所示，同时在状态栏中的【Z 座标】文框中输入"10.0"即可，如图 3-8b 所示。

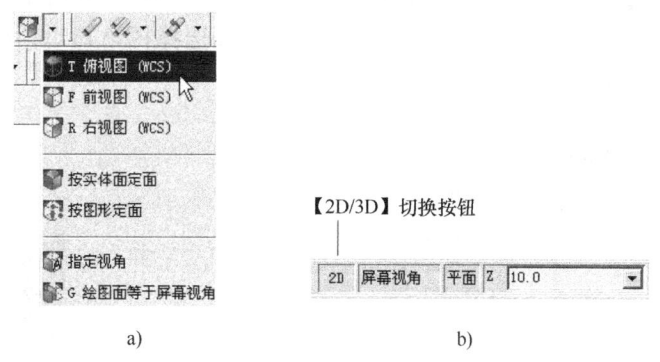

图 3-8　设置构图深度
a）选择构图面　b）设置构图深度

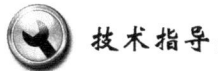技术指导：

虽然定义了将距离 TOP 平面为 10.0mm 的平面作为构图平面，但是若没有对构图空间进行限制，绘制的结果仍可能不在所定义的构图平面上，此时在状态栏处单击【2D/3D】

按钮进行切换，如图 3-8b 所示，以进一步限制绘图空间。

2）指定平面。相对于通过深度创建构图平面，指定平面法常常用于创建一些与系统提供的 TOP 平面、FRONT 平面或 SIDE 平面都不平行的平面，如图 3-9a 所示的 A 特征，具有一定的倾斜度，该特征的定位是通过在如图 3-9b 所示的构图平面上创建二维轮廓（图 3-9c）挤出形成的。这时可采用这种指定平面的方法进行创建构图平面。另外，指定平面的方法也适用于一些规则构图平面的创建。

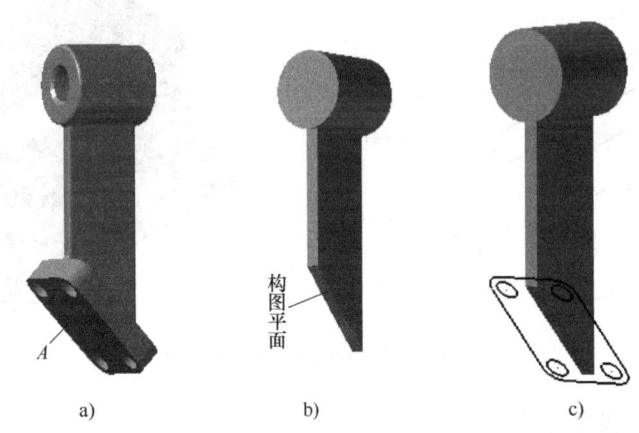

图 3-9 指定平面示意图
a）特殊特征 b）构图平面选择 c）二维轮廓图

打开随书光盘：素材 \ 模块三 曲面造型 \ 任务 1 中的"指定平面法.MCX-5"文件，如图 3-9b 所示。

在构图平面工具栏上选择【按实体面定面】按钮（图 3-10a）或在状态栏上选择【平面】/【按实体面定面】选项，系统提示选择实体面，选择如图 3-9b 所示的平面为构图平面并单击按钮。系统在该平面上显示坐标系，并弹出【选择视角】对话框，如图 3-10b 所示，接受系统默认视角，单击按钮。

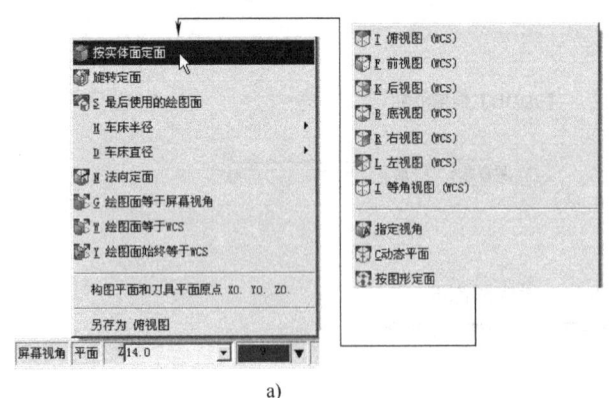 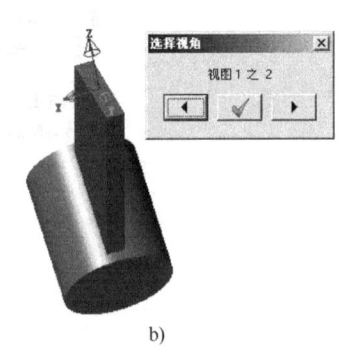

图 3-10 选择实体面
a）选择【按实体面定面】选项 b）【选择视角】对话框

系统弹出【新建视角】对话框，输入名称为"视角 A"，如图 3-11a 所示，单击按钮。按下 F9 键，打开系统座标系，则出现两个不同颜色的座标系，如图 3-11b 所示。

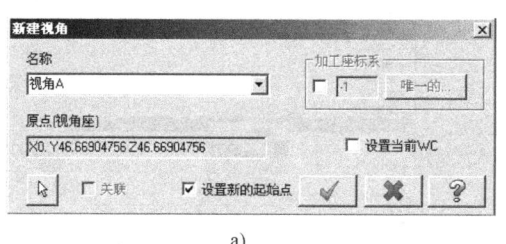
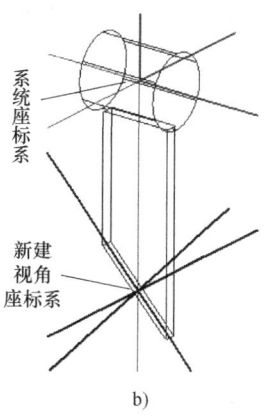

图 3-11　创建新视角
a)【新建视角】对话框　b）座标系显示

此时只要设定 Z 值为"0.0"时，即可在该平面上绘制二维图，同理若设置的数值不为零则效果与深度法创建构图平面一样。

 技术指导：

视角是指观察的角度，而构图平面是指创建几何图素时所在的平面。

若直接参照如图 3-11b 所示的视角进行二维绘图将会带来不便，因为绘图平面与屏幕不平行，此时可在菜单栏选择【视图】/【定方位】/【指定视角】选项或单击【指定视角】按钮，系统弹出【视角选择】对话框，如图 3-12a 所示。双击"视角 A"名称，此时构图面则调整为与屏幕平行，如图 3-12b 所示。

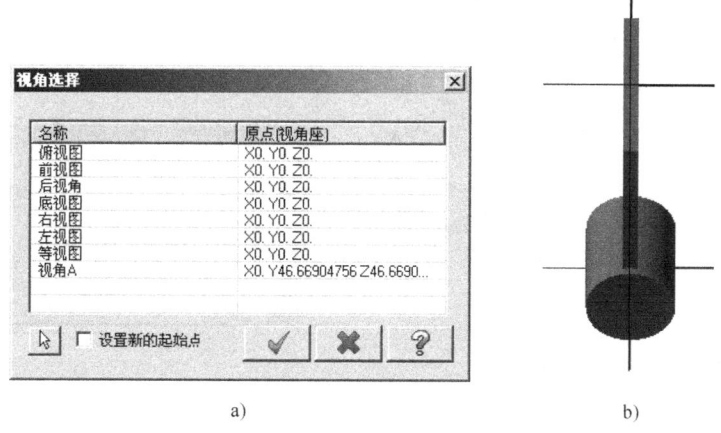

图 3-12　调整视角
a)【视角选择】对话框　b）调整后的构图面视角

若要对视角进行管理（如删除某一特定视角），用户可调出【视图管理器】进行视图管理，在状态栏选择【WCS】/【打开视图管理器】选项，如图 3-13a 所示，系统弹出【视图管理器】对话框，选择所要删除的视图名称后单击右键，在快捷菜单中选择【删除】选项即可，如图 3-13b 所示。

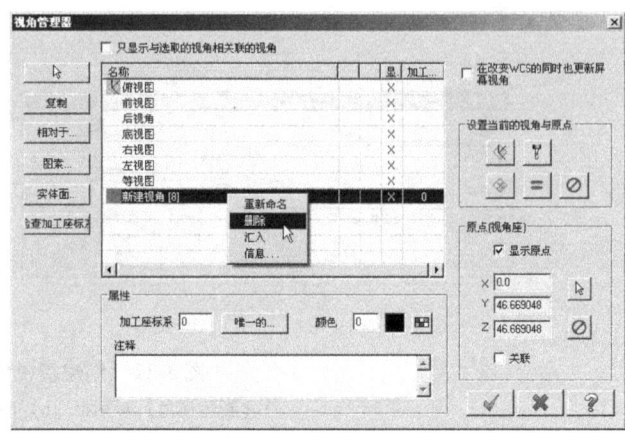

图 3-13　视图管理
a)选择【打开视图管理器】选项　b)【视图管理器】对话框

3）法向定面。法向定面是指将所选择的直线或圆弧端点的法向方向作为构图平面，常常用于创建一些特殊位置的构图平面。

打开随书光盘：素材 \ 模块三　曲面造型 \ 任务 1 中的"法向定面.MCX-5"文件，按下 F9 键打开系统座标系，如图 3-14a 所示。

在状态栏上选择【平面】/【法向定面】选项，选择直线远离系统座标系的外侧端点，系统弹出【选择视角】对话框，如图 3-14b 所示，单击 ✓ 按钮。系统弹出【新建视角】对话框，在【名称】文本框中输入"法向"，如图 3-14c 所示。

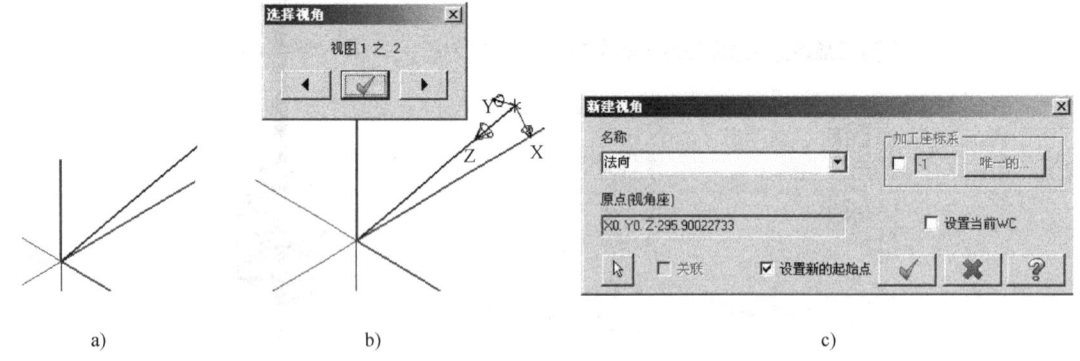

图 3-14　法向定面
a)法向定面.MCX-5　b)选择法线　c)输入视角名称

单击 ✓ 按钮，则新建构图平面如图 3-15 所示。

3. 创建基本曲面

在进行造型设计时会遇到一些造型简单的曲面或实体特征（如圆柱、圆锥、立方体、球面、圆环等，如图3-16所示），Mastercam将这些规则且简单的造型通过设置相应的参数创建，从而使这些基本曲面的造型操作变得简单，而且非常灵活。用户只要在菜单栏选择【绘图】/【基本曲面/实体】的子菜单中选择类型或在草绘工具栏中的【基本曲面/实体】子按钮选择创建类型即可。这里简单介绍绘制圆环曲面体的方法。

在菜单栏选择【绘图】/【基本曲面/实体】/【画圆环体】选项或单击【画圆环体】按钮，系统弹出【圆环体】对话框，设置【圆环半径】为"20.0"，【圆管半径】为"5.0"，其余参数默认，如图3-17a所示，选择系统座标系原点为圆环中心点，单击按钮，结果如图3-17b所示。

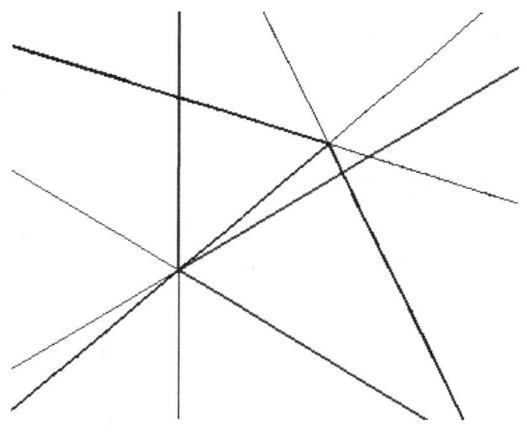

图 3-15　新建构图平面

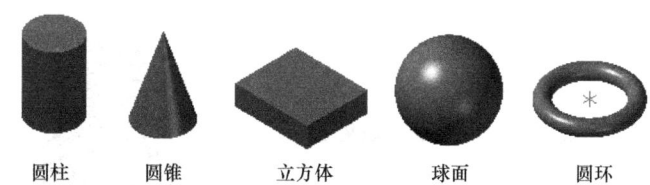

图 3-16　基本体类型

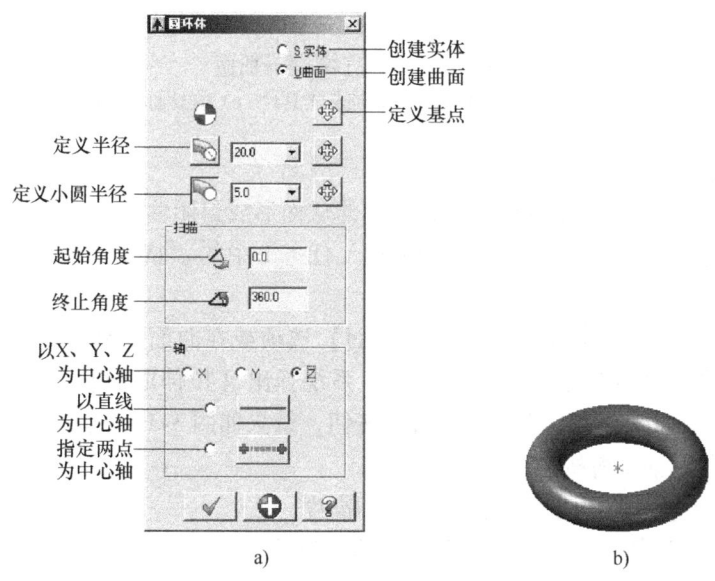

图 3-17　创建圆环曲面
a)【圆环体】对话框　b) 圆环体曲面创建结果

技术指导：

值得注意的是，采用这种方式创建的基本体可以是曲面也可以是实体，点选【实体】选项则可创建实体。

4. 创建直纹/举升曲面

直纹/举升曲面是将多个截面通过曲线或直线连接起来从而生成曲面。其中，采用曲线连接时为举升曲面，采用直线连接时则为直纹曲面。创建时，要求各截面的起始点需对齐，否则生成的曲面会发生扭曲变形，同时各截面选取的顺序不同时生成的曲面形状也不同。

打开随书光盘：素材\模块三 曲面造型\任务1中的"直纹曲面.MCX-5"文件，如图 3-18a 所示。

在菜单栏选择【绘图】/【曲面】/【直纹/举升曲面】选项或在曲面工具栏上单击【直纹/举升曲面】按钮，系统弹出【串连选项】对话框，分别在如图3-18a所示的 P_1、P_2、P_3、P_4 的位置点选择截面，以使起始点对齐，单击 按钮。系统弹出【直纹/举升曲面】工具栏，如图 3-18b 所示。单击【直纹】按钮，曲面生成效果如图 3-18c 所示。图 3-18d 所示为举升曲面生成效果。

图 3-18 创建直纹/举升曲面
a) 直纹曲面.MCX-5 b)【直纹/举升曲面】工具栏 c) 直纹曲面 d) 举升曲面

5. 挤出曲面

挤出曲面是将一封闭截面沿指定的方向拉伸从而形成封闭曲面。

打开随书光盘：素材\模块三 曲面造型\任务1中的"挤出曲面.MCX-5"文件，如图 3-19a 所示。

在菜单栏选择【绘图】/【曲面】/【挤出曲面】选项或在曲面工具栏上单击【挤出曲面】按钮，选择如图 3-19a 所示的截面并确定。系统弹出【拉伸曲面】对话框，设置【挤出高度】为"8.0"，如图 3-19b 所示，单击 按钮，结果如图 3-19c 所示。

【拉伸曲面】对话框各按钮功能简介：

1)【挤出高度】：用于设置拉伸曲面的高度。

2)【比例缩放】：用于对拉伸曲面整体进行缩放。

3)【旋转】：对拉伸曲面进行旋转。

4)【曲面补正】：将拉伸曲面沿挤出的垂直方向偏移。

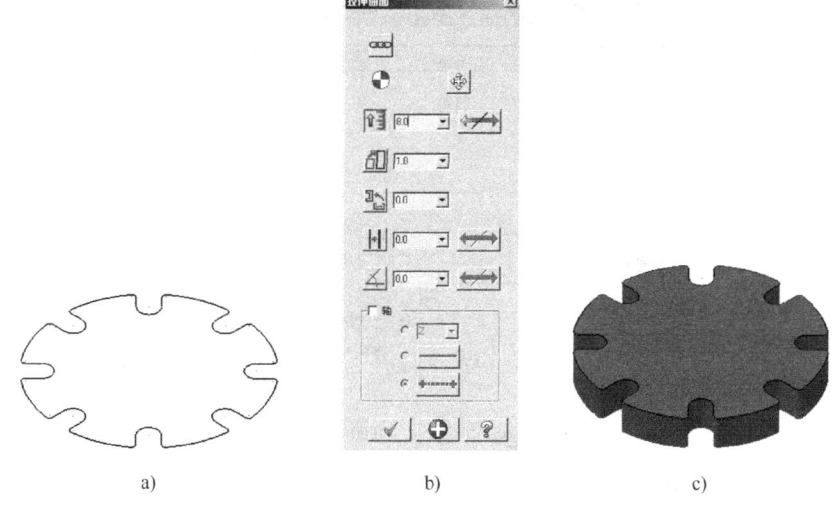

图 3-19 创建挤出曲面
a) 挤出曲面.MCX-5 b)【拉伸曲面】对话框 c) 挤出曲面结果

5)【锥度】：使生成的曲面具有一定的锥度。

任务实施

新建文档后，单击【矩形】按钮，以系统座标系原点为矩形中心绘制如图 3-20 所示的矩形。

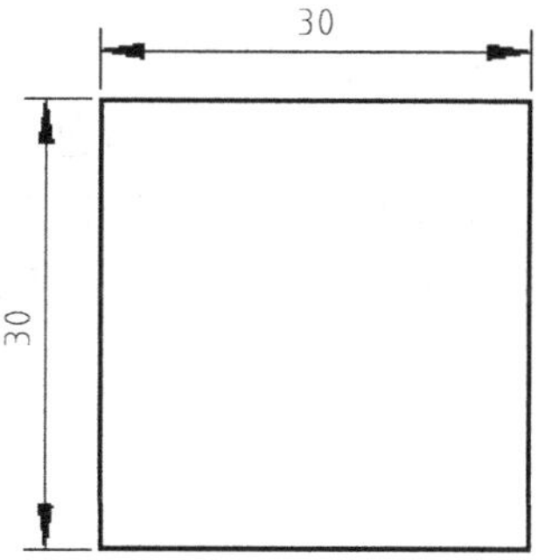

单击【正多边形】按钮，分别以系统座标系原点与"X0Y0Z60"的位置为中心点，绘制两个大小一致的正六边形，如图 3-21 所示。

在状态栏上单击【系统颜色】按钮，系统弹出【颜色】对话框，选择"11"号颜色（浅蓝色）。

图 3-20 绘制矩形

按下 Alt + Z，系统弹出【层别管理】对话框，输入【层别号码】为"2"，【名称】为"曲面"，并以此图层为当前工作图层，如图 3-22 所示，单击按钮，完成图层的创建。

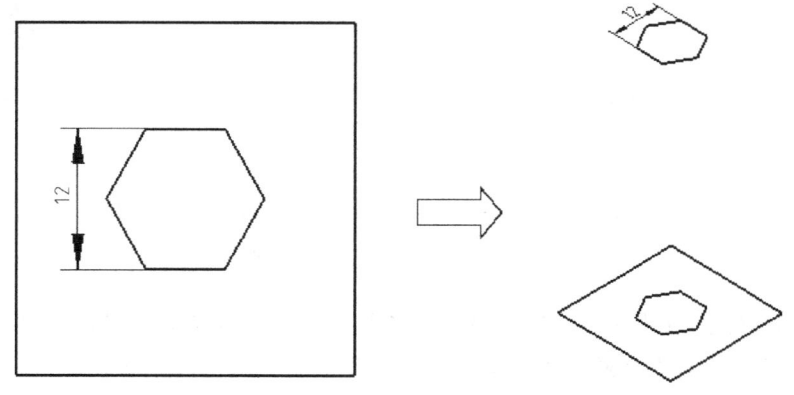

图 3-21 绘制两个正六边形

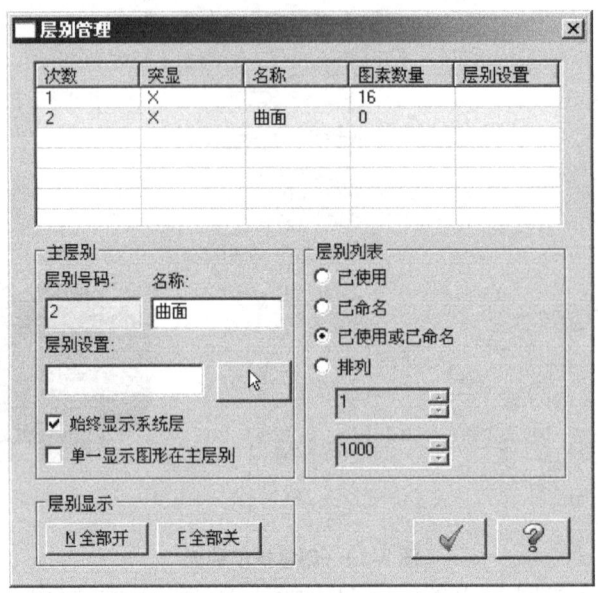

图 3-22 新建"曲面"层

在曲面工具栏上单击【挤出曲面】按钮,选择如图 3-20 所示矩形并确定。系统弹出【拉伸曲面】对话框,设置【挤出高度】为"4.0",默认挤出方向为朝下,单击按钮。按下 Alt + S 或单击【着色】按钮,结果如图 3-23 所示。

在曲面工具栏上单击【直纹/举升曲面】按钮,系统弹出【串连选项】对话框,分别按照如图 3-24a 所示箭头所在的位置 N、M 两点选择截面。单击按钮,结果如图 3-24b 所示。

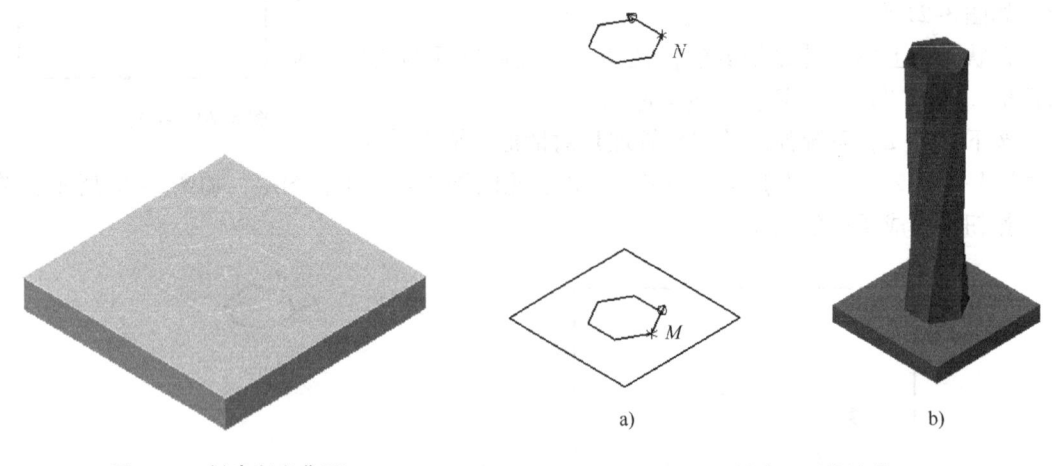

图 3-23 创建底座曲面

图 3-24 创建正六棱柱曲面
a) 选择截面 b) 结果

单击【画球体】按钮,系统弹出【球体】对话框,如图 3-25 所示。设置【球体半径】为"12.0"。单击【快速绘点】按钮,在文本框中输入"0,0,65",单击按钮,结果如图 3-26 所示。

按下 Alt+Z，系统弹出【层别管理】对话框，在【次数】"1"对应的【突显】列中上单击"X"，以隐藏框架线，如图 3-27 所示。至此零件设计完成。

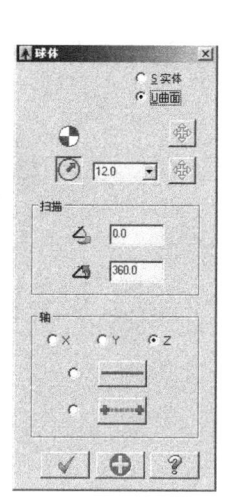

图 3-25　【球体】对话框

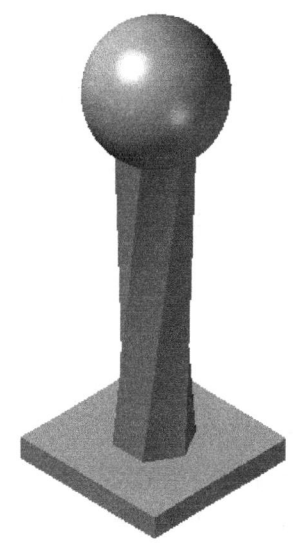

图 3-26　创建球体曲面

图 3-27　隐藏框架线

 任务总结

本任务的难点是六棱柱的创建，需特别注意创建直纹（举升）曲面时，所选取的轮廓起始点和方向应对齐。通过本任务的学习，用户应掌握图层的设置管理方法，能根据设计需要进行构图面的创建。同时，掌握曲面基本体、直纹（举升）曲面和挤出

曲面的创建方法。特别强调的是用户应能根据图素的不同特点进行分层管理，以使后续的工作更加方便。

 提高练习

结合本任务所学知识，设计如图 3-28 所示的杯子，设计完成后将杯子主体曲面与其他框架线进行分层管理。

任务 2　铸管零件设计

 任务目标

- ➢ 掌握旋转曲面、扫描曲面的创建方法。
- ➢ 掌握曲面倒圆角的方法。
- ➢ 掌握曲面修剪和分割的方法。
- ➢ 掌握由曲面转为实体的方法。

图 3-28　TG3-1

任务导入

设计如图 3-29 所示的铸管曲面零件。

a)

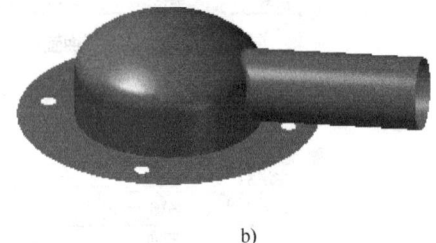
b)

图 3-29　铸管零件
a）铸管顶面　b）铸管底面

 任务分析

该铸管零件主体部分为旋转壳体，接触面四周均布 4 个小孔，主体曲面部分与一倾斜通管连接，连接部分采用圆角过渡。绘制时可先旋转主体部分曲面，倾斜通管采用扫描方式创建，对于 4 个小孔可采用曲面分割的方法，最后在交角处进行倒圆角操作。

 知识准备

1. 创建旋转曲面

旋转曲面是将外形曲线围绕指定的轴线旋转而成的曲面。

打开随书光盘：素材 \ 模块三　曲面造型 \ 任务 2 中的"旋转曲面 . MCX-5"文件，如图 3-30a 所示。

在菜单栏选择【绘图】/【曲面】/【旋转曲面】选项或在曲面工具栏上单击【旋转曲面】按钮，选择如图 3-30a 所示的外形线，继续选择如图 3-30a 所示的细中心线为旋转轴。

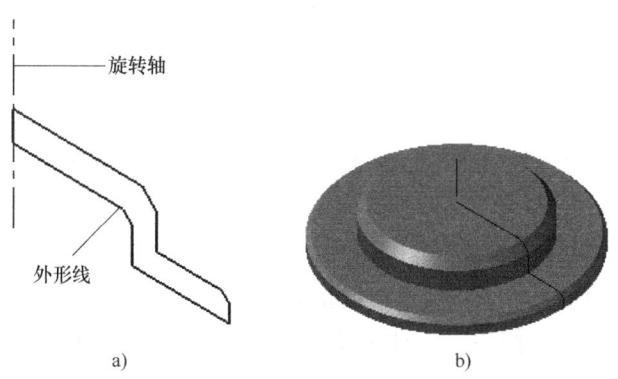

图 3-30 创建旋转曲面
a) 旋转曲面.MCX-5 b) 生成旋转曲面

系统弹出如图 3-31 所示的【旋转曲面】工具栏，其他参数默认，单击 按钮，结果如图 3-30b 所示。

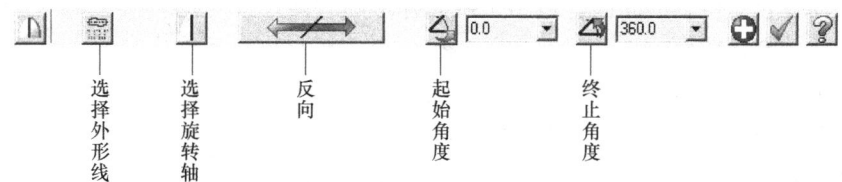

图 3-31 【旋转曲面】工具栏

2. 创建扫描曲面

扫描曲面是将曲面截面外形沿着轨迹曲线平移得到的曲面，根据截面与轨迹线的不同组合形式，Mastercam 提供了三种形式创建扫描曲面。

（1）一个截面外形和一条轨迹线

"一个截面外形和一条轨迹线"是将一个截面外形沿着一条轨迹曲线移动而得到的曲面，适用于需保持截面外形不变的曲面。

打开随书光盘：素材\模块三 曲面造型\任务 2 中的"曲面扫描 A.MCX-5"文件，如图 3-32a 所示。

在菜单栏选择【绘图】/【曲面】/【扫描曲面】选项或在曲面工具栏上单击【扫描曲面】按钮，系统弹出【串连选项】对话框，选择如图 3-32a 所示的圆为截面，在【串连选项】对话框上单击 按钮，继续选择如图 3-32a 所示的轨迹线并确定。系统弹出如图 3-32b 所示的【扫描曲面】工具栏。单击 按钮，结果如图 3-32c 所示。

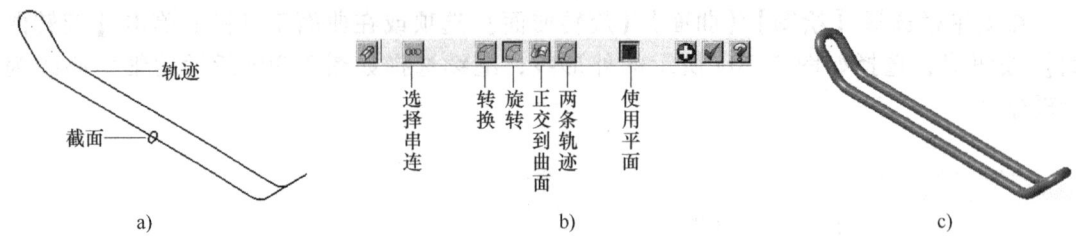

图 3-32　创建扫描曲面

a）曲面扫描 A.MCX-5　b）【扫描曲面】工具栏　c）生成扫描曲面

（2）多个截面和一条轨迹线

"多个截面和一条轨迹线"是将多个截面外形沿着一条轨迹曲线移动而得到的扫描曲面，适用于截面外形以线性方式沿轨迹线熔接的曲面。

打开随书光盘：素材\模块三　曲面造型\任务 2 中的"曲面扫描 B.MCX-5"文件，如图 3-33a 所示。

在曲面工具栏上单击【扫描曲面】按钮，分别选择如图 3-33a 所示的 P_1、P_2、P_3、P_4、P_5、P_6 截面为外形并确定（注意需保持箭头方向一致，若不相同时可单击【反向】按钮进行调整），继续选择如图 3-33a 所示的轨迹线 L_1 并确定。单击按钮，结果如图 3-33b所示。

（3）一个截面和两条轨迹线

"一个截面和两条轨迹线"是将一个截面外形随轨迹曲线形状移动变化而得到的曲面，适用于截面外形随着两条轨迹线缩放的扫描曲面。

打开随书光盘：素材\模块三　曲面造型\任务 2 中的"曲面扫描 C.MCX-5"文件，如图 3-34a 所示。

在曲面工具栏上单击【扫描曲面】按钮，选择如图 3-34a 所示的圆并确定，在系统弹出的【串连选项】对话框上单击【部分串连】按钮，分别选择如图 3-34a 所示的轨迹线（注意箭头方向需保持一致）。在【扫描面】工具栏上单击【两条轨迹线】按钮，单击按钮，结果如图 3-34b 所示。

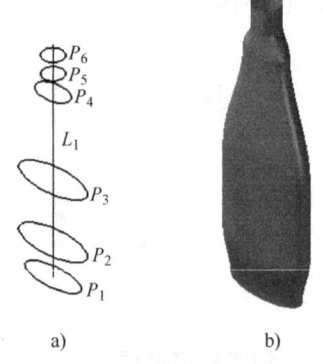

图 3-33　创建扫描曲面

a）曲面扫描 B.MCX-5　b）生成扫描曲面

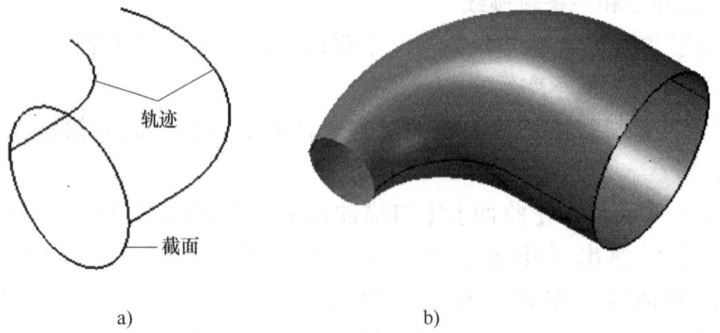

图 3-34　一个截面和两条轨迹线扫描曲面

a）曲面扫描 C.MCX-5　b）生成扫描曲面

3. 曲面倒圆角

曲面倒圆角是在曲面与曲面、曲线和平面相交的部位采用曲面倒圆角过渡，从而在两个曲面之间生成相切过渡的曲面。

（1）曲面与曲面倒圆角

"曲面与曲面倒圆角"是在曲面与曲面的相交部位创建一个光滑过渡连接的曲面。

打开随书光盘：素材 \ 模块三　曲面造型 \ 任务 2 中的"曲面间倒圆角.MCX-5"文件，如图 3-35a 所示。

在菜单栏选择【绘图】/【曲面】/【曲面与曲面倒圆角】选项或在曲面工具栏上单击【曲面与曲面倒圆角】按钮，选择如图 3-35a 所示的一曲面并确定，继续选择另一曲面并确定。系统弹出【曲面与曲面倒圆角】对话框，在【圆角】文件框中输入半径为"8.0"，勾选【修剪】选项，如图 3-35b 所示。单击 按钮，结果如图 3-35c 所示。

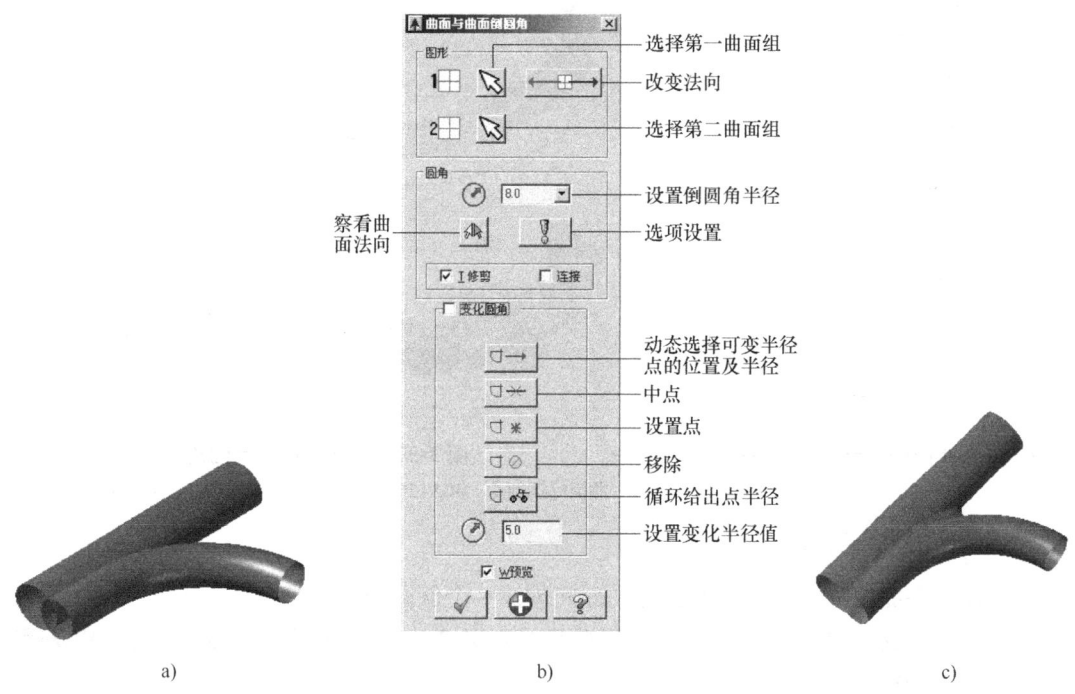

图 3-35　曲面与曲面倒圆角

a）曲面间倒圆角.MCX-5　b）设计倒圆角参数　c）曲面倒圆角效果

 技术指导：

在创建曲面倒圆角时需注意检查曲面的法线方向，必须保证两组曲面的法线方向都指向倒圆角圆弧曲面的圆心，可通过【察看曲面法向】按钮进行观察。若方向不对，可通过【改变法向】按钮进行调整。用户也可以在进行倒圆角操作之前在菜单栏选择【编辑】/【法向设定】选项或【更改法向】选项，进行设置。

用户通过在【曲面倒圆角选项】对话框上单击【选项设置】按钮，可打开【曲面倒圆角选项】对话框，如图 3-36 所示。设置倒圆的其他参数，如是否生成边界线、中心线和对原始曲面进行保留或删除的操作等。

(2) 曲线与曲面倒圆角

"曲线与曲面倒圆角"是在曲线与曲面之间创建一倒圆角曲面。

打开随书光盘：素材 \ 模块三　曲面造型 \ 任务 2 中的"曲线与曲面倒圆角.MCX-5"文件，如图 3-37a 所示。

在菜单栏选择【绘图】/【曲面】/【曲线与曲面导圆角】选项或在曲面工具栏上单击【曲线与曲面】按钮，选择如图 3-37a 所示的曲面并确定，继续选择曲线并确定。系统弹出【曲线与曲面倒圆角】对话框，在【圆角】文本框中输入半径为"80.0"，勾选【修剪】选项，如图 3-37b 所示。单击 按钮，结果如图 3-37c 所示。

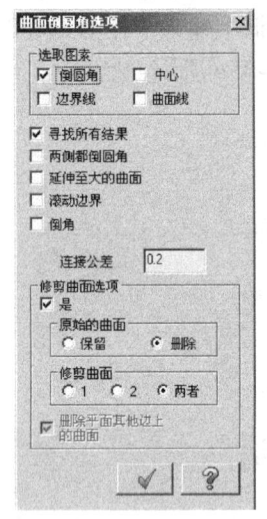

图 3-36 【曲面倒圆角选项】对话框

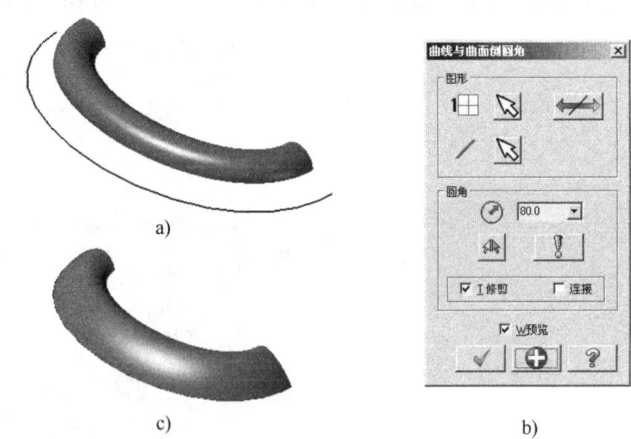

图 3-37 曲线与曲面倒圆角
a) 曲面间倒圆角.MCX-5　b) 设计倒圆角参数　c) 曲面倒圆角效果

(3) 曲面与平面倒圆角

"曲面与平面倒圆角"是在曲面与平面间创建一个倒圆角曲面。

打开随书光盘：素材 \ 模块三　曲面造型 \ 任务 2 中的"曲面与平面倒圆角.MCX-5"文件，如图 3-38a 所示。

在菜单栏选择【绘图】/【曲面】/【平面与曲面导圆角】选项或在曲面工具栏上单击【曲线与曲面】按钮，选择如图 3-38a 所示的曲面并确定。系统弹出【平面选择】对话框，输入【Z 座标】为"-5.0"，如图 3-38b 所示，单击 按钮。在【平面与曲面倒圆角】对话框上的【圆角】文本框中输入半径为"5.0"。勾选【修剪】选项，如图 3-38c 所示。单击 按钮，结果如图 3-38d 所示。

4. 曲面修剪

曲面修剪是指将已存在的曲面修剪指定的曲面、平面或曲线，从而生成新的曲面。对于修剪后的曲面，用户可指定是否对其进行删除或保留的操作。

(1) 修剪至曲面

通过修剪至曲面命令可以将曲面在两组曲面间的交线处断开，对于断开后的曲面用户可以进行删除或保留，其中所选取的曲面组中必须有一组曲面只有一个曲面。

打开随书光盘：素材\模块三 曲面造型\任务2中的"修整至曲面.MCX-5"文件，如图3-39a所示。

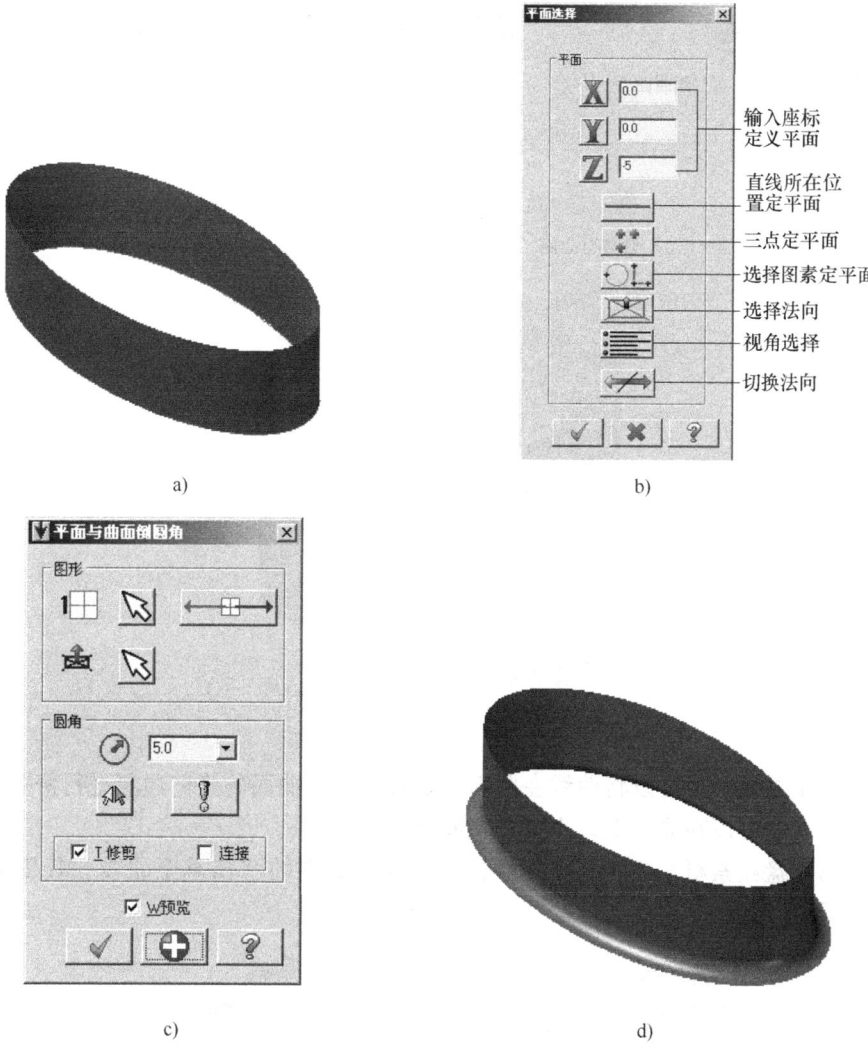

图3-38 平面与曲面倒圆角
a）平面与曲面倒圆角.MCX-5 b）【平面选择】对话框
c）【平面与曲面倒圆角】对话框 d）平面与曲面倒圆角效果

在菜单栏选择【绘图】/【曲面】/【曲面修剪】/【修整至曲面】选项或在曲面工具栏上单击【修整至曲面】按钮，选择如图3-39a所示的第一组曲面并确定，继续选择如图3-39a所示的第二组曲面并确定。系统弹出【修整至曲面】工具栏，如图3-39b所示，分别单击【删除原曲面】按钮和【两者都修整】按钮。再次选择第一组曲面，并将光标箭头移动至曲面中央位置单击，作为曲面保留部分。选择第二组曲面，移动光标箭头至第二组曲面的最下方并单击。

单击 按钮，结果如图3-40所示。

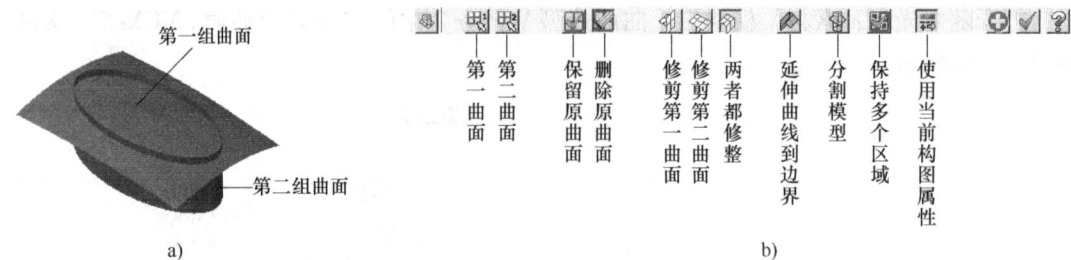

图 3-39 修整至曲面
a) 修整至曲面.MCX-5　b)【修整至曲面】工具栏

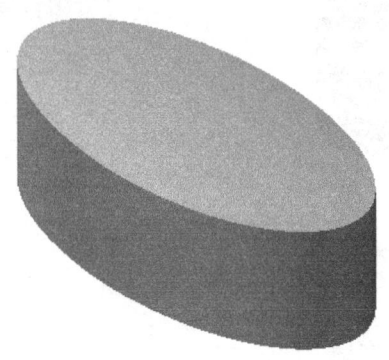

图 3-40 修整至曲面效果

（2）修剪至曲线

使用修整至曲线命令可以将曲线在曲面上的投影作为曲面的修剪边界进行修剪，从而获得新的曲面，曲线可以在曲面上，也可以在曲面外。

打开随书光盘：素材 \ 模块三　曲面造型 \ 任务 2 中的"修整至曲线.MCX-5"文件，如图 3-41a 所示。

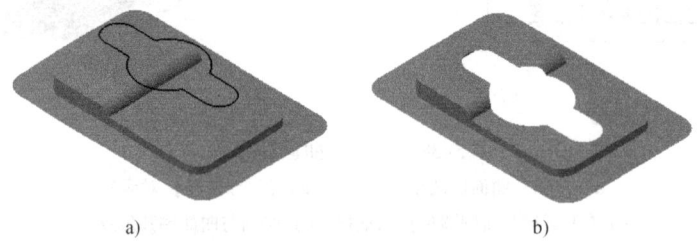

图 3-41 修整至曲线
a) 修整至曲线.MCX-5　b) 修剪效果

在菜单栏选择【绘图】/【曲面】/【曲面修剪】/【修整至曲线】选项或在曲面工具栏上单击【修剪至曲线】按钮，窗选所有曲面并确定，选择轮廓线并确定。系统弹出【修剪至曲线】工具栏，单击【删除原曲面】按钮。再次选择曲面，并向外移动光标箭头至曲面边界位置单击作为保留部分，单击 按钮，结果如图 3-41b 所示。

技术指导：

在【修整至曲线】工具栏中系统提供了两种投影方式，分别为【当前构图面法向投影】和【曲面法向投影】。

（3）修剪至平面

使用修剪至平面命令可指定一个平面并使用该平面为边界将选取的曲面切开并保留与平面法线方向一致的曲面。

打开随书光盘：素材\模块三 曲面造型\任务2中的"修整至平面.MCX-5"文件，如图3-42a所示。

单击【前视图】按钮，设置前视图为分割工具，在菜单栏选择【绘图】/【曲面】/【曲面修剪】/【修整至平面】选项或在曲面工具栏上单击【修整至平面】按钮，窗选所有曲面并确定。系统弹出【平面选择】对话框，单击【反向】按钮，使法向方向朝内，如图3-42b所示。单击 ✓ 按钮，继续在【修剪至曲线】操作栏上单击 ✓ 按钮，结果如图3-42c所示。

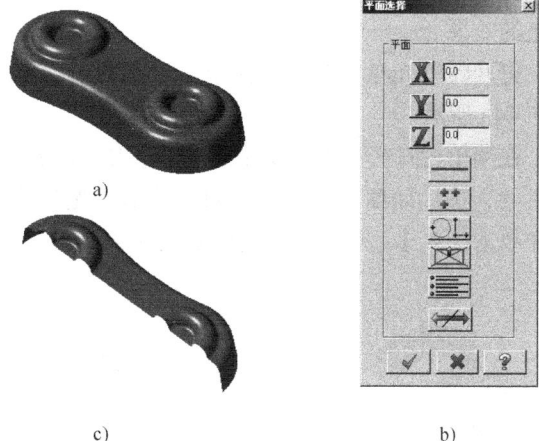

图3-42 修整至平面

a) 修整至平面.MCX-5 b)【平面选择】对话框 c) 修整结果

5. 分割曲面

分割曲面是将曲面在指定的位置和方向分割成两个曲面。

打开随书光盘：素材\模块三 曲面造型\任务2中的"分割曲面.MCX-5"文件，如图3-43a所示。

在菜单栏选择【绘图】/【曲面】/【分割曲面】选项或在曲面工具栏上单击【分割曲面】按钮，选择曲面，系统在曲面上显示随光标移动的箭头。移动箭头至如图3-43b所示的直线中间位置并单击，以确定分割位置。单击 ✓ 按钮，结果如图3-43c所示。

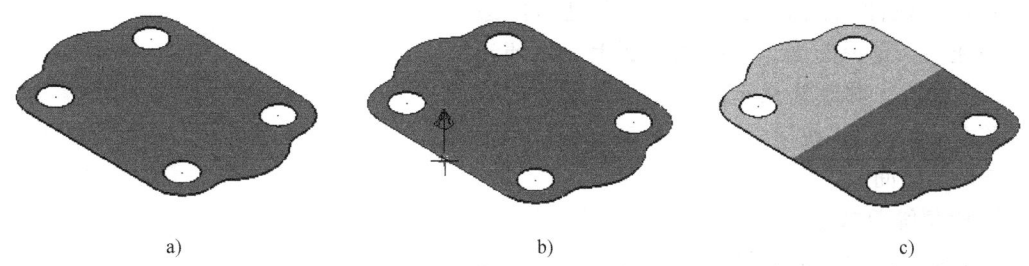

图3-43 修整至平面

a) 分割曲面.MCX-5 b) 指定分割位置 c) 分割结果

技术指导：

用户可通过在【分割曲面】工具栏上单击【反向】按钮 ⟷ 实现分割方向的调整。

6. 填补内孔

填补内孔是在指定曲面的内孔或外孔边界处创建一个新的曲面进行填充，从而起到曲面填充的效果。

打开随书光盘：素材\模块三 曲面造型\任务2中的"填补内孔.MCX-5"文件，如图3-44a所示。

在菜单栏选择【绘图】/【曲面】/【填补内孔】选项或在曲面工具栏上单击【填补内孔】按钮，选择曲面，系统在曲面上显示随光标移动的箭头。移动箭头至如图3-44b所示的位置并单击，单击 ✓ 按钮，结果如图3-44c所示。

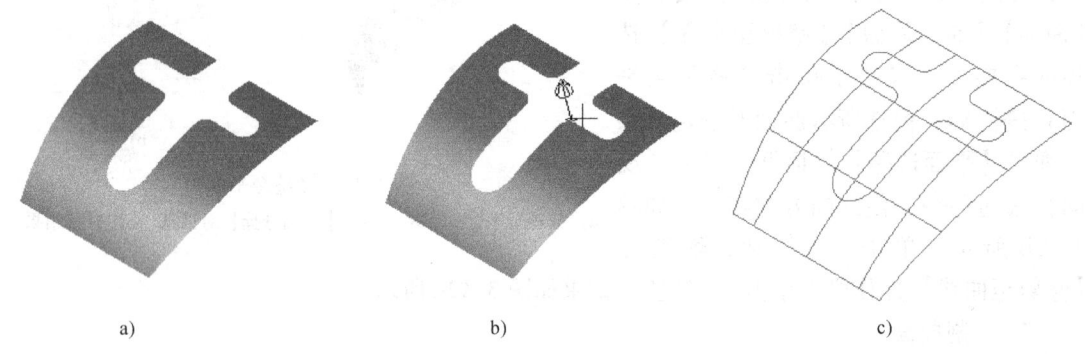

图3-44 填补内孔
a) 填补内孔.MCX-5 b) 指定填补位置 c) 填补结果

7. 恢复曲面边界

填补内孔生成的是新的曲面，并不与原有曲面合成一体（从图3-44c所示可知两曲面间存在着边界线），而恢复曲面边界生成的曲面与原有曲面将合成一体。

同样以"填补内孔.MCX-5"文件为例，在菜单栏选择【绘图】/【曲面】/【恢复曲面边界】选项或在曲面工具栏上单击【恢复曲面边界】按钮，选择曲面，系统在曲面上显示随光标移动的箭头。移动箭头至如图3-44b所示的位置并单击，单击 ✓ 按钮，结果如图3-45所示，不存在着两个曲面。

8. 恢复修剪曲面

恢复修剪曲面功能是指将原来被修剪过的曲面进行恢复。

同样以"填补内孔.MCX-5"文件为例，在菜单栏选择【绘图】/【曲面】/【恢复修剪曲面】选项或在曲面工具栏上单击【恢复修剪曲面】按钮

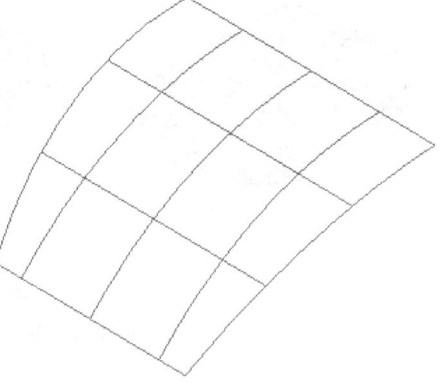

图3-45 恢复曲面边界

，系统弹出【恢复修剪曲面】工具栏，如图 3-46a 所示。选择曲面，则曲面将恢复成原有曲面，接受默认选项，单击 按钮，结果如图 3-46b 所示。

图 3-46 恢复修剪曲面
a)【恢复修剪曲面】工具栏 b）结果

任务实施

新建文档后，单击【前视图构图面】按钮和【前视图视角】按钮，按下 F9 键打开系统座标系。按下 Alt + Z，新建第 1 图层（名称为"外形轮廓线"）并设置为当前工作图层，以系统座标系原点为参照绘制如图 3-47a 所示的外形曲线，注意需绘制中心线。

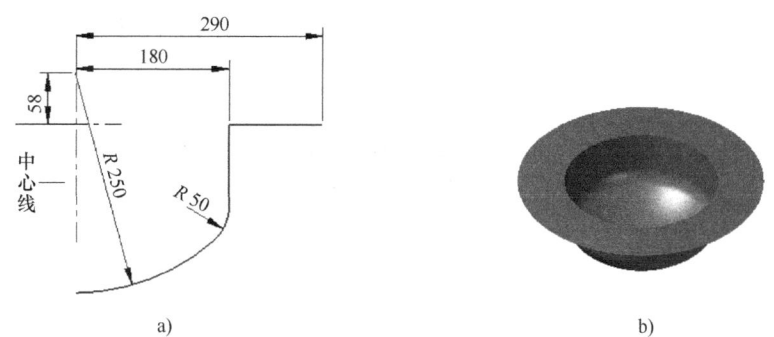

图 3-47 创建旋转主体曲面
a）旋转外形轮廓 b）创建效果

新建第 2 图层（名称为"主体曲面"）并设置为当前工作图层，在曲面工具栏上单击【旋转曲面】按钮，选择外形线并确定，继续选择中心线为旋转轴。其他参数默认，单击 按钮，按下 Alt + S，结果如图 3-47b 所示。

新建第 3 图层（名称为"扫描框架线"），设置为当前图层，不显示其他图层，继续以前视图为构图平面绘制如图 3-48a 所示的直线。在状态栏上选择【平面】/【法向定面】选项（图 3-48b），选择如图 3-48a 所示直线的右端点，接受默认视角，单击 按钮。

以直线端点为圆心绘制直径为 132.0mm 的圆，结果如图 3-49a 所示。新建第 4

图层（名称为"铸管曲面"），在曲面工具栏上单击【扫描曲面】按钮，选择圆为截面并确定，继续选择直线为轨迹线并确定。在【扫描曲面】工具栏上单击 按钮，结果如图3-49b所示。

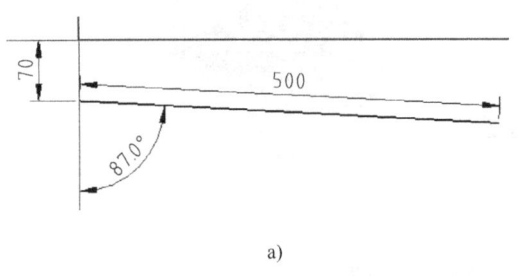
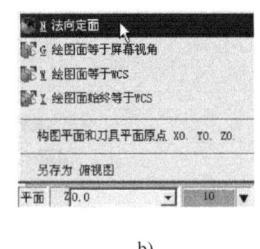

a)   b)

图3-48 创建扫描框架线
a）绘制直线 b）选择【法向定面】选项

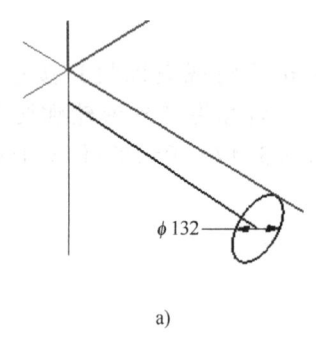
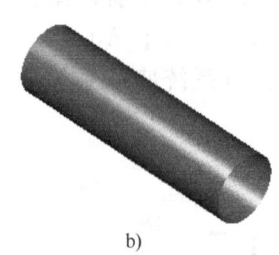

a)   b)

图3-49 创建铸管曲面
a）绘制圆 b）铸管曲面效果

 技术指导：

  这里通过"法向定面"的方法创建构图面，从而方便创建扫描截面，这种方法常常用于创建一些不规则的构图平面。

  对于铸管的创建除了采用这种方法外，用户先创建一水平方向的拉伸曲面然后旋转一定的角度亦可。

  新建第5图层（名称为"孔截面"），不显示其他图层。单击【俯视图构图面】按钮和【俯视图视角】按钮，绘制如图3-50a所示4个直径为30.0mm的圆。

  打开【层别管理】对话框，以第2图层为当前工作层，显示第2图层和第4图层。在曲面工具栏上单击【修剪至曲线】按钮，选择主体曲面并确定。选择所有直径为30.0mm的圆并确定。系统弹出【修剪至曲线】工具栏，单击【删除原曲面】按钮，再次选择曲面并移动光标箭头至曲面外侧边界位置单击作为保留部分，单击 按钮，结果如图3-50b所示。

  在菜单栏选择【编辑】/【法向设定】选项，选择铸管曲面并确定，单击【反向】按钮使箭头方向朝外,如图3-51所示。继续采用相同的方法设置与铸管曲面相交的法向方向,方向统一朝外,以方便创建曲面倒圆角。

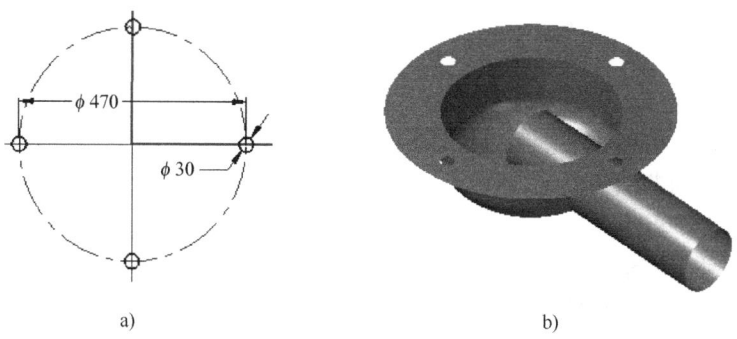

图 3-50 创建小孔
a) 绘制孔截面　b) 修剪效果

 技术指导：

在进行曲面间倒圆角时,若没有预先进行法向方向的设定可能会导致倒圆角效果如图3-52所示。为避免出现不必要的错误,可在进行曲面倒圆角时预先设定法向方向。

在曲面工具栏上单击【曲面与曲面导圆角】按钮，选择铸管曲面并确定,继续选择与铸管曲面相交的曲面并确定。系统弹出【曲面与曲面倒圆角】对话框,在【圆角】文本框中输入半径为"12.0",勾选【修剪】选项,单击 按钮,结果如图3-53所示。至此铸管零件曲面创建完成。

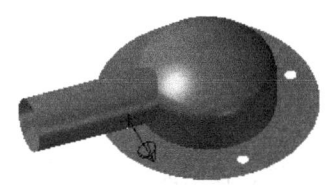  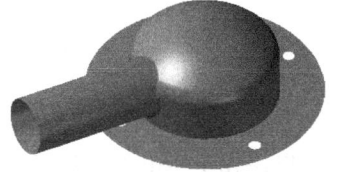

图 3-51 设定法向方向　　　图 3-52 不正确的倒圆角　　　图 3-53 曲面倒圆角

 任务总结

本任务的难点是铸管曲面的创建,通过本任务的学习,读者应掌握旋转曲面、扫描曲面的创建方法,以及对曲面进行倒圆角和分割的编辑方法。创建曲面倒圆角时需注意法向方向的设置,使法向指向与将要生成倒圆角圆弧曲面的圆心一致。

提高练习

结合本任务所学知识,设计如图3-54所示的花瓶。

图 3-54 TG3-2

任务 3 　 电器壳设计

 任务目标

➢ 掌握样条曲线的创建与编辑方法。
➢ 掌握各种曲面曲线的创建方法。
➢ 掌握投影转换的应用。
➢ 掌握曲面补正方法。
➢ 掌握网状曲面、围缩曲面的创建方法。

 任务导入

绘制如图 3-55 所示的某电器壳。

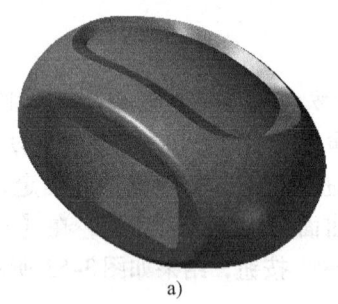
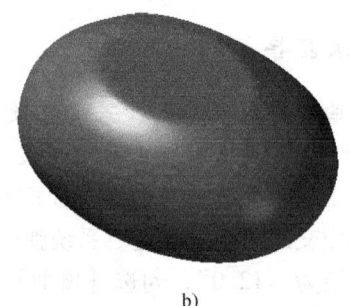

a) 　　　　　　　　　　　　　　　b)

图 3-55 　 电器壳
a) 顶面 　 b) 底面

 任务分析

该电器壳主体由不规则曲面构成,底部为一平底面,便于放置,控制面板为一凹陷的曲面。电器壳侧边有一开孔曲面。在创建时可采用网状曲面构建主体曲面部分,然后采用镜像复制得到另一侧曲面。底面由于是平整面可采用平整曲面或对主体曲面进行修剪得到。顶面部分可采用曲面偏移复制的方法创建,最后创建举升曲面。

 知识准备

1. 绘制曲线

(1) 绘制样条曲线

Mastercam 系统中的样条曲线有两种形式,分别为参数式曲线(Spline 曲线)和 NURBS 曲线。参数式曲线通过每一个节点,形状由节点决定,而且一旦绘制完成则无法进行编辑。而 NURBS 曲线只通过第一点和最后一个点,并不一定通过中间的控制点,但会逼近这些控制点。由于 NURBS 曲线在绘制完成后还可以通过修改控制点的位置进行修改形状,易于调整,形状比较平滑,因此比较常用。

(2) 手动画样条曲线

手动画样条曲线是通过逐步输入节点位置进行样条曲线的绘制。

在菜单栏选择【绘图】/【曲线】/【手动画曲线】选项或在草绘工具栏上单击【手动画曲线】按钮，分别选择如图3-56a所示的A、B、C、D、E点，在系统弹出的【曲线】工具栏上单击【编辑端点状态】按钮，按下回车键结果如图3-56b所示。

图3-56 手动画曲线
a）输入点 b）结果

系统弹出【曲线端点状态】工具栏，用于控制曲线第一点与最后一点的切线方向，如图3-57所示。

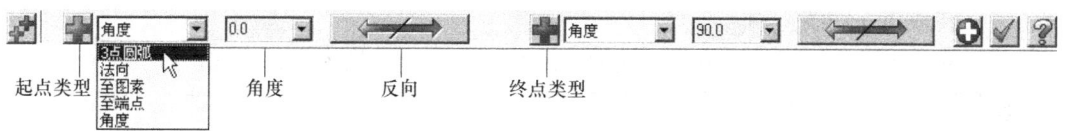

图3-57 【曲线端点状态】工具栏

起点/终点类型选项说明：

◆【3点圆弧】：曲线的开始和最后的3个节点构成圆弧。将起点处的切线方法作为曲线起点的切线方法。

◆【法向】：按照最短曲线长度优化计算得到曲线两端的切线方向，为系统默认选项。

◆【至图素】：通过选取已绘制的图素，将选取点切线方向作为本曲线的切线方向。

◆【至端点】：通过指定其他图素某个端点的切线方向作为曲线端点的切线方向。

◆【角度】：通过输入角度的方式控制端点的切线方向。

 技术指导：

若没有激活【编辑端点状态】按钮，则系统不弹出【曲线端点状态】工具栏，即不能编辑曲线端点的状态。

（3）自动生成曲线

自动生成曲线是通过指定曲线的第一点、第二点和最后一点，系统自动选取其他的点进行曲线的绘制。要求至少已存在3个点，对于绘制区内的所有点，系统可能只选择部分点，主要取决于第一点、第二点和最后一点的顺序与位置。

打开随书光盘：素材\模块三 曲面造型\任务3中的"自动生成曲线.MCX-5"文件，如图3-58a所示。

在菜单栏选择【绘图】/【曲线】/【自动生成曲线】选项或在草绘工具栏上单击【自动生成曲线】按钮，分别选择如图3-58a所示的A、B、C三点，单击 按钮，结果如图

3-58b所示。

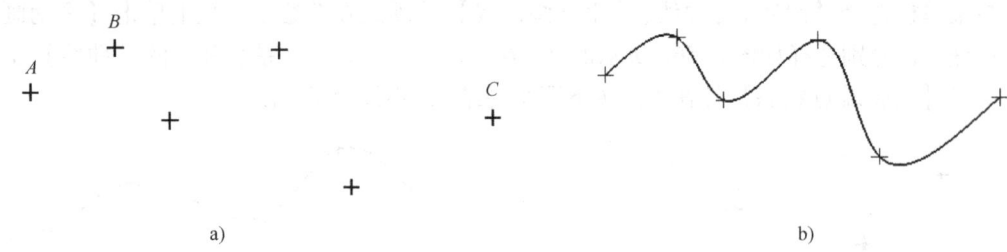

图 3-58 自动生成曲线
a) 选择点　b) 结果

 技术指导：

用户可以通过在菜单栏选择【编辑】/【更改曲线】选项，选择曲线后修改曲线形状控制点达到修改曲线形状的目的。

（4）转成单一曲线

转成单一曲线功能可以将单一的或相连的几何对象，转换为样条曲线。

打开随书光盘：素材\模块三　曲面造型\任务3中的"转成单一曲线.MCX-5"文件，如图3-59b所示。

在菜单栏选择【绘图】/【曲线】/【转成单一曲线】选项或在草绘工具栏上单击【转成单一曲线】按钮 ，系统弹出【转成曲线】工具栏，如图3-59a所示。选择如图3-59b所示的曲线并确定即可将原有图素转为样条曲线。

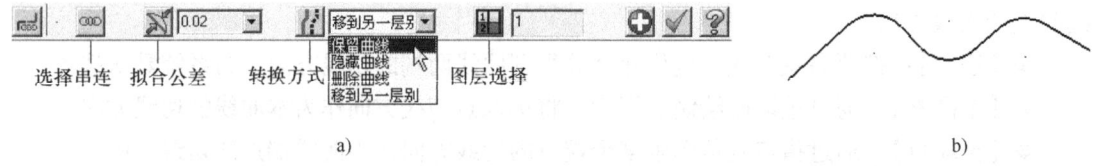

图 3-59 转成单一曲线
a)【转成曲线】工具栏　b) 结果

 技术指导：

通过【转换方式】功能可以将原有几何图素进行隐藏、删除或移到另一层别中。

（5）熔接曲线

熔接曲线功能可创建一条与两曲线（直线、圆弧或曲线）在指定位置光滑连接的曲线。

打开随书光盘：素材\模块三　曲面造型\任务3中的"熔接曲线.MCX-5"文件，如图3-60a所示。

在菜单栏选择【绘图】/【曲线】/【熔接曲线】选项或在草绘工具栏上单击【熔接曲线】按钮 ，系统弹出【曲线熔接状态】工具栏，在【修剪方式】下拉列表中选择【两者】选项，如图3-60b所示。

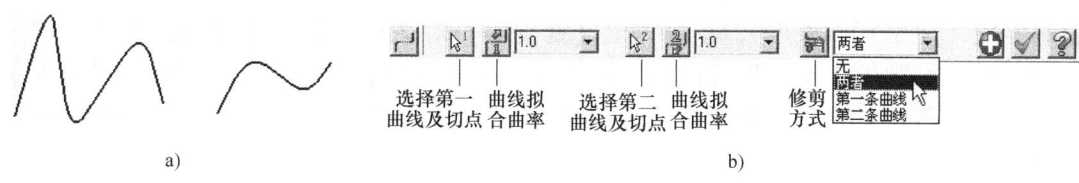

图 3-60 熔接曲线

a) 熔接曲线.MCX-5 b)【曲线熔接状态】工具栏

在绘制区选择第一条曲线，系统显示箭头光标，在适合的位置单击。继续选择第二条曲线，系统显示箭头光标，在适合的位置单击，如图 3-61a 所示。单击 按钮，结果如图 3-61b 所示。

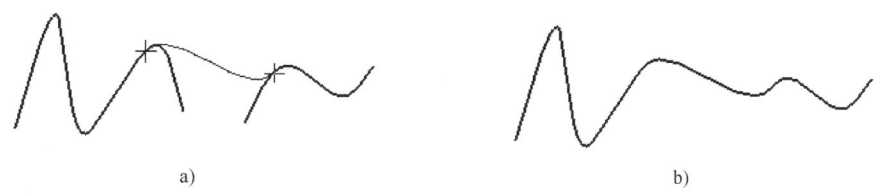

图 3-61 确定熔接位置及效果

a) 确定熔接位置 b) 结果

2. 螺旋曲线

螺旋曲线是生成一条围绕中心轴线向上旋转的曲线，Mastercam 提供了间距螺旋线和锥度螺旋线两种形式。

（1）绘制间距螺旋线

间距螺旋线是指 X 轴、Y 轴、Z 轴 3 个方向都可以变化的螺旋线。通过该命令可以绘制平面螺旋线和具有锥形或圆柱形的螺旋线。

在菜单栏选择【绘图】/【绘制螺旋线（间距）】选项或在草绘工具栏上单击【绘制螺旋线（间距）】按钮 ，系统弹出【螺旋形】对话框，设置【圈数】为"2.0"，【高度】为"50.0"，【起始间距】为"2.0"【结束间距】为"10.0"，【R半径】为"20.0"，选择【顺时】选项，如图 3-62a 所示。选择系统座标系原点为圆心点，单击 按钮，结果如图 3-62b 所示。

 技术指导：

若没有设置【高度】，则绘制的是平面螺旋线。当【起始间距】与【结束间距】的大小不同，则绘制的是具有锥形或变间距的螺旋线。

（2）绘制锥度螺旋线

锥度螺旋线是变距螺旋线的一种特殊形式，通过指定螺旋半径和锥度角控制螺旋线的形状。

在菜单栏选择【绘图】/【绘制螺旋线（锥度）】选项或在草绘工具栏上单击【绘

制螺旋线（间距）按钮，系统弹出【螺旋形】对话框，设置【圈数】为"5.0"，【R半径】为"10.0"，【P间】为"5.0"，【T锥度角】为"10.0"，选择【顺时】选项，如图3-63a所示。选择系统座标系原点为圆心点，单击 按钮，结果如图3-63b所示。

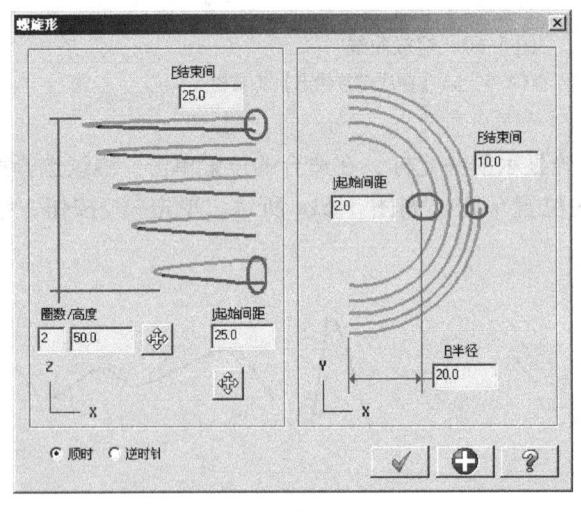
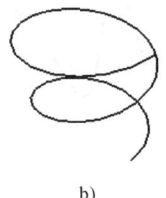

图3-62 创建间距螺旋线
a) 设置间距螺旋线参数　b) 创建结果

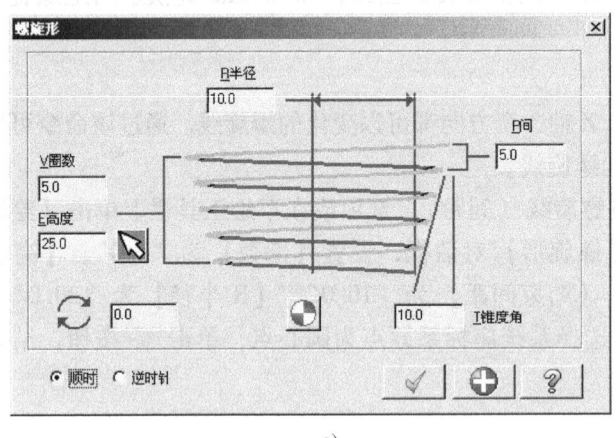
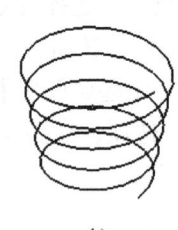

图3-63 创建锥度螺旋线
a) 设置锥度螺旋线参数　b) 创建结果

3. 曲面曲线

除了在绘制直线、圆弧、样条曲线和螺旋线时，通过指定三维空间点或输入三维座标的方式创建三维曲线外，用户还可以在曲面或实体表面创建三维曲线，常用于提取曲面的边线，如边界线和分模线等，下面将分别进行介绍。

(1) 单一边界

单一边界是指在选取的曲面边缘上生成一条边界曲线。

打开随书光盘：素材\模块三　曲面造型\任务 3 中的"单一边界.MCX-5"文件，如图 3-64a 所示。

在菜单栏选择【绘制】/【曲面曲线】/【单一边界】选项，选择刚打开的曲面，移动箭头至所要生成曲面曲线的曲面边界，如图 3-64a 所示。单击鼠标左键即可创建曲面单一边界线，单击 ✓ 按钮，结果如图 3-64b 所示。

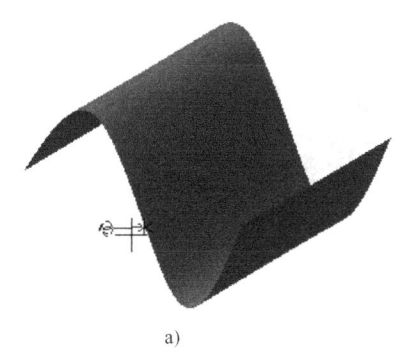 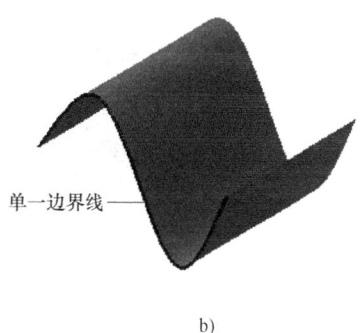

a)　　　　　　　　　　　　　　　　　　　b)

图 3-64　创建单一曲线
a）选择曲面边界　b）创建结果

(2) 所有曲线边界

与单一边界不同的是，所有曲线边界是在所选取的曲面所有边缘上都生成边界曲线，相当于提取曲面所有的边界轮廓线。

打开随书光盘：素材\模块三　曲面造型\任务 3 中的"所有曲线边界.MCX-5"文件，如图 3-65a 所示。

在菜单栏选择【绘制】/【曲面曲线】/【所有曲线边界】选项，选择刚打开的曲面，移动箭头至需生成曲面曲线的曲面边界，如图 3-65a 所示，单击鼠标左键即可创建曲面所有界线，单击 ✓ 按钮，结果如图 3-65b 所示。

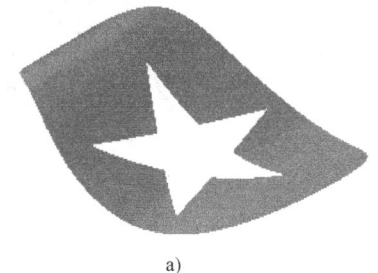 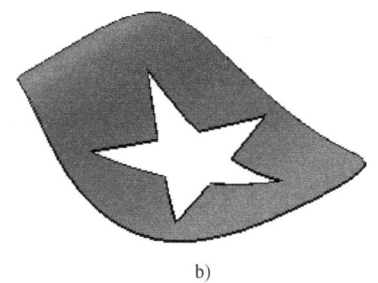

a)　　　　　　　　　　　　　　　　　　　b)

图 3-65　创建所有曲线边界
a）选择曲面边界　b）创建结果

(3) 缀面边线

缀面边线是指通过选取曲面或实体表面上的一点，并在该曲面所在点位置的两个方向上创建一条或两条曲线。

打开随书光盘：素材 \ 模块三　曲面造型 \ 任务 3 中的"缀面边线．MCX-5"文件，如图 3-66a 所示。

在菜单栏选择【绘制】/【曲面曲线】/【缀面边线】选项，选择刚打开的曲面，移动箭头至所要生成曲面曲线的曲面边界上，如图 3-66a 所示。单击鼠标左键即可创建曲面缀面边线，在【指定位置曲面曲线】工具栏上单击【更改方向】按钮 ⟷ ，使其两个方向都生成曲面曲线，单击 ✓ 按钮，结果如图 3-66b 所示。

a)　　　　　　　　　　　　　　b)

图 3-66　创建缀面边线
a) 选择曲面边界　b) 创建结果

（4）曲面流线

曲面流线是指在曲面或实体表面上同时创建多条平行的流线式曲线。

打开随书光盘：素材 \ 模块三　曲面造型 \ 任务 3 中的"曲面流线．MCX-5"文件，为一曲面。

在菜单栏选择【绘制】/【曲面曲线】/【曲面流线】选项，系统弹出【曲面流线】工具栏，如图 3-67a 所示。在【曲线数量】下拉列表中选择【距离】选项，并设置距离为 5.0mm，选择刚打开的曲面，单击 ✓ 按钮，结果如图 3-67b 所示。

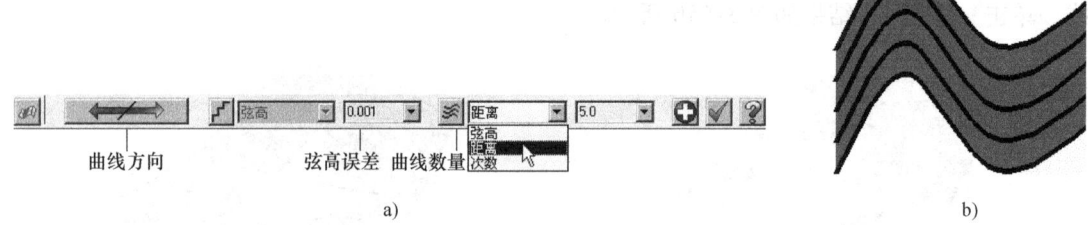

图 3-67　创建曲面流线
a)【曲面流线】工具栏　b) 创建结果

（5）动态绘曲线

动态绘曲线是指在曲面或实体表面上动态地选择曲线所要通过的点，从而连接成一条曲线。

打开随书光盘：素材 \ 模块三　曲面造型 \ 任务 3 中的"动态绘曲线．MCX-5"文件，为一曲面。

在菜单栏选择【绘制】/【曲面曲线】/【动态绘曲线】选项,选择刚打开的曲面,移动箭头分别选择如图 3-68a 所示的 p_1、p_2、p_3、p_4、p_5 点为曲线所要经过的点,按回车键,单击 ✓ 按钮,结果如图 3-68b 所示。

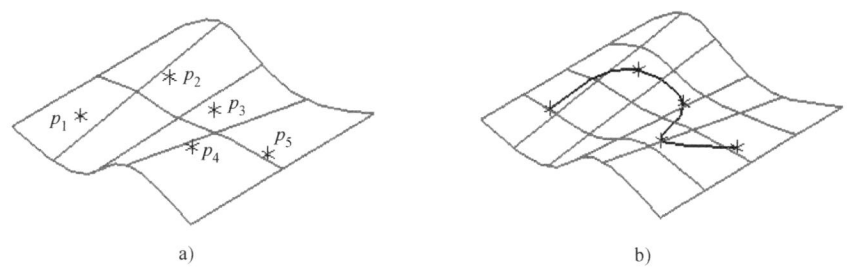

图 3-68　创建缀面边线
a) 选择曲面边界　b) 创建结果

(6) 曲面剖切线

曲面剖切线是指创建曲面或实体表面与平面的交线。

打开随书光盘:素材 \ 模块三　曲面造型 \ 任务 3 中的"曲面剖切线.MCX-5"文件,为一曲面。

在菜单栏选择【绘制】/【曲面曲线】/【曲面剖切线】选项,系统弹出【剖切线】工具栏,如图 3-69 所示。

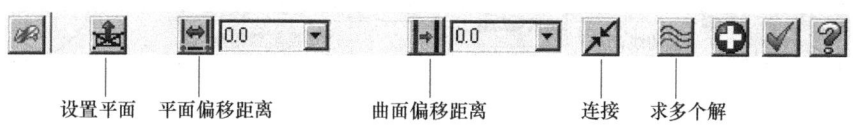

图 3-69　【剖切线】工具栏

选择刚打开的曲面,单击【设置平面】按钮,系统弹出【平面选择】对话框,输入 Z 距离为 10.0mm,如图 3-70a 所示。系统显示平面与箭头,如图 3-70b 所示,单击 ✓ 按钮。不设置其他参数,单击 ✚ 按钮,单击 ✓ 按钮,结果如图 3-70c 所示。

(7) 曲面曲线

曲面曲线是指将曲线转换为曲面上的线。

在菜单栏选择【绘制】/【曲面曲线】/【曲面曲线】选项,选择需进行转换的曲线即可。

(8) 创建分模线

创建分模线功能用于绘制曲面的分模线,是零件在指定构图面上的最大投影线,将曲面分成两部分,常常用于分型模具的零件设计。

打开随书光盘:素材 \ 模块三　曲面造型 \ 任务 3 中的"分模线.MCX-5"文件,如图 3-71a 所示。

在菜单栏选择【绘制】/【曲面曲线】/【创建分模线】选项,系统弹出【创建分模线】工具栏,如图 3-71b 所示。选择刚打开的曲面,选择【俯视图构图面】,单击【应用】按钮 ✚,单击 ✓ 按钮,结果如图 3-71c 所示。

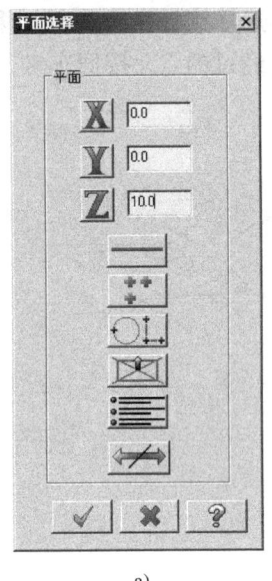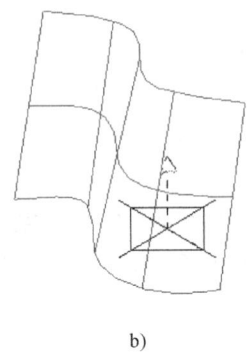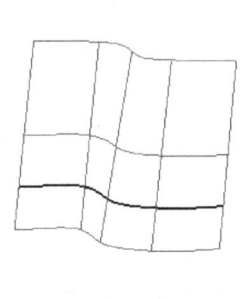

图 3-70　创建缀面边线

a)【平面选择】对话框　b) 平面与箭头　c) 创建结果

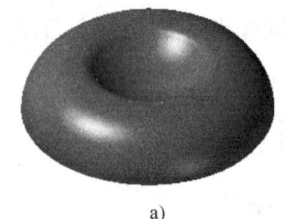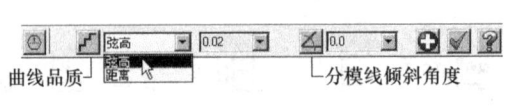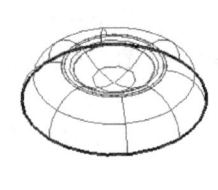

图 3-71　创建分模线

a) 创建分模线.MCX-5　b)【创建分模线】工具栏　c) 结果

(9) 曲面交线

曲面交线是指在曲面间的相交处创建曲线。

打开随书光盘：素材 \ 模块三　曲面造型 \ 任务 3 中的"曲面交线.MCX-5"文件，如图 3-72a 所示。

在菜单栏选择【绘制】/【曲面曲线】/【曲面交线】选项，选择如图 3-72a 所示的第一面组曲面（注意这里有两个曲面）并确定。继续选择第二面组并确定。系统弹出【曲面交线】工具栏，如图 3-72b 所示，其他参数默认，单击 按钮，结果如图 3-72c 所示。

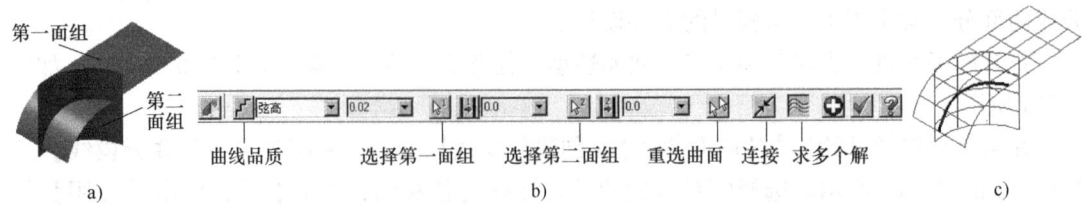

图 3-72　创建曲面交线

a) 曲面交线.MCX-5　b)【曲面交线】工具栏　c) 结果

4. 投影

投影是将所选取的图素投影到指定构图平面深度、平面或曲面上，从而创建新的图形。

打开随书光盘：素材\模块三　曲面造型\任务 3 中的"投影.MCX-5"文件，如图 3-73a 所示。

在菜单栏选择【转换】/【投影】选项，选择如图 3-73a 所示的曲线并确定。系统弹出【投影】对话框，选择【移动】选项，选择投影方式为【曲面】选项，如图 3-73b 所示。选择曲面并确定，单击 ✓ 按钮，结果如图 3-73c 所示。

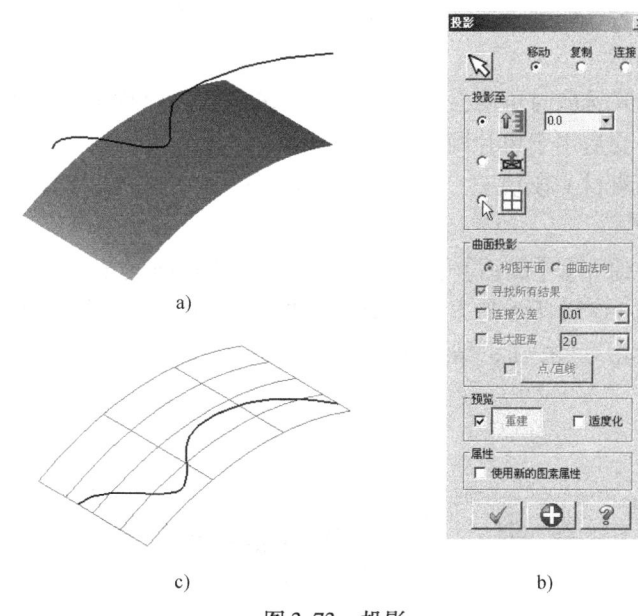

图 3-73　投影

a) 投影.MCX-5　b)【投影】对话框　c) 结果

5. 曲面补正

曲面补正是指将所选取的曲面沿其法线方向偏移一定的距离从而生成新的曲面。

打开随书光盘：素材\模块三　曲面造型\任务 3 中的"曲面补正.MCX-5"文件，如图 3-74a 所示。

在菜单栏选择【绘制】/【曲面】/【曲面补正】选项或在曲面工具栏上单击【曲面补正】按钮，窗选刚打开的曲面并确定。系统弹出【曲面补正】工具栏，在【距离】文本框中输入"2.0"，如图 3-74b 所示。其他参数默认，单击 ✓ 按钮，结果如图 3-74c 所示。

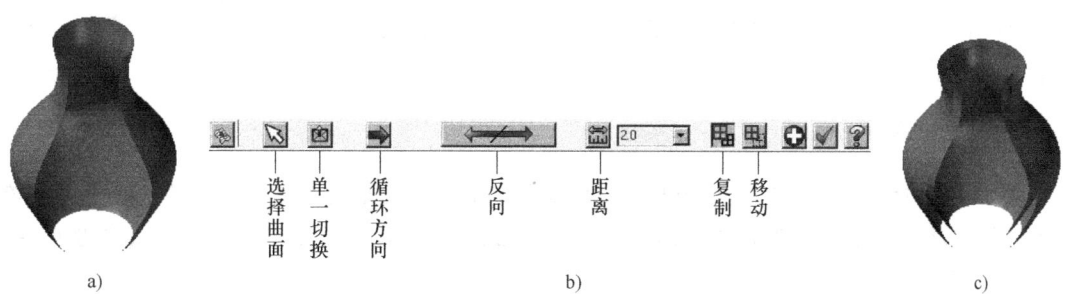

图 3-74　创建曲面补正

a) 曲面补正.MCX-5　b)【曲面补正】工具栏　c) 结果

6. 网状曲面

网状曲面又称为昆氏曲面，它把一个复杂的曲面划分成许多"曲面片"，每个"曲面片"都由四条边界曲线拟合成一个光滑的小曲面片，这些小曲面之间的梯度和曲率保持光滑过渡。"曲面片"是由 4 条边界形成的缀面，空间 4 个图素构成了一个单位的网状曲面，由多个单位网状曲面按行列式排列可以组成多单位的高级网状曲面。构成网状曲面的图素可以是点、线、曲线或截面外形。

创建网状曲面的方式一般有两种，分别为自动串连和手动串连。在创建网状曲面时，应明确串连方式、缀面数、切削方向、截断方向、图素的选择和方向。

(1) 自动串连方式

采用自动串连方式选取时可能会因为分歧点太多，从而导致不能顺利地创建网状曲面，因此自动串连方式主要适用于单片网状曲面的创建。

打开随书光盘：素材\模块三　曲面造型\任务 3 中的"自动昆氏曲面.MCX-5"文件，如图 3-75a 所示。

在菜单栏选择【绘制】/【曲面】/【网状曲面】选项或在曲面工具栏上单击【网状曲面】按钮田，依次以如图 3-75a 所示的方式选择 4 条曲线。系统弹出如图 3-75b 所示的【创建网状曲面】工具栏，单击 按钮，结果如图 3-75c 所示。

图 3-75　创建自动方式网状曲面
a) 自动昆氏曲面.MCX-5　b) 【创建网状曲面】工具栏　c) 结果

(2) 手动串连方式

对于复杂的曲面，往往需要采用手动串连方式创建网状曲面。

打开随书光盘：素材\模块三　曲面造型\任务 3 中的"手动昆氏曲面.MCX-5"文件，如图 3-76a 所示。

在曲面工具栏上单击【网状曲面】按钮田，以【单体】的方式依次选取如图 3-76a 所示的 A_1、A_2、A_3 曲线，继续以【部分串连】 的方式选择 C_1 曲线并确定，单击 按钮，结果如图 3-76b 所示。

 技术指导：

在采用手动方式创建网状曲面时往往将曲线间的交点处进行打断，使每个小曲面片都有 4 条边界，从而具备构建网状曲面的条件。然后在选取边界时采用【单体】或【部分串连】的方式，从而顺利地创建网状曲面。

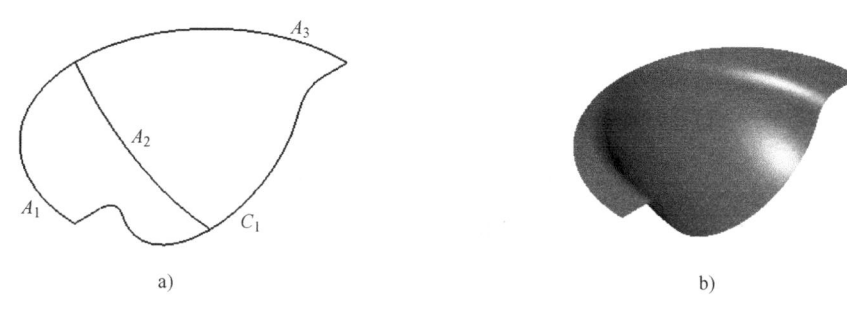

图 3-76 创建手动方式网状曲面
a) 手动昆氏曲面.MCX-5 b) 结果

7. 围缟曲面

围缟曲面是通过在指定曲面上的曲线,生成与原曲面垂直或呈一定角度的直纹曲面。

打开随书光盘:素材 \ 模块三 曲面造型 \ 任务 4 中的"围缟曲面.MCX-5"文件,如图 3-77a 所示。

在菜单栏选择【绘制】/【曲面】/【围缟曲面】选项或在曲面工具栏上单击【围缟曲面】按钮，选取曲面后继续选择曲面的外形边界线并确定。系统弹出【围缟曲面】工具栏,设置【熔接方式】为【立体混合】,【起始高度】为"50.0",【结束高度】为"10.0",【起始角度】为"0.0",【终止角度】为"30.0",其他参数默认,如图 3-77b 所示。单击 按钮,结果如图 3-77c 所示。

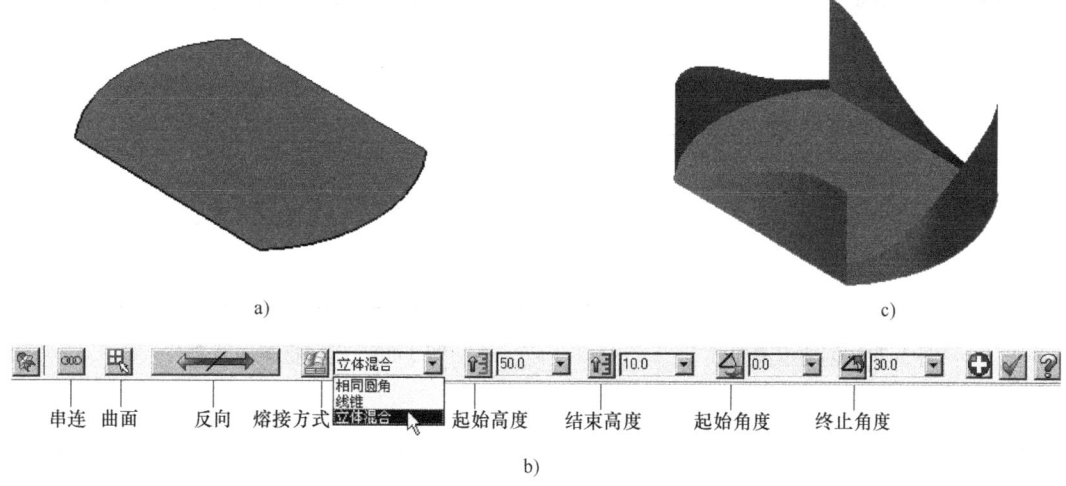

图 3-77 创建围缟曲面
a) 围缟曲面.MCX-5 b)【围缟曲面】工具栏 c) 结果

8. 平整修剪曲面

平整修剪曲面是指将同一平面内封闭边界曲线的内部进行填充从而创建一平整曲面。

打开随书光盘:素材 \ 模块三 曲面造型 \ 任务 3 中的"平面修剪.MCX-5"文件,如图 3-78a 所示。

在曲面工具栏上单击【平面修剪】按钮，分别选择两外形曲线并确定。系统弹出【平面修剪】工具栏,如图 3-78b 所示。单击 按钮,结果如图 3-78c 所示,单

击 ✓ 按钮。

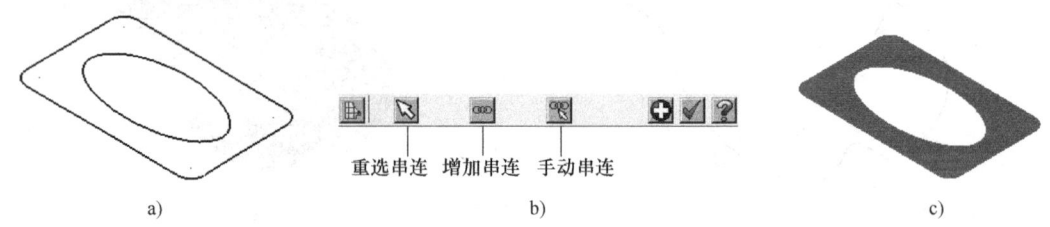

图 3-78 平面修剪
a) 平面修剪.MCX-5　b)【平面修剪】工具栏　c) 结果

任务实施

新建文档后，以【俯视图】 Z0.0mm 为构图面，在草绘工具栏上单击【手动画曲线】按钮，分别输入点座标（X-50，Y0）、（X-62，Y15）、（X-55，Y61）、（X0，Y78）、（X55，Y61）、（X62，Y15）、（X50，Y0）。单击 ✓ 按钮，结果如图 3-79 所示。

单击【前视图构图面】按钮和【前视图视角】按钮，Z0.0mm 为构图面，在草绘工具栏上单击【手动画曲线】按钮，分别输入点座标（X-50，Y0）、（X0，Y30）、（X50，Y0）。在系统弹出的【曲线】工具栏上单击【编辑端点状态】按钮，按回车键。系统弹出【曲线端点状态】工具栏，设置第一点与第二点的【起点类型】都为【法向】，且角度值为"90.0"，使两端点的起始点都处于与框架线 1 呈垂直状态，最终结果如图 3-80 所示。

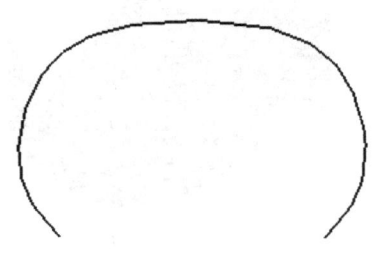
图 3-79 创建框架曲线 1

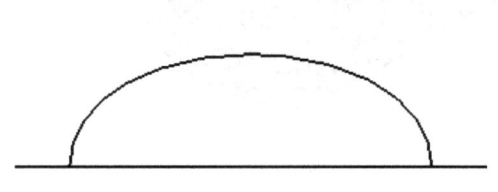
图 3-80 创建框架曲线 2

 技术指导：

将端点处设置为 90°的垂直状态是为了后续在创建镜像曲面时两曲面能相互垂直，以保证平滑过渡连接。

单击【右视图构图面】按钮和【右视图视角】按钮，Z0.0mm 为构图面，在草绘工具栏上单击【手动画曲线】按钮，分别输入点座标（X0，Y30）、（X39，Y39）、（X77.48，Y9.99）、（X78，Y0）。在系统弹出的【曲线】工具栏上单击【编辑端点状态】按钮，按回车键。系统弹出【曲线端点状态】工具栏，设置第一点【起点类型】为【法向】，第二点的【起点类型】为【角度】，角度值为"90.0"，使该端点处于与框架线 1 呈垂直状态，单击 ✓ 按钮，结果如图 3-81 所示。

单击【俯视图】按钮，Z0 为构图面，绘制一直线与 X 轴平行，距离为 39.0mm 的辅助直线，如图 3-82 所示。

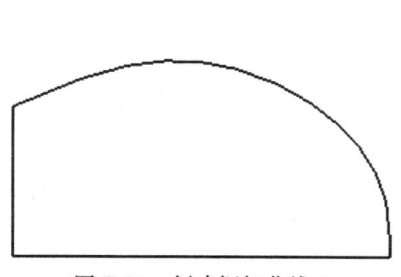

图 3-81　创建框架曲线 3

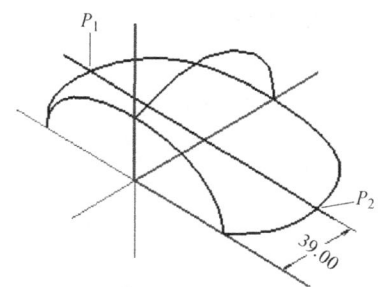

图 3-82　创建辅助直线

单击【前视图构图面】按钮 和【前视图视角】按钮 ，以 Z-39.0mm 为构图面，在草绘工具栏上单击【手动画曲线】按钮 ，选择如图 3-82 所示的交点 P_1 为样条曲线的起始点，输入座标系（X0，Y39），继续选择如图 3-82 所示的交点 P_2 为样条曲线的终止点。在系统弹出的【曲线】工具栏上单击【编辑端点状态】按钮 ，按回车键，系统弹出【曲线端点状态】工具栏，设置第一点与第二点的【起点类型】都为【角度】，且角度值为"90"，使两端点的起始点都处于与框架线 1 呈垂直状态，最终结果如图 3-83 所示。

新建第 2 图层（名称为"曲面"），并将其设置为当前工作层，将第 1 图层命名为框架线。

将辅助直线放置第 3 图层（名称为"辅助线"），并将其处于不显示状态。

 技术指导：

这里不将辅助直线删除是为了防止当需要对此部分图素进行修改时找不到原来的相关图素，增加编辑工作量。

在编辑工具栏上单击【在交点处打断】按钮 ，在如图 3-83 所示的交点 P 处将样条曲线打断。

单击【俯视图视角】按钮 ，在曲面工具栏上单击【网状曲面】按钮 ，以【单体】 的方式依次选取如图 3-84 所示的 C_1、C_2、C_3、A_1、A_2 并确定（注意应保持箭头方向一致），在【创建网状曲面】工具栏上选择【截断方向】/【类型】，单击 按钮。不显示其他样条曲线，结果如图 3-85 所示。

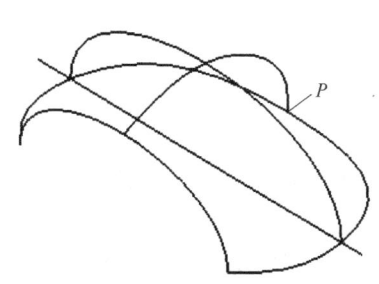

图 3-83　创建框架曲线 4

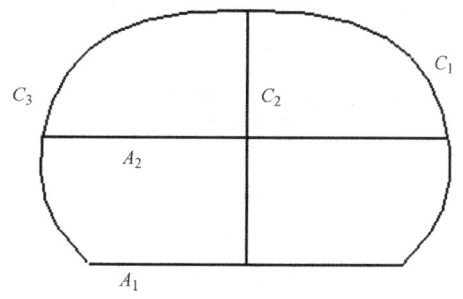

图 3-84　选择边界曲线示意图

单击【前视图构图面】按钮，在转换工具栏上单击【镜像】按钮，选择刚生成的曲面并确定。在系统弹出的【镜像】对话框中以 Y 座标距离为 0 的【X 轴】为镜像轴进行【复制】，结果如图 3-86 所示。

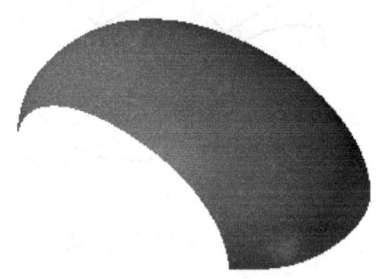
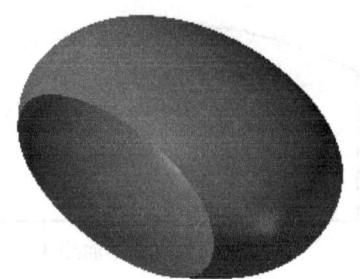

图 3-85　创建曲面　　　　　　　　图 3-86　镜像曲面

 技术指导：

在进行【镜像】和【旋转】操作时，要特别注意构图平面的设定，判定方法是：镜像复制时，其构图平面的法线方向为对称轴平面；旋转复制时，构图平面的法线方向为旋转轴所在平面。

在曲面工具栏上单击【曲面补正】按钮，选择如图 3-86 所示的上曲面并确定。系统弹出【曲面补正】工具栏，补正方向设为向内，在【距离】文本框中输入"5.0"，其他参数默认，单击 按钮，结果如图 3-87 所示。

新建第 4 图层（名称为"修剪曲线"），并将其设置为当前工作层。单击【俯视图视角】按钮，以【俯视图】，Z50.0mm 为构图面。在草绘工具栏上单击【手动画曲线】按钮，分别输入点座标（X0，Y15）、（X44，Y23）、（X48，Y53）、（X0，Y67）、（X-48，Y53）、（X-44，Y23）、（X0，Y15）。单击 按钮，结果如图 3-88 所示。

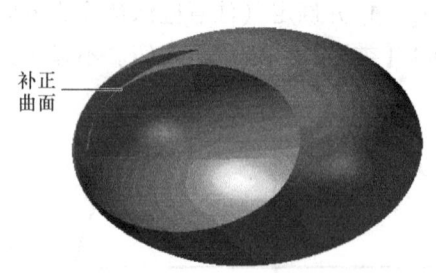
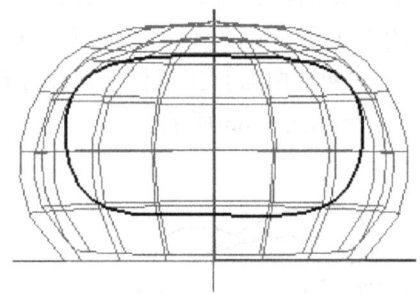

图 3-87　偏移曲面　　　　　　　　图 3-88　创建修剪曲线 1

继续在草绘工具栏上单击【手动画曲线】按钮，分别输入点座标（X0，Y22）、（X44.5，Y33）、（X33，Y58）、（X0，Y63）、（X-33，Y58）、（X-44.5，Y33）、（X0，Y22）。单击 按钮，结果如图 3-89 所示。

在菜单栏选择【转换】/【投影】选项,选择修剪曲线 1 并确定。系统弹出【投影】对话框,选择【复制】选项,选择【投影至】为【曲面】选项,选择外壳上侧曲面并确定。选择【曲面投影】为【构图平面】选项,单击✓按钮。

采用相同的方法将修剪曲线 2 投影至偏移曲面上,最终结果如图 3-90 所示。

在曲面工具栏上单击【修剪至曲线】按钮,选择如图 3-89 所示的外壳上侧曲面并确定。选择投影曲线 1 并确定。系统弹出【修剪至曲线】工具栏,单击【删除原曲面】按钮,再次选择曲面并移动光标箭头至投影曲线 1 外侧单击作为保留部分,单击✓按钮,结果如图 3-90 所示。

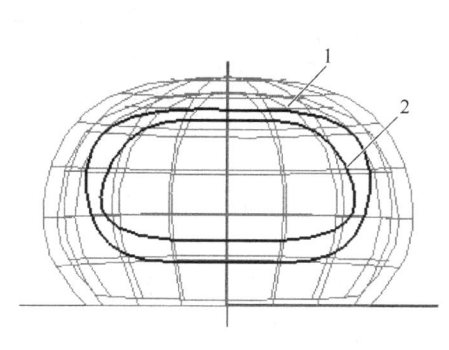 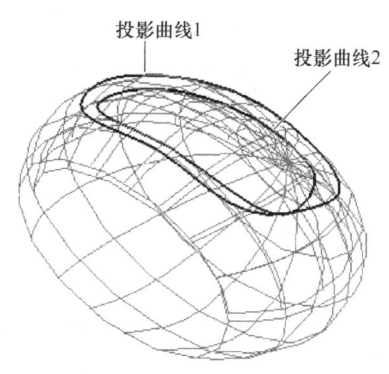

图 3-89　创建修剪曲线 2　　　　　图 3-90　创建投影曲线

继续采用相同的方法将投影曲线 2 对偏移曲面进行修剪,保留曲面内侧,最终结果如图 3-91 所示。

在曲面工具栏上单击【直纹/举升曲面】按钮,分别选择两条投影曲线,单击✓按钮,结果如图 3-92 所示。

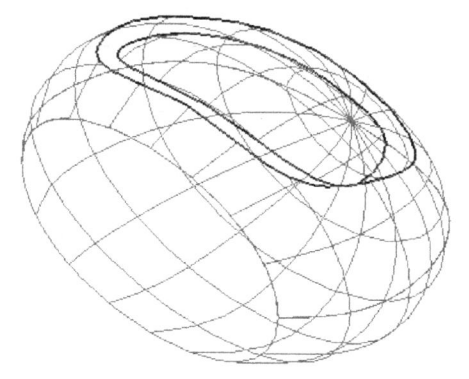 

图 3-91　修剪曲面　　　　　图 3-92　创建举升曲面

单击【俯视图】按钮,Z-34.0mm 为构图面,绘图视角为【俯视图】。以曲面的方式绘制一矩形曲面(要求该矩形曲面外形稍大于所有曲面的外形,目的是为了方便后续做平底面),如图 3-93 所示。

在曲面工具栏上单击【曲面与曲面导圆角】按钮，选择刚创建的矩形曲面并确定，继续选择与矩形相交的曲面并确定。系统弹出【曲面与曲面倒圆角】对话框，在【圆角】文本框中输入半径为"10.0"，勾选【修剪】选项，单击✓按钮，结果如图3-94所示。

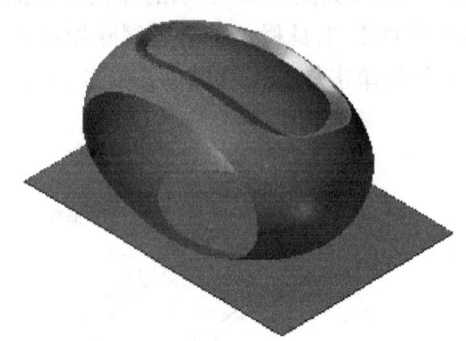

图3-93　创建矩形曲面　　　　　　　　图3-94　曲面倒圆角

在菜单栏选择【绘制】/【曲面曲线】/【单一边界】选项，选择开口处的上侧曲面，移动箭头至开口处曲面的边界上，单击鼠标即可创建曲面单一边界线，单击✓按钮。采用相同的方法创建开口处的下侧曲线，结果如图3-95所示。

单击【前视图构图面】按钮和【前视图视角】按钮，Z0为构图面，在草绘工具栏上单击【矩形】按钮，以系统坐标系原点为中心，绘制72.0mm×30.0mm的矩形，并对矩形拐角倒半径为5.0mm的圆角，结果如图3-96所示。

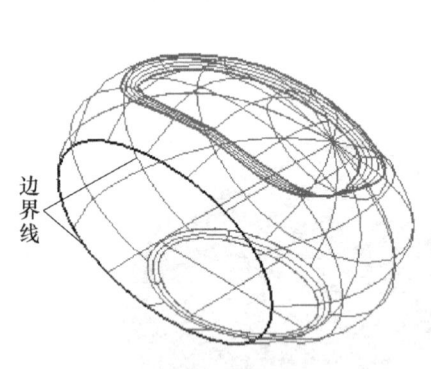
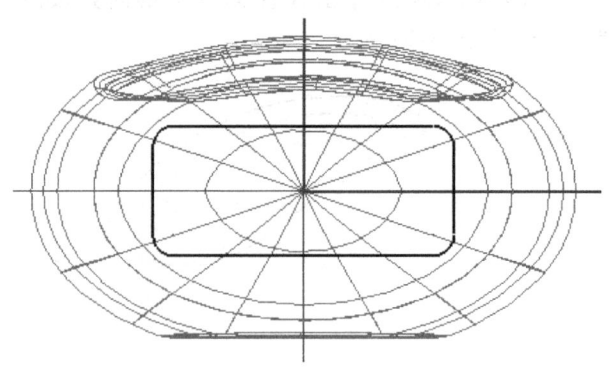

图3-95　创建边界线　　　　　　　　图3-96　创建矩形

在曲面工具栏上单击【平面修剪】按钮，选择边界线与矩形，单击✓按钮，结果如图3-97所示。

在曲面工具栏上单击【曲面与曲面导圆角】按钮，选择如图3-97所示曲面1并确定，继续选择如图3-97所示曲面2并确定。系统弹出【曲面与曲面倒圆角】对话框，在【圆角】文本框中输入半径为"5.0"，勾选【修剪】选项，单击✓按钮，最后将所有曲面归类至第 2 图层（名称为"曲面"）中，结果如图 3-98 所示。至此电器壳曲面设计完成。

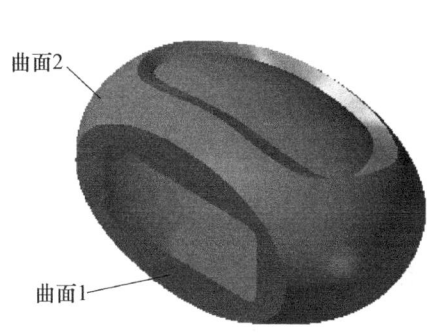
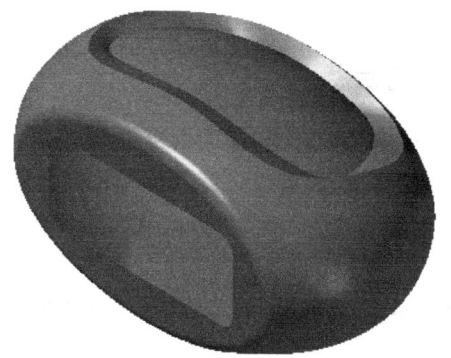

图 3-97　创建平整曲面　　　　　图 3-98　曲面倒圆角

任务总结

本任务的难点是整体曲面的创建，通过本任务的学习，用户应掌握各种曲线、平面修剪曲面和网状曲面的创建方法，以及投影转换功能的应用，对曲面进行修剪、补正。在创建网状曲面时需注意，应首先明确串连方式、缀面数、切削方向、截断方向、图素的选择和方向。选择图素时，常将图素在交点处打断，然后采用单体或部分串连的方式选取边界线，避免因分不清歧点而导致无法创建平滑的网状曲面。

提高练习

设计如图 3-99 所示的雨伞。

图 3-99　TG3-3

任务 4　耙子设计

 任务目标

➢ 掌握牵引曲面和曲面熔接的创建方法。
➢ 学会对曲面进行延伸，以及将曲面转为实体的操作。

 任务导入

设计如图 3-100 所示的耙子，并将曲面转为实体。

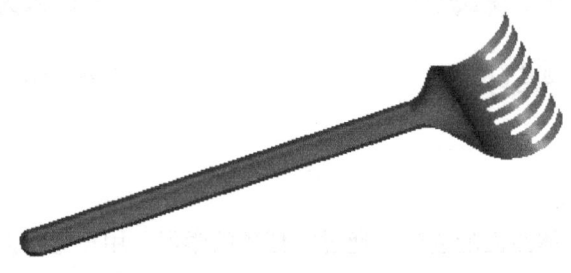

图 3-100　耙子

 任务分析

该耙子主要由工作部分与手柄部分曲面构成，这两部分曲面可直接采用牵引的方式进行创建，然后对两曲面进行熔接。手柄的收尾部分可采用旋转曲面进行创建，工作部分曲面进行修剪，最后将曲面转化为实体即可。

 知识准备

1. 牵引曲面

牵引曲面是指将一串连外形沿指定的方向生成曲面。

打开随书光盘：素材 \ 模块三　曲面造型 \ 任务 4 中的"牵引曲面.MCX-5"文件，如图 3-101a 所示。

单击【右视图构图面】按钮，在菜单栏选择【绘制】/【曲面】/【牵引曲面】选项或在曲面工具栏上单击【牵引曲面】按钮，选取如图 3-101a 所示的曲线并确定。系统弹出【牵引曲面】对话框，设置【长度】为"40.0"，其他参数默认，如图 3-101b 所示。单击按钮，结果如图 3-101c 所示。

 技术指导：

注意牵引方向为当前构图平面的法线方向，因此需注意设置正确的构图平面。

2. 曲面延伸

曲面延伸是指将选定曲面按指定的长度延伸，或延伸到指定的曲面。一般用于将原曲面进行延伸加长，以扩大曲面的情况。

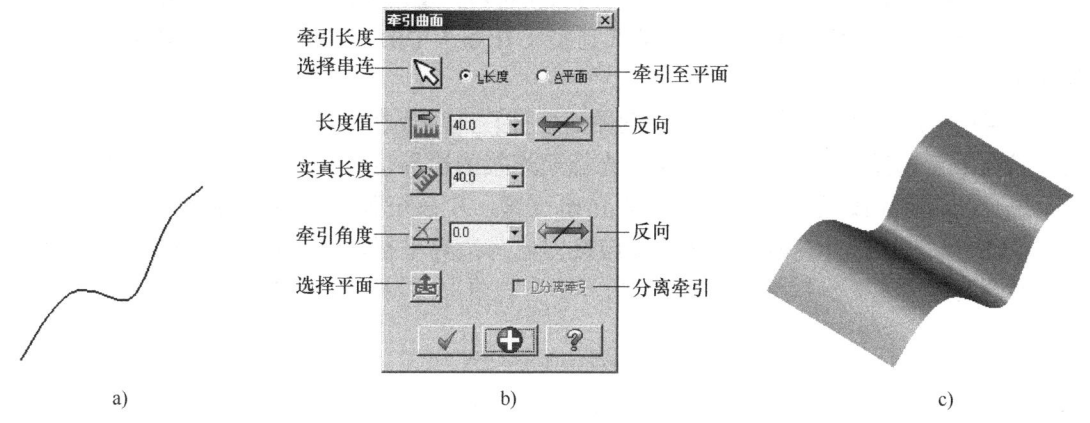

图 3-101　创建牵引曲面
a）牵引曲面.MCX-5　b）【牵引曲面】对话框　c）结果

打开随书光盘：素材 \ 模块三　曲面造型 \ 任务 4 中的"曲面延伸.MCX-5"文件，如图 3-102a 所示。

在菜单栏选择【绘制】/【曲面】/【曲面延伸】选项或在曲面工具栏上单击【曲面延伸】按钮，选取曲面，并移动箭头至曲面左侧边界后单击。在系统弹出的【延伸曲面】工具栏上，输入【延伸长度】为"50.0"，其他参数默认，如图 3-102b 所示。单击 ✓ 按钮，结果如图 3-102c 所示。

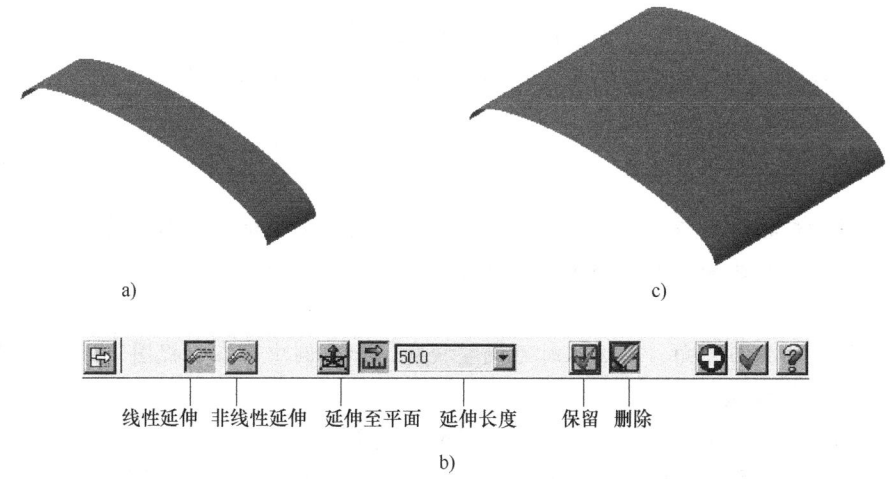

图 3-102　创建延伸曲面
a）延伸曲面.MCX-5　b)【延伸曲面】工具栏　c）结果

3. 曲面熔接

曲面熔接是指生成与两个或三个曲面平滑过渡的曲面。Mastercam 提供了三种熔接方式：两曲面熔接、三曲面熔接和圆角三曲面熔接。

(1) 两曲面熔接

两曲面熔接是在两曲面间创建一个与两曲面相切，使两曲面光滑过渡的曲面。

打开随书光盘：素材\模块三　曲面造型\任务 4 中的"两曲面熔接.MCX-5"文件，如图 3-103a 所示。

在菜单栏选择【绘制】/【曲面】/【两曲面熔接】选项或在曲面工具栏上单击【两曲面熔接】按钮 ，选择其中一曲面，并移动光标至熔接的边界位置后单击以确定熔接位置，此时系统会以一直线段显示，作为熔接的起始位置，在系统弹出的【两曲面熔接】对话框（图 3-103b）上单击【换向】按钮，使熔接方向与边界平行。继续选择另一曲面，使熔接位置在曲面的边界上，并使熔接方向与边界平行。单击 按钮，结果如图 3-103c 所示。

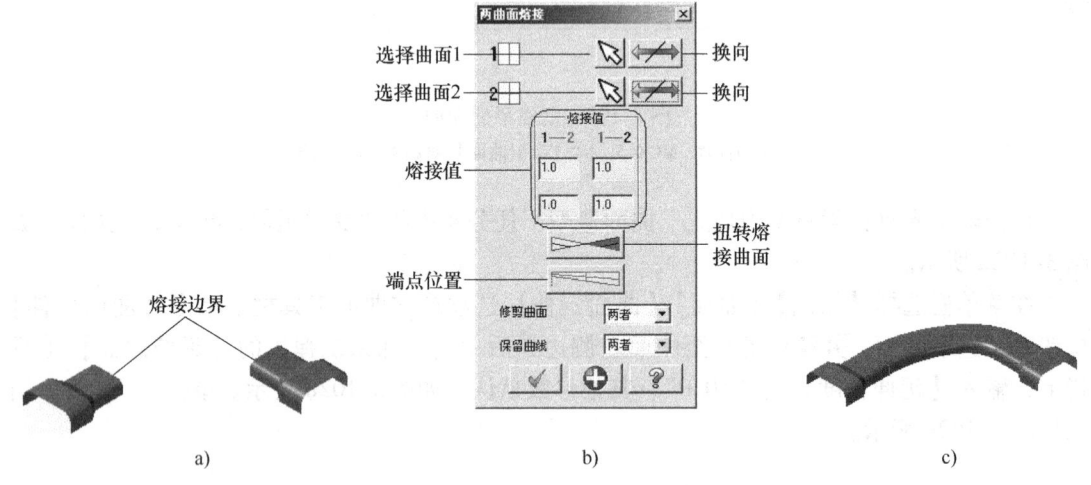

图 3-103　创建两曲面熔接曲面

a）两曲面熔接.MCX-5　b）【两曲面熔接】对话框　c）结果

技术指导：

选择不同的熔接位置与方向会产生不同的效果，因此必须确定好熔接的位置与方向。熔接值用于设置第一个曲面和第二个曲面的熔接扭曲值，该值越大则扭曲变形越大，系统默认为"1"。

为便于观察位置与方向，在选取时可调整视角，如本例中可在俯视图下进行选取操作。

(2) 三曲面间熔接

三曲面间熔接是产生一曲面将三个曲面光滑地连接起来。

打开随书光盘：素材\模块三　曲面造型\任务 4 中的"三曲面熔接.MCX-5"文件，如图 3-104a 所示。

在菜单栏选择【绘制】/【曲面】/【三曲面间熔接】选项或在曲面工具栏上单击【两曲面间熔接】按钮 ，选择其中一曲面，并移动光标至熔接的边界位置后单击以确定熔接位置，此时系统会以一直线段显示作为熔接的起始位置。通过按 F 键调整熔接方向与边界平行。继续采用相同的方法选择其他两个曲面，按回车键，系统弹出【三曲面熔接】对话框，如图 3-104b 所示，其他参数默认，单击 按钮，结果如图 3-104c 所示。

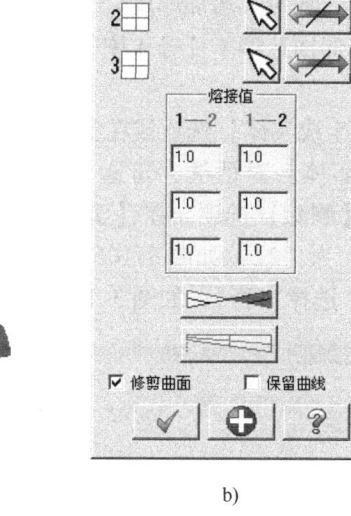
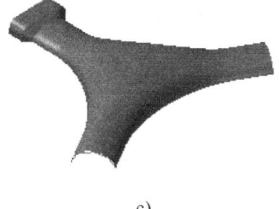

图 3-104 创建三曲面熔接曲面
a) 三曲面熔接.MCX-5　b)【三曲面熔接】对话框　c) 结果

（3）三圆角曲面熔接

三圆角曲面熔接是在 3 个圆角曲面上产生光滑连接的曲面，与三曲面熔接不同的是，它能够自动计算出熔接曲面与倒角曲面的相切位置。

打开随书光盘：素材 \ 模块三　曲面造型 \ 任务 4 中的"三圆角曲面熔接.MCX-5"文件，如图 3-105a 所示。

在菜单栏选择【绘制】/【曲面】/【三个圆角曲面熔接】选项或在曲面工具栏上单击【三个圆角曲面熔接】按钮，依次选择三个曲面，系统弹出【三个圆角曲面熔接】对话框，选择【6 边圆角三曲面熔接】选项，勾选【修剪曲面】与【保留曲线】选项，如图 3-105b 所示。单击 按钮，结果如图 3-105c 所示。

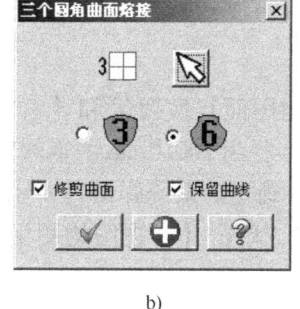
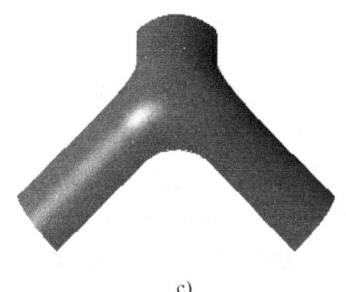

图 3-105 创建三曲面熔接曲面
a) 三圆角曲面熔接.MCX-5　b)【三个圆角曲面熔接】对话框　c) 结果

4. 由曲面转为实体

由曲面转为实体功能可以将曲面生成实体，生成的实体和曲面一样没有厚度，只是系统将其作为实体特征以方便后续的编辑，如对其增加厚度。

打开随书光盘：素材\模块三 曲面造型\任务4中的"由曲面生成实体.MCX-5"文件，如图3-106a所示。

在菜单栏选择【实体】/【由曲面生成实体】选项或在实体工具栏上单击【由曲面生成实体】按钮，系统弹出【曲面转为实体】对话框，勾选【使用所有可以看见的曲面】选项，在【原始曲面】选项栏中选择【删除】选项，在【实体的图层】选项中不勾选【使用当前图层】选项，输入【图层编号】为"2"，如图3-106b所示。单击按钮，系统询问"要在开放的边界绘制边界曲线吗？"选择"否"，如图3-106c所示。

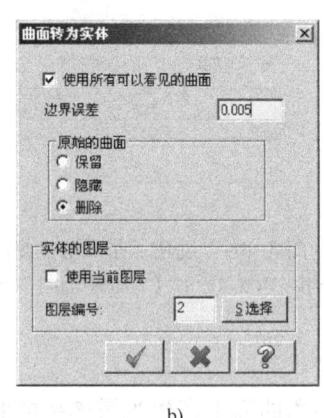
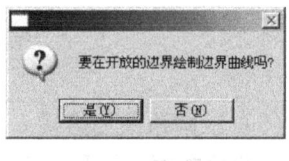

a)   b)   c)

图3-106 由曲面生成实体

a) 由曲面生成实体.MCX-5 b)【曲面转为实体】对话框 c) 不生成边界曲线

 技术指导：

若不勾选【使用所有可以看见的曲面】选项，则可以有选择性地选择曲面。通过输入【图层编号】可以将新生成的实体归类到相对应的图层中，以便管理。

任务实施

新建文档后，单击【右视图构图面】按钮和【右视图视角】按钮，以Z160.0mm为构图面，绘制如图3-107a所示半径为100.0mm的半圆弧。在曲面工具栏上单击【牵引曲面】按钮，选取刚绘制的圆弧并确定。系统弹出【牵引曲面】对话框，设置【长度】为"320.0"，调整牵引方向为朝左侧，单击【右视图构图面】按钮，其他参数默认，单击按钮，结果如图3-107b所示。

单击【俯视图】按钮，以Z0.0mm为构图面，绘制如图3-108所示的直线外形。

在曲面工具栏上单击【修剪至曲线】按钮，选择曲面并确定，继续选择轮廓线并确定。系统弹出【修剪至曲线】工具栏，单击【删除原曲面】按钮，再次选择曲面并移动光标箭头至曲面中心位置单击作为保留部分，单击按钮，结果如图3-109所示。

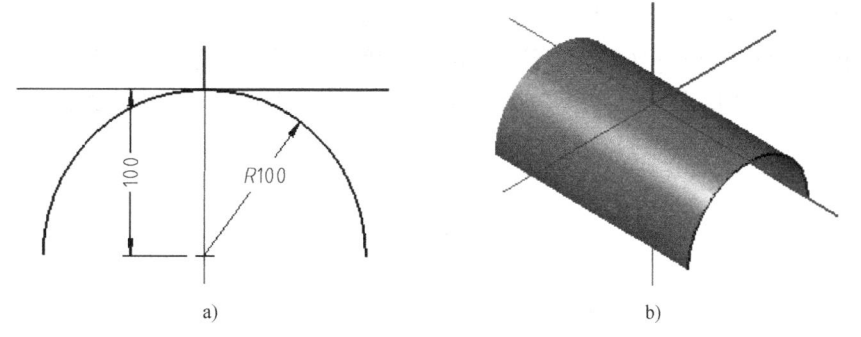

图 3-107 创建牵引曲面
a) 绘制 R100 半圆弧　b) 创建效果

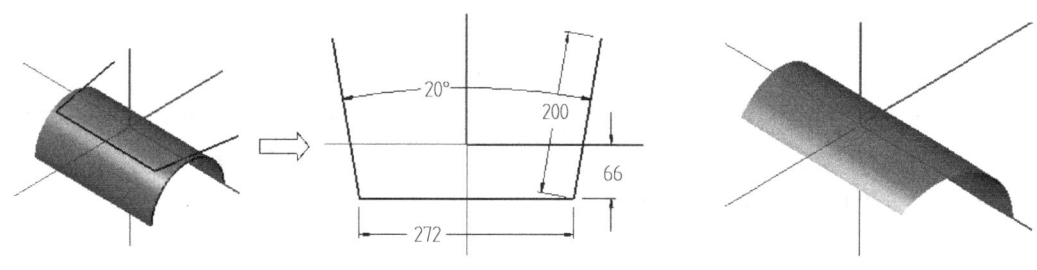

图 3-108 绘制直线外形　　　　　　　　图 3-109 修剪牵引曲面

单击【前视图构图面】按钮和【前视图视角】按钮，以 Z180.0mm 为构图面，绘制如图 3-110 所示的半圆弧。

在曲面工具栏上单击【牵引曲面】按钮，选取刚绘制的圆弧并确定。系统弹出【牵引曲面】对话框，设置【长度】为"900.0"，调整牵引方向为朝外侧，单击【前视图构图面】按钮，其他参数默认，单击 按钮，结果如图 3-111 所示。

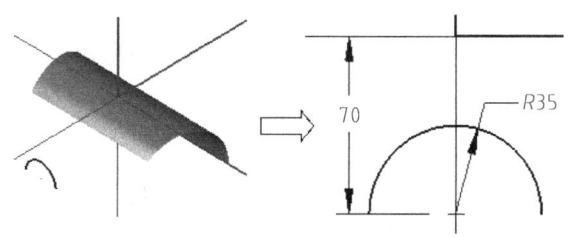 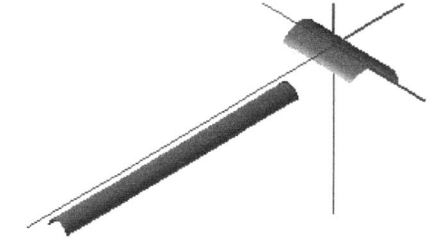

图 3-110 绘制 R35mm 半圆弧　　　　　　图 3-111 创建手柄部分曲面

 技术指导：

对于此部分的曲面牵引长度用户可尝试通过曲面延伸进行加长。

在曲面工具栏上单击【两曲面熔接】按钮，选择被修剪后的曲面并移动光标至熔接的边界位置后单击以确定熔接位置，通过调整【换向】按钮，使熔接方向与边界平行。继续选择刚创建的牵引曲面，使熔接位置在曲面牵引起始位置的边界上，并使熔接方向与边界平行。在【两曲面熔接】对话框上设置【起始点】的熔接值都为"1.5"，【终止点】的熔接值都为"1.0",其他参数默认,单击 ✓ 按钮,结果如图3-112所示。

在菜单栏选择【绘制】/【曲面曲线】/【单一边界】选项,选择手柄曲面,移动箭头至手柄曲面尾部边界,并单击鼠标,单击 ✓ 按钮,完成曲线的创建。采用直线命令将圆弧的两端点进行连接,结果如图3-113所示。

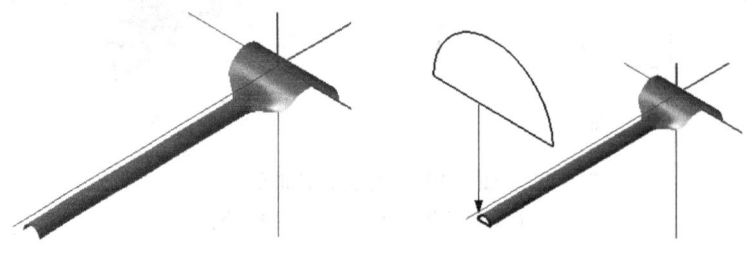

图3-112 熔接两曲面　　　　图3-113 创建边界曲线

在曲面工具栏上单击【旋转曲面】按钮,以【单体】的形式选择刚创建的半圆弧边界线,继续选择直线为旋转轴。在【旋转曲面】工具栏上输入【起始角度】为"0.0",【终止角度】为"90.0",单击 ✓ 按钮,结果如图3-114所示。

图3-114 创建手柄收尾曲面

单击【俯视图】按钮,以Z0.0mm为构图面,绘制如图3-115所示的跑道形矩形。

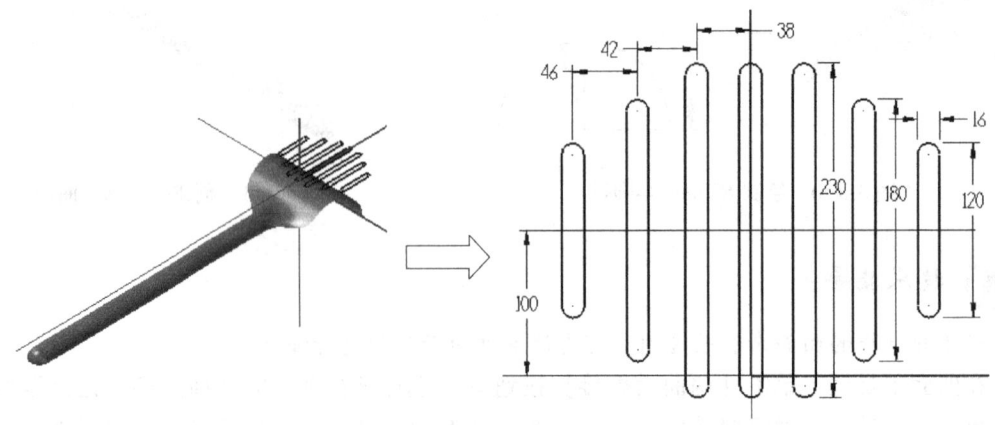

图3-115 绘制跑道形矩形

技术指导：

在创建此部分矩形时，用户可先采用【矩形形状设置】功能绘制矩形，然后采用镜像功能进行创建。

在曲面工具栏上单击【修剪至曲线】按钮，选择跑道形矩形正下方的曲面并确定，在【串连选项】对话框上单击【窗口】按钮，窗选所有矩形，选择矩形轮廓上的任意一端点作为搜索起始点并确定。再次选择曲面并移动光标箭头至曲面朝手柄侧的位置作为保留部分，单击 按钮，结果如图 3-116 所示。

图 3-116 修剪曲面

将所有曲面归类至图层 2（名称为"曲面"）中，并设置为当前工作层，不显示第 1 图层。

在实体工具栏上单击【由曲面生成实体】按钮，在【曲面转为实体】对话框上单击 按钮，将曲面转为实体。至此完成耙子设计。

 任务总结

本任务的难点是耙子工作部分与手柄部分连接曲面的创建，通过本任务的学习，用户应掌握牵引曲面创建，能根据造型需要对曲面进行熔接与延伸，同时学会将曲面转为实体薄片，以便对实体薄片进行加厚。

提高练习

设计如图 3-117 所示的零件。

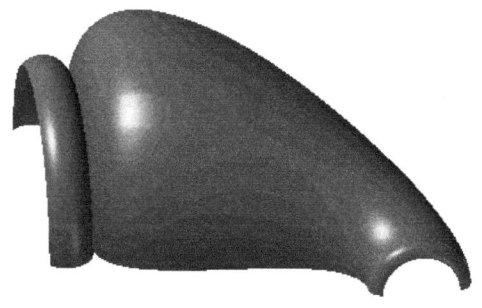

图 3-117 TG3-4

模块四

实体造型

为满足造型设计需要，Mastercam 还提供了实体造型功能，可通过挤出、旋转、扫描和举升等操作设计出复杂的造型。系统还提供了实体修剪、抽壳和布尔运算等实体编辑功能，还可通过实体管理器方便、快捷地修改造型的相关参数。

任务1　化妆盒下盖设计

 任务目标

➢ 掌握拉伸实体的创建方法。
➢ 掌握实体倒圆角、抽壳、移除实体表面和薄片加厚的创建方法。

 任务导入

设计如图 4-1 所示的化妆盒下盖。

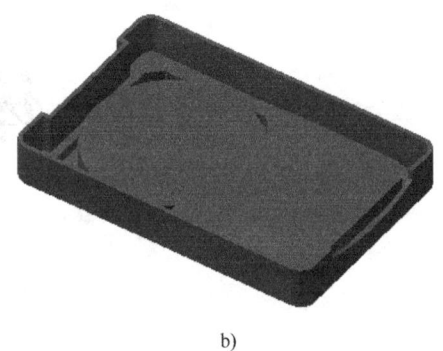

a) b)

图 4-1　化妆盒下盖
a) 顶面　b) 底面

 任务分析

该化妆盒下盖主体为一壳体，主要由两个用于存放物品的凹槽组成，结构上由于需要与上盖配合，前后两侧面都设计了配合特征，实体边分别进行了倒圆角与倒角的处理。设计时可先通过拉伸创建其长方形主体，然后进行其他特征的添加与切除。其中，实体抽壳应放在创建圆弧形开口特征之前。

 知识准备

1. 挤出实体

挤出实体是将一个或多个共面的截面轮廓沿着一指定方向生成等截面的实体特征，通过此命令还可对原有实体进行剪切或生成薄壁实体。

打开随书光盘：素材\模块四　实体造型\任务 1 中的"挤出实体.MCX-5"文件，如图 4-2a 所示。

在菜单栏选择【实体】/【挤出实体】选项或在实体工具栏上单击【挤出实体】按钮，

系统弹出【串连选项】对话框，选择如图 4-2a 所示的轮廓并确定。系统弹出【实体挤出的设置】对话框，在【挤出的距离/方向】选项栏中选择【按指定的距离延伸】选项，设置【距离】为"10.0"，如图 4-2b 所示，单击 ✓ 按钮，结果如图 4-2c 所示。

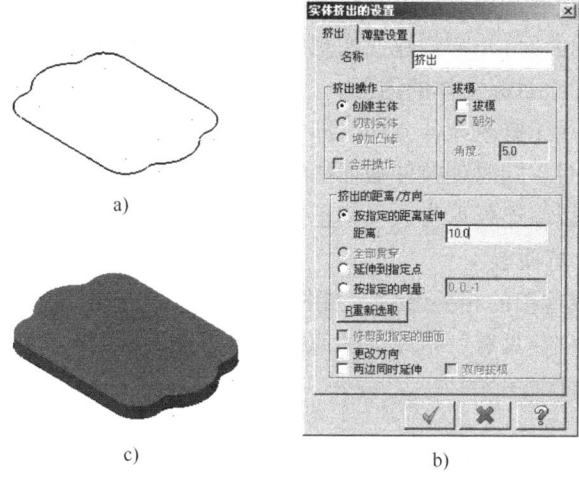

图 4-2 挤出实体

a）挤出实体.MCX-5　b）【实体挤出的设置】对话框　c）生成实体

技术指导：

创建实体时，系统会在所选取的轮廓线上以箭头显示生成实体的方向，若需修改生成方向，单击箭头或勾选【更改方向】选项即可。

（1）【挤出】选项卡

用于设置拉伸的距离与方向，以及是否添加拔模角度等相关参数。

◆【名称】：用于定义挤出实体的名称，以方便根据名称进行编辑操作。

◆【挤出操作】：用于创建主体、切割或增加凸缘的操作。必须注意，增加凸缘是指在原有实体的基础上添加将创建的实体特征。

◆【拔模】：对生成实体添加一定的倾斜角度。其中，朝外表示拔模的方向为向外，否则默认为向内。【角度】选项用于设置拔模斜度的角度值。图 4-3 所示为拔模斜度都为 30°时不同方向的拔模效果。

图 4-3 拔模效果

a）朝外　b）朝内

◆【挤出的距离/方向】选项：用于设置拉伸距离和方向。

按指定的距离延伸：根据在【距离】文本框中指定的距离和用户指定的方向生成实体。

全部贯穿：用于沿拉伸方向完全穿过目标主体，在激活【切割实体】选项下可选用。
延伸到指定点：拉伸至指定点。
按指定的向量：通过定义一点设置拉伸的距离和方向。
◆【重新选取】：重新选择拉伸方向。
◆【修剪到指定的曲面】：将创建或切割的实体自动修整到指定的实体面上，从而避免增加或过切的实体贯穿至目标实体的内部。
◆【更改方向】：用于修改拉伸方向，即反向。
◆【两边同时延伸】：同时朝拉伸截面法线的正反方向拉伸。
◆【双向拔模】：以串连外形为边界朝正反方向拉伸，并创建拔模角度。
（2）【薄壁设置】选项卡
该选项卡用于生成薄壁的相关参数，如图4-4所示，各选项说明如下。
◆【薄壁实体】：创建具有一定厚度的薄壁实体，效果如图4-5所示。

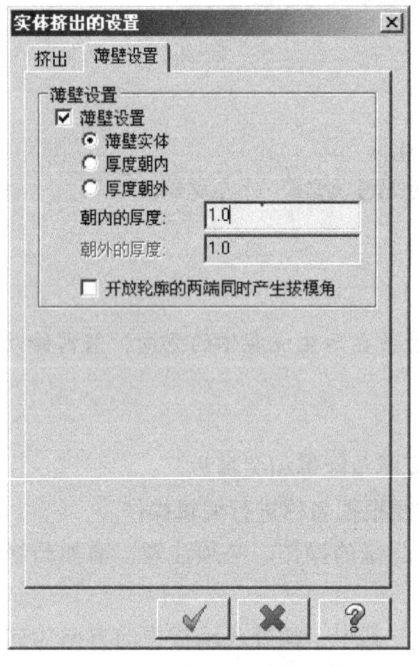

图4-4　【薄壁设置】选项卡　　　　　　图4-5　薄壁实体

◆【厚度朝内/外】：以选取的串连向内/外偏移创建壳体。
◆【朝内/外的厚度】：用于设置薄壁的厚度。
◆【开放轮廓的两端同时产生拔模角】：在拉伸的壳体壁面创建拔模角度。

 技术指导：

在同一次挤出实体操作中可以选取多个串连轮廓，但每个串连轮廓必须共面。当挤出的是薄壁时，可选取开放式的串连。

2. 实体倒圆角

在进行产品设计时，需对产品的边角进行倒圆角处理，以使产品更加美观，同时避免因存在尖角部位导致使用者被刮伤和起引应力集中,从而提高产品的使用寿命。实体倒圆角是将两相邻的边线生成圆弧面,以使两边线平滑过渡,系统提供了固定半径与可变半径两种倒圆角方式。

(1) 固定半径

固定半径倒圆角是指采用单一半径的倒圆角方式。

打开随书光盘:素材\模块四 实体造型\任务1中的"实体倒圆角.MCX-5"文件,如图4-6a所示。

在菜单栏选择【实体】/【倒圆角】/【实体倒圆角】选项或在实体工具栏上单击【实体倒圆角】按钮,选择如图4-6a所示的倒圆角边,在标准选择操作栏上单击按钮。系统弹出【实体倒圆角参数】对话框,选择【固定半径】选项,设置【半径】为3.0mm,勾选【沿切线边界延伸】选项,如图4-6b所示。单击 按钮,结果如图4-6c所示。

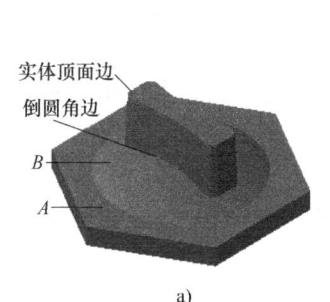 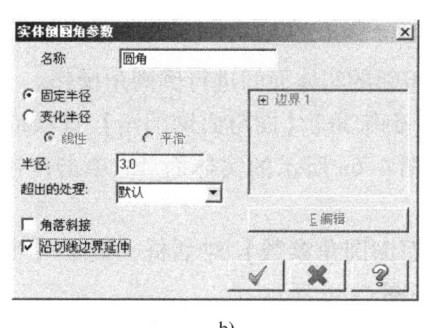 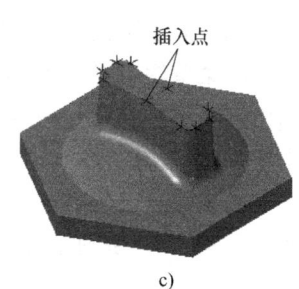

a) b) c)

图4-6 实体倒圆角

a) 实体倒圆角.MCX-5 b) 设置倒圆角半径 c) 倒圆角效果

技术指导:

在标准选择操作栏中可对需选取的对象进行过滤选取,以提高选取效率。其中,按钮为选择边界,按钮为选择实体面,按钮为选择整个实体,按钮为选择实体背面。

【实体倒圆角参数】对话框中的【沿切线边界延伸】选项是指与所选择边相切的未选边统一进行倒圆角处理,否则只对选择的边进行倒圆角处理。

(2) 可变半径

可变半径倒圆角是指将所选择的边在不同位置采用不同的半径创建倒圆角特征,只有当选择的倒圆角对象为边界时,才可以进行可变半径倒圆角操作。

在实体工具栏上单击【实体倒圆角】按钮,选择如图4-6a所示实体顶面的所有边,在标准选择操作栏上单击按钮,系统弹出【实体倒圆角参数】对话框,点选【变化半径】选项,设置【半径】为"0.4",单击【编辑】按钮,在快捷菜单中选择【中点插入】选项,如图4-7a所示。

选择如图4-6c所示插入点所在边的中点,在系统弹出的【半径】文本框中输入"1.0"。继续单击【编辑】按钮,在快捷菜单中选择【中点插入】选项,选择另一边的中点,作为半径插入点,半径同样设置为"0.4"。单击 按钮,结果如图4-7b所示。

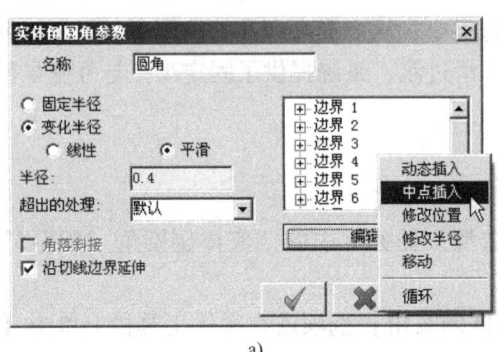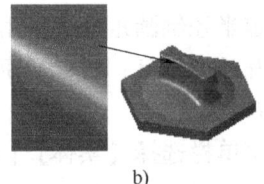

图 4-7 创建可变半径倒圆角
a) 设置可变半径 b) 效果

（3）面与面倒圆角

面与面倒圆角是指在两相邻的实体面间进行倒圆角操作。

在菜单栏选择【实体】/【倒圆角】/【面与面倒圆角】选项或在实体工具栏上单击【面与面倒圆角】按钮，选择如图 4-6a 所示的实体面 A，单击按钮，继续选择实体面 B，单击按钮。

系统弹出【实体的面与面倒圆角参数】对话框，设置【半径】为"10.0"，如图 4-8a 所示，单击 按钮，结果如图 4-8b 所示。

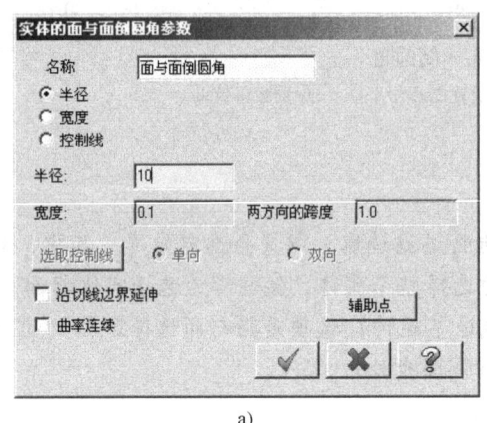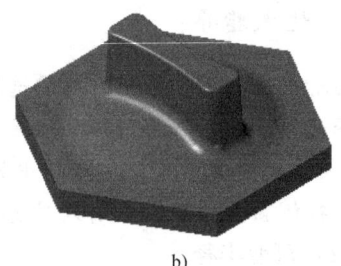

图 4-8 创建面与面倒圆角
a) 设置半径 b) 效果

3. 抽壳

抽壳是将实体的内部挖空从而形成具有一定壁厚的壳体，其中所选取的实体面为移除面，而没有选择的面则成为具有一定厚度的壳体。

打开随书光盘：素材\模块四 实体造型\任务 1 中的"抽壳.MCX-5"文件，如图 4-9a 所示。

在菜单栏选择【实体】/【实体抽壳】选项或在实体工具栏上单击【实体抽壳】按钮，按住鼠标中键旋转模型，选择刚打开的实体底面，单击按钮。系统弹出【实体薄壳】对话框,选择【薄壳的方向】为【朝内】,【朝内的厚度】为"1",如图4-9b所示。单击 按钮,结果如图4-9c所示。

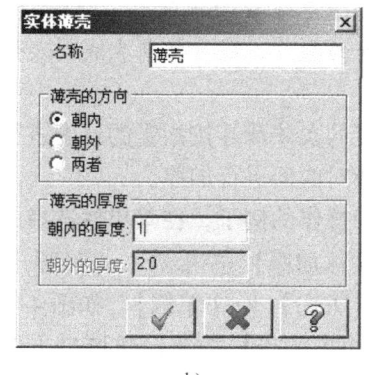
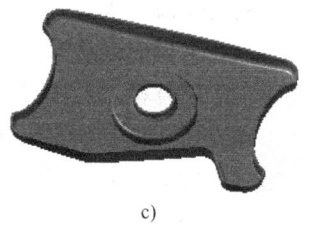

a)　　　　　　　　　　　　b)　　　　　　　　　　　　c)

图4-9　抽壳操作

a)抽壳.MCX-5　b)设置抽壳参数　c)抽壳效果

 技术指导:

抽壳操作一般放在倒圆角后。如先抽壳再倒圆角,则在倒圆角处生成的薄壁厚度与其他的部位不一致。

4. 移除实体表面

移除实体表面是将封闭实体或薄片实体上选取的一个面去除或保留,使其转换为没有厚度的实体薄片。

打开随书光盘:素材\模块四　实体造型\任务1中的"移除实体表面.MCX-5"文件,如图4-10a所示。

在菜单栏选择【实体】/【移除实体表面】选项或在实体工具栏上单击【移除实体表面】按钮 ,按住鼠标中键旋转模型,选择刚打开的实体底面,单击按钮 。系统弹出【移除实体的表面】对话框,接受系统默认选项,如图4-10b所行,单击 按钮。系统询问"要在开放的边界绘制边界曲线吗?"选择否,结果如图4-10c所示。

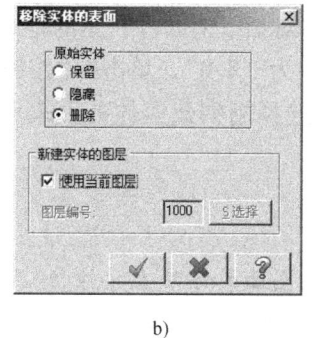
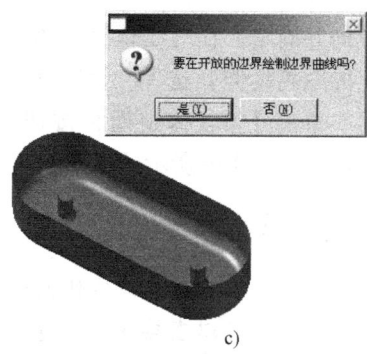

a)　　　　　　　　　　　　b)　　　　　　　　　　　　c)

图4-10　移除实体表面操作

a)移除实体表面.MCX-5　b)【移除实体的表面】对话框　c)结果

技术指导：

在对实体或薄片实体进行移除实体表面操作时，通过【移除实体的表面】对话框可对原始实体进行保留、隐藏或删除的操作，还可将新生成的实体进行分图层管理。

5. 薄片加厚

薄片加厚功能可将没有厚度的实体薄片按指定的厚度进行加厚。必须注意，只能对没有厚度的实体薄片进行加厚，不能对曲面进行加厚。

继续采用完成移除实体表面操作的例子，在菜单栏选择【实体】/【薄片实体加厚】选项或在实体工具栏上单击【薄片实体加厚】按钮 ，系统弹出【增加薄片实体的厚度】对话框，设置【厚度】为"1.0"，【方向】为【单侧】，如图4-11a所示，单击 按钮。系统弹出【厚度方向】对话框，通过【反向】按钮调整厚度方向箭头朝内，如图4-11b所示。单击 按钮，结果如图4-11c所示。

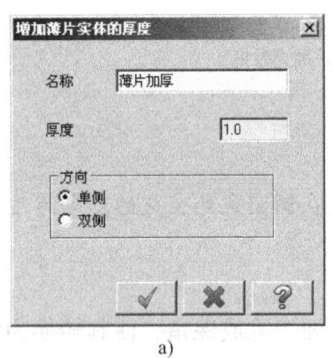
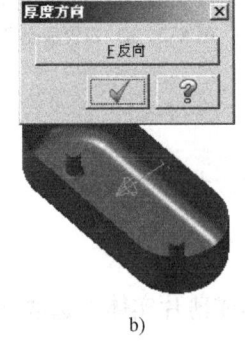

　　　　a)　　　　　　　　　　　　　　b)　　　　　　　　　　c)

图4-11　薄片加厚操作

a) 设置加厚参数　b) 调整加厚方向　c) 加厚结果

 任务实施

新建文档后，单击【俯视图】按钮 ，以Z-2.0mm为构图面，绘图视角为【俯视图】 。按F9键，打开系统座标系，以系统座标系为原点，绘制如图4-12a所示的矩形。

在实体工具栏上单击【挤出实体】按钮 ，选择刚创建的圆角矩形，接受向上拉伸的方向并确定。在【实体挤出的设置】对话框上的【挤出的距离/方向】选项栏中选择【按指定的距离延伸】选项，设置【距离】为"8.0"，单击 按钮，结果如图4-12b所示。

单击【按实体定面】按钮 ，选择刚创建实体的上表面为构图平面，单击 按钮，绘制如图4-13a所示的矩形。

 技术指导：

采用这种直接选择实体面作为构图面的方法直接快捷，有利于直接确定构图平面与深度。用户也可以直接在刚创建的深度平面上创建截面。

在实体工具栏上单击【挤出实体】按钮 ，选择刚创建的倒角矩形，接受向上拉伸的方向并确定。在【实体挤出的设置】对话框上选择【增加凸缘】的【挤出操作】，在【挤出的距离/方向】选项栏中选择【按指定的距离延伸】选项，设置【距离】为"2.0"，单

击 ✓ 按钮，结果如图 4-13b 所示。

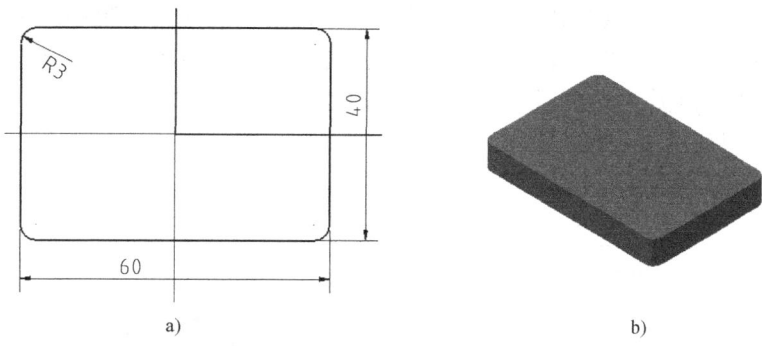

图 4-12 创建盒子主体
a）绘制圆角矩形 b）结果

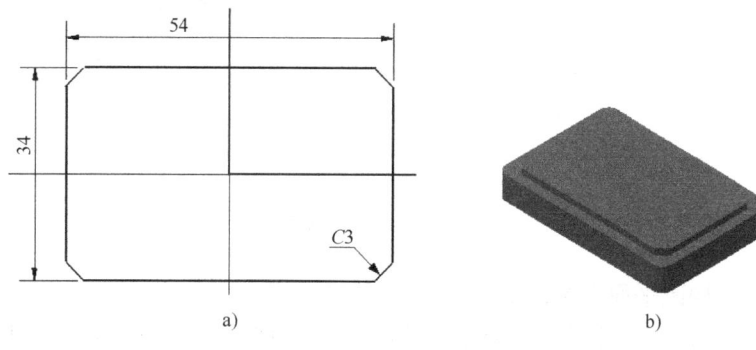

图 4-13 创建盒子主体
a）绘制倒角矩形 b）结果

单击【俯视图】按钮，以 Z8.0mm 为构图面，绘制如图 4-14a 所示的截面外形。

在实体工具栏上单击【挤出实体】按钮，选择刚创建的倒角矩形，接受向下拉伸的方向并确定。在【实体挤出的设置】对话框上选择【切割实体】的【挤出操作】，在【挤出的距离/方向】选项栏中选择【按指定的距离延伸】选项，设置【距离】为 "4.0"，单击 ✓ 按钮，结果如图 4-14b 所示。

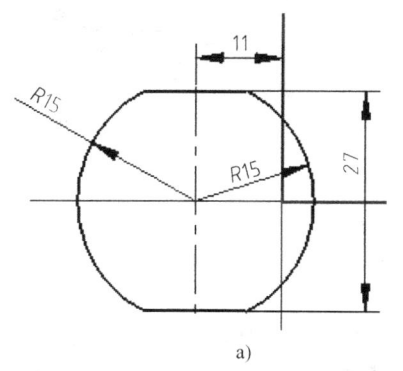 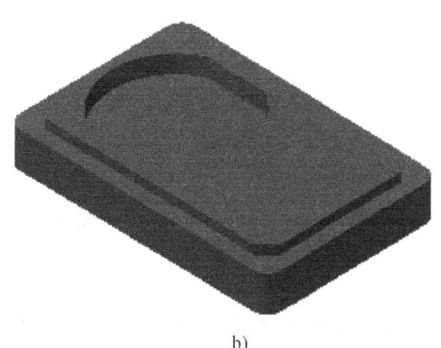

图 4-14 切割上则主体
a）截面轮廓 b）结果

继续在原来的构图平面上绘制如图 4-15a 所示的截面外形。

在实体工具栏上单击【挤出实体】按钮,选择刚创建的倒角矩形,接受向下拉伸的方向并确定。在【实体挤出的设置】对话框中选择【切割实体】的【挤出操作】,在【挤出的距离/方向】选项栏中选择【按指定的距离延伸】选项,设置【距离】为"4.0",单击 按钮,结果如图 4-15b 所示。

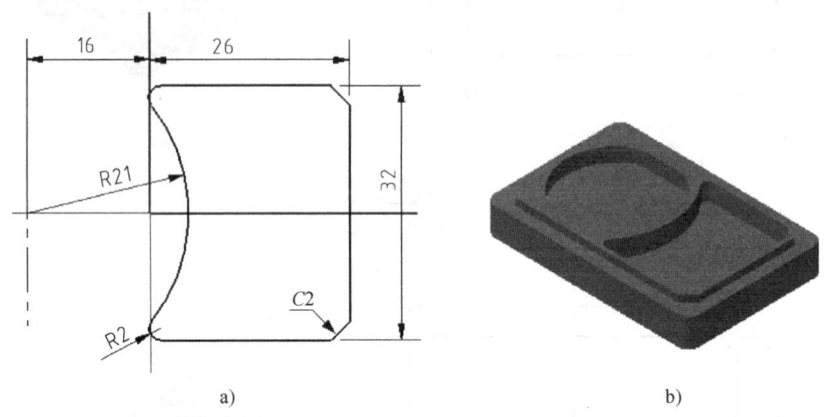

图 4-15 切割下则主体
a) 截面轮廓 b) 结果

继续在原来的构图平面上绘制如图 4-16a 所示的矩形。

在实体工具栏上单击【挤出实体】按钮,选择刚创建的倒角矩形,接受向下拉伸的方向并确定。在【实体挤出的设置】对话框上选择【切割实体】的【挤出操作】,在【挤出的距离/方向】选项栏中选择【全部贯穿】选项,单击 按钮,结果如图4-16b 所示。

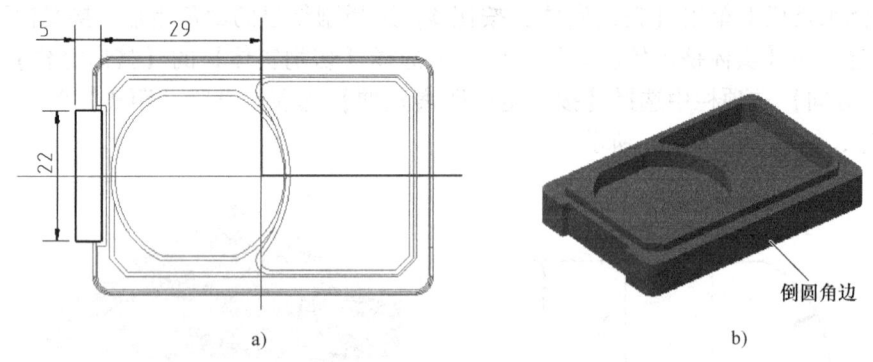

图 4-16 切割顶部主体
a) 截面轮廓 b) 结果

在实体工具栏上单击【实体倒圆角】按钮,选择如图 4-16b 所示的倒圆角实体边并确定。系统弹出【实体倒圆角参数】对话框,选择【固定半径】选项,设置【半径】为"0.5",勾选【沿切线边界延伸】选项,单击 按钮,结果如图 4-17 所示。

在实体工具栏上单击【实体抽壳】按钮■，按住鼠标中键旋转模型，选择盒子底面，单击◯按钮。系统弹出【实体薄壳】对话框，选择【薄壳的方向】为【朝内】，【朝内的厚度】为"0.8"，单击✓按钮，结果如图4-18所示。

图4-17　实体边倒圆角　　　　　图4-18　实体抽壳

单击【按实体定面】按钮■，选择如图4-18所示构图面作为构图平面，单击✓按钮，绘制如图4-19a所示的截面外形。

在实体工具栏上单击【挤出实体】按钮■，选择刚创建的倒角矩形，接受向内拉伸的方向并确定。在【实体挤出的设置】对话框上选择【切割实体】的【挤出操作】，在【挤出的距离/方向】选项栏中选择【按指定的距离延伸】选项，设置【距离】为"1.0"，单击✓按钮，结果如图4-19b所示。至此化妆盒下盖设计完成。

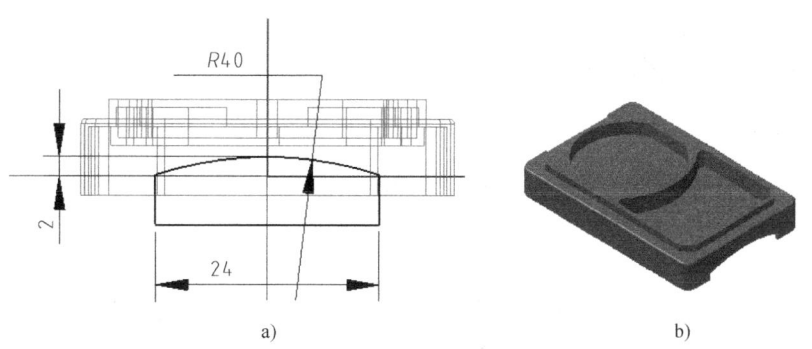

图4-19　切割则边外壳
a）截面轮廓　b）结果

任务总结

本任务的难点是如何根据特征特点设置构图面，通过本任务的学习，读者应掌握实体挤出、实体倒圆角、薄片加厚、移除实体面，以及抽壳特征的创建方法。在造型设计过程中，如何结合各部分特征正确选择构图面的创建方法是提高设计效率的重要途径。

提高练习

设计如图4-20所示的游戏机控制面板。

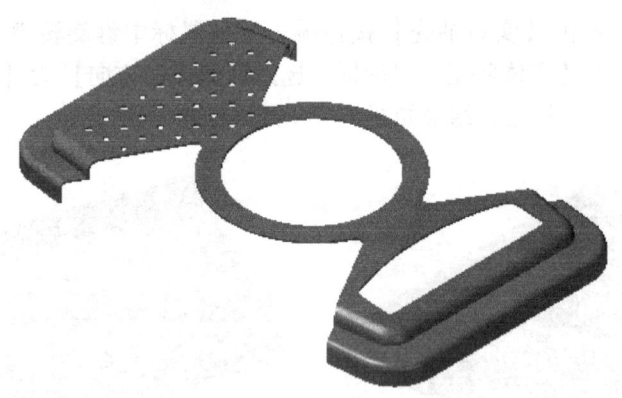

图 4-20　TG4-1

任务 2　手机壳模具设计

任务目标

- 掌握实体扫描的创建方法。
- 学会如何应用布尔运算进行造型设计与凸凹模设计。
- 了解 Mastercam 模具设计的一般过程。
- 掌握实体修剪的方法。
- 提高曲面在实体造型中的应用能力。

任务导入

设计如图 4-21 所示手机壳造型并进行凸凹模设计。

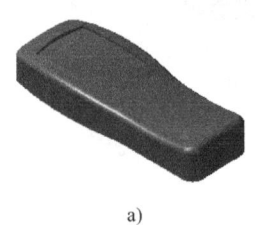 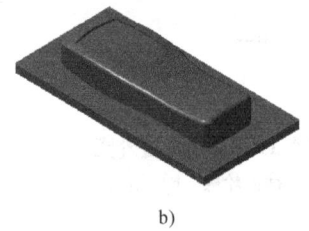

　　　a)　　　　　　　　　　　　　b)　　　　　　　　　　　　　c)

图 4-21　手机壳模设计
a) 手机壳造型　b) 凸模　c) 凹模

任务分析

　　该手机壳由简单的扫描曲面与屏幕曲面组成，可先创建手机主体，然后采用扫描方式对主体部分进行修剪，从而得到上表面。由于屏幕部分为不规则曲面，不宜直接采用实体修剪，而应将需进行修剪的部分创建成独立实体，然后采用布尔切割运算，间接获得屏幕部分。对于凸凹模部分的创建同样采用布尔切割运算获得。

知识准备

1. 扫描实体

扫描实体功能可将封闭且共面的曲线串连外形沿指定的扫描路径平移或旋转,从而获得新的实体或对已存在的实体进行加(减)操作。在一次扫描操作中可以选择一个或多个外形,要求扫描路径必须光滑、无尖角,保证串连外形在扫描的过程不会出现自交。

打开随书光盘:素材\模块四 实体造型\任务2中的"扫描实体.MCX-5"文件,如图4-22a所示。

在菜单栏选择【实体】/【扫描实体】选项或在实体工具栏上单击【扫描实体】按钮,系统弹出【串连选项】对话框,选择如图4-22a所示的两个串连外形并确定,继续选择扫描路径并确定。系统弹出【扫描实体的设置】对话框,由于不存在其他的实体,系统默认在【扫描操作】选项栏中点选【创建主体】选项,如图4-22b所示。单击 按钮,结果如图4-22c所示。

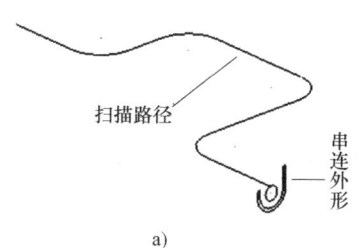
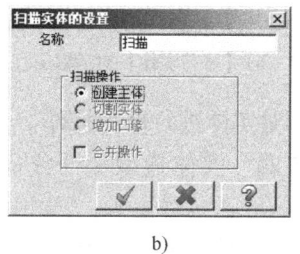
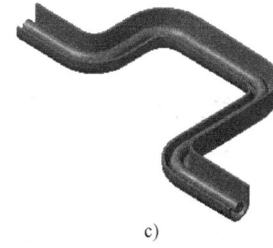

图4-22 扫描实体

a)扫描实体.MCX-5 b)【扫描实体的设置】对话框 c)生成实体

2. 实体修剪

实体修剪是指利用平面、曲面或实体薄片为修剪工具对已有的实体进行修剪,从而获得新的实体特征。

(1)利用平面修剪实体

该功能以平面作为修剪工具对实体进行修剪操作。

打开随书光盘:素材\模块四 实体造型\任务2中的"平面修剪实体.MCX-5"文件,如图4-23a所示。

单击【侧视图构图平面】按钮,以Z0.0mm为构图平面,在菜单栏选择【实体】/【修剪实体】选项或在实体工具栏上单击【修剪实体】按钮,系统弹出【修剪实体】对话框,在【修剪到】选项中选择【平面】选项,如图4-23b所示。系统弹出【平面选择】对话框,单击【反向】按钮,同时显示平面的法线方向(朝内)为切割工具,如图4-23c所示,单击 按钮。继续单击 按钮,结果如图4-23d所示。

 技术指导:

箭头所指方向为保留部分。

(2)利用曲面修剪实体

 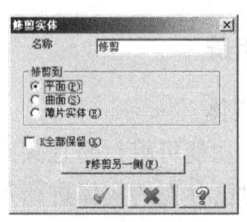

a)　　　　　　　　　　　　　　　　　　b)

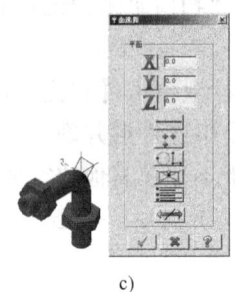 

c)　　　　　　　　　　　　　　　　　　d)

图 4-23　平面修剪实体

a）平面修剪实体.MCX-5　b）【修剪实体】对话框　c）【平面选择】对话框　d）结果

该功能以曲面作为修剪工具对实体进行修剪操作。

打开随书光盘：素材\模块四　实体造型\任务 2 中的"曲面修剪实体.MCX-5"文件，如图 4-24a 所示。

在菜单栏选择【实体】/【修剪实体】选项或在实体工具栏上单击【修剪实体】按钮，系统弹出【修剪实体】对话框，在【修剪到】选项中选择【曲面】选项。选择其中一曲面，通过单击【修剪另一侧】按钮，使箭头指向朝内为保留部分，单击 ✓ 按钮。继续单击 ✓ 按钮，结果如图 4-24b 所示。继续采用相同的方法进行修剪，并将曲面隐藏，结果如图 4-24c 所示。

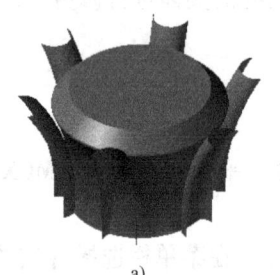 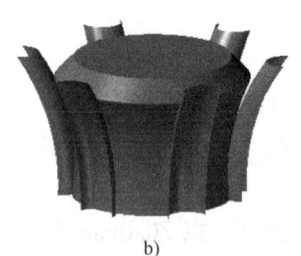 

a)　　　　　　　　　　　　b)　　　　　　　　　　　　c)

图 4-24　曲面修剪实体

a）曲面修剪实体.MCX-5　b）曲面修剪结果　c）最后结果

（3）利用薄片实体修剪实体

该功能以薄片实体作为修剪工具对实体进行修剪操作，操作方法与曲面修剪方法相似，这里不再赘述。

3. 实体布尔运算

布尔运算是一种将两个或多个已知的实体通过结合、切割和交集的方式组合成新的实体并删除原有实体的造型方法，通过这种方法可以快速地创建复杂的造型。在布尔运算中第一个选取的实体为目标主体，后续选取的实体为工件主体，运算的结果为一个主体。

（1）实体结合运算

实体结合运算又称布尔求和运算，是将所选取的实体进行合并的操作。

在菜单栏选择【实体】/【布尔运算-结合】选项或在实体工具栏上单击【布尔运算-结合】按钮，接着选择需要合并的实体并确定，即可完成操作。

（2）实体切割运算

实体切割运算又称布尔求差运算，是将选取的目标主体除去与所选取工件实体相交的公共部分后得到的剩余部分，从而构建成新的实体。在选取主体时，第一个目标主体为被切割的主体，后续选取的工件实体为切割工具。

打开随书光盘：素材\模块四　实体造型\任务 2 中的"布尔减运算.MCX-5"文件，如图 4-25a 所示。

在菜单栏选择【实体】/【布尔运算-切割】选项或在实体工具栏上单击【布尔运算-切割】按钮，选择如图 4-25a 所示的目标主体，继续选择两个工件主体并确定，结果如图 4-25b 所示。

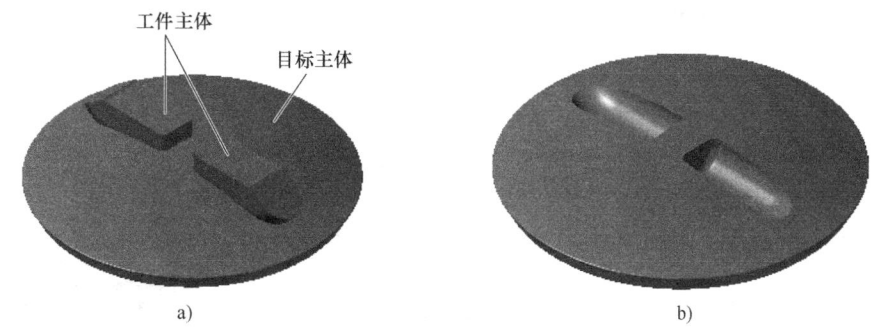

图 4-25　实体切割运算
a）布尔减运算.MCX-5　b）结果

（3）实体交集运算

实体交集运算又称布尔求交运算，是将目标主体与工件主体相交的公共部分组成新的实体。

打开随书光盘：素材\模块四　实体造型\任务 2 中的"布尔和运算.MCX-5"文件，如图 4-26a 所示。

在菜单栏选择【实体】/【布尔运算-交集】选项或在实体工具栏上单击【布尔运算-交集】按钮，分别选择如图 4-26a 所示的两个实体并确定，结果如图 4-26b 所示。

4. 非关联布尔运算

非关联布尔运算与布尔运算最大的区别在于布尔运算的目标实体将被删除，而非关联布尔运算的目标与工件实体可以选择保留。

命令启用方法：在菜单栏选择【实体】/【非关联实体】/【切割】（【交集】）选项，也可以在实体工具栏上单击【切割】按钮（【交集】按钮），操作方法与前面所介绍的布尔运算相似，这里不再赘述。

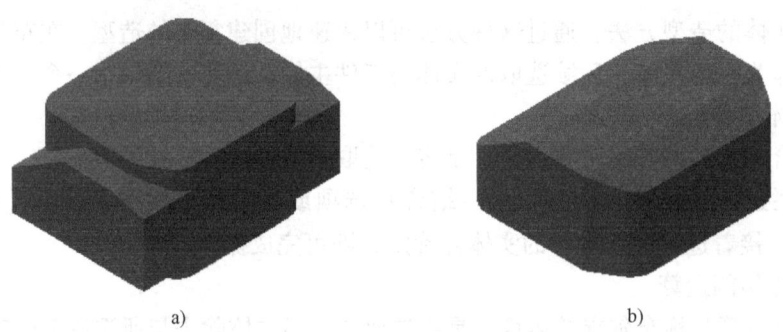

图 4-26 实体交集运算
a）布尔和运算.MCX-5 b）结果

 任务实施

新建文件后，将第 1 图层命名为"手机轮廓"。单击【俯视图】按钮，以 Z0.0mm 为构图面，绘图视角为【俯视图】。按 F9 键打开系统坐标系，以系统坐标系为原点，绘制如图 4-27a 所示的手机轮廓。

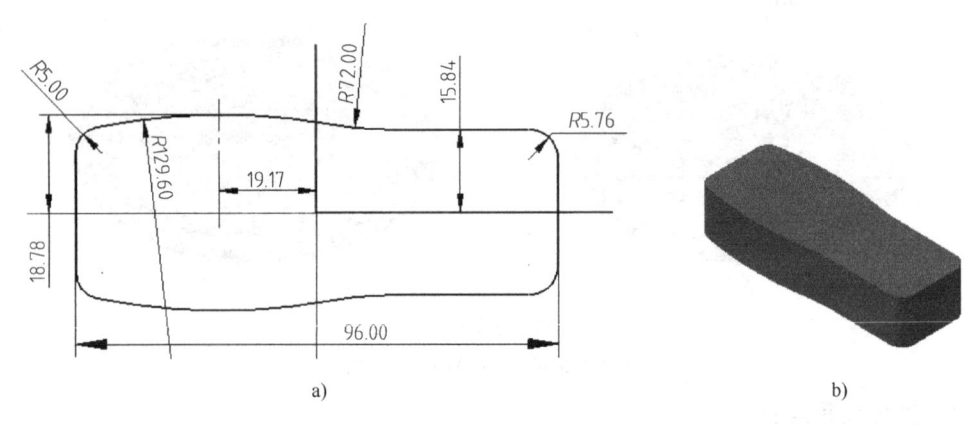

图 4-27 创建手机主体
a）手机轮廓 b）拉伸结果

 技术指导：

在创建手机轮廓时，用户可先创建 96.0mm×37.56mm 的矩形，接着绘制与 X 轴距离为 +18.78mm 的水平线相切且圆心经过与 Y 轴距离为 -19.17mm 的垂直线，半径为 129.60mm 的圆。继续绘制与 X 轴距离为 +15.84mm 的水平线，接着分别进行 R5.76mm、R72.0mm、R5.0mm 的倒圆角。最后进行镜像复制即可。

新建第 2 图层（名称为"手机主体"）并设置为当前工作层，在实体工具栏上单击【挤出实体】按钮，选择刚创建的手机轮廓，接受向上拉伸的方向并确定。在【实体挤出的设置】对话框上的【挤出的距离/方向】选项栏中选择【按指定的距离延伸】选项，设置【距离】为"20.0"，单击 按钮，结果如图 4-27b 所示。

新建第 3 图层（名称为"框架扫描"）并设置为当前工作层，不显示其他图层。单击【左视图】按钮，以 Z0.0mm 为构图面，绘图视角为【左视图】。以系统坐标系为原点，绘制如图 4-28 所示的扫描路径。

图 4-28 扫描路径

技术指导：

该扫描路径的绘制难点在于两条起伏相连半径为 139.20mm 的圆弧。用户可先创建与 X 轴距离为 +15.50mm 的水平线，接着创建过原点且长度为 14.17mm 的垂直线。以这两条辅助直线，通过相切圆弧命令中的【经过一点】选项，绘制通过与 +15.50mm 的水平线相切，且经过长度为 14.17mm 垂直线上端点的相切圆弧（半径为 139.20mm），修剪圆弧长度为 50.0mm。最后通过【旋转转换】命令以复制形式将圆弧旋转 180.0°即可。

单击【右视图】按钮，在状态栏【Z（深度）】选项处单击右键，在弹出的列表选项中选择【Z=点的 Z 座标（Z）】选项，如图 4-29 所示。

选择如图 4-28 所示扫描路径的右侧端点，以确定 Z 构图深度，此时【Z（深度）】自动更改为 50.0mm，单击【右视图】。以系统坐标系为原点，绘制如图 4-30 所示的圆弧截面。

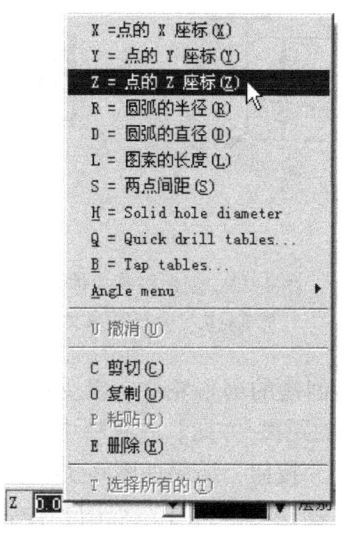

图 4-29 选择"Z 座标点"

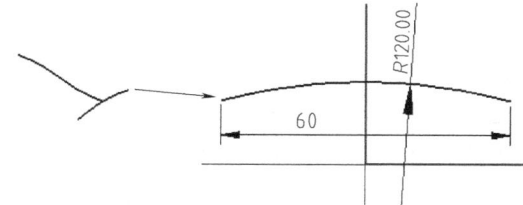

图 4-30 扫描截面

 技术指导：

直接通过选择点的位置确定构图深度的方法有利于构图平面的快速定位，常在难以确定深度的情况下使用。

扫描截面中，R120.00mm 圆弧经过扫描路径的最右侧端点，用户可辅助绘制通过扫描路径右侧端点的水平线和过原点的垂直线，然后绘制与水平线相切且中心经过垂直线的相切圆。接着修剪圆弧即可。这里并不要求圆弧长度一定为 60.00mm，只要大于 37.56mm 即可。

新建第 4 图层（名称为"扫描曲面"）并设置为当前工作层，显示第 2 图层（名称为"手机主体"）。在曲面工具栏上单击【扫描曲面】按钮，选择如图 4-30 所示的扫描圆弧截面并确定，继续选择如图 4-28 所示的扫描路径并确定。单击 ✓ 按钮，结果如图 4-31 所示。

图 4-31　创建扫描曲面

在实体工具栏上单击【修剪实体】按钮，系统弹出【修剪实体】对话框，在【修剪到】选项中选择【曲面】选项。选择扫描曲面，通过单击【修剪另一侧】按钮使箭头朝下为保留部分。单击 ✓ 按钮，结果如图 4-32 所示。

新建第 5 图层（名称为"屏幕"）并设置为当前工作层，不显示其他图层。单击【俯视图】按钮，以 Z0.0mm 为构图面，绘图视角为【俯视图】。以系统座标系为原点，绘制如图 4-33a 所示的屏幕轮廓。

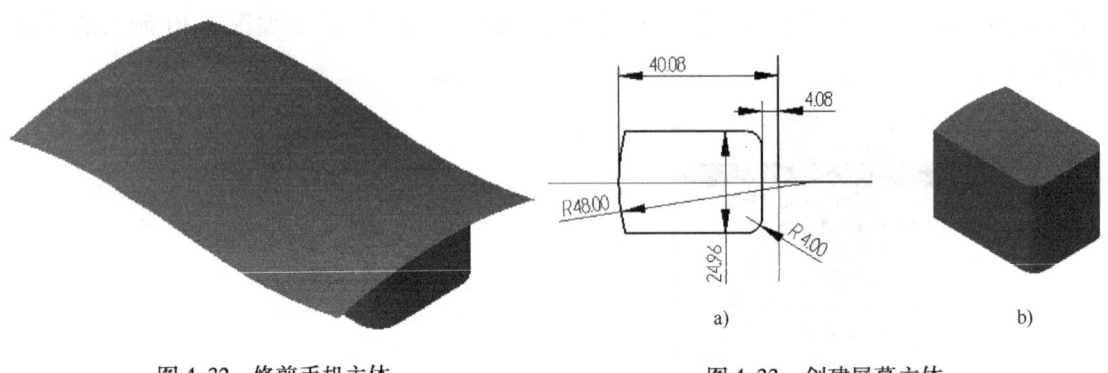

图 4-32　修剪手机主体　　　　　　图 4-33　创建屏幕主体
　　　　　　　　　　　　　　　　　a）屏幕轮廓　b）最终实体

在实体工具栏上单击【挤出实体】按钮，选择刚创建的屏幕轮廓，接受向上拉伸的方向并确定。在【实体挤出的设置】对话框上的【挤出的距离/方向】选项栏中选择【按指定的距离延伸】选项，设置【距离】为"25.0"，单击 ✓ 按钮，结果如图 4-33b 所示。

按下 Alt + Z，打开【层别管理】对话框，显示第 3 图层。单击【左视图】按钮，以 Z0.0mm 为构图面，绘图视角设为【左视图】。在转换工具栏上单击【单体补正】按钮，在系统弹出的【补正】对话框中以复制的形式输入【距离】为"1.69"。选择扫描路径的左侧圆弧，向下偏移，单击 ✓ 按钮，结果如图 4-34a 所示。继续绘制外形，最终结果如图 4-34b 所示。

在实体工具栏上单击【挤出实体】按钮，选择刚创建的屏幕轮廓，接受拉伸方向并确定。在【实体挤出的设置】对话框上的【挤出操作】选项中选择【切割实体】选项，设置【挤出的距离/方向】为【全部贯穿】选项，勾选【两边同时延伸】选项，单击 ✓ 按钮，结果如图 4-35 所示。

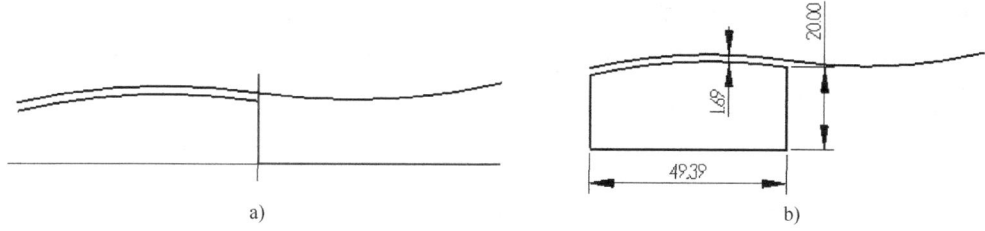

图 4-34 创建屏幕轮廓
a) 偏移圆弧　b) 最终外形

 技术指导：

用户也可以尝试采用曲面修剪的方法对屏幕主体进行修剪。

新建第 6 图层并设置为当前工作图层，显示第 2、5 图层，结果如图 4-36a 所示。

在实体工具栏上单击【布尔运算-切割】按钮，分别选择手机主体与屏幕主体并确定，结果如图 4-36b 所示。

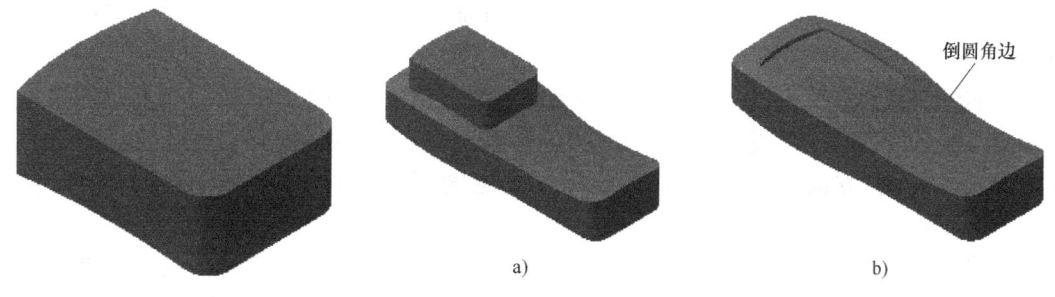

图 4-35 修剪屏幕主体　　　　　　　图 4-36 切割手机主体
　　　　　　　　　　　　　　　　　　a) 打开其他实体　b) 切割效果

在实体工具栏上单击【实体倒圆角】按钮，选择如图 4-36b 所示的倒圆角实体边，在标准选择工具栏上单击按钮。在系统弹出的【实体倒圆角参数】对话框中选择【固定半径】选项，设置【半径】为 "2.4"，勾选【沿切线边界延伸】选项。单击按钮，结果如图 4-37 所示。

在实体工具栏上单击【实体抽壳】按钮，按住鼠标中键旋转模型，选择手机底面，单击按钮。在系统弹出的【实体薄壳】对话框中选择【薄壳的方向】为【朝内】，【朝内的厚度】为 "0.5"，单击按钮，结果如图 4-38 所示。

　　　　　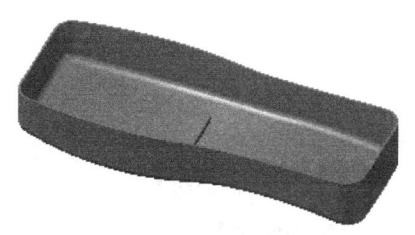

图 4-37 实体倒圆角效果　　　　　　图 4-38 实体抽壳效果

新建第 7 图层（名称为"毛坯轮廓"）并设置为当前工作图层，单击【俯视图】按钮，以 Z0.0mm 为构图面，绘图视角为【俯视图】。按 F9 键，打开系统座标系，以系统座标系为原点，绘制如图 4-39a 所示的矩形。

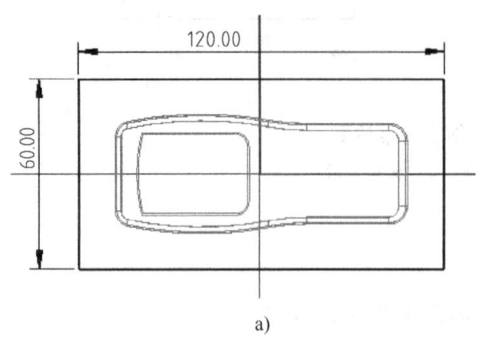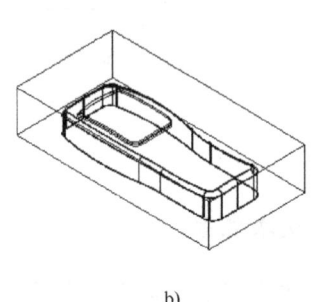

图 4-39　创建毛坯
a）毛坯外形　b）毛坯实体

新建第 8 图层（名称为"毛坯"）并设置为当前工作图层，打开第 2 图层（名称为"手机主体"）。

在实体工具栏上单击【挤出实体】按钮，选择刚创建的矩形，接受向上拉伸的方向并确定。在【实体挤出的设置】对话框中的【挤出操作】选项中选择【创建主体】选项，在【挤出的距离/方向】选项栏中选择【按指定的距离延伸】选项，设置【距离】为"25.0"，单击按钮，结果如图 4-39b 所示。

新建第 9 图层（名称为"凹模"），并设置为当前工作图层。在实体工具栏上单击【切割】按钮，分别选择毛坯与手机壳并确定。系统弹出【实体非关联的布尔运算】对话框，勾选【保留原来的目标实体】与【保留原来的工件实体】选项，如图 4-40a 所示。单击按钮，只显示第 9 图层，结果如图 4-40b 所示，系统已将毛坯切割成凸凹模。

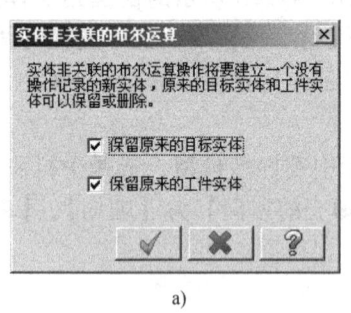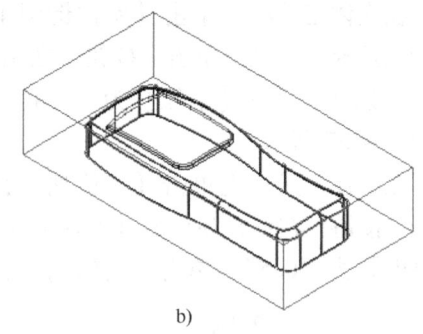

图 4-40　创建凸凹模
a）保留原来的目标实体与工件实体　b）凸凹模效果

选择手机凸模后，在状态栏的【层别】选项处单击鼠标右键，在系统弹出的【改变层别】对话框中设置【层别编辑】为"10"，并通过【选择】按钮设置名称为"凸模"。按下 Alt+Z，打开【层别管理】对话框，不显示第 10 图层。

在转换工具栏上单击【比例缩放】按钮，选择凹模并确定。系统弹出【比例】对话框，选择系统座标系原点为缩放中心，以【移动】、【等比例】的方式，设置【比例因子】为"1.005"，如图 4-41 所示。单击 按钮，完成对凹模缩放率的设置。

单击【左视图】按钮，在转换工具栏上单击【旋转】按钮，选择凹模并确定。系统弹出【旋转】对话框，选择系统座标系原点为旋转中心，以【移动】的方式，设置【旋转角度】为"180.0"，如图 4-42a 所示。单击 按钮，将凹模反转，如图 4-42b 所示。

图 4-41 设置缩放率

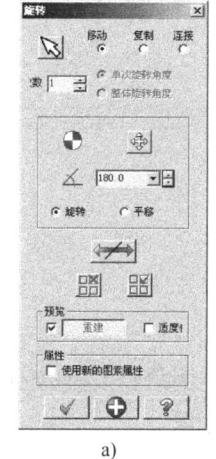

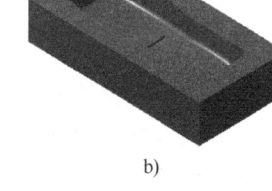

图 4-42 反转凹模
a) 设置旋转角度 b) 反转结果

打开第 10 图层并设置为当前工作图层，以及只显示的第 7 图层，结果如图 4-43a 所示。

在实体工具栏上单击【挤出实体】按钮，选择毛坯矩形轮廓，设置向下拉伸的方向并确定。在【实体挤出的设置】对话框上的【挤出操作】选项中选择【增加凸缘】选项，在【挤出的距离/方向】选项栏中选择【按指定的距离延伸】选项，设置【距离】为"5.0"，单击 按钮，结果如图 4-43b 所示。至此，手机壳凸凹模设计完成。

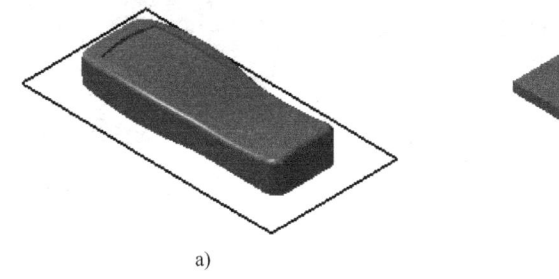

图 4-43 增加凸模分模面
a) 显示矩形与凸模 b) 结果

任务总结

本任务的难点是手机壳表面曲面的创建与手机壳凸凹模的设计。通过本任务的学习，读者应掌握实体扫描的创建，对实体进行修剪，以及布尔运算的运用。任务实施部分简单介绍了采用 Mastercam 进行模具设计的一般流程。在造型设计中，常常采用实体造型与曲面造型相结合的方式进行。本任务的模具设计，读者也可以尝试只采用实体或曲面的方式进行，以增加对不同造型方法的认识。对于复杂图形的设计，适时地进行图层管理可以使绘图区域清晰、简洁。读者也可以尝试先创建图形，然后再根据图形特点进行分层管理。

图 4-44　TG4-2

提高练习

设计如图 4-44 所示的三角零件。

任务 3　底座设计

 任务目标

- 掌握文字、实体旋转、举升、倒角和拔模的创建方法。
- 学会如何在造型中添加文字标识。
- 掌握实体阵列的创建方法。
- 学会通过实体管理器对实体造型相关参数进行编辑修改的方法。

 任务导入

设计如图 4-45 所示的底座。

 任务分析

该底座由三部分特征构成，底部是一旋转圆盘，中间连接部分为六棱柱，顶部为带有三个通孔的连接板。设计时，可通过旋转实体功能创建旋转圆盘，接着通过举升实体创建六棱柱，连接板部分采用拉伸方式创建，连接板的通孔可采用阵列方式创建。对于侧边的文字造型可以文字为轮廓进行切割而得到。最后添加倒角与拔模角度。

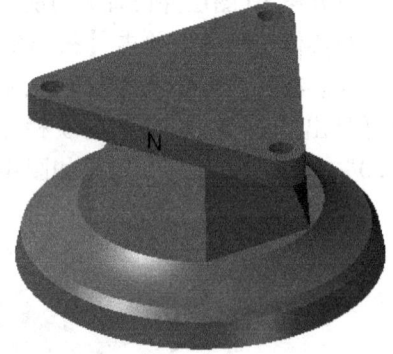

图 4-45　底座

模块四 实体造型

 知识准备

1. 绘制文字

在产品设计过程中常需要进行文字标识雕刻,这时可先绘制文字,然后再加工即可。图形文字不同于标注文字,标注文字只用于说明,不可用于加工。

在菜单栏选择【绘图】/【绘制文字】选项或在草绘工具栏上单击【绘制文字】按钮 L,系统弹出【绘制文字】对话框,在【文字内容】对话框中输入"mastercam",在【文字对齐方式】选项中选择【圆弧顶部】选项,在【参数】选项中输入【高度】为"20.0",【圆弧半径】为"250.0",【间距】为"2.0",如图4-46所示。

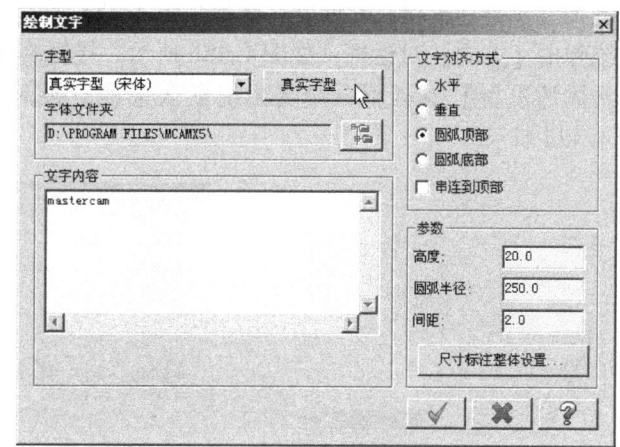

图 4-46 【绘制文字】对话框

 技术指导:

系统分别提供了水平、垂直、圆弧顶部、圆弧底部四种文字对齐方式。

单击【真实字型】按钮,系统弹出【字体】对话框,选择字体为【宋体】,如图4-47a所示,单击【确定】按钮。继续单击 ✓ 按钮,选择系统座标系原点,结果如图4-47b所示。

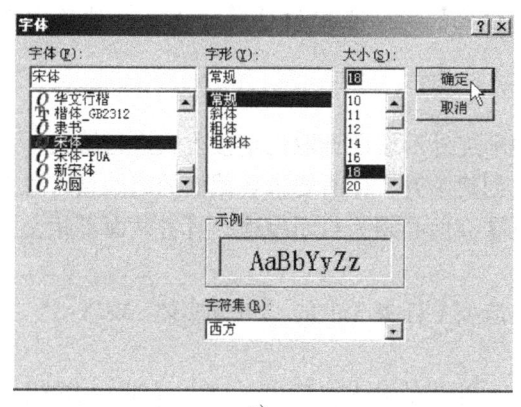

a)   b)

图 4-47 创建文字
a) 选择字体 b) 创建效果

2. 旋转实体

旋转实体是指将选取的串连外形绕指定旋转轴旋转而形成的实体,主要用于回转体的创建。

143

打开随书光盘：素材\模块四 实体造型\任务3中的"旋转实体.MCX-5"文件，如图4-48a所示。

在菜单栏选择【实体】/【旋转实体】选项或在实体工具栏上单击【旋转实体】按钮，系统弹出【串连选项】对话框，选择如图4-48a所示的串连外形并确定，继续选择旋转轴。系统弹出【方向】对话框，如图4-48b所示。接受旋转方向，单击 按钮，系统弹出【旋转实体的设置】对话框，接受系统默认选项，如图4-48c所示。单击 按钮，结果如图4-48d所示。

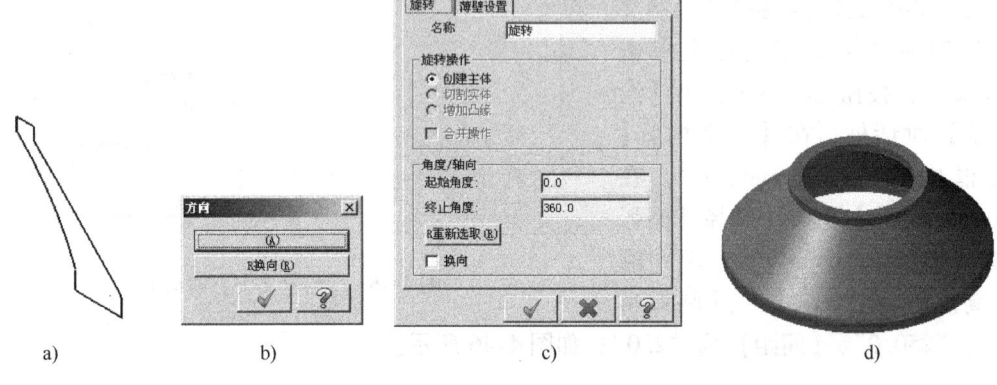

图 4-48 旋转实体

a) 旋转实体.MCX-5　b)【方向】对话框　c)【旋转实体的设置】对话框　d) 结果

 技术指导：

在旋转实体操作中打开【旋转实体的设置】对话框中的【薄壁设置】选项卡可设置创建旋转薄壁的相关参数。

3. 举升实体

举升实体功能是将两个或两个以上的串连外形按照选取的熔接方式进行熔接，从而生成一个新的实体。和创建举升曲面一样，在创建举升实体时要求各截面的起始点需对齐，否则生成的曲面会发生扭曲变形，同时要求所有截面必须为封闭串连，且各截面不相交，否则不能创建举升实体。

打开随书光盘：素材\模块四 实体造型\任务3中的"举升实体.MCX-5"文件，如图4-49a所示。

在菜单栏选择【实体】/【举升实体】选项或在实体工具栏上单击【举升实体】按钮，系统弹出【串连选项】对话框，分别选择如图4-49a所示的 p_1、p_2、p_3、p_4、p_5 串连外形并确定（注意需保证箭头指向一致）。系统弹出【举升实体的设置】对话框，勾选【以直纹方式产生实体】选项，如图4-49b所示。单击 按钮，结果如图4-49c所示。若不勾选【以直纹方式产生实体】选项则为举升方式创建实体，结果如图4-49d所示。

4. 实体倒角

实体倒角与实体倒圆角不同的是，实体倒角是将两相邻的边线采用直线过渡而不是圆弧过渡，系统提供了3种实体倒角的方法。

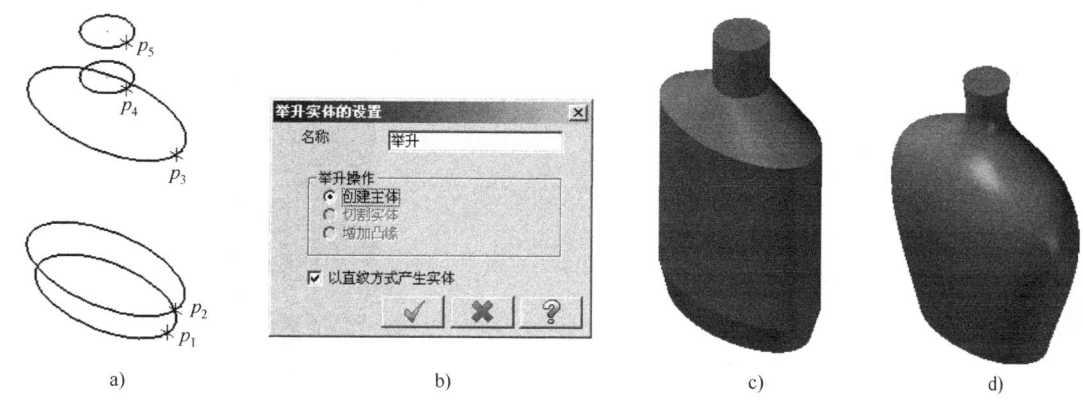

图 4-49 举升实体

a）举升实体.MCX-5　b）【举升实体的设置】对话框　c）直纹效果　d）举升效果

（1）单一距离倒角

单一距离倒角是以单一距离的方式对实体边界线、面或实体创建实体倒角。

打开随书光盘：素材 \ 模块四　实体造型 \ 任务 3 中的"单一距离倒角.MCX-5"文件，如图 4-50a 所示。

在菜单栏选择【实体】/【倒角】/【单一距离倒角】选项或在实体工具栏上单击【单一距离倒角】按钮，选择如图 4-50a 所示的 A_1 边并确定。系统弹出【实体倒角参数】对话框，在【距离】文本框中输入"2.0"，如图 4-50b 所示。单击 按钮，结果如图 4-50c 所示。

图 4-50 单一距离倒角

a）单一距离倒角.MCX-5　b）【实体倒角参数】对话框　c）结果

（2）不同距离

不同距离功能是指定两个距离对实体边界线或面进行倒角。

在菜单栏选择【实体】/【倒角】/【不同距离】选项或在实体工具栏上单击【不同距离】按钮，选择如图 4-50a 所示的 A_2 边并确定，系统弹出【实体倒角参数】对话框，分别输入【距离1】为"6.0"，【距离2】为"2.0"，如图 4-51a 所示。单击 按钮，结果如图 4-51b 所示。

（3）距离/角度

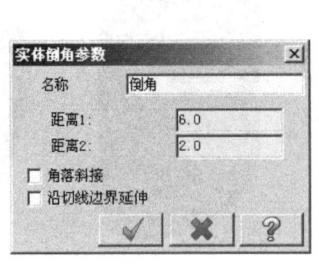 

a)   b)

图 4-51 不同距离倒角
a) 设置不同距离 b) 结果

距离/角度是以一个距离和一个角度的方式对实体边界线或面进行倒角。

在菜单栏选择【实体】/【倒角】/【距离/角度】选项或在实体工具栏上单击【距离/角度】按钮，选择如图 4-52a 所示的 A_3 边并确定，系统弹出【实体倒角参数】对话框，分别输入【距离】为"4.0"，【角度】为"45.0"，如图 4-52a 所示。单击 按钮，结果如图 4-52b 所示。

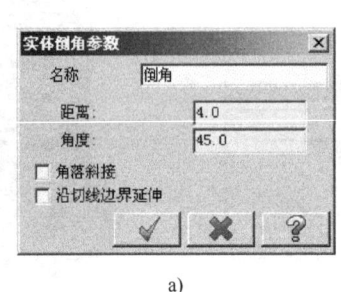 

a)   b)

图 4-52 距离/角度倒角
a) 设置距离与角度 b) 倒角结果

5. 牵引实体面

牵引实体面与拔模操作相似，它是将某个面旋转一定的角度，旋转轴可以是牵引面与表面（或平面）的交线，也可以是指定的边界。在模具设计中常用于创建拔模角度，以利于脱模。

打开随书光盘：素材 \ 模块四 实体造型 \ 任务 3 中的"牵引实体面.MCX-5"文件，如图 4-53a 所示。

在菜单栏选择【实体】/【牵引实体面】选项或在实体工具栏上单击【牵引实体面】按钮 ，选择如图 4-53a 所示的牵引面并确定。系统弹出【实体牵引面的参数】对话框，选择【牵引到实体面】选项,在【牵引角度】文本框中输入"5.0",如图 4-53b 所示。单击 按钮,选择如图 4-53a 所示的参考面并确定。系统弹出【拔模方向】对话框,如图 4-53c 所示,通过单击【换向】按钮,调整方向为朝上,单击 按钮,结果如图 4-53d 所示。

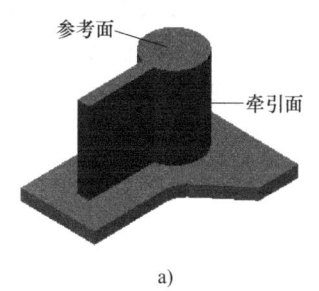 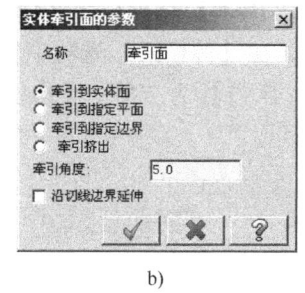 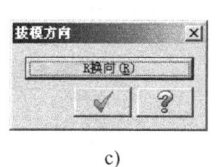 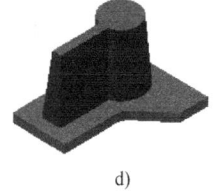

图 4-53 牵引实体面
a) 牵引实体面.MCX-5 b) 设置牵引方式与角度 c) 确定牵引方向 d) 牵引效果

6. 实体阵列

在造型设计时,当遇到一些重复且数量较多的特征,用户可以将这部分特征通过阵列的方式进行创建,以提高设计效率。Mastercam 系统提供了矩形阵列、圆周阵列和手动阵列三种形式。

(1) 矩形阵列

矩形阵列是通过控制两个方向,按指定复制的次数、距离与角度进行阵列。

打开随书光盘:素材 \ 模块四 实体造型 \ 任务 3 中的"矩形阵列.MCX-5"文件,如图 4-54a 所示。

在菜单栏选择【实体】/【模式】/【矩形模式】选项或在实体工具栏上单击【矩形阵列】按钮,系统弹出【矩形模式】对话框,在【源模式】选项中单击【选择】按钮,选择如图 4-54a 所示的圆柱并确定。设置【方向 1】的【次数】为"2",【距离】为"64.0",【角度】为"90.0",【方向 2】的【次数】为"3",【距离】为"50.0",【角度】为"0.0",如图 4-54b 所示。单击 按钮,结果如图 4-54c 所示。

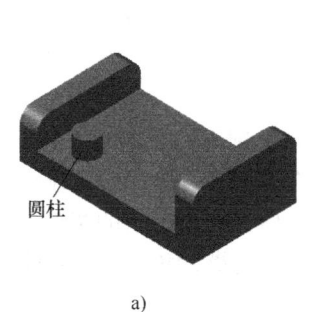 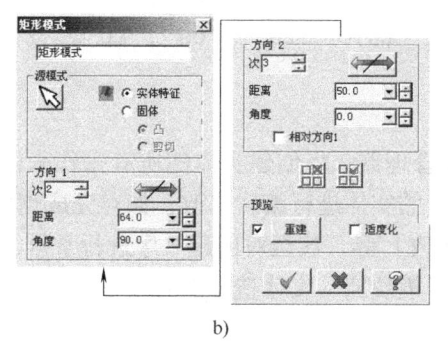 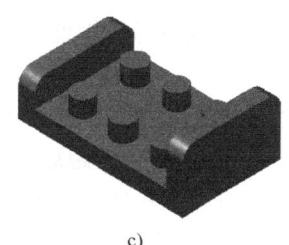

图 4-54 矩形阵列实体
a) 矩形阵列.MCX-5 b) 设置阵列参数 c) 阵列效果

（2）圆周阵列

圆周阵列是围绕指定的中心点，按指定的次数与角度进行圆周阵列复制。

打开随书光盘：素材 \ 模块四　实体造型 \ 任务 3 中的"圆周阵列.MCX-5"文件，如图 4-55a 所示。

在菜单栏选择【实体】/【模式】/【圆形图案】选项或在实体工具栏上单击【圆周阵列】按钮，系统弹出【圆周图案】对话框，在【源模式】选项中单击【选择】按钮，选择如图 4-55a 所示的圆柱孔并确定。设置【次数】为"5"，【角度】为"72.0"，如图 4-55b 所示。单击 按钮，结果如图 4-55c 所示。

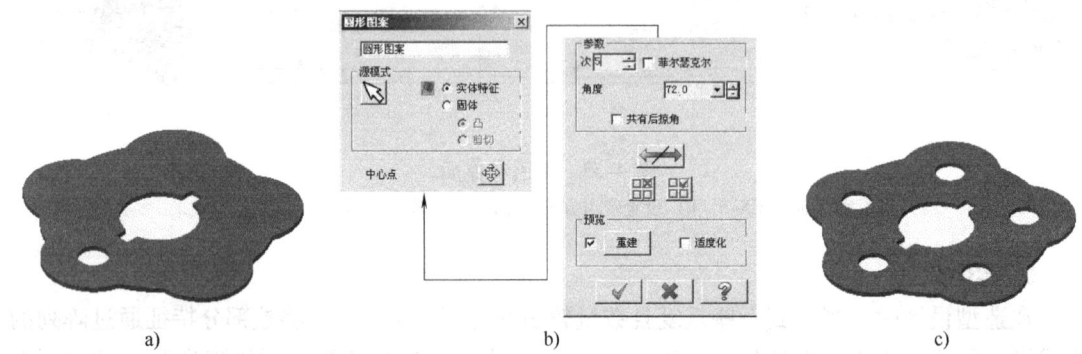

图 4-55　矩形阵列实体

a）圆周阵列.MCX-5　b）设置阵列参数　c）阵列效果

（3）手动阵列

手动阵列是通过指定阵列特征所在的位置进行任意阵列。

打开随书光盘：素材 \ 模块四　实体造型 \ 任务 3 中的"手动阵列.MCX-5"文件，如图 4-56a 所示。

在菜单栏选择【实体】/【模式】/【手动模式】选项或在实体工具栏上单击【手动阵列】按钮，系统弹出【手动模式】对话框，在【源模式】选项中单击【选择】按钮，选择如图 4-56a 所示的圆柱孔并确定。单击【增加特征】按钮，如图 4-56b 所示。选择系统坐标原点为基点参照，单击【快速绘点】按钮，输入座标为"80"，"60"，"0"，按回车键，继续输入座标为"120"，"60"，"0"，按回车键。单击 按钮，结果如图 4-56c 所示。

7. 实体操作管理器

Mastercam 提供了实体管理器，将创建实体的所有操作采用树状结构进行记录。实体管理器极大地方便了对文件中的实体进行编辑修改，如对完成创建的实体进行截面及参数修改（如倒圆角或拉伸距离的更改）等，甚至对创建顺序进行重排，更新后得到一个新的实体。

打开随书光盘：素材 \ 模块四　实体造型 \ 任务 3 中的"实体管理器.MCX-5"文件，如图 4-57a 所示。

在系统界面左侧的【操作管理器】中单击【实体】选项卡，打开如图 4-57b 所示实体操作管理器，按住【薄壳】特征并向上拖动至【圆角】特征使其处于被选状态后松开，如图 4-57c 所示，结果如图 4-57d 所示。

 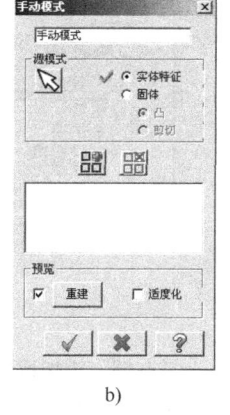 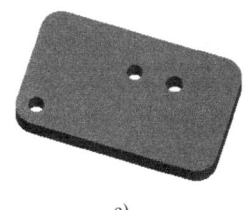

a)　　　　　　　　　　　　b)　　　　　　　　　　　　c)

图 4-56　手动阵列实体

a）手动阵列.MCX-5　b）【手动阵列】对话框　c）阵列效果

 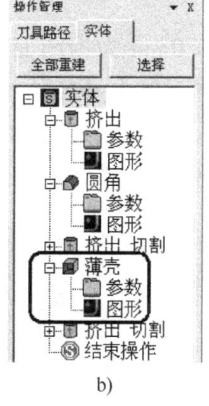 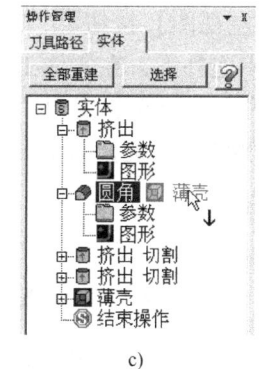 

a)　　　　　　　　　b)　　　　　　　　　c)　　　　　　　　　d)

图 4-57　实体管理器

a）实体管理器.MCX-5　b）显示实体管理器　c）重排创建顺序　d）结果

继续在如图 4-57b 所示的最后一个【挤出 切割】特征处单击【+】，效果如图 4-58a 所示。单击【图形】选项，系统弹出【实体串连管理器】对话框，在其空白处单击右键，在弹出的快捷菜单中选择【增加串连】选项，如图 4-58b 所示。系统弹出【串连选项】对话框，选择如图 4-57a 所示的三个没有穿孔的圆并确定，在【实体串连管理器】对话框上单击 按钮，此时【操作管理器】将实体特征以 显示，如图 4-58c 所示。单击【全部重建】按钮，再生后的实体如图 4-58d 所示。

 技术指导：

这里只列举了重排创建实体特征的顺序和增加截面进行实体参数修改的方法。用户还可以通过单击【参数】进一步编辑实体特征。当【实体管理器】中显示 时，表示原实体特征曾经被编辑，需进行刷新重建，以获得新的实体特征。若不能重建实体特征，则系统将以 显示，表示重建实体发生错误，此时用户需重新编辑实体。

用户若要删除某实体特征，可选选取要删除的特征，按下 Delete 键或单击鼠标右键，在

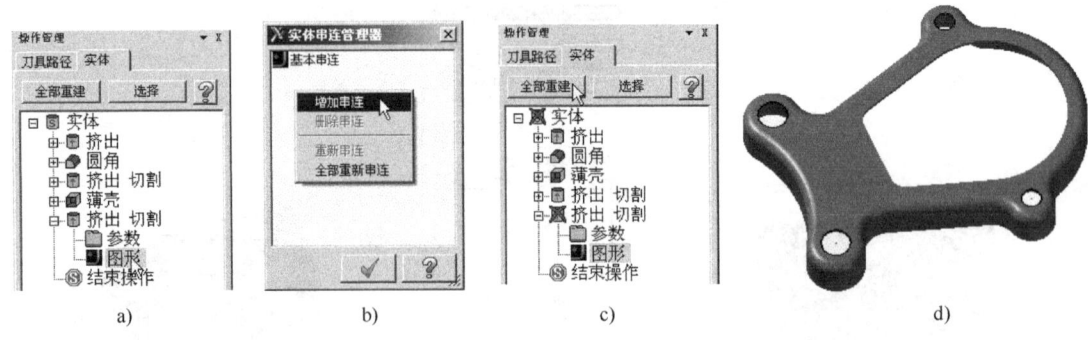

图 4-58 增加截面
a）选择【图形】 b）增加串连 c）重建实体 d）结果

弹出的快捷菜单中选择【删除】选项，最后单击【全部重建】按钮即可。

任务实施

新建文件后，单击【左视图】按钮，以 Z0.0mm 为构图面，绘图视角为【左视图】，绘制如图 4-59a 所示串连外形，在实体工具栏上单击【实体旋转】按钮，选择如图 4-59a 所示的串连外形并确定，选择长度为"25"的直线作为旋转轴，接受旋转方向并确定。在系统弹出的【旋转实体的设置】对话框上单击 按钮，结果如图 4-59b 所示。

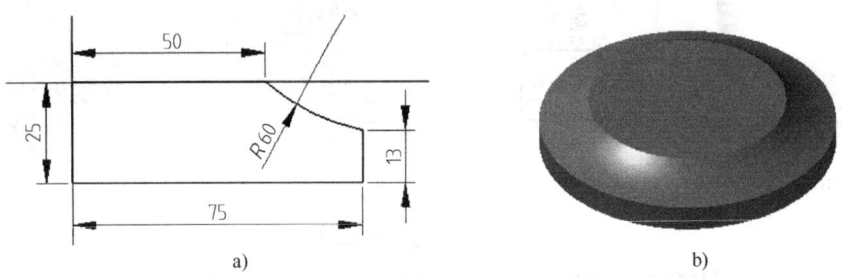

图 4-59 旋转实体
a）旋转实体. MCX-5 b）旋转结果

单击【俯视图】按钮，以 Z0.0mm 为构图面，绘图视角为【俯视图】。以系统坐标系为原点，绘制如图 4-60a 所示的正六边形。单击【俯视图】，以 Z40.0mm 为构图面，以系统坐标系为原点，绘制如图 4-60b 所示的正六边形。在实体工具栏上单击【举升实体】按钮，分别选择刚创建的正六边形（注意必须保证其起点一致），以【增加凸缘】的形式创建举升实体，结果如图 4-60c 所示。

单击【俯视图】，以 Z40.0mm 为构图面，以系统坐标系为原点，绘制如图 4-61a 所示的正三角形和圆。在实体工具栏上单击【挤出实体】按钮，只选择刚创建的三角形，接受向上拉伸的方向并确定。在【实体挤出的设置】对话框上选择【增加凸缘】选项，在【挤出的距离/方向】选项栏中选择【按指定的距离延伸】选项，设置【距离】为"14.0"，单击 按钮，结果如图 4-61b 所示。

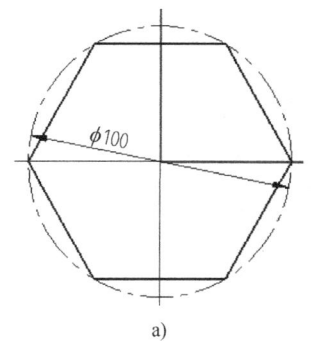 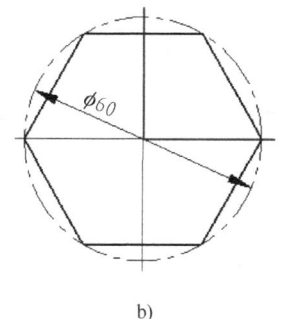 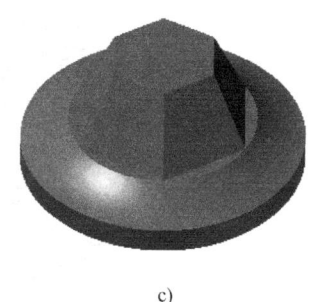

图 4-60　创建六棱柱

a）正六边形 1　b）正六边形 2　c）举升结果

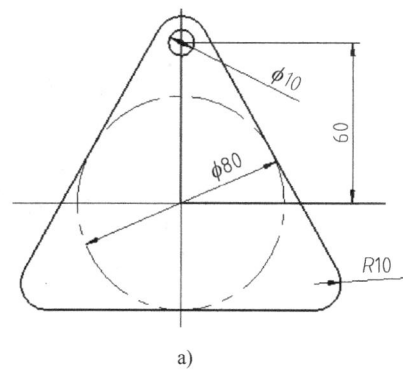 

图 4-61　创建接触板

a）三角形与圆　b）拉伸结果

在实体工具栏上单击【挤出实体】按钮，只选择刚创建的圆，接受向上拉伸的方向并确定。在【实体挤出的设置】对话框上选择【切割实体】选项，在【挤出的距离/方向】选项栏中选择【全部贯穿】选项，单击 按钮，结果如图 4-62a 所示。

在实体工具栏上单击【圆周阵列】按钮，在系统弹出的【圆周阵列】对话框上单击【选择】按钮，选择如图 4-62a 所示的表面并确定。单击【中心点】按钮，选择系统坐标原点。在【参数】选项栏中设置【次数】为"3"，【角度】为"120.0"，单击 按钮，结果如图 4-62b 所示。

单击【左视图】按钮，以 Z40.0mm 为构图面，绘图视角为【左视图】，在草绘工具栏上单击【绘制文字】按钮。在系统弹出的【绘制文字】对话框上输入【文字内容】"N"，在【文字对齐方式】选项中选择【水平】选项，在【参数】选项中输入【高度】为"10.0"，选择【字型】为【真实字型（Arial）】。单击 按钮，单击【快速绘点】按钮，输入坐标为"-3.44，42"，结果如图 4-63a 所示。

在实体工具栏上单击【挤出实体】按钮，只选择刚创建的"N"字，接受向内拉伸的方向并确定。在【实体挤出的设置】对话框上选择【切割实体】选项，在【挤出的距离/方向】选项栏中选择【指定延伸距离】为"0.5"，单击 按钮，结果如图 4-63b 所示。

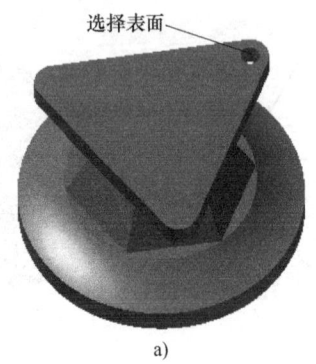 

图 4-62 创建连接孔

a) 创建连接孔　b) 圆周阵列孔

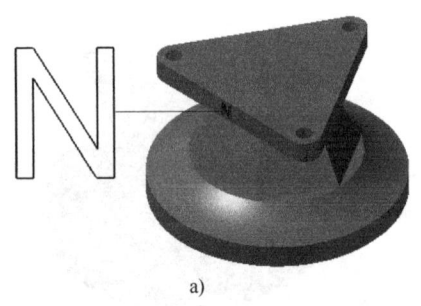 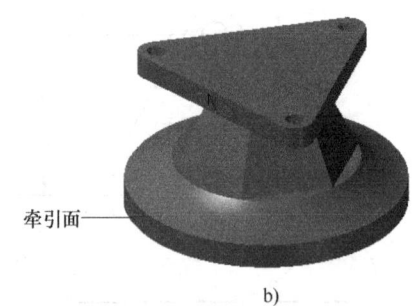

图 4-63 创建图案

a) 绘制"N"字　b) 创建结果

在实体工具栏上单击【牵引实体面】按钮，选择如图 4-63b 所示的牵引面并确定。系统弹出【实体牵引面的参数】对话框，选择【牵引到实体面】选项，在【牵引角度】文本框中输入"12"，单击 ✓ 按钮，选择底座最底面为参考面并确定。系统弹出【拔模方向】对话框，通过单击【换向】按钮调整使方向朝上，单击 ✓ 按钮，结果如图 4-64 所示。

在实体工具栏上单击【单一距离倒角】按钮，选择如图 4-64 所示的倒角边并确定，系统弹出【实体倒角参数】对话框，在【距离】文本框中输入"2"，单击 ✓ 按钮，结果如图 4-65 所示。至此底座创建完成。

任务总结

本任务的难点是举升实体、拔模特征的创建，以及各个构图面的设置。通过本任务的学习，读者应掌握实体旋转、举升、倒角与拔模角度的创建方法，学会对特征添加文字图案效果，并通过阵列的方法提高造型设计的效率。在创建实体时，读者可通过实体管理器对实体进行编辑与修改，从而获得满意的造型。

提高练习

设计如图 4-66 所示连接器。

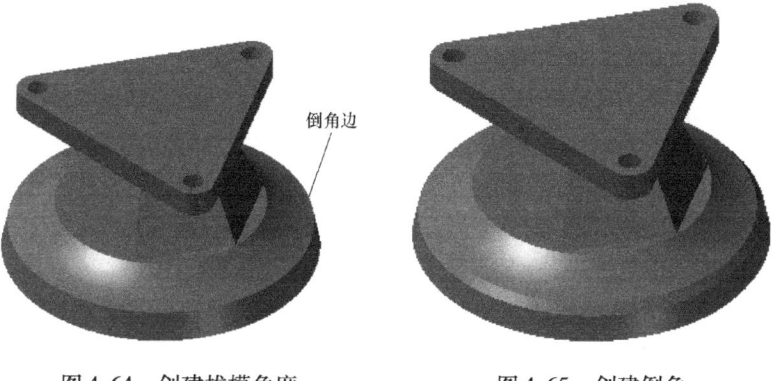

图 4-64 创建拔模角度　　图 4-65 创建倒角

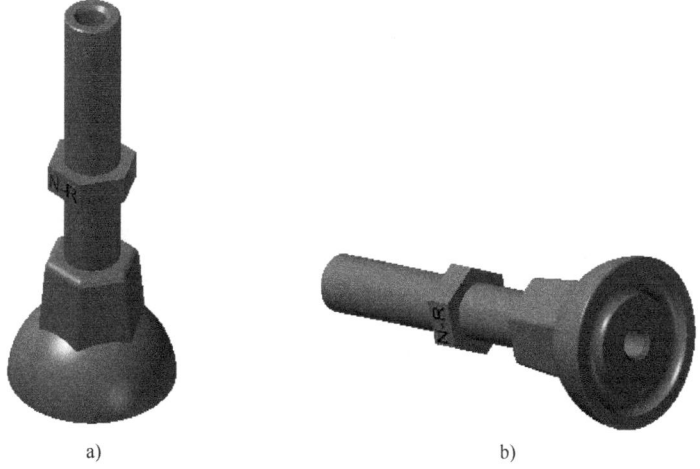

a)　　　　　　　　　b)

图 4-66 TG4-3
a）等角视图　b）底面视角

模块五

二维加工

有了 CAD 造型后，接着便可进行刀具路径的编制。在编制刀具路径时，需首先完成机床类型、刀具、材料与安全区域等设置。Mastercam 提供了二维刀具路径模组用于创建二维刀具加工路径，包括外形铣削、平面铣削、挖槽铣削、钻孔加工和全圆铣削刀路。

任务 1　仿真加工

 任务目标

- 了解 CAM 的通用设置。
- 认识 CAM 的工作流程。
- 理解实体模拟仿真加工的意义。

 任务导入

根据随书光盘：素材 \ 模块五　二维加工 \ 任务 1 中的"垫片加工.MCX-5"文件，如图 5-1 所示，调用已有刀具路径程序进行仿真加工，以察看模拟加工效果。

 任务分析

由于系统提供了现成的加工程序，因此只需在仿真功能中进行相关设置即可。

 知识准备

1. CAM 公共设置

在进行刀具路径编制前，首先需选择机床类型，设置加工毛坯的大小、材料和选择刀具等。其中刀具选择与刀具参数的设置是数控加工工艺的重要内容，因为相关参数的设置是否合理将直接影响加工效率。因此往往需要丰富的实践经验，用户在编程时需对这方面的相关知识进行了解与补充，可查阅有关数控加工工艺方面的内容。

图 5-1　垫片

（1）选择机床类型

确定加工方案时，需先选择机床类型。因为在 Mastercam 系统中，不同的加工设备对应不同的加工方式与后处理文件。Mastercam 系统提供了铣削、车削、线切割和雕刻四种类型，用户可在菜单栏选择【机床类型】选项中的子菜单进行选择，本书将重点介绍应用广泛的铣床模块。确定了机床类型后系统将新建一个机床组和刀具路径组，如图 5-2a 所示。

打开随书光盘：素材 \ 模块五　二维加工 \ 任务 1 中的"仿真加工.MCX-5"文件，如图 5-2b 所示。

在【操作管理器】/【刀具路径】选项卡中的【属性】选项前单击展开⊞按钮，新的机床组和刀具路径组将展开显示在左下角，如图 5-2a 所示。

模块五 二维加工

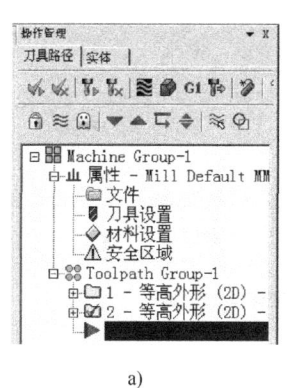
a)

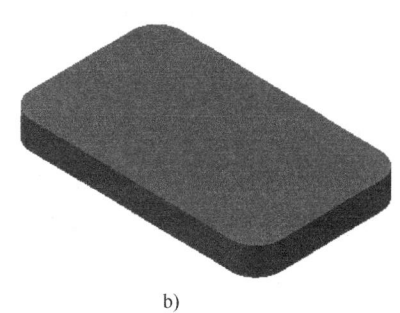
b)

图 5-2 选择机床类型及打开文件
a) 操作管理器 b) 仿真加工.MCX-5

 技术指导：

一般情况下以【默认】形式选择机床类型即可，用户也可通过选择【机床列表管理】选项，然后根据需要选择其他机床类型。

（2）机械群组属性设置

机械群组属性主要包括了文件、刀具、材料与安全区域的设置。

1）文件设置。文件设置主要用于设置群组名称、刀具路径名称和对群组添加注释、进行说明等。在如图 5-2b 所示的【操作管理器】中单击【文件】选项，系统弹出【机器群组属性】对话框，并打开【文件】选项卡，如图 5-3 所示。

① 机床—刀具路径复制。该选项主要用于对机床进行定义管理，用户可以根据需要通过【编辑】与【替换】功能进行定义或选择与加工相匹配的机床类型。必须注意，选择的机床类型与加工所用的机床必须一致。

② 刀具库。用户通过【刀具库】选项中的【打开】或【编辑】功能定义编制刀具路径时所要用到的刀具。单击【编辑】按钮，系统弹出【刀具管理】对话框，如图 5-4 所示，此时用户可在刀具库中选择需要的刀具后，单击 ↑ 按钮进行确认即可。

③ 操作库。用户可通过【操作库】选项中的【打开】或【编辑】按钮设置各种加工操作。这里以通过【编辑】的方式介绍如何将刀具路径（以"曲面粗加工平行铣削"刀路的参数为例）的一些公共默

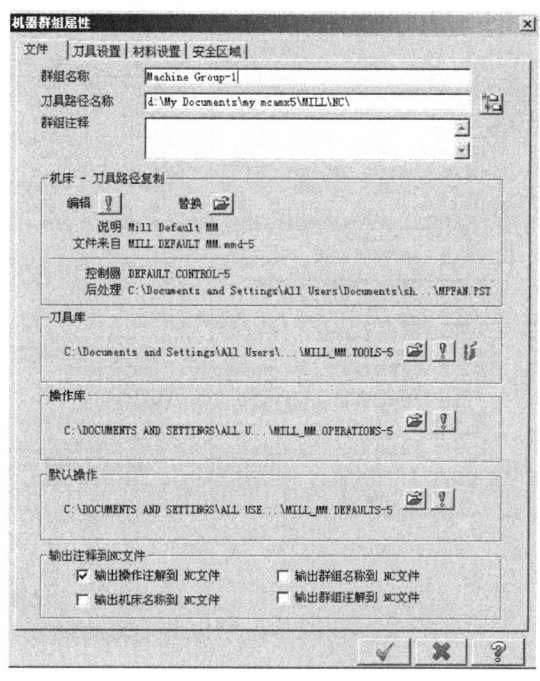

图 5-3 【文件】选项卡

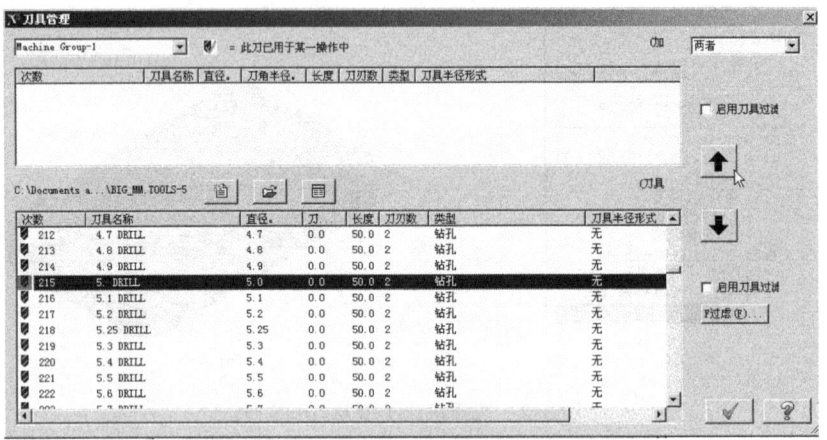

图 5-4 刀具库

认参数进行修改，同时给予保存的方法。

单击【编辑】按钮，系统弹出【编辑操作库】对话框，找到【Surface Rough Toolpaths】中的【曲面粗加工平行铣削】选项，单击展开田按钮，继续单击【参数】选项，如图 5-5a 所示。系统弹出【曲面粗加工平行铣削】对话框，打开【刀具路径参数】选项卡，设置【进给速率】为 500.0mm/min，【主轴转速】为 3500.0r/min，【下刀速率】与【提刀速率】都为 2500.0mm/min，如图 5-5b 所示。单击 按钮，则在创建【曲面粗加工平行铣削】刀路时，刀具的相关参数默认为刚才所设置的参数，这样对于具有相同的工件、刀具、刀路的加工过程可以免去重设刀具加工参数的操作。

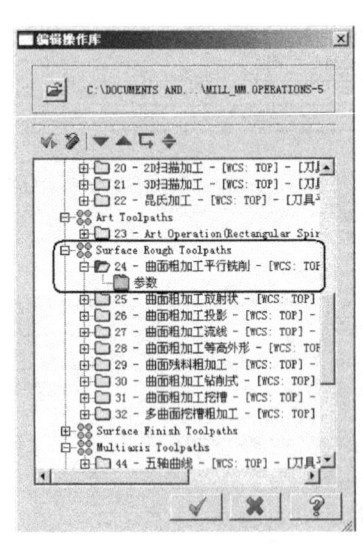
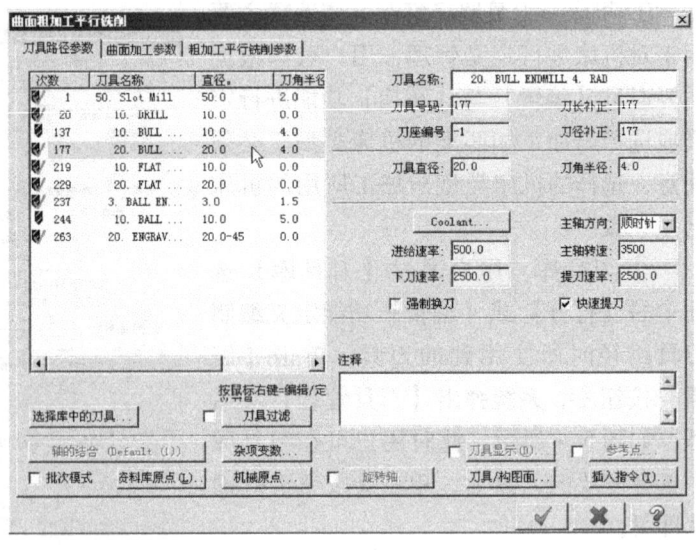

a)   b)

图 5-5 设置默认参数
a) 选择刀路参数   b) 设置参数值

④ 默认操作。默认操作的设置方法与操作库设置方法相类似，用户可参照操作库的设置方法，这里不作介绍。

2）刀具设置。刀具设置主要包括进给设定、刀具路径设置，以及生成后处理行号的设置等。在【机器群组属性】对话框上单击【刀具设置】选项卡，如图5-6所示。通过勾选【调整圆弧进给率】选项可设置加工圆弧的最小进给率，因为实际加工中，圆弧加工的进给率往往低于直线的切削速度。

 技术指导：

在规划了加工工艺并确定所用的刀具类型与大小后，可提前将所用刀具进行集中管理，以便在创建刀具路径时直接选取。当然用户也可在创建刀路时逐把选择刀具。提前创建刀具方法如下。

在菜单栏选择【刀具路径】/【刀具管理器】选项，系统弹出【刀具管理】对话框，如图5-7所示。

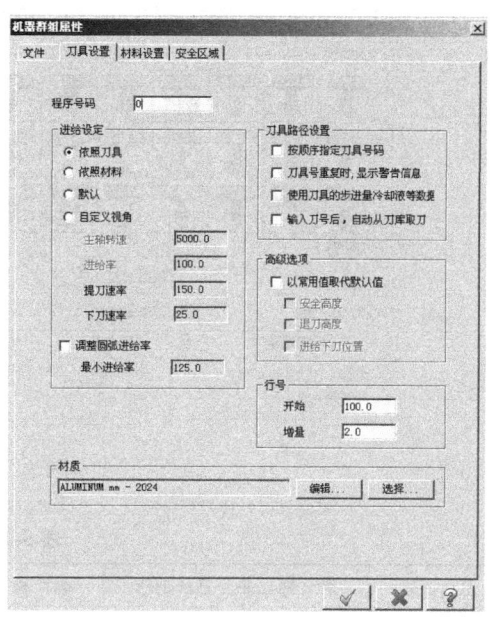

图5-6 【刀具设置】选项卡

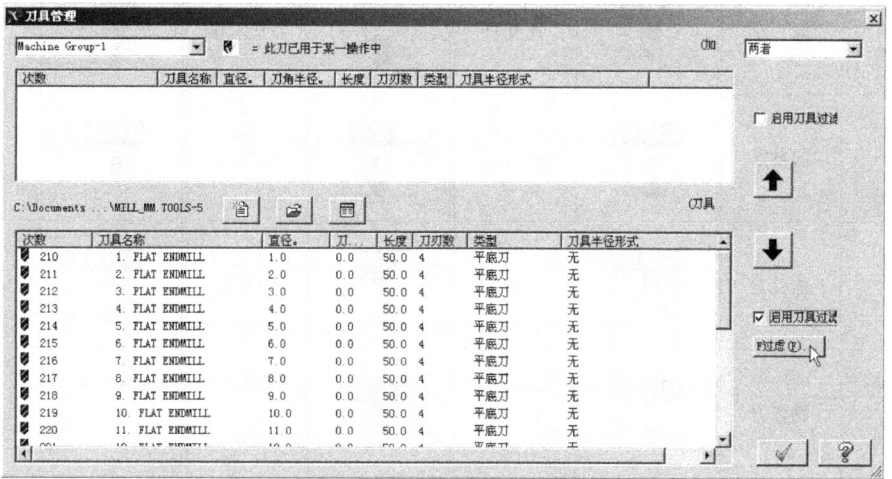

图5-7 【刀具管理】对话框

勾选【启用刀具过滤】选项，单击【过滤】按钮，系统弹出【刀具过滤设置】对话框，如图5-8所示。默认为全开状态（所谓全开是指所有刀具类型的按钮都呈按下状态），先单击【无】按钮进行取消，然后再单击【平刀】按钮。

采用过滤的方式选择刀具非常方便快捷，这里根据现有文件，选用平刀进行编程加工。

结合图5-8所示，系统提供了20种不同类型的刀具，各种刀具名称见表5-1。

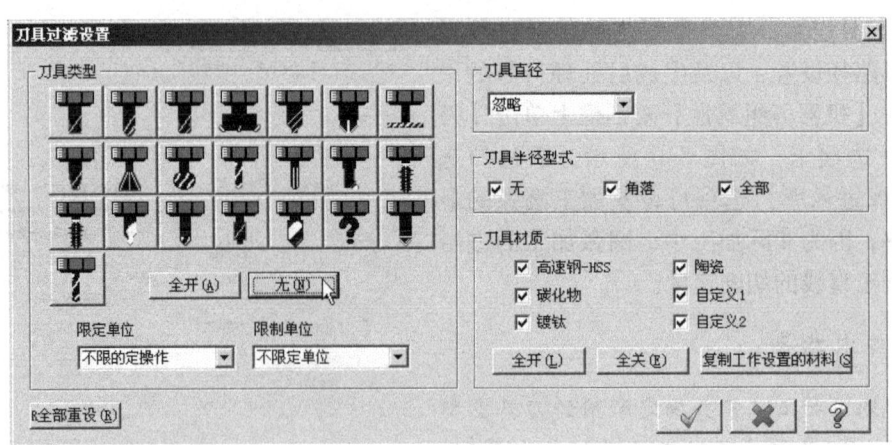

图 5-8 选择刀具类型

表 5-1 刀具种类

刀具图形	名 称	刀具图形	名 称	刀具图形	名 称	刀具图形	名 称
	平底刀		键槽刀		镗 刀		锥孔刀
	球 刀		锥度刀		右旋丝锥		雕刻刀
	圆鼻刀		燕尾刀		左旋丝锥		平头钻
	面铣刀		球形刀		中心钻		未定义刀
	圆弧刀		钻 头		点 钻		
	倒角刀		铰 刀		沉孔铣刀		

单击 ✓ ，选择刀具名称为"16. FLAT ENDMILL"的平底刀，单击 ↑ 即可。继续单击 ✓ ，完成刀具的选择。

除了采用上述直接选择刀具的方法创建刀具外，用户还可以在【刀具管理】对话框的空白处单击右键，在系统弹出的快捷菜单列表中选择【新建刀具】选项。系统弹出【定义刀具】对话框，默认打开【类型】选项卡，选择【平底刀】，如图5-9所示。

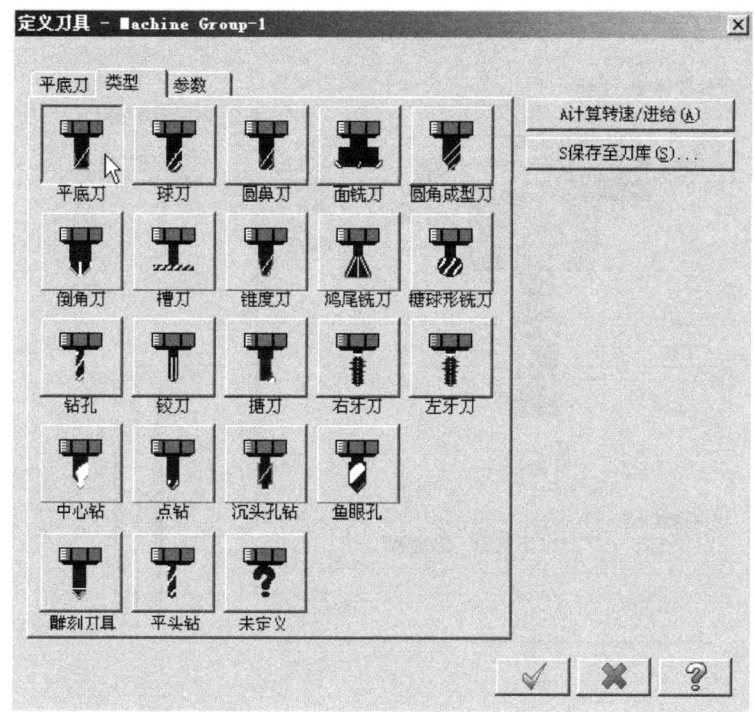

图 5-9 定义刀具

打开【平底刀】选项卡，设置刀具的几何参数，如图 5-10 所示。在定义刀具几何参数时，对生成刀具路径有影响的参数有直径、刀角半径、锥度角和刀长，其他参数只作参考，可取为默认值。

打开【参数】选项卡，设置加工参数，包括进刀量（如步进量、进给率、下刀速率等）和冷却方式等，如图 5-11 所示。与进刀量相关的参数意义将在后续的任务中介绍。设置刀具参数的目的是为了在调用本刀具时，系统会直接采用所设置的相关参数，从而避免每一次选同一把刀都需重新设置。

用户若要在【刀具管理器】中删除某一刀具，可先选取该刀具，然后单击右键，在弹出的快捷菜单中选择【删除刀具】选项或按 Delete 键，然后进行确定即可。

3）材料设置。材料设置主要包括加工毛坯设置与材料管理，目的是为了在进行刀具路径模拟时能更加逼真。一般情况下，系统将根据实际加工时所提供毛坯的形状与大小进行设置。

在【机器群组属性】对话框上单击【材料设置】选项卡，如图 5-12 所示。系统提供了矩形、圆柱两种形状，还可以通过选择【实体】选项与指定【文件】的形式设置毛坯，其中文件类型可以是 STL 格式的文件。

设置毛坯大小的方法有 4 种：

◆ 直接确定：通过在如图 5-12 所示的对话框中分别指定 X、Y、Z 值的大小进行定义，这种方法一般用于得知毛坯具体尺寸的情况。这里设置 X 为"110.0"，Y 为"180.0"，Z 为"16.0"。

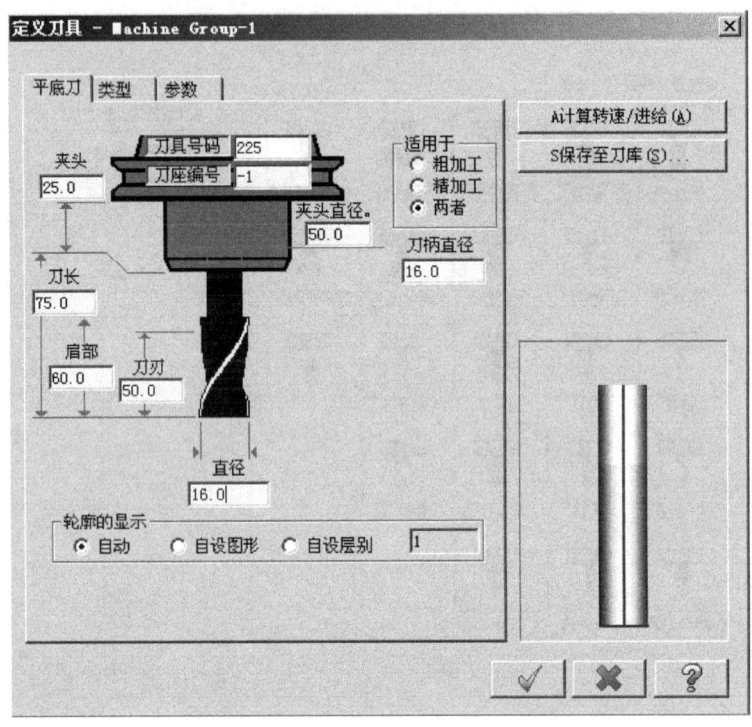

图 5-10　定义刀具尺寸参数

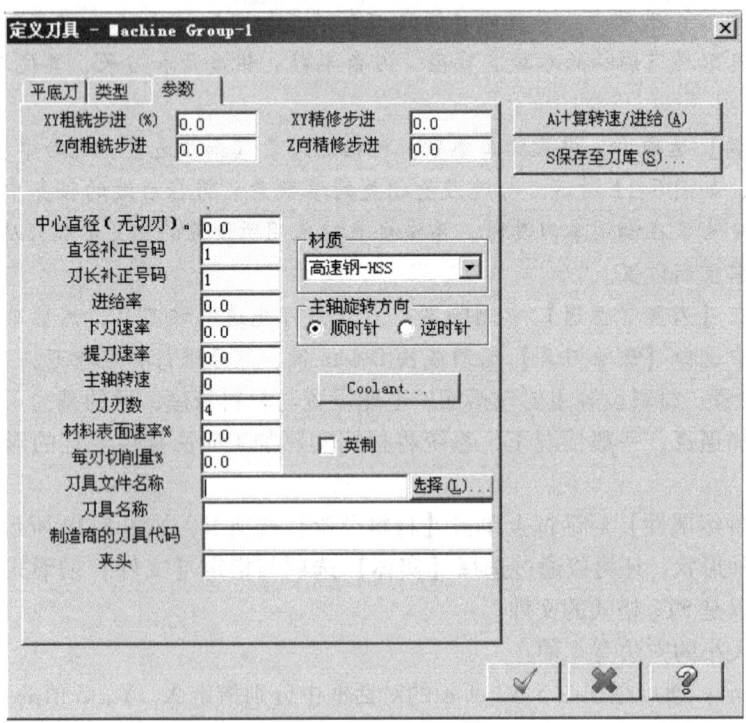

图 5-11　设置加工参数

◆ 选择对角：单击【选择角落】按钮，在绘图区以工件的中心为矩形中心，选择工件的对角点，与定义矩形的大小操作一样，最后设置 Z 值（毛坯厚度）。这种方法常用于未知毛坯具体尺寸的情况，比较粗糙，但也较常用。

◆ 边界盒：单击【边界盒】按钮，系统弹出【边界盒选项】对话框，如图 5-13 所示，定义方法与创建边界盒的方法一样。

◆ NCI 范围方式：为系统默认方式，一般较少采用，因为系统默认的毛坯大小往往与实际尺寸差别较大，不能正确反映实际加工情况。

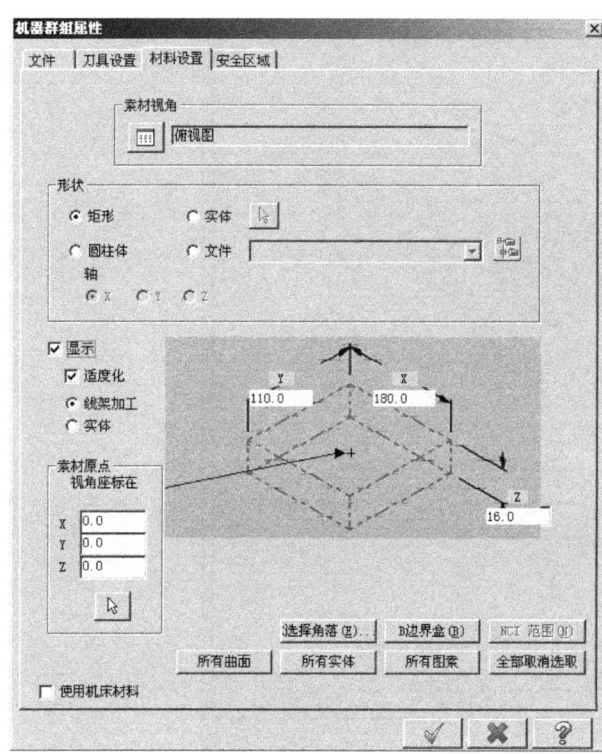
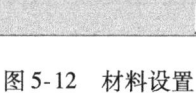
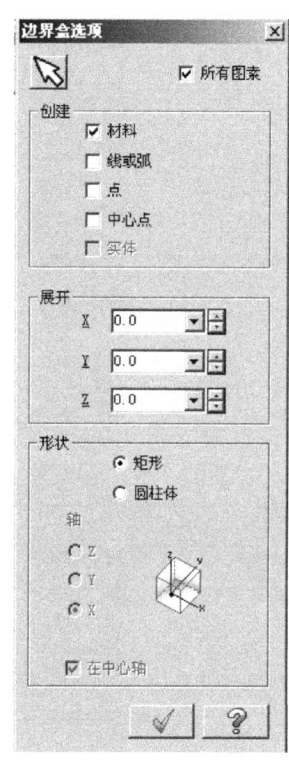

图 5-12　材料设置　　　　　　　　　　图 5-13　【边界盒选项】对话框

① 工件原点的设置。工件原点与编程原点需一致，否则模拟时不能真实地反映实际切削情况。设置方法有 3 种，一是直接在【素材原点】选项中的 X、Y、Z 座标栏中输入（这里全部设置为"0"）。二是通过选择立方体的特殊点作为原点。三是通过单击【选择】按钮，在绘图区进行点选。

设置完毛坯尺寸后，可通过勾选【显示】选项将毛坯显示在绘图区中，以验证所设置的毛坯尺寸正确与否。一般情况下，当工件形状比较简单时，推荐显示，但对于形状复杂的工件一般不推荐显示。因为显示毛坯会使绘图区所显示的图素增多，将不利于选取与编辑的操作。

 技术指导：

必须注意，设置毛坯尺寸大小的主要目的是为了模拟仿真时使切削效果更加真实，因为进行模拟仿真的目的是为了检查是否存在过切、漏切等现象，并不能反映诸如切深大了刀具会不会发生折断与打刀等现象,例如,实体模拟时设置切深为 1.0mm 与切深为 20.0mm 的仿真效果相同,显然,在实际加工时设置切深为 20.0mm 并不合理,易出现撞刀、断刀的现象,所以初学者需明白模拟仿真的真正目的是为了检查与验证刀路,并不能合理反映切削时刀具与机床的实际情况。

② 安全区域。安全区域的设置一般用于四轴与五轴的加工,通过限定范围限制刀具的移动范围从而保证加工的安全性。在【机器群组属性】对话框上单击【安全区域】选项卡,参数设置如图 5-14 所示。

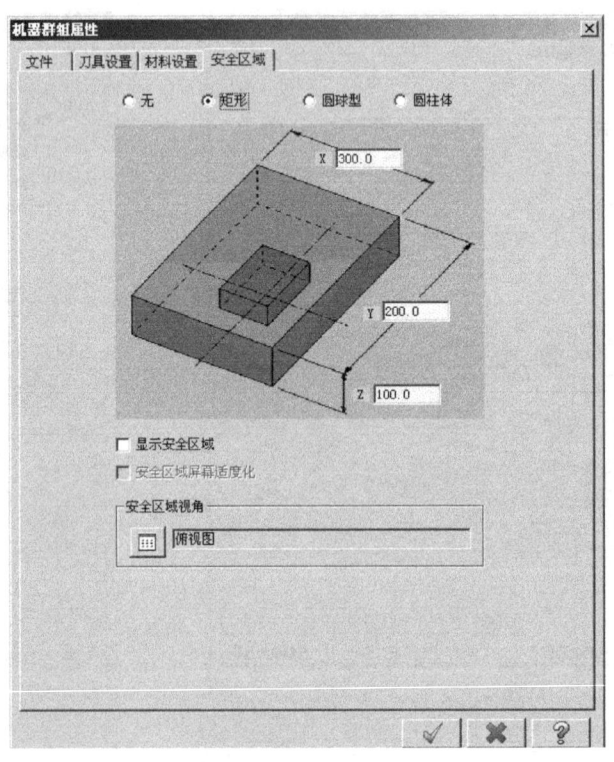

图 5-14 设置安全区域

单击 按钮,毛坯显示效果如图 5-15 所示。

2. 操作管理

在创建刀具路径时,Mastercam 提供了操作管理器,通过该操作管理器可进行刀具路径参数修改,重组加工顺序或对已存在的刀具路径进行复制粘贴、仿真加工,以及后处理操作等。

(1) 操作管理器控制面板

【操作管理器】显示在绘图区的左侧,若被关闭可在菜单栏选择【视图】/【切换操作管理器】选项或同时按下 Alt + O 即可进行显示切换。

单击【刀具路径】选项卡可打刀具路径操作管理器,单击【选择所有的操作】按钮 ,如图 5-16 所示。

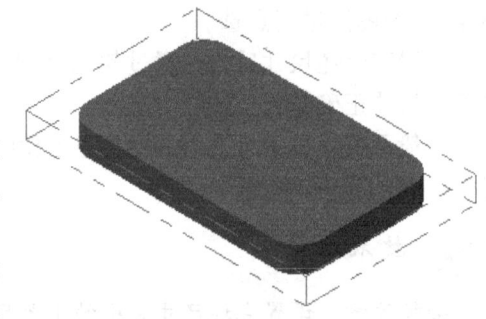

图 5-15 显示毛坯效果

用户可通过单击【操作管理器】右上方的三角形按钮▼，打开相关设置选项（如背景颜色与显示界面字体的大小等），如图 5-17 所示。

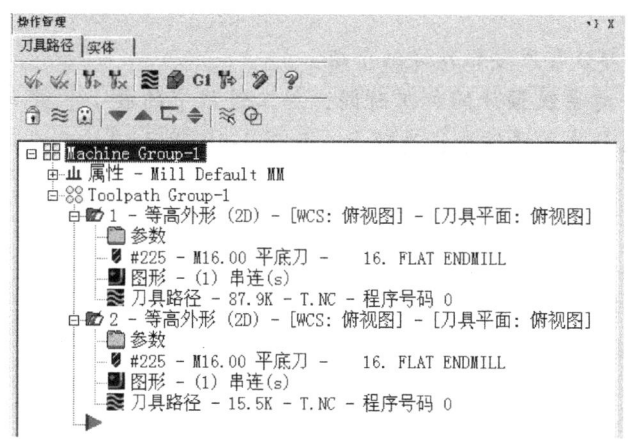

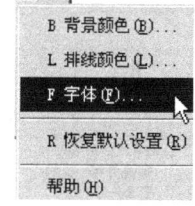

图 5-16　刀具路径操作面板　　　　　　　　图 5-17　操作面板设置选项

操作管理器中各按钮相对应的功能介绍见表 5-2。

表 5-2　操作管理器控制面板按钮功能

按　钮	功　能	按　钮	功　能
✓	选择所有的刀具路径	?	帮助
✗	取消所有被选择的刀具路径	🔒	切换已选择的锁定操作
▶	重新计算所有的刀具路径	≈	切换显示已选取刀具路径的操作
✗	重新计算所有失败的刀具路径	👻	切换已选择的后处理操作
≈	以刀具路径方式模拟加工	▼▲	向下（或向下）插入操作
◆	以实体验证的方式模拟加工	↪	在指定位置后插入
G1	后处理，导出加工程序	⇕	显示滚动窗口的插入箭头
▶	省时高效率加工	≋	单一显示已选取的刀具路径
✱	彻底删除所有操作群组与刀具	⊙	单一显示关联图形

1）刀具路径模拟。通过刀具路径模拟可以有针对性地重新显示所要模拟的刀具路径，并使刀具沿着刀具路径进行模拟切削，从而检查刀具路径的正确与否，提前发现问题，及时修改相关参数。

单击【选择所有的操作】按钮✓，单击【模拟已选择的操作】按钮≈，则系统同时打开【刀路模拟】、【刀具路径模拟播放工具条】和刀具路径显示窗口，如图 5-18 所示。

在【刀具路径模拟播放工具条】上单击【播放】按钮▶,即可进行刀具路径模拟。

 技术指导:

由于各按钮功能简单,这里只对部分常用按钮作详细介绍。

用户可在【刀路模拟】对话框查看系统预计的加工时间,加工过程中的最小、最大切削进给速度。在【刀路模拟】对话框上单击【信息】选项卡,如图 5-19 所示。

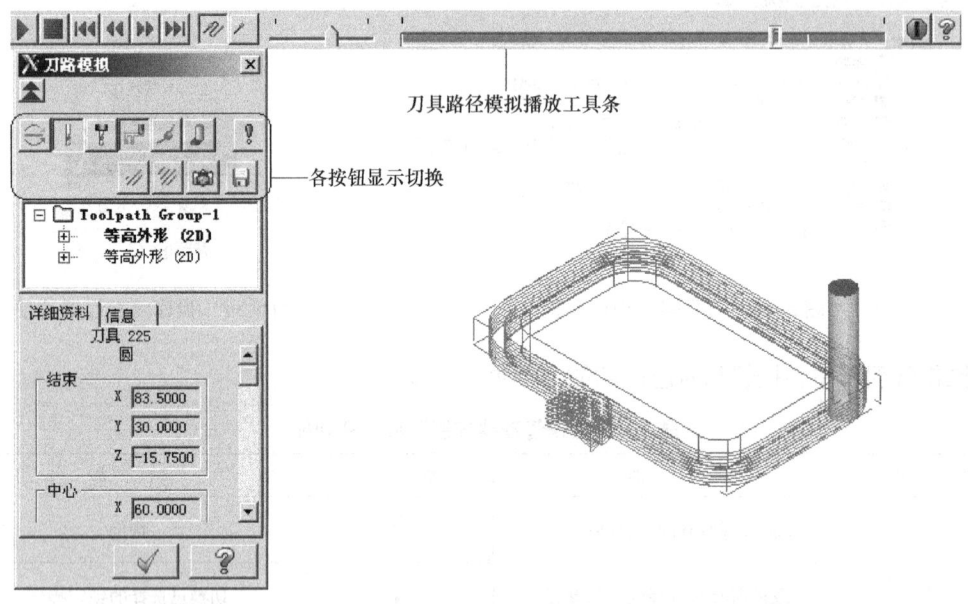

图 5-18 刀具路径模拟窗口

① 刀具路径模拟设置。用户可通过【选项】按钮对刀具路径模拟过程中的一些参数进行设置。

单击【选项】按钮,打开如图 5-20 所示的【刀具路径模拟选项】对话框,可设置仿真时刀具路径中的直线进给和圆弧进给轨迹采用不同的颜色等。

② 将刀具路径保存为图形。当需要对刀具路径进行深入的测量分析时,用户可将刀具路径以图形的形式进行保存。保存方法为:选择需要保存的刀具路径后,在【刀路模拟】对话框上单击【将刀具路径保存为图形】按钮,系统弹出【保存为图形】对话框,如图 5-21 所示,此时用户可指定【层别】进行保存。

2)实体加工模拟。除采用刀具路径模拟方式外,系统还提供了实体加工模拟,以察看刀具路径中是否存在刀具干涉、过切或欠切等现象,还可以将模拟后的工件以"STL"的格式进行保存。

图 5-19 信息选项卡

单击【选择所有的操作】按钮,单击【验证已选择的操作】按钮,系统弹出【验证】对话框,如图5-22a所示,单击【播放】按钮▶,结果如图5-22b所示。

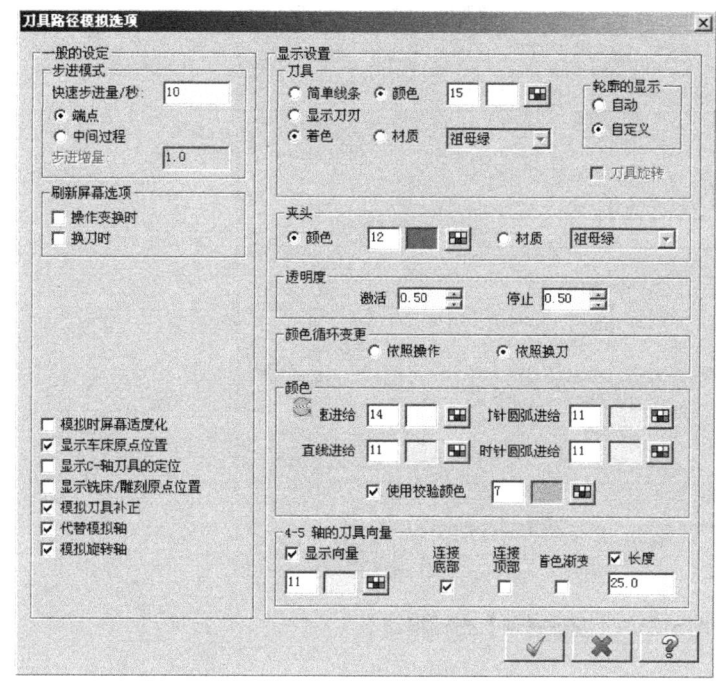

图5-20 【刀具路径模拟选项】对话框

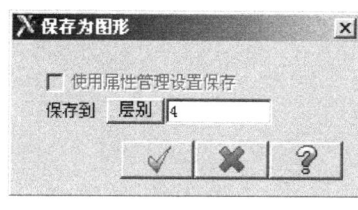

图5-21 【保存为图形】对话框

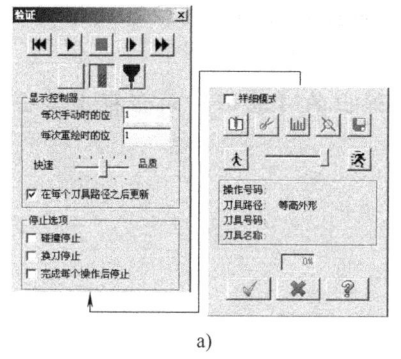

a)

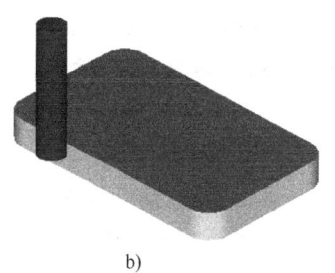

b)

图5-22 实体仿真模拟加工
a)【验证】对话框 b) 验证效果

 技术指导:

用户可通过【选项】按钮对实体加工模拟过程中的一些参数进行设置。

单击【选项】按钮,系统弹出【验证选项】对话框,如图5-23所示。通过该对话框用户可设置毛坯的形状、显示XYZ轴,以及毛坯、刀具,以及碰撞提示颜色等。

这里重点介绍如何调用STL格式文件进行模拟,以提高模拟效率的方法。在对复杂的零件进行模拟加工时,如将全部刀具路径都进行实体模拟验证往往很费时间,这时可将已完成部分模拟加工的工件进行保存。以便在进行下一步实体验证模拟时,直接调用已保存

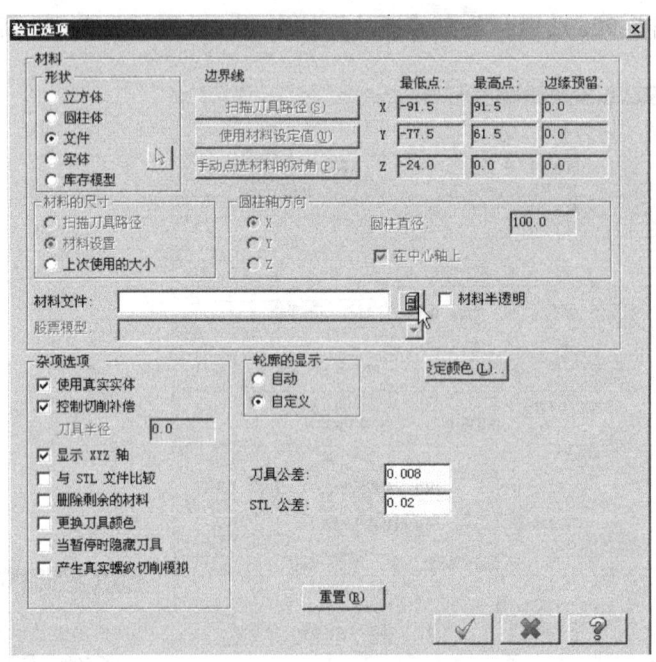

图5-23 【验证选项】对话框

的文件才开始模拟,从而有效地节省时间。下面介绍其操作方法:

打开随书光盘:素材\模块五 二维加工\任务1中的"液化气灶旋钮.MCX-5"文件按住Ctrl键,在【刀具路径】操作管理器中只选择如图5-24所示的步骤1、2刀具路径,只进行这两步刀具路径的模拟。

单击【验证已选择的操作】按钮,在系统弹出的【验证】对话框上单击【快速向前】按钮,结果如图5-25所示。

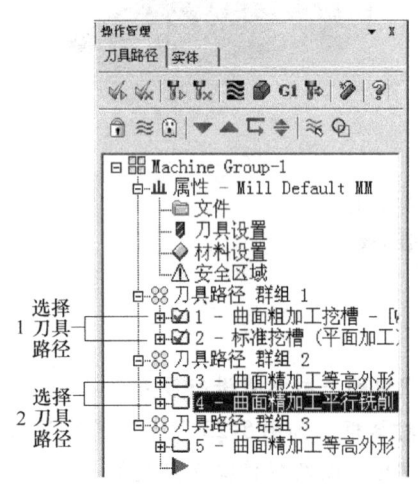

图5-24 选择模拟刀路

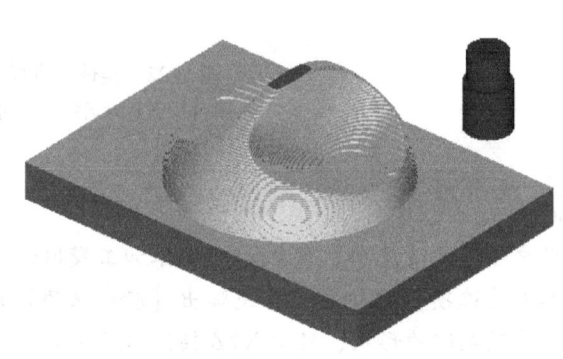

图5-25 模拟效果

在【验证】对话框上单击【保存】按钮,系统弹出【另存为】对话框,此时用户指定到所要保存的路径（这里保存路径为"素材\模块五 二维加工\任务1"），接受默认的文件名称。单击 ✓ 按钮，即可完成文件保存。再次在【验证】对话框上单击 ✓ 按钮，退出模拟模式。

继续在【刀具路径】操作管理器中选择如图 5-24 所示的步骤 3、4 刀具路径，单击【验证已选择的操作】按钮，在系统弹出的【验证】对话框上单击【选项】按钮。在系统弹出的【验证选项】对话框上的【形状】选项中单击【文件】选项，在【材料文件】选项上单击【浏览】按钮，如图 5-23 所示。系统弹出【打开】对话框，指定到原来保存文件的位置，这里为"素材\模块五 二维加工\任务1"中的"液化气灶旋钮.STL"文件。单击 ✓ 按钮，在【验证选项】对话框上单击 ✓ 按钮。

系统显示"液化气灶旋钮.STL"文件，如图 5-26a 所示。单击【播放】按钮 ▶，结果如图 5-26b 所示。

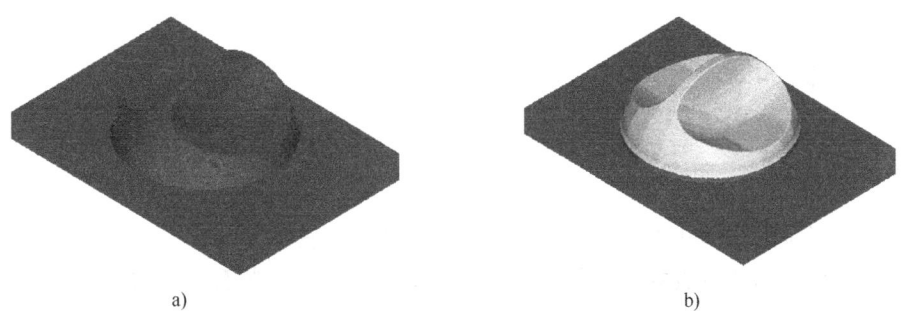

图 5-26　调用 STL 文件实体仿真模拟加工
a）液化气灶旋钮.STL　b）验证效果

任务实施

打开随书光盘：素材\模块五 二维加工\任务1 中的"垫片.MCX-5"文件，在【操作管理器】上打开【刀具路径】选项卡，单击【材料设置】选项，系统弹出【机械群组属性】对话框，在【材料设置】选项卡上以【矩形】/【形状】设置为"X210.0、Y110.0、Z10.0"，【素材原点】在"X0.0、Y0.0、Z0.0"位置，不勾选【显示】选项，单击 ✓ 按钮。

单击【选择所有的操作】按钮，单击【验证已选择的操作】按钮，系统弹出【验证】对话框，单击【播放】按钮 ▶，结果如图 5-27 所示。至此实体仿真模拟完成。

任务总结

本任务的难点在于如何正确理解模拟加工的用途。通过本任务的学习，读者应对 CAM 的通用设置有了一定的认识，对实体模拟仿真在 CAM 中的真正意义有了较深刻的理解。

提高练习

根据随书光盘：素材\模块五 二维加工\任务1 中的"TG5-1.MCX-5"文件进行模拟，如图 5-28 所示。要求在调用"调用仿真.STL"文件的环境下只选择第 4 步进行模拟。其中"调用仿真.STL"文件在随书光盘：素材\模块五 二维加工\任务1 中。

图 5-27　实体模拟仿真模拟效果　　　　图 5-28　TG5-1

任务 2　顶块加工

  任务目标

➢ 掌握外形铣削、钻孔加工与平面铣削刀路的创建方法。
➢ 较好地理解相关参数的意义与注意事项，对数控加工工艺有一定的理解。

  任务导入

根据随书光盘：素材\模块五　二维加工\任务 2 中的"顶块.MCX-5"文件，对顶块零件进行编程加工，其中图形具体尺寸如图 5-29 所示。

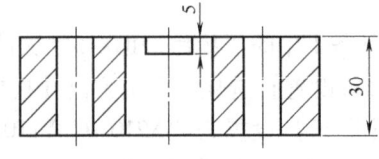
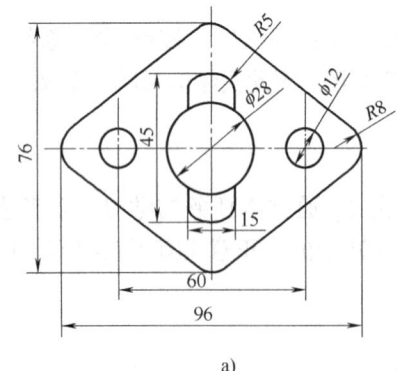

a)　　　　　　　　　　　　　　　　　　b)

图 5-29　顶块工程图
a) 二维图　b) 立体图

任务分析

该顶块外形为平行四边形,中心通孔直径为 28.0mm,上部凹槽深度为 5.0mm,两侧通孔直径为 12.0mm,顶块厚度为 30.0mm。结合零件特点加工时可先加工外形,接着进行钻孔与扩孔,最后进行凹槽加工。

 知识准备

1. 外形铣削

外形铣削是通过选择工件的外形轮廓线设定刀具路线,其切削深度固定不变,操作简单快捷。虽然简单,但是只要灵活应用,采用外形铣削刀路同样可以加工复杂的零件。外形轮廓线可以是封闭串连的曲线,也可以是一段或两段直线(圆弧、曲线等),在加工时可根据加工部位有所选择。

打开随书光盘:素材\模块五 二维加工\任务 2 中的"外形铣削.MCX-5"文件,如图 5-30a 所示。在菜单栏选择【机床类型】/【铣床】/【默认】选项,如图 5-30b 所示。在菜单栏选择【刀具路径】/【外形铣削】选项,如图 5-30c 所示,单击 ✓ 按钮。

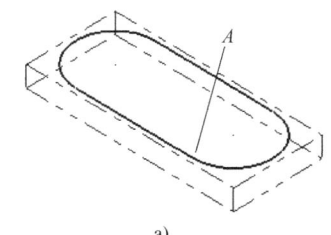 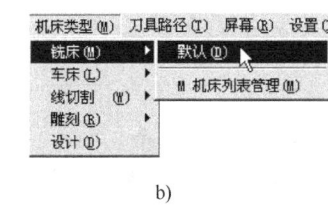 

a)　　　　　　　　　　　　　　b)　　　　　　　　　　　　　　c)

图 5-30　选择机床类型与刀路

a) 外形铣削.MCX-5　b) 选择机床类型　c) 选择外形铣削刀路

(1) 定义外形轮廓

系统弹出【输入新 NC 名称】对话框,接受默认的"外形铣削"名称,单击 ✓ 按钮。系统弹出【串连选项】对话框,在如图 5-30a 所示 A 点处选择轮廓,系统显示箭头方向,如图 5-31 所示。

 技术指导:

在创建外形铣削刀路时要特别注意箭头方向,因为箭头方向决定了刀具半径的补正方向。

(2) 刀具参数

在【串连选项】对话框上单击 ✓ 按钮,系统弹出【2D 刀具路径-等高外形】对话框,打开【刀具参数】选项卡,系统默认选择"10.FLAT ENDMILL"的平底刀。用户也可以在空白处单击右键,在弹出的快捷菜单中选择【新建刀具】选项创建刀具。设置【进给速率】为 1500.0mm/min,【下刀速率】为 800.0mm/min,【主轴转速】为 2000.0r/min,勾选【快速提刀】选项,如图 5-32 所示。

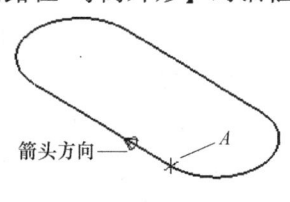

图 5-31　箭头方向

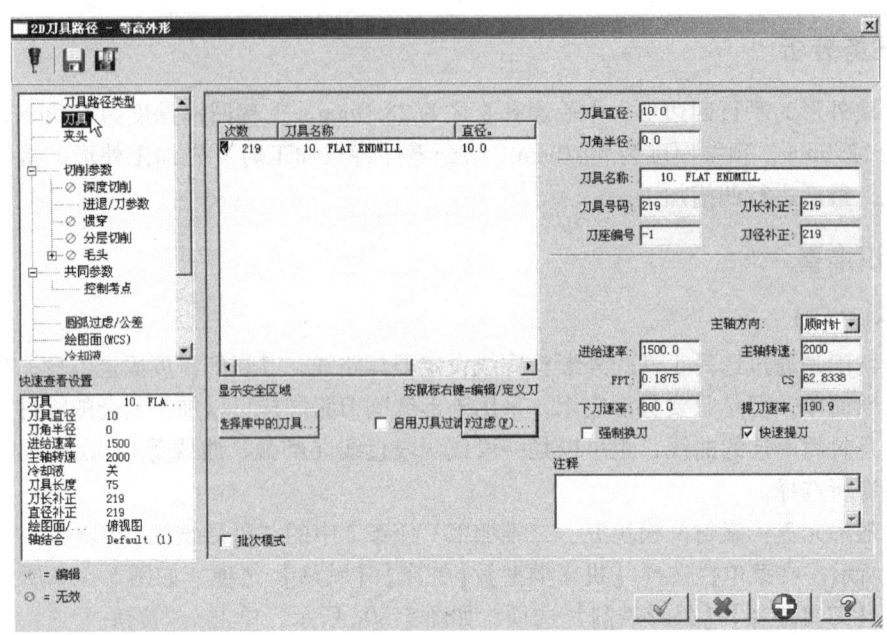

图 5-32 设置刀具参数

 技术指导：

一般情况下需设置的刀具参数有如下 5 个。
- 进给速率：指刀具在 X、Y 平面上的移动速率。
- 下刀速率：指刀具在 Z 方向的移动速率。
- 主轴方向：分为顺时针与逆时针方向。
- 主轴转速：指刀具的旋转速度。
- 提刀速率：指在切削加工完成后，刀具快速退回的速度。

以上参数在设置时需综合考虑机床、刀具和加工材料等因素，才能设置合理。

对于此类对话框相关参数的设置建议养成从左到右，从上到下的习惯，以避免漏选其他参数。

（3）夹头参数

打开【夹头】选项卡，如图 5-33 所示。夹头参数一般情况下不进行设置，设置时可在空白处单击右键，在弹出的快捷列表中选择【新建夹具】选项，然后设置相关参数。

 技术指导：

以上设置的刀具参数与夹头参数是创建刀具路径共有的参数。

（4）切削参数

打开【切削参数】选项卡，打开"切削参数"设置面板，参数设置如图 5-34 所示。

【切削参数】选项卡各参数介绍如下：

1）补正类型：在外形铣削加工中，刀具所走的轨迹并不是工件的轮廓，而是在原来轮廓的基础上偏置了一个补正量（亦称为刀具补偿），即刀具从所选取的加工轮廓边界上按指

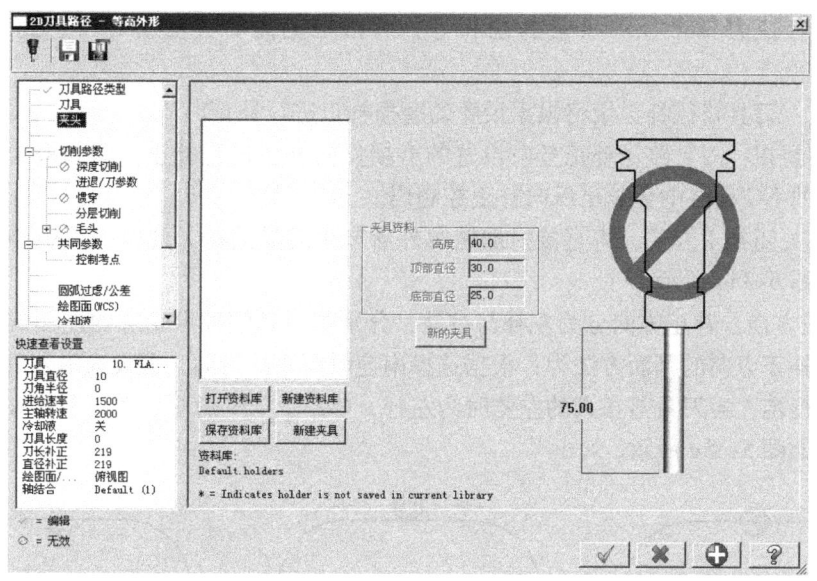

图 5-33　设置夹头参数

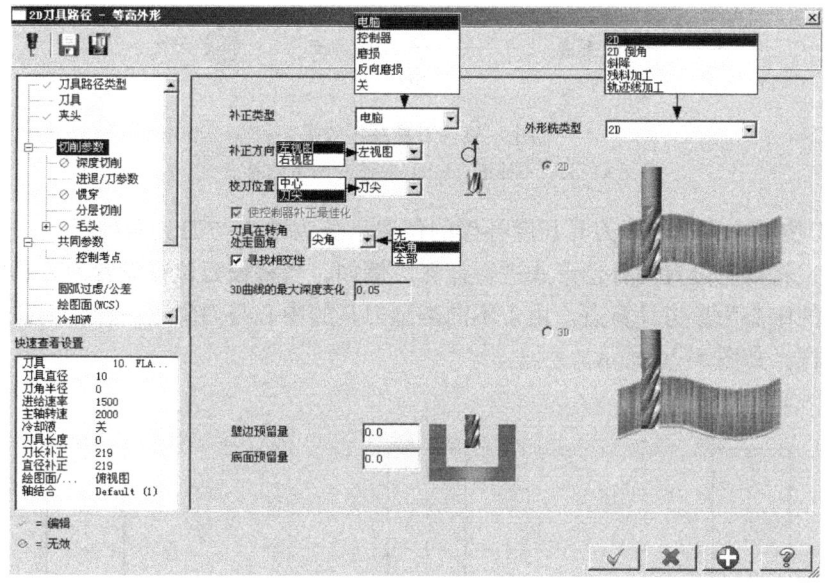

图 5-34　【切削参数】选项卡

定方向偏移了一定的距离，这个距离为补偿量。

Mastercam 系统提供了 5 种补正方式：

◆ 电脑补正：系统在计算刀具路径时，将刀具中心向指定的补正方向偏移与刀具半径相等的路径，直接根据刀具中心轨迹进产生刀具路径，产生的 NC 程序中不包含刀具补正指令（G41、G42）。

◆ 控制器：系统在计算刀具路径时，将按照零件外形进行编程，产生的 NC 程序中包含了刀具半径补偿指令（G41、G42）。加工时，需先在机床上设定补偿量，补偿量可为刀具半径或刀具半径与余量的总和等，可以根据需要灵活设置，达到粗、精加工的效果。

◆ 磨损：刀具路径补正量将根据设置的磨损补正进行补正。

◆ 反向磨损：刀具路径补正量由设置的磨损反向补正进行补正，即如果采用磨损左补正，则产生的 NC 程序中会输出反向补正控制码。

◆ 关：关闭补正方式，将直接根据轮廓外形产生刀具路径，此时刀具中心与外形轮廓线重合，如图 5-35a 所示。

2）补正方向：补正方向分为左补与右补，分别指刀具朝外形轮廓的左侧或右侧偏移一个补偿量。补正方向的判断方法为：根据选择串连时箭头的指向，假设人沿着外形轮廓朝箭头指示方向行走，当刀具落在人的左侧时为左补，如图 5-35b 所示；若刀具落在人的右侧时则为右补，如图 5-35c 所示。

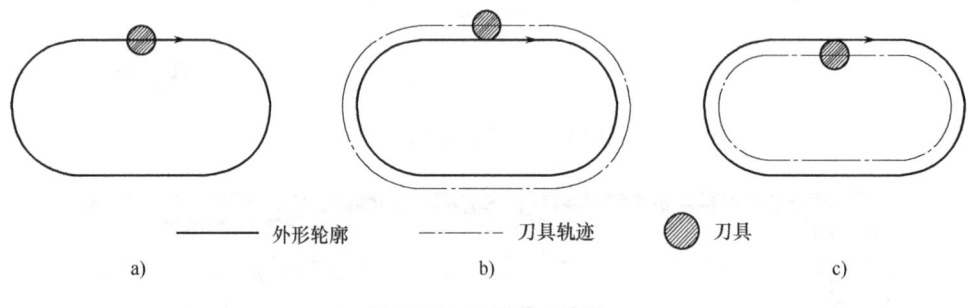

图 5-35　刀具补正效果
a）关（不补正）　b）左补正　c）右补正

3）校刀位置：用于设置刀具长度补偿的位置，分为中心与刀尖两种形式。系统在生成刀具路径时，将以所设置的补偿形式进行计算，例如，当将校刀位置设置为刀具中心时，系统将以刀具的中心为参考计算点。由于不同类型刀具的中心与刀尖不一样，因此产生的刀具路径也不一样，如图 5-36 所示。

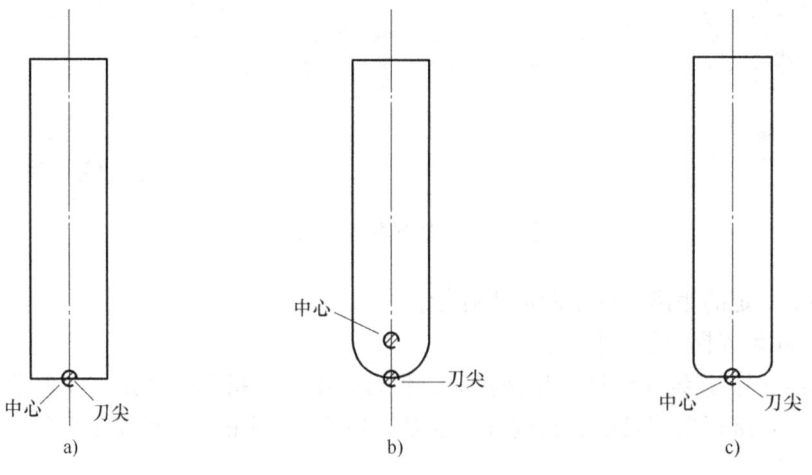

图 5-36　中心与刀尖位置
a）平底刀　b）球刀　c）圆鼻刀

技术指导：

从图 5-36 所示可知，校刀位置的设置对于平底刀与圆鼻刀没有影响，而对圆角刀或球刀会有不同的效果。为避免发生过切现象，建议采用刀尖补正方式。

4）转角处理：在转角位置处，特别是对于较小的转角，由于机床的运动方向突然改变，切削力也会发生很大的变化，对机床与刀具都不利，此时可以在转角处进行圆角过渡处理。系统提供了 3 种过渡形式。

① 无：所有尖角直接过渡，不采用圆角处理，如图 5-37a 所示。

② 尖角：只在夹角小于 135°的尖角处采用圆弧过渡，如图 5-37b 所示。

③ 全部：在所有的转角处采用圆弧过渡，如图 5-37c 所示。

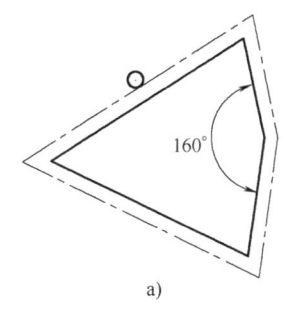 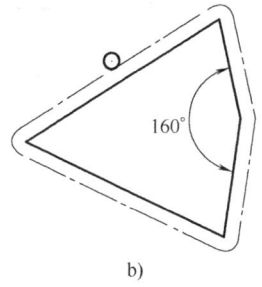 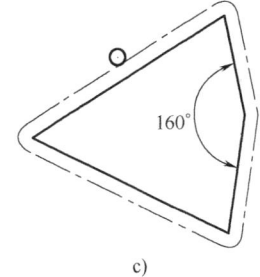

图 5-37 转角处理效果
a）无 b）尖角 c）全部

5）加工余量：在实际加工中，一般将加工为分粗加工、精加工，以及半精加工，以取得好的加工精度。在外形铣削刀路中，加工余量为分 XY 方向与 Z 方向的余量。

① 壁边预留量：为 XY 方向的预留量，该值表示的是刀具移动切削时，形成的轮廓与加工轮廓边界之间的距离。该值有正负之分，当设置为正值时，对于凸模零件，加工后外形变大，而对于凹模零件，则加工后外形变小。若为负值时，则反之。粗加工时，一般需留一定的加工余量，如 0.25～0.5mm。精加工时可设置为 0.0mm。

 技术指导：

采用外形铣削刀路加工配合件时，常常根据配合公差的大小，将凸凹模的加工余量统一设置成负值，以在配合公差的范围内达到凸模变小，凹模变大的效果。

② 底面预留量：为 Z 方向的预留量。

6）外形铣削类型：Mastercam 针对 2D 与 3D 的外形轮廓提供了不同的铣削类型。

① 2D：2D 加工是最常用的类型，在进行二维外形铣削加工时，整个刀具路径的铣削深度相同。刀路效果如图 5-38 所示，这里将外形轮廓分成两层进行加工，刀具在同一加工深度将第一层加工完毕后才进行第二深度层的加工。

② 2D 倒角：用于加工倒角等，需结合成形刀具进行加工。倒角的角度由倒角刀决定，宽度则可以通过如图 5-39 所示的对话框进行设置。

③ 斜降式下刀：在执行此类型刀路时，刀具在 XY 方向进给，刀具 Z 方向的加工深度亦发生变化，如可根据 Z 加工深度指定的角度或深度而变化。下刀方式有如下 3 种。

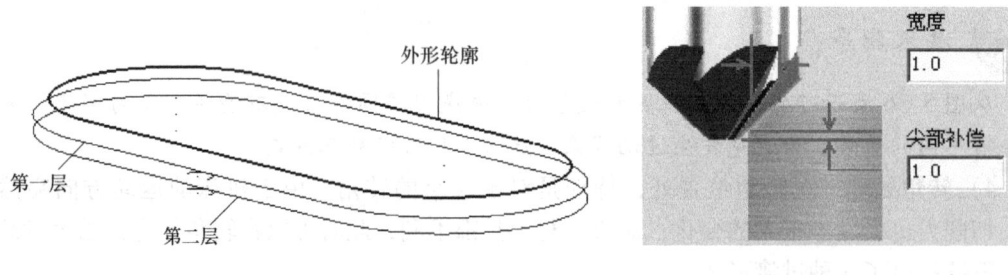

图 5-38　2D 刀路效果　　　　　图 5-39　倒角宽度与尖部补偿设置

◆"角度"方式：指刀具沿设定的倾斜角度加工到最终深度，参数面板与刀路效果如图 5-40 所示。

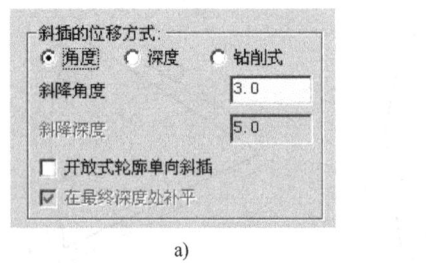
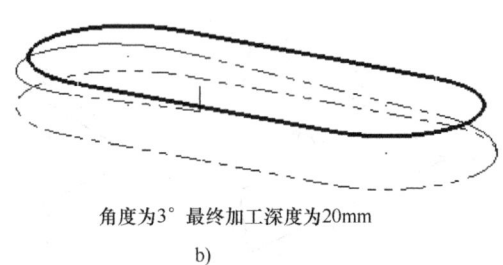

a)　　　　　　　　　　　　　　　　b)

图 5-40　角度方式
a) 参数面板　b) 刀路效果

◆"深度"方式：指刀具在 XY 方向移动的同时，进刀深度逐渐增加到设定的深度，若设定的深度值比最终深度值小，则当进刀加工到设定深度后将继续循环，直到最终深度，参数面板与刀路效果如图 5-41 所示。

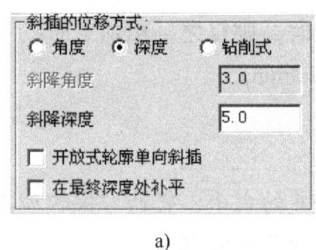
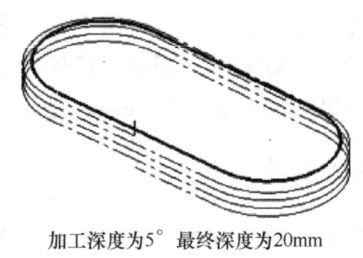

a)　　　　　　　　　　　　　　　　b)

图 5-41　深度方式
a) 参数面板　b) 刀路效果

 技术指导：

结合图 5-41b 所示可知，刀具路径在最终深度并没有进行平整加工，此时可勾选【在最终深度处补平】选项进行补平加工，如图 5-41a 所示。

◆"钻削式"方式：指刀具垂直下刀到指定深度，要求刀具具有较好的刚性，参数面板与刀路效果如图 5-42 所示。

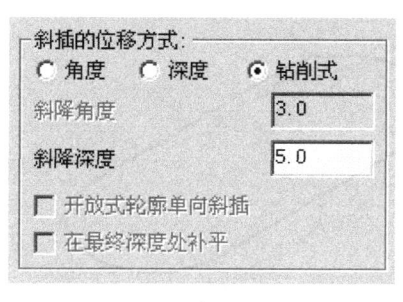 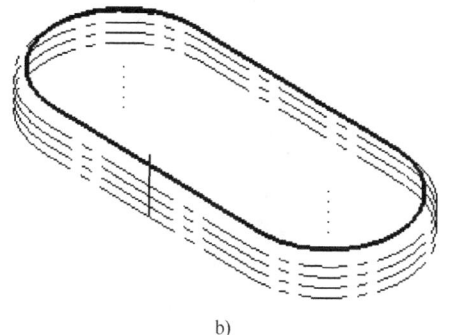

a)   b)

图 5-42 钻削方式
a) 参数面板   b) 刀路效果

④ 残料加工：为提高加工效率，当加工余量较大时，可采用大直径的刀具和大进给量进行加工，因此在一些小的转角处会留下不能被铣削的余量，此时可采用残料加工功能进行补加工，参数面板与刀路效果如图 5-43 所示。

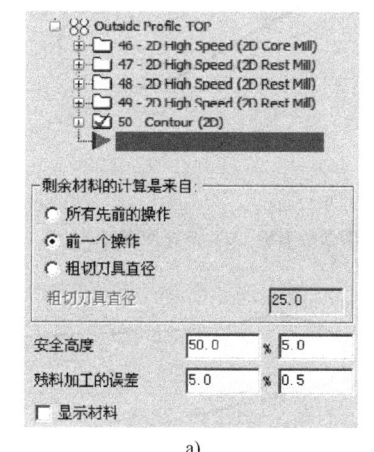 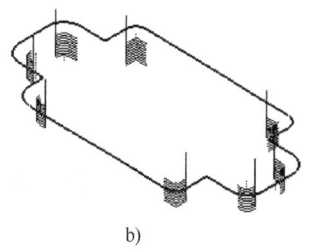

a)   b)

图 5-43 残料加工
a) 参数面板   b) 刀路效果

 技术指导：

系统提供了 3 种剩余材料的计算方式：一是根据所有先前的操作，二是根据前一个操作，三是根据粗切刀具直径的大小。

⑤ 轨迹线加工：按照指定的轨迹线以折线形或波浪形的形式进行加工。系统提供了两种方式，分别为线性（参数面板与刀路效果如图 5-44a、b 所示）与高速回圈（参数面板与刀路效果如图 5-44c、d 所示）。

⑥ 3D 外形：适用于三维空间曲线的外形轮廓加工。其设置参数与 2D 外形轮廓加工基本相似，加工的深度由 3D 外形曲线决定。当选择的外形轮廓为 3D 曲线类型时，系统会自动进行 3D 外形轮廓加工模式。3D 外形加工类型有如下 2 种。

◆ 3D：指根据 3D 外形进行加工，刀路效果如图 5-45 所示。

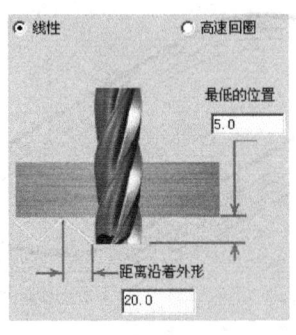
a)

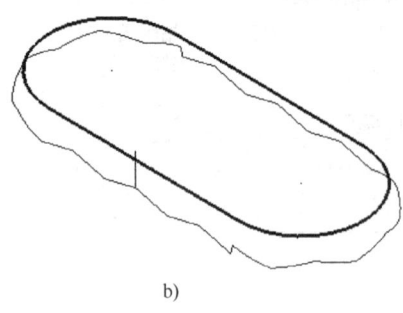
b)

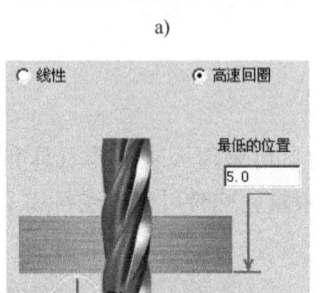
c)

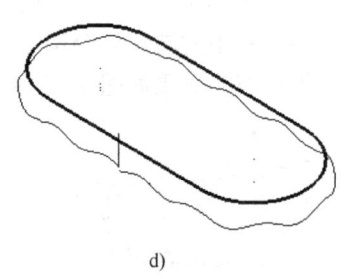
d)

图 5-44 轨迹线加工

a）线性参数面板 b）线性刀路效果 c）高速回圈参数面板 d）高速回圈刀路效果

◆ 3D 倒角：该方式与 2D 倒角一样，这里不再详述。

7）寻找相交性：用于检测所选取加工的外形是否存在相交，若存在相交，则系统自动调整刀具路径，在交点后的图形将不产生刀具路径，以防止表面损坏。

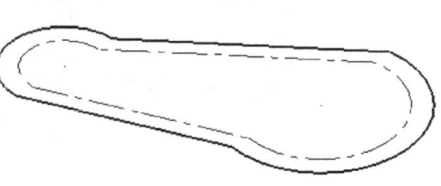

图 5-45 3D 刀具路径效果

（5）深度切削参数

Z 方向分层铣削是指在 Z 轴方向刀具路径相邻两层之间的距离，根据切削深度的不同分为粗铣与精铣。一般用于铣削的厚度比较大，刀具无法一次加工至最后深度的情况。

打开【深度切削】选项卡，勾选【深度切削】选项，相关参数设置如图 5-46 所示。

1）最大粗切步进量：指在 Z 方向最大的切削深度，即每次刀具加工的厚度（也称背吃刀量）。在设置深度时，要综合考虑切削时所用的刀具、材料、切削速率和机床刚性等，当该值大时，加工效率高。一般情况下，粗加工时切削速率大，则最大粗切步进量小，反之最大粗切步进量大。

2）精修次数：在 Z 方向精加工的次数。

3）精修量：在 Z 方向精加工时，刀具切削的厚度。一般该值较小，目的是为了取得均匀的余量，以备在后续精加工时获得好的加工质量。该参数与底面预留量不同，底面预留量指的是加工余量。结合本例参数设置生成刀路效果如图 5-47 所示。

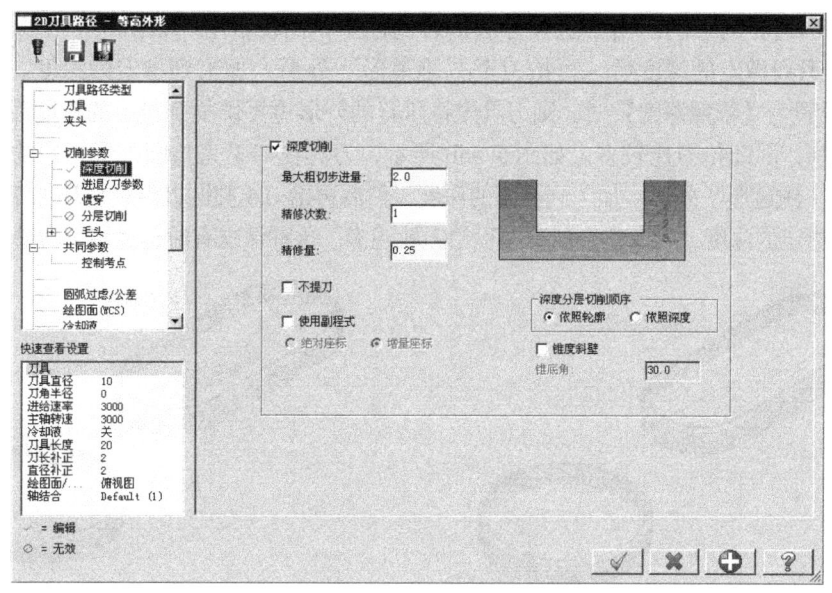

图 5-46 深度切削选项卡

 技术指导：

在切削过程中，总切削量为：总切削量＝总的切削深度－Z 方向的预留量。总的切削次数为：总的切削次数＝（总切削量－Z 方向精修量×精修次数）/最大粗切步进量，商取整数。

如图 5-47 所示，在加工时设置总切削量为 20.00mm，Z 方向精修量为 0.5mm，次数为 1，Z 方向余量为 0.25mm，因此总的切削量为：20.00mm－0.25mm＝19.75mm。

总的粗切削次数为：（19.75－0.5×1）/10＝1.925≈2，即两次。

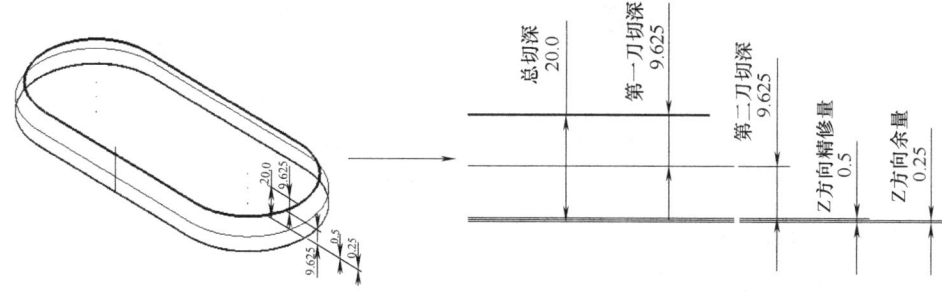

图 5-47 切削深度与次数效果示意

4）不提刀：指在每一深度层切削完毕后，刀具是否回退到下刀点的位置，一般推荐勾选，以免去刀具回退的过程，提高效率。

5）使用副程式：用于设置在进行后处理操作时是否生成子程序，生成子程序的 G 代码可设置为绝对方式或相对方式。

6）深度分层切削的顺序：适用于当加工的外形有两个或两个以上时，用于设置刀具深度切削的顺序。

① 当设置为【依照轮廓】时，则刀具先在一个外形边界铣削到设定的切削深度后才进

行下一个外形边界的切削。由于这种方法抬刀比较少，比较常用。如图 5-48a 所示，刀具在加工整圆外形到指定的深度后，再抬刀至"跑道形"外形，加工到指定的深度。

② 当设置为【依照深度】时，则刀具先将所有的外形边界铣削到设定的深度后才进行下一个深度的铣削，因此抬刀比较多。如图 5-48b 所示，刀具在加工完整圆外形指定的一个深度值后，抬刀至"跑道形"外形，加工到相同的深度，然后再抬刀至整圆处继续循环加工，直至两个外形加工到指定的深度，所以整个加工过程抬刀轨迹多。这种情况有时也适用于薄壁件的加工。

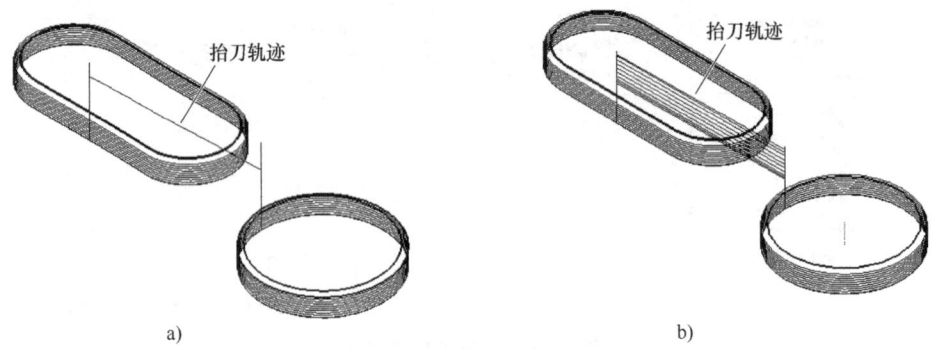

图 5-48 不同"深度分层切削的顺序"效果对比
a)"依照轮廓"选项效果 b)"依照深度"选项效果

7）锥度斜壁：用于加工具有拔模斜度轮廓的零件，如图 5-49 所示。

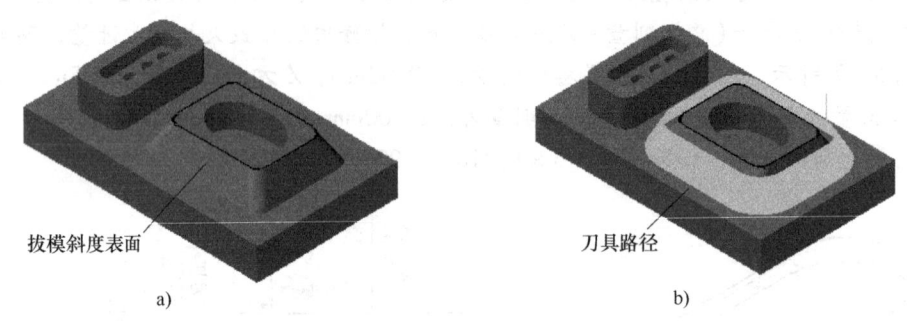

图 5-49 "锥度斜壁"加工示例
a) 零件外形 b) 效果

（6）进/退刀向量设定

加工时，如果直接在工件的上表面进刀，往往容易发生撞刀或在工件进、退刀的位置因刀具受的切削力突然变大而导致产生刀痕，破坏零件的表面质量。因此一般要求加工时在刀具路径的起点与终点位置采用一段直线或圆弧平滑过渡的刀具路径轨迹。下面将介绍常用的进、退刀设置方法。

直线与圆弧组合进/退刀：实际应用中，常采用直线与圆弧相切连接过渡到外形轮廓的起点作为进刀过渡段和退刀过渡段。

打开【进退/刀参数】选项卡，相关选项如图 5-50 所示。选择【相切】选项，设置【长度】为 50%（该百分比表示刀具路径的百分比，如这里 50% 表示长度为 10mm × 50% = 5.0mm），【圆弧】/【半径】为 50%，【扫描（角度）】为 90.0°，单击按钮，即将进退刀参数设为一致。

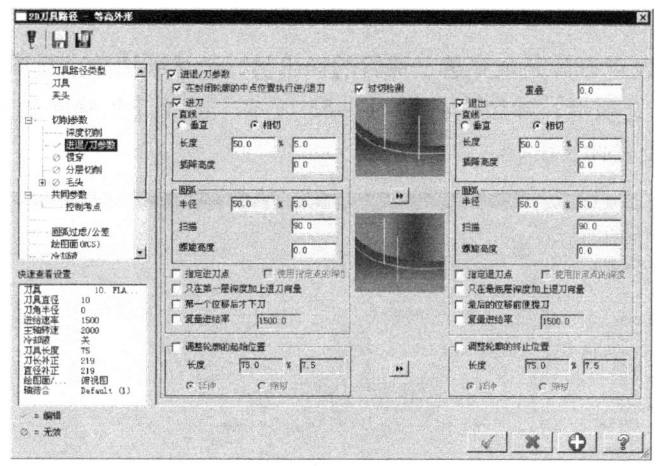

图 5-50 进退刀参数选项卡

生成的进退刀具路径效果如图 5-51 所示。

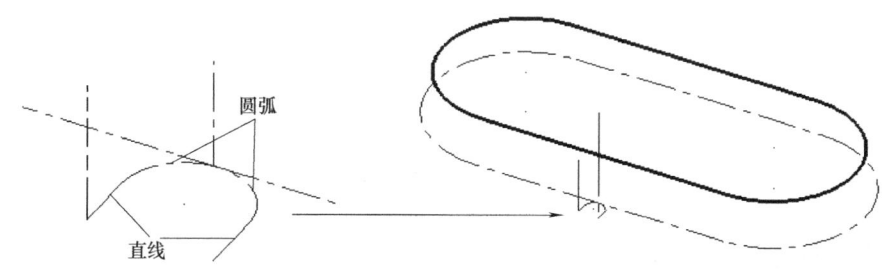

图 5-51 直线与圆弧组合进退刀效果

 技术指导：

设置直线与圆弧过渡时，需考虑进刀位置的空间大小，如果进刀位置所处的空间比较窄，应将长度尽量减小或只采用圆弧过渡的方式。一般情况下不宜设置得太大，否则将增加走刀的时间，影响加工效率。

刀具在进退刀过渡段的速度为【进给速率】的速率，而不是快速走刀，有时也会利用这个特点起到扩大切削范围的效果。如图 5-52a 所示，需通过图中的直线加工一凹槽，显然这条直线的长度并没有与凹槽等长或超过凹槽的长度。这时可通过只增加直线相切过渡的方式设置进退刀，达到扩大加工范围的效果（相当于延长外形直线），刀路效果如图 5-52b 所示。

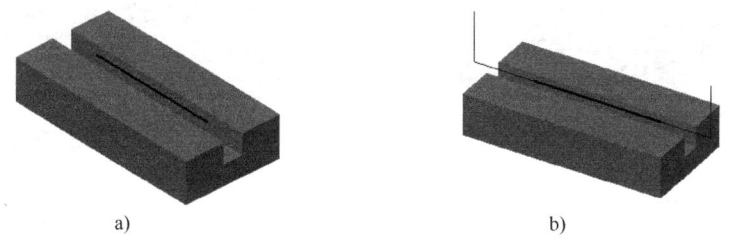

图 5-52 扩大加工范围
a) 加工凹槽　b) 刀路延长效果

(7) 贯穿设置

贯穿设置用于设置刀具完全穿透工件后的伸出量，以达到清除余量或切断工件的效果。

打开【贯穿】选项卡，参数面板如图 5-53 所示。选择【贯穿参数】选项，通过设置【贯穿距离】即可设置伸长量。

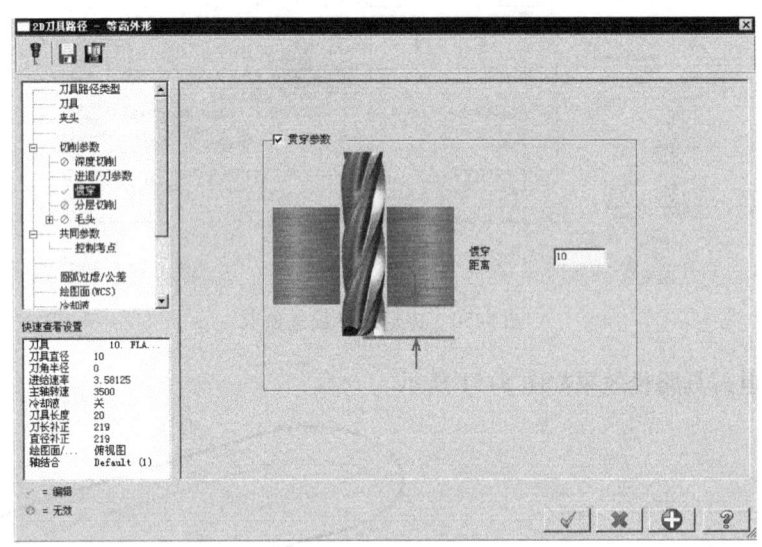

图 5-53　贯穿参数设置

(8) XY 方向分层切削

XY 方向分层切削是指在 XY 轴方向将刀具路径进行分层加工，主要用于工件外形材料较多，刀具无法一次将余量清除的情况。

本例不进行分层切削参数设置。

 技术指导：

下面将结合新的例子介绍分层切削的具体用法。打开随书光盘：素材 \ 模块五　二维加工 \ 任务 2 中的"XY 分层切削.MCX-5"文件，如图 5-54a 所示。图 5-54b 所示为没有进行【分层切削】设置模拟加工的效果，显然需增加切削才能将余量清除。

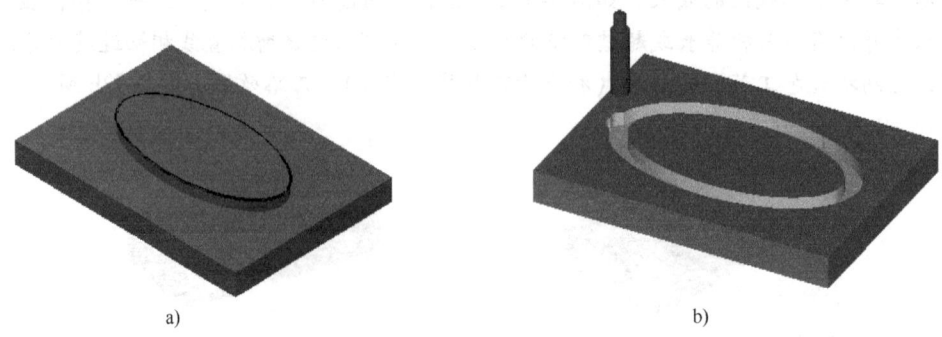

a)　　　　　　　　　　　　　　　　　b)

图 5-54　XY 方向分层切削

a) XY 分层切削.MCX-5　b) 没有分层设置效果

在【操作管理器】/【刀具路径】选项卡单击【参数】选项,在系统弹出的【2D 刀具路径-等高外形】对话框上单击【分层切削】选项,参数设置如图 5-55 所示。

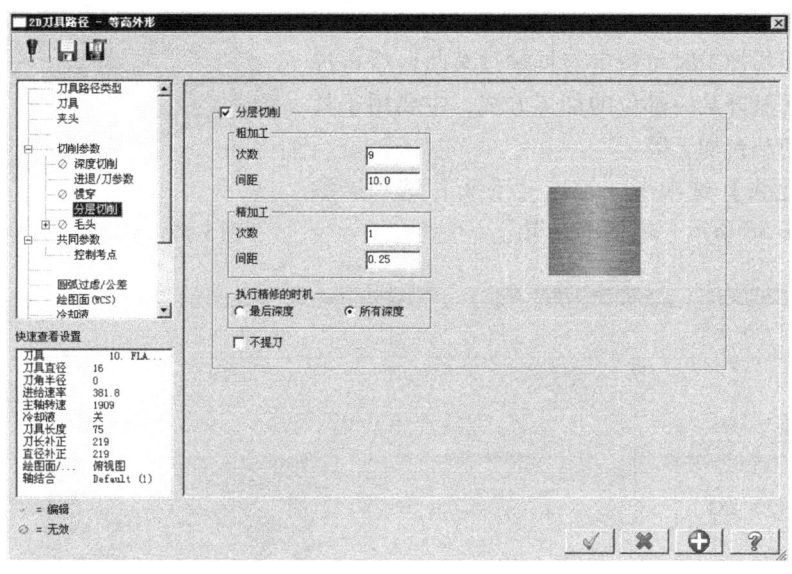

图 5-55　XY 方向分层切削选项卡

结合图 5-55,各选项介绍如下。

1)【粗加工】选项:用于设置粗加工时外形轮廓加工的次数与间距。其中,【次数】选项用于设置沿外形轮廓加工的次数,相当于外形轮廓偏移的次数。【间距】选项用于设置偏移距离,由刀具直径决定,粗加工时为提高效率,该值一般为刀具直径的 60%～80%。

2)【精加工】选项:用于设置精加工时外形轮廓加工的次数与间距。其中,【次数】选项用于设置精加工时沿外形轮廓加工的次数。【间距】选项用于设置精加工外形轮廓偏移的距离。为了获得好的表面质量,该值一般较小,如为 0.2～0.5mm。

3)【执行精修的时机】:用于设置在加工至【最后深度】才进行精修加工,还是在【所有深度】都进行精修加工(即每加工完一层深度后接着进行精加工)。

单击 ✓ 按钮,单击 重新计算刀路,生成刀具路径轨迹效果如图 5-56 所示。

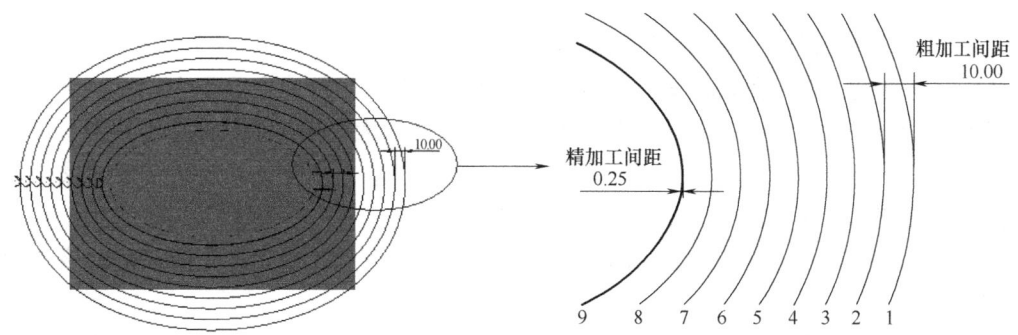

图 5-56　刀具路径轨迹与参数对应图

单击 ![按钮] 按钮进行实体验证模拟,结果如图 5-57 所示。

(9) 跳跃切削

跳跃切削指加工时可指定刀具跳过某凸台后再进行加工,从而避开某一部位的加工方式,主要用于具有特殊要求的凸台加工等。

打开【毛头】选项卡,勾选【毛头】选项,参数面板如图 5-58 所示,本例不设置。

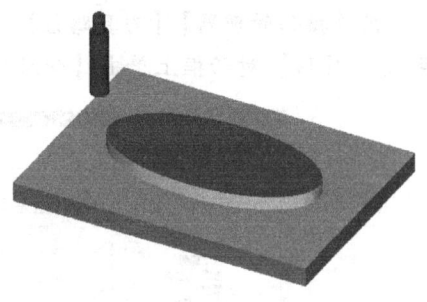

图 5-57　XY 方向分层后的结果

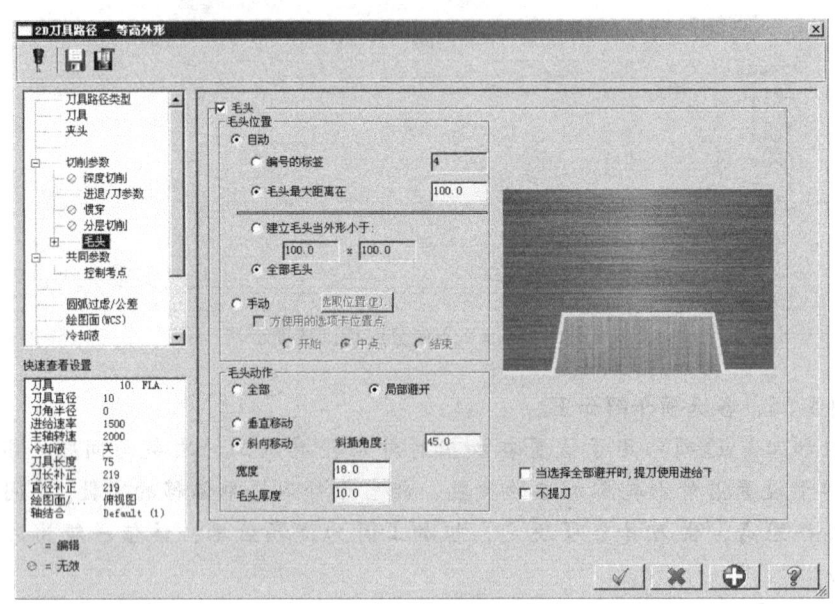

图 5-58　毛头选项卡

(10) 高度设置

在 Mastercam 中所有的铣削加工均需进行高度参数设置。高度参数包括安全高度、参考高度、进给下刀位置、工件表面和加工深度。这些参数的设置可采用绝对坐标方式或相对坐标方式进行。

打开【共同参数】选项卡,参数设置如图 5-59 所示。

1) 安全高度:刀具在此高度上可以任意移动而不会与工件或夹具发生碰撞。该高度一般不低于工件与夹具的最高点,在实际编程中不宜设得太大,因为刀具经常退回到所设置的高度才进行下一步的切削,比较浪费时间,可以通过勾选【只有在开始及结束的操作才使用安全高度】选项,以减少刀具的回退时间。

2) 参考高度:刀具在 Z 方向切削完后,进行下一深度加工前所回退的高度。该高度一般比安全高度小。

3) 进给下刀位置:刀具在安全高度或回退高度,由 G00 的速度变为【下刀速率】的平面高度。设置这个高度的目的是为了避免刀具直接快速切入工件,该值一般为 1.0~5.0mm。

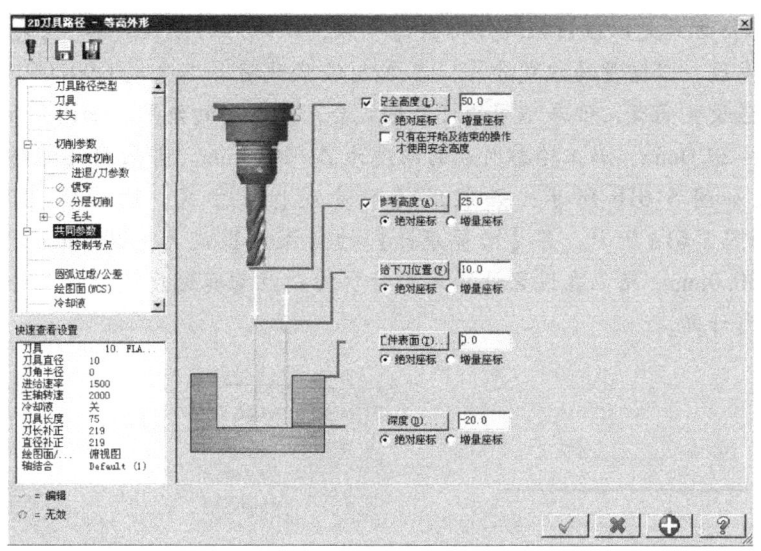

图 5-59　共同参数选项卡

4）工件表面：加工毛坯顶面在 Z 轴方向的高度。一般情况下取决于所要加工毛坯上表面的高度，即这个高度可以是 Z0.0mm 点的位置，也可以不是 Z0.0mm 点的位置。

5）深度：指刀具加工的最后深度。

 技术指导：

结合图 5-59 所设置的共同参数生成刀具路径轨迹效果如图 5-60 所示。刀具在加工前先在 50.00mm 的安全高度定位，然后以 G00 的速度快速下降到 10.00mm 的进给下刀位置，接着以 800.00mm/min 的速度到第一层（-10.00mm）的加工深度（这里将总的 20.00mm 加工深度分为两层进行加工），以 1500.00mm/min 的速度加工完第一层后，刀具以 G00 的速度回退到 25.00mm 的参考高度，然后以 800.00mm/min 的速度移动到第二层（-20.00mm）的加工深度，接着以 1500.00mm/min 的速度加工完第二层后，刀具以 G00 的速度回退到 50.00mm 的安全高度。

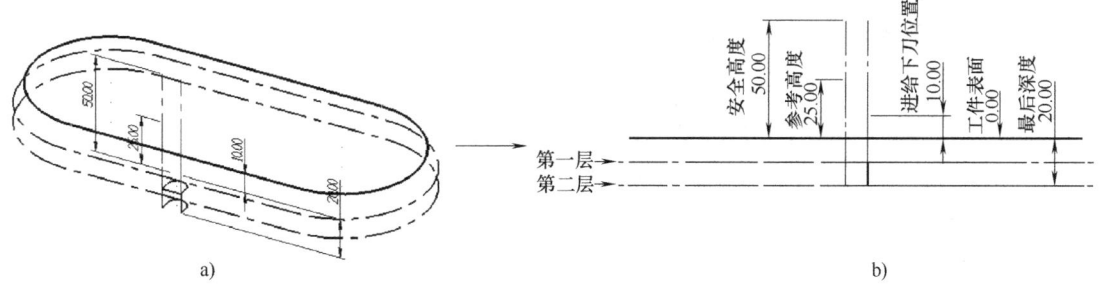

图 5-60　高度设置效果示意图

实际应用中，当需在某一深度上进行精加工时，可将【工件表面】与【深度】设为同一个数值，即相当于在同一个平面上加工，在 Z 方向上没有余量。

【绝对座标】方式是以当前系统座标系为参照，以绝对的方式计算。【增量座标】方式是以当前点为参照，以增量的方式计算，在生成 G 代码时并不生成 G90/G91 指令，因为虽然采用相同数值设置高度，但是不同的计算方式会产生不同的效果。如图 5-61a 所示，最终加工深度为：-20.0mm，加工轮廓所在的深度为 Z-10.0mm。若采用【绝对座标】方式则深度参数设置如图 5-61b 所示；若采用【增量座标】方式，则应将【深度】设置为 -10.0mm，如图 5-61c 所示。若【增量座标】的【深度】设为 -20.0mm，则最终的绝对加工深度为 -30.0mm，所以在设置计算方式时要特别注意其深度是以加工轮廓所在的深度为参考零点进行计算。

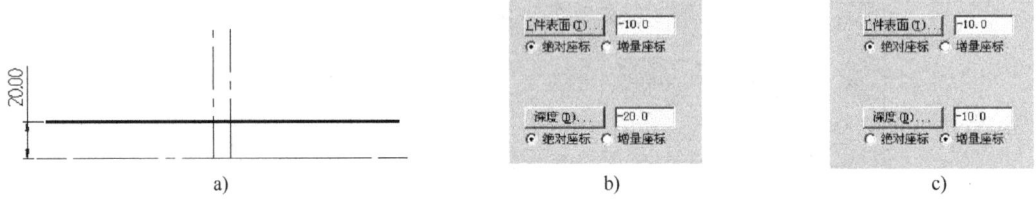

图 5-61　不同方式相同效果示意图
a）绝对座标方式　b）效果　c）相对座标方式

（11）过滤设置

过滤设置是指在进行刀具路径计算时，将共线的点和不必要的刀具路径进行优化，缩短 NCI 文件。

打开【圆弧过滤/公差】选项卡，参数面板如图 5-62 所示。

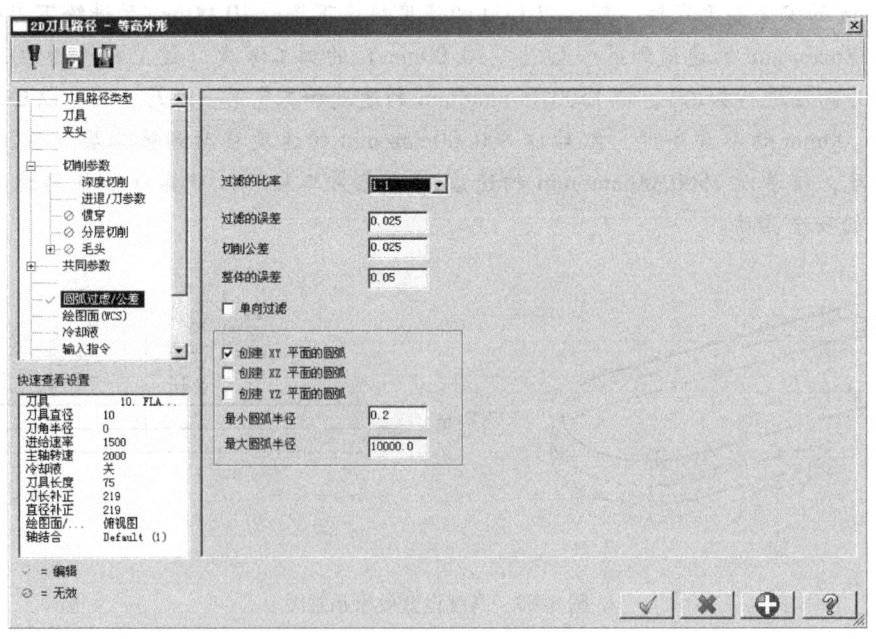

图 5-62　圆弧过滤/公差选项卡

切削公差：当刀具路径中的某点与直线或圆弧的距离小于该值时，系统将自动删除到该点的移动。其中，当刀具路径中的圆弧半径小于【最小圆弧半径】或大于【最大圆弧半径】时，系统将以直线代替圆弧进行移动。

（12）刀具/构图面

刀具/构图面用于设置刀具加工时所在的平面，该平面与刀具的轴线方向垂直，以限制生成刀具路径所在的平面。

打开【绘图面】选项卡，设置平面如图 5-63 所示。

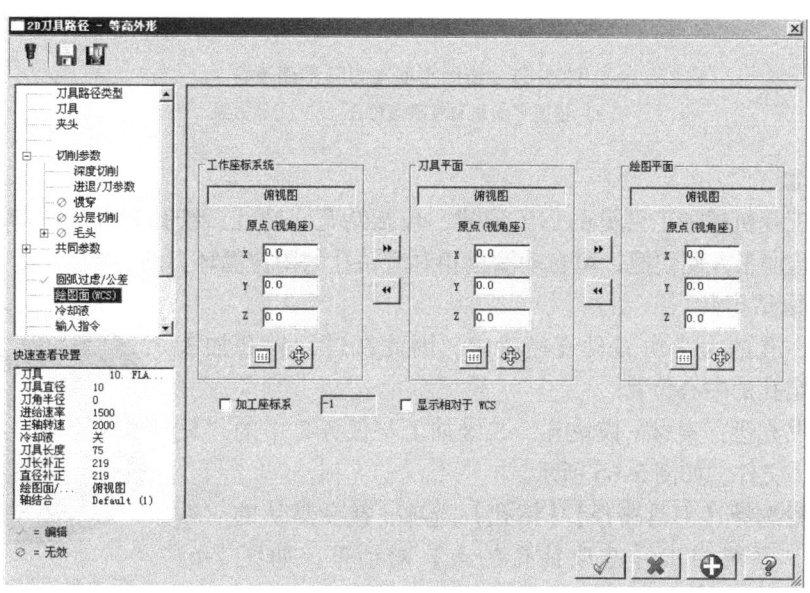

图 5-63　刀具/构图面选项卡

如果绘图平面与刀具平面不重合，如图 5-64a 所示，将不能生成正确的刀具路径，如图 5-64b 所示。

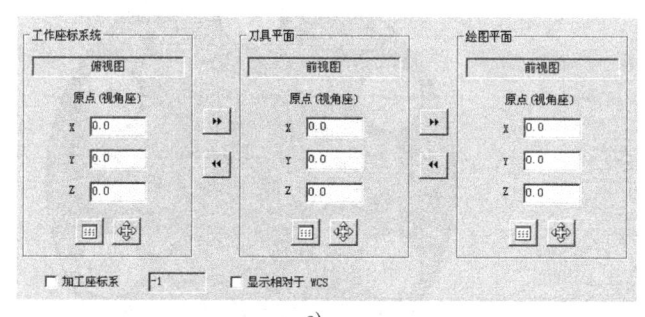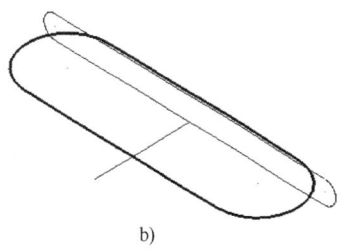

图 5-64　绘图平面与刀具平面不重合
a）绘图平面与刀具平面不重合　b）刀具效果

此时只要将绘图平面与刀具平面设置为重合即可，通过单击 按钮将全部视图设为统一或单击【视角选择】按钮 打开【视角选择】对话框进行选择，如图 5-65a 所示。更改后的刀路效果如图 5-65b 所示。

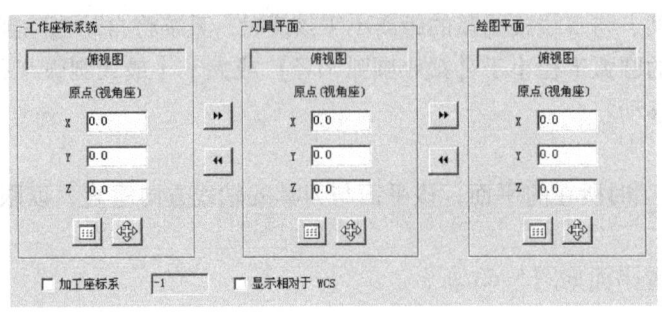
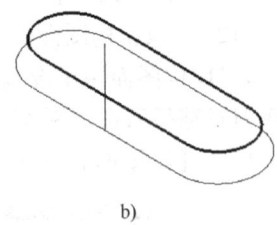

a)

b)

图 5-65 绘图平面与刀具平面重合

a) 绘图平面与刀具平面重合　b) 刀路效果

2. 钻孔加工

钻孔加工是机械加工常见的加工形式,包括钻孔、镗孔、绞孔和攻螺纹等。采用 Mastercam 进行孔加工方便快捷,可自动输出相对应钻孔的固定循环刀路指令。

(1) 选取钻孔点

钻孔时,孔的大小由刀具直径决定,因此在进行钻孔加工时,需先确定孔的中心位置。

打开随书光盘:素材\模块五　二维加工\任务 2 中的"钻孔.MCX-5"文件,如图 5-66 所示。

在菜单栏选择【刀具路径】/【钻孔】选项,接受默认的"钻孔"新名称,系统弹出【选取钻孔的点】对话框,如图 5-67 所示。

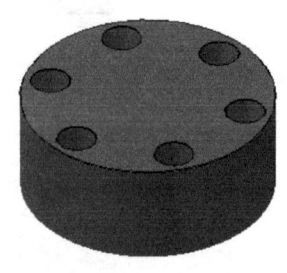

图 5-66　钻孔.MCX-5

系统默认选取方式为手动方式,单击 【顶视图】按钮,分别选择如图 5-68 所示的 6 个圆心点。

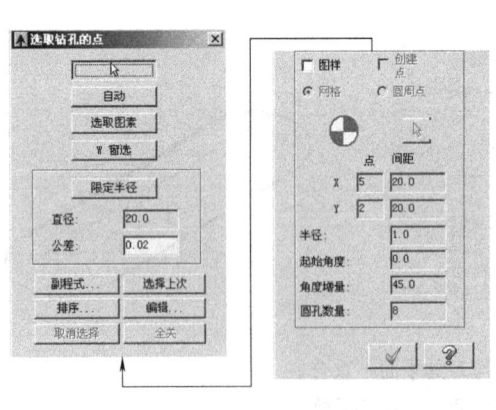

图 5-67 【选取钻孔的点】对话框

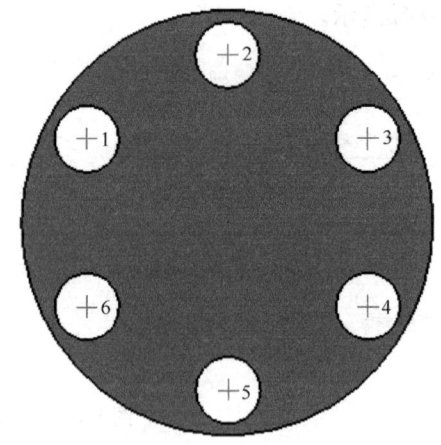

图 5-68 选取钻孔位置点

 技术指导:

在采用手动方式选择点时,应特别注意避免选错或漏选位置点,一般情况下,在选取时将

视角调整为 【顶视图】，便于观察。若出现误选，可单击【取消选择】按钮 取消选择 。

除了可采用手动选取钻孔中心外，系统还支持以下几种方式：

自动选取点：操作方式与采用自动方式创建 SPLINE 曲线一样，先选取第一个点与第二个点，然后再选取最后一个点，系统自动选取已存在的一系列点。如图 5-69 所示，分别选择 P_1、P_2、P_n 三点即可。

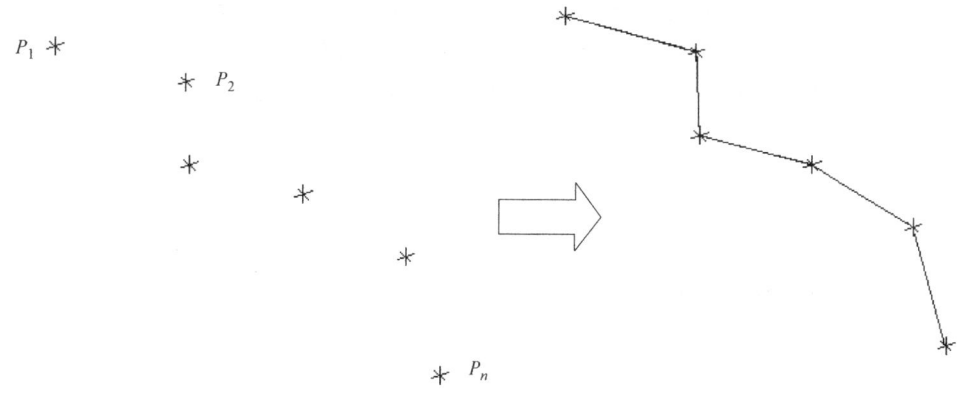

图 5-69 自动方式选取点

选取图素：以所选图素的端点作为钻孔中心。

窗选：通过创建两对角点形成矩形窗口，将窗口内的所有点作为孔中心点。

限定半径：当有大量相同直径的圆或圆弧圆心需要钻孔时，可采用这种选择方式。在绘图区中分别选取相同直径的圆弧后，回车确认即可。

确定了钻孔的位置后，用户还可以对其加工顺序进行排序。单击【排序】按钮 排序... ，系统弹出【切削顺序】对话框，系统分别提供了【2D 排序】、【旋转排序】、【交叉断面排序】3 种方式，如图 5-70 所示。

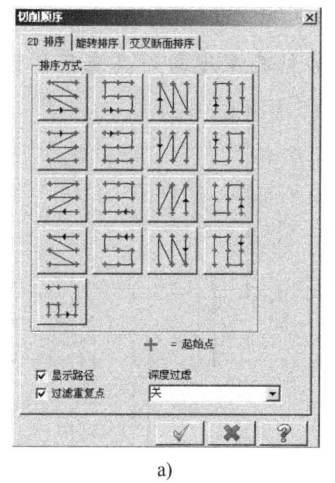
a)

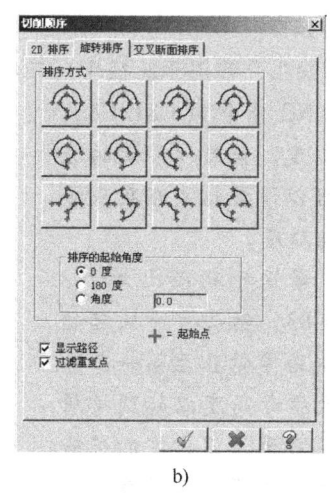
b)

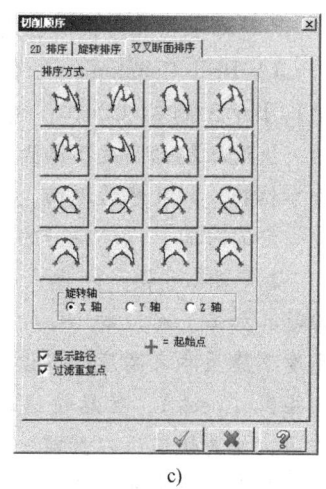
c)

图 5-70 3 种不同排序
a) 2D 排序 b) 旋转排序 c) 交叉断面排序

(2) 设置刀具参数

单击 按钮，系统弹出【2D 刀具路径-钻孔/全圆铣削 深孔钻-无啄孔】对话框，单击【刀具】选项，选择【12.DRILL】钻头，设置【进给率】为 100.0mm/min，【主轴转速】为 1000.0r/min。

(3) 钻孔加工方式

Mastercam 提供了 20 种钻孔形式，包括 8 种标准方式与 12 种自定义方式。

在【2D 刀具路径-钻孔/全圆铣削 深孔钻-无啄孔】对话框上单击【切削参数】选项，在【循环】选项的下拉列表中选择【深孔啄钻（G83）】选项，设置【Peck】为 "2.0"，如图 5-71 所示。

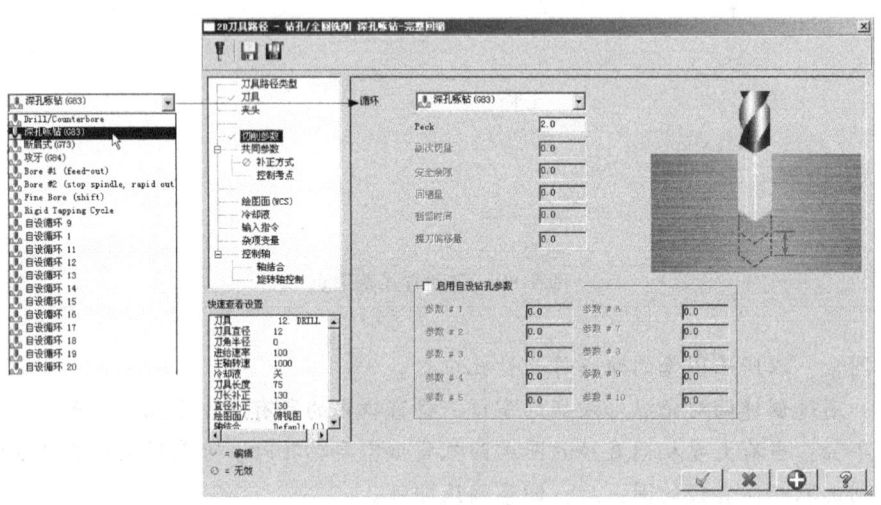

图 5-71 切削参数选项卡

技术指导：

7 种标准钻孔形式的应用意义如下。

1) Drill/Counterbore：钻孔或镗孔，常用于孔径比（孔径比为钻孔深度与刀具直径的比值）小于 3 的钻孔加工。对应的 NC 指令为 G81/G82，钻头快速从起始高度下降至参考高度，接着以设定的进给率钻孔，到孔底后返回，用户可以设置钻头在孔底停留一定的时间，以获得好的表面粗糙度。

2) 深孔啄钻：即啄式钻孔，常用于孔径比大于 3 的钻孔加工。对应的 NC 指令为 G83，钻头快速从起始高度下降至参考高度，以设定的进给率钻孔至第一个啄孔距离（peck），然后快速退刀至参考高度以起到排屑作用，接着快速下刀至前一个啄孔距离，以设定的进给率钻孔至下一个啄孔距离，再快速退刀至参考高度，如此反复不断增加钻孔深度，直至最终深度。这种钻孔方式排屑能力较好，刀具运动轨迹如图 5-72 所示。

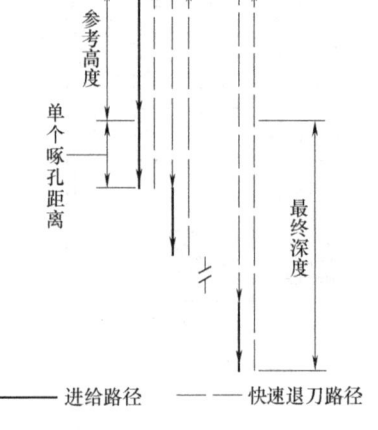

图 5-72 深孔啄钻路径示意图

3）断屑式：与深孔啄钻方式类似，只是刀具并不回退至参考高度，而是回退一个啄孔距离，常用于孔径比大于3的钻孔加工，对应的NC指令为G73。

4）攻牙：用于左旋或右旋螺纹加工，左旋与右旋主要取决于所使用的刀具与主轴旋转方向，对应的NC指令为G84。

5）Bore #1：镗孔，加工时以进给速率进给与退刀，可以得到表面较光滑的直孔，对应的NC指令为G85/G89。

6）Bore #2：镗孔，加工时以进给速率进给，当刀具至孔底时停止旋转，然后快速退刀，对应的NC指令为G86。

7）Fine bore（shift）：精镗孔，刀具至孔底时主轴停止旋转，刀具旋转一个角度后让刀，然后快速退刀，对应的NC指令为G76。

设置了钻孔形式后还需设置如图5-71所示的参数，不同的钻孔方式将需设置不同的参数，各参数意义如下：

◆ Peck：第一次钻（镗）孔的深度，选用深孔啄钻与断屑式钻孔时有效，即G73、G83指令有效，对应于指令中的Q_值。

◆ 副次切量：以后每次钻（镗）孔深度步进增量。

◆ 安全间隙：每次钻（镗）循环中刀具快进的增量。

◆ 回缩量：每次钻（镗）循环中刀具快退的高度。

◆ 暂留时间：刀具停留在孔底部的时间，单位为ms（毫秒），对应于指令中的P_值。

◆ 提刀偏移量：设定精加工刀具在退刀前让开壁边的一个距离，以防刀具划伤孔壁。只用于镗孔循环，仅对Fine bore（shift）精镗孔方式有效，相对应于指令中的I_J_值。

（4）设置钻孔参数

与其他刀具路径模组一样，钻孔时需设置相关的高度值，由于各参数意义与前面介绍的相似，这里重点介绍其中的一个高度参数。

参考高度为刀具在钻削点之间的退回高度，也是刀具作切削进给的起始位置，相当于循环指令NC代码中的R_值，在设置时需考虑刀具在移动时不能与工件发生干涉现象。

打开【共同参数】选项卡，设置【参考高度】为"3.0"，【工件表面】为"0.0"，【深度】为"-30.0"，勾选所有【绝对坐标】选项，如图5-73所示。

（5）设置刀尖补正

补正方式用于自动调整钻头在最终钻削深度至钻头斜角部位的长度，一般用于通孔加工，以确保钻头能钻穿工件。

打开【补正方式】选项卡，勾选【补正方式】选项，设置【贯穿距离】为"1.0"，其他参数默认，单击 ✓ 按钮，生成钻孔刀具路径如图5-74所示。

3. 平面铣削

平面铣削是将工件表面铣去一定的深度，以获得好的平面度、平行度与表面质量。常用于工件顶面与台阶面的加工。

（1）选择加工范围

打开随书光盘：素材\模块五 二维加工\任务2中的"平面铣削.MCX-5"文件，如图5-75所示。

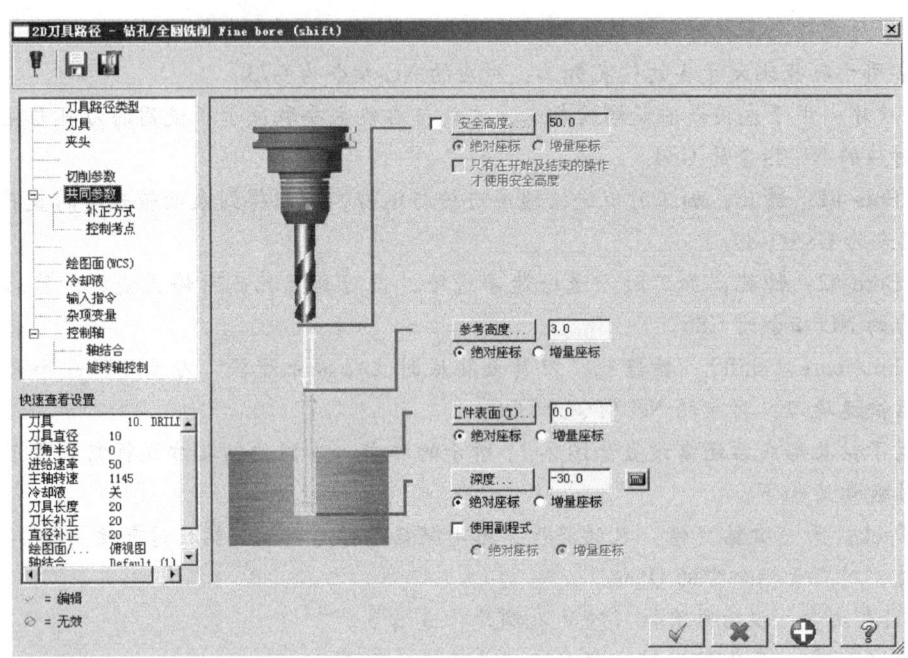

图 5-73 共同参数选项卡

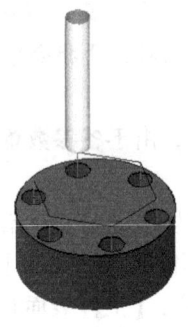

图 5-74 钻孔刀路

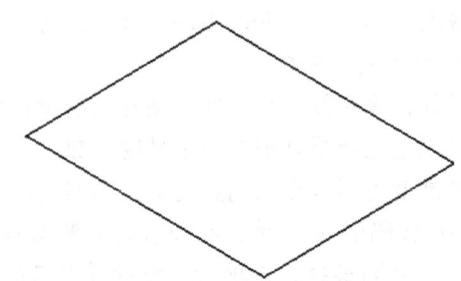

图 5-75 平面铣削.MCX-5

在菜单栏选择【刀具路径】/【平面铣】选项，接受默认的"平面铣削"新 CN 名称，系统弹出【串连选项】对话框，选择如图 5-75 所示的矩形并确定。

（2）设置刀具参数

系统弹出【2D 刀具路径-平面加工】对话框，打开【刀具】选项卡，接受默认的刀具参数，其中刀具直径为 16.00mm，其他参数默认。

（3）设置切削参数

打开【切削参数】选项卡，在【类型】选项的下拉列表中选择【双向】选项，设置【底面预留量】为 0.0mm，【横向超出量】为 10.0mm，【纵向超出量】为 22.0mm，【进刀延伸长度】为 10.0mm，【退刀延伸长度】为 10.0mm，【最大步进量】为 15.0mm，铣削方式为【顺铣】，【粗切角度】为 0.0mm，在【切削之间位移】选项的下拉列表中选择【高速圆圈】选项，如图 5-76 所示。

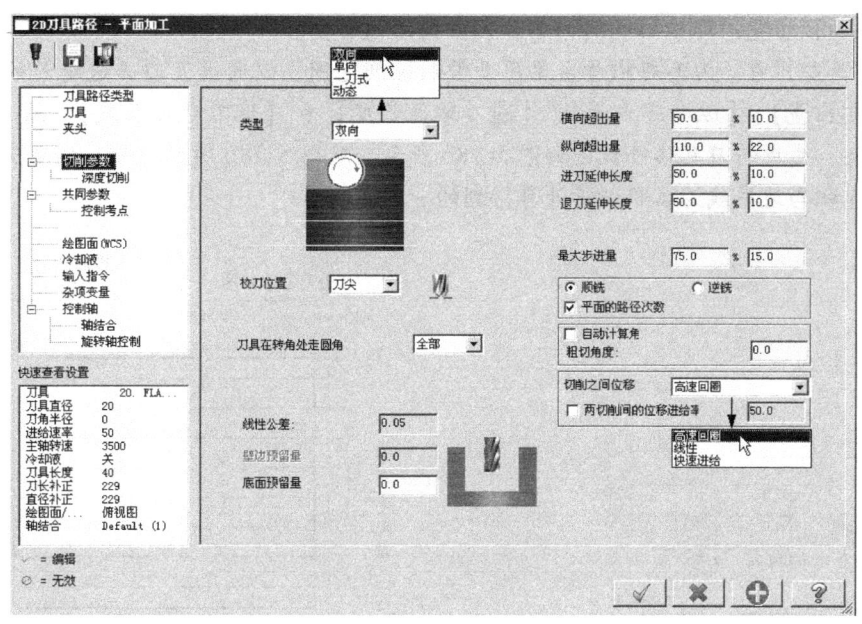

图 5-76 设置切削选项卡

 技术指导：

下面将对如图 5-76 所示的各项参数进行详细介绍。

1）切削类型：用于设置刀具的进给方式。在【类型】选项的下拉列表中，系统提供了 4 种方式：

◆ 双向：刀具来回走刀，往返切削，具有较高的切削效率，故一般都采用此种方式，刀具的刀路轨迹如图 5-77a 所示。

◆ 单向：刀具在单方向切削，切削完一次后提刀，然后沿着斜角方向至下一个起始位置之前，接着继续切削。当选择铣削方式为【顺铣】时，刀具旋转方向与刀具移动方向相反。反之，若为【逆铣】则方向相同。由于切削方向单一，可以较好地保证表面加工纹路的一致，但是比较费时。刀具的刀路轨迹形式如图 5-77b 所示。

◆ 一刀式：只进行一次加工，当所使用的刀具直径（如大直径的面铣刀）大于工件的宽度时可以采用。

◆ 动态：刀具将根据所定义的路径进行自由进给，刀具的刀路轨迹如图 5-77c 所示。

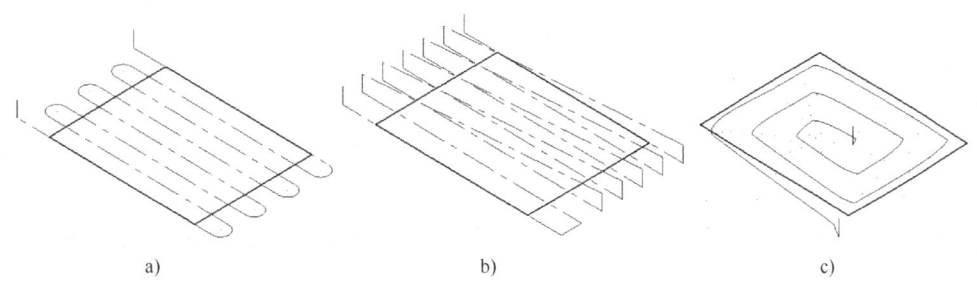

图 5-77 各种刀路轨迹
a）双向铣削 b）单一铣削 c）动态铣削

2）底面预留量：即平面铣削加工时 Z 方向的预留量。

3）刀具超出量：刀具超出量主要用于控制铣削范围，以及设置刀具进退刀的位置。包括【横向超出量】、【纵向超出量】、【进刀延伸长度】和【退刀延伸长度】。结合图 5-78a 设置的参数，生成的刀具路径轨迹如图 5-78b 所示。从图 5-78b 所示可知，该超出量是以刀具的回转体积与边界线为参照进行计算得到的。

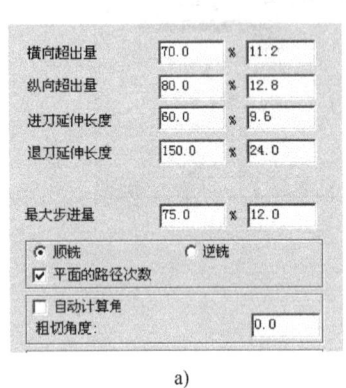

a)

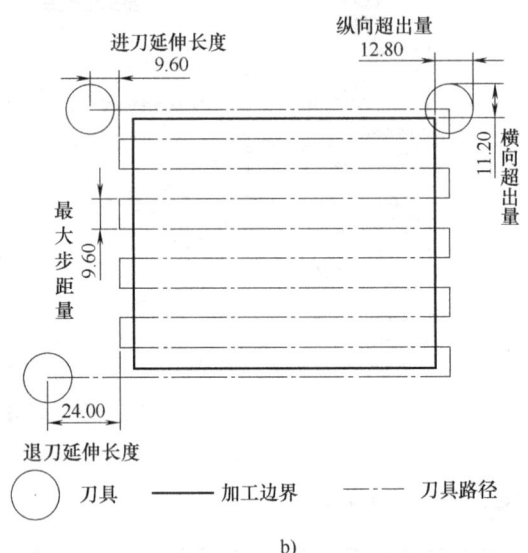

b)

图 5-78 刀具超出量示意图
a) 超出量参数设置 b) 刀路效果示意图

4）最大步距量：用于设置两相邻刀具轨迹的最大距离（图 5-78b），实际加工中，两条刀具轨迹间的距离一般比该值小。因为系统在计算刀具路径时首先计算铣削的次数，铣削次数为铣削宽度除以最大步进量的值后向上取整，实际刀具路径间距为总铣削宽度除以铣削次数。粗加工时，该值一般可取 65%～80%，以大的步进量提高加工效率，但是精加工时不能太大，一般为 55% 左右。如果太大则容易出现"波浪形"震纹（图 5-79），影响加工质量，特别是对于大直径的面铣刀更应避免。

图 5-79 波浪形震纹

5）粗切角度：指刀具切削时，前进的方向与 X 轴的夹角，使生成的刀具路径与加工边界平行或具有一定的倾斜角度，分为自动计算与手工输入计算两种方式。勾选【自动计算】选项时，则系统计算出来的角度与所选加工边界最长边平行，如图 5-80a 所示；若不勾选【自动计算】选项，则用户可根据需要在【粗切角度】文本框中输入所定义的角度，如图 5-80b 所示。

6）切削之间位移：当选择走刀类型为【双向】时可选，用于设置两相邻刀具路径间的

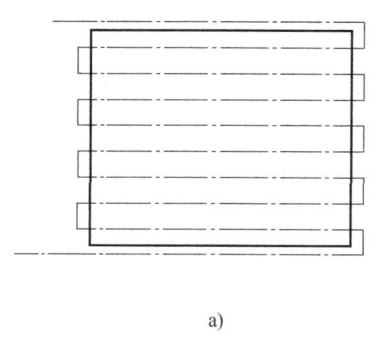 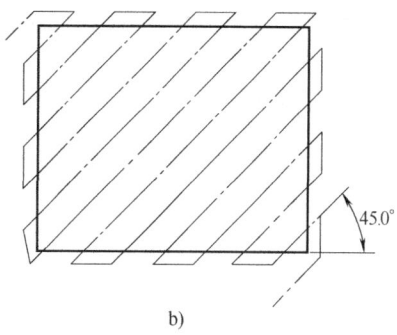

图 5-80 粗切角度示意图
a）自动计算角度效果 b）自定义 45°效果

过渡方式。

◆ 高速回圈：在两相邻刀具路径间采用圆弧过渡，效果如图 5-81a 所示。
◆ 线性：在两相邻刀具路径间采用直线过渡，效果如图 5-81b 所示。
◆ 快速进给：在两相邻刀具路径间以 G00 的速度快速移动到下一个切削位置，效果如图 5-81c 所示。

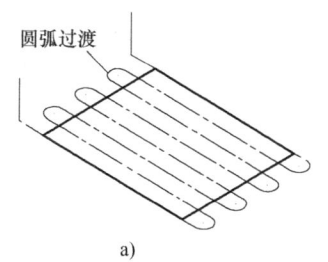 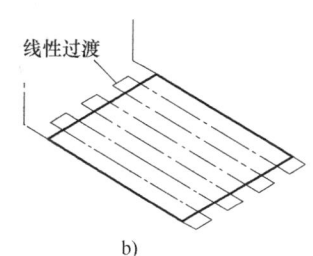 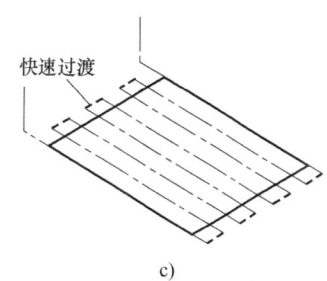

图 5-81 切削之间位移效果
a）高速回圈 b）线性 c）快速进给

（4）设置分层加工

对于表面不平整的毛坯，首次加工时往往余量比较大，而且一般情况下加工深度较小，如 0.2～0.6mm。分层铣削参数意义与外形轮廓铣削一样，不作介绍。

打开【深度切削】选项卡，勾选【深度切削】选项，设置【最大粗切步进量】为 0.5mm，【精修次数】为 1，【精修量】为 0.25mm，如图 5-82 所示。

（5）设置高度参数

与其他刀具路径模组一样，平面铣削时需设置相关的高度值，由于各参数意义与前面介绍的相似，因此不作介绍。

打开【共同参数】选项卡，设置【参考高度】为 10.0mm，【进给下刀位置】为 5.0mm，【工件表面】为 0.0mm，【深度】为 -2.0mm，勾选所有【绝对坐标】选项。

单击 按钮，生成平面铣削刀具路径如图 5-83a 所示，仿真效果如图 5-83b 所示。

图 5-82 设置分层铣削参数

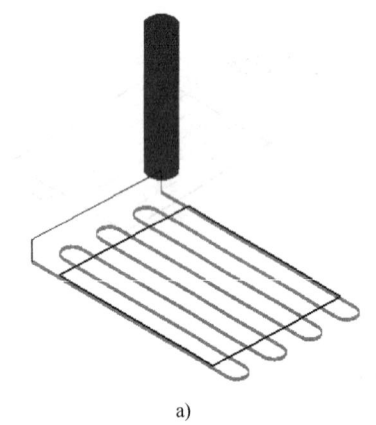
a)

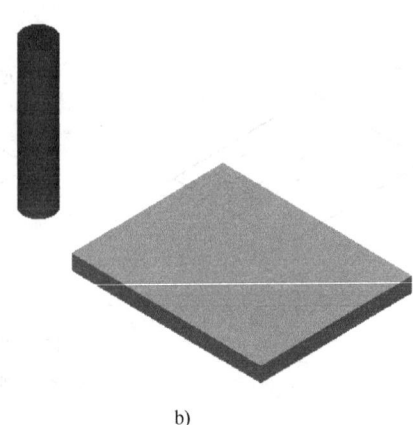
b)

图 5-83 生刀具路径效果
a) 刀具路径效果 b) 仿真效果

任务实施

打开随书光盘：素材\模块五 二维加工\任务 2 中的"顶块.MCX-5"文件。

以系统座标系为矩形中心，在【俯视图】构图面绘制 100×80 的矩形，如图 5-84 所示。

在菜单栏选择【机床类型】/【铣床】/【默认】选项。接受系统默认 NC 名称。在菜单栏选择【刀具路径】/【平面铣】选项，系统弹出【串连选项】对话框，选择

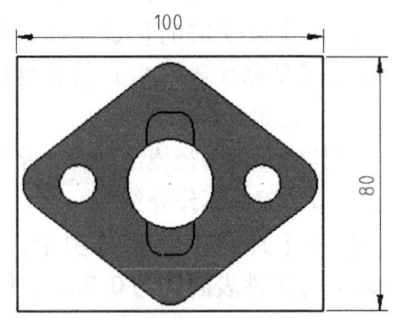

图 5-84 绘制矩形

刚创建的矩形并确定。

系统弹出【2D 刀具路径-平面加工】对话框,单击【刀具】选项,单击【选择库中的刀具】按钮 选择库中的刀具 。系统弹出【选择刀具】对话框,勾选【启用刀具过滤】选项,找到【直径】为 50.00mm 的【50 Face Mill】面铣刀,单击 ✓ 按钮,设置【进给速率】为 400.0mm/min,【主轴转速】为 4000.0r/min,【下刀速率】为 500.0mm/min,勾选【快速提刀】选项,其他参数默认。

打开【切削参数】选项卡,在【类型】选项的下拉列表中选择【双向】选项,设置【底面预留量】为 0.0mm,【横向超出量】为 25.0mm,【纵向超出量】为 30.0mm,【进刀延伸长度】与【退刀延伸长度】都为 25.0mm,【最大步进量】为 25.0mm,铣削方式为【顺铣】,【粗切角度】为 0.0mm,在【切削之间位移】选项的下拉列表中选择【高速圆圈】选项。

打开【共同参数】选项卡,设置【安全高度】为 100.0mm,【参考高度】为 10.0mm,【进给下刀位置】为 5.0mm,【工件表面】和【深度】都为 0.0mm,勾选所有【绝对座标】选项。

单击 ✓ 按钮,生成刀具路径如图 5-85 所示。

在菜单栏选择【刀具路径】/【钻孔】选项,系统弹出【选取钻孔的点】对话框,以选择【圆心点】⊙ 的方式选择三个通孔圆心,单击 ✓ 按钮。

系统弹出【2D 刀具路径-钻孔/全圆铣削　深孔钻-无啄孔】对话框,单击【刀具】选项,选择【3. DRILL】钻头。设置【进给率】为 100.0mm/min,【主轴转速】为 900.0r/min。

打开【共同参数】选项卡,设置【参考高度】为 10.0mm,【工件表面】为 0.0mm,【深度】为 -3.0mm,勾选所有【绝对座标】选项。

单击 ✓ 按钮,生成刀具路径如图 5-86 所示。

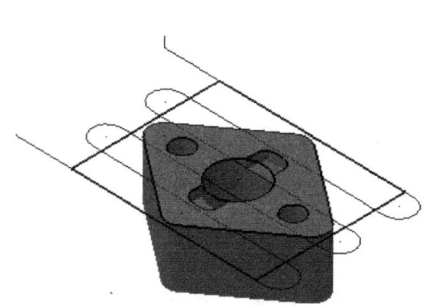
图 5-85　生成面铣削刀路

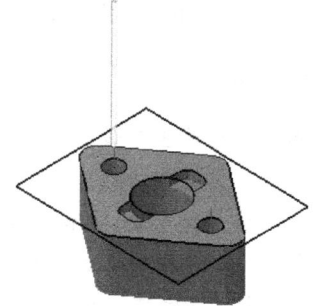
图 5-86　钻中心孔刀路

 技术指导:

在钻孔前钻中心孔是了为方便后续钻孔时定位,以防钻头打滑偏移,导致不能准确定位。

在菜单栏选择【刀具路径】/【钻孔】选项,系统弹出【选取钻孔的点】对话框,以选择【圆心点】⊙ 的方式选择三个通孔圆心,单击 ✓ 按钮。

系统弹出【2D 刀具路径-钻孔/全圆铣削 深孔钻-无啄孔】对话框,单击【刀具】选项,选择【12. DRILL】钻头。设置【进给率】为 100.0mm/min,【主轴转速】为 1000.0r/min。

单击【切削参数】选项,在【循环】选项的下拉列表中选择【深孔啄钻(G83)】选项,设置【Peck】为 3.0mm。

单击【共同参数】选项,设置【参考高度】为 5.0mm,【工件表面】为 0.0mm,【深度】为 -33.0mm,勾选所有【绝对座标】选项。

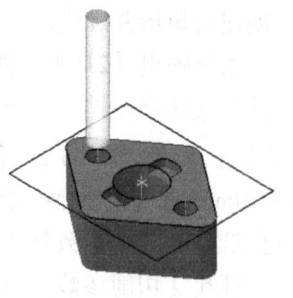

图 5-87 钻孔刀路

单击 按钮,生成刀具路径如图 5-87 所示。

技术指导:

当孔的表面质量要求较高时,可以先采用直径为 10.0mm 的钻头进行通孔加工,然后采用轮廓铣削进行扩孔加工,可取得较好的加工效果。

在菜单栏选择【刀具路径】/【外形铣削】选项,选择工件最大外轮廓并确定,注意箭头方向,如图 5-88 所示。

系统弹出【2D 刀具路径-等高外形】对话框,打开【刀具】选项卡,选择"16. FLAT ENDMILL"的平底刀,设置【进给速率】为 600.0mm/min,【下刀速率】为 1000.0mm/min,【主轴转速】为 1600.0r/min,勾选【快速提刀】选项。

打开【切削参数】选项卡,设置【补正方向】为【左补偿】,【外形铣削类型】为【2D】,【壁边预留量】和【底面预留量】都为 0.0mm,其他参数默认。

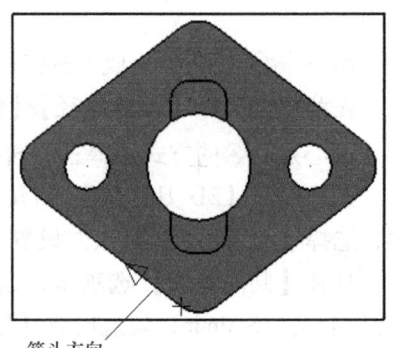

图 5-88 选择加工轮廓

技术指导:

基于篇幅关系这里不设置加工余量,直接进行精加工,用户可以根据需要对加工余量进行设置,以取得好的加工质量。

打开【深度切削】选项卡,勾选【深度切削】选项,勾选【深度切削】选项,设置【最大粗切步进量】为 1.0mm,勾选【不提刀】选项,其他参数默认。

打开【进退/刀参数】选项卡,选择【相切】选项,设置【长度】为 0%,【圆弧】/【半径】为 50%,【扫描(角度)】为 45.0°,单击按钮 ,即将进退刀参数设为一致。

打开【分层切削】选项卡,勾选【分层切削】选项,设置【粗加工】/【次数】为 3,【间距】为 8.0mm,【精加工】/【次数】为 1,【间距】为 0.25mm,勾选【不提刀】选项。

单击【共同参数】选项,设置【参考高度】为 5.0mm,【进给下刀位置】为 2.0mm,【工件表面】为 0.0mm,【深度】为 -31.0mm,勾选所有【绝对座标】选项。

单击 按钮,生成刀具路径如图 5-89 所示。

在菜单栏选择【刀具路径】/【外形铣削】选项,选择最大中心圆并确定,注意箭头方向,如图 5-90 所示。

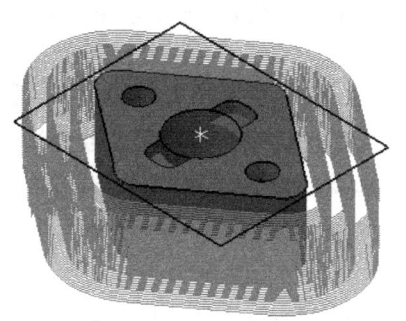

图 5-89 外形轮廓刀路

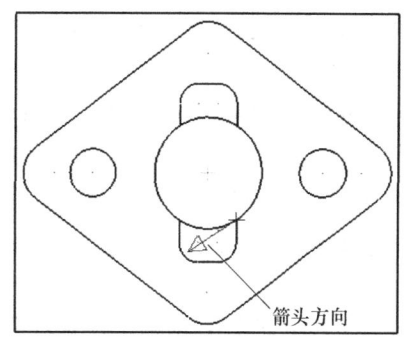

图 5-90 选择最大圆轮廓

系统弹出【2D 刀具路径-等高外形】对话框,打开【刀具】选项卡,选择 "16. FLAT ENDMILL" 的平底刀,设置【进给速率】为 500.0mm/min,【下刀速率】为 100.0mm/min,【主轴转速】为 2000.0r/min,勾选【快速提刀】选项。

打开【切削参数】选项卡,设置【补正方向】为【右补偿】,【外形铣削类型】为【2D】,【壁边预留量】和【底面预留量】都为 0.0mm,其他参数默认。

打开【深度切削】选项卡,不勾选【深度切削】选项。

打开【进退/刀参数】选项卡,选择【相切】选项,设置【长度】为 0%,【圆弧】/【半径】为 2%,【扫描(角度)】为 30.0°,单击按钮,即将进退刀参数设为一致。

打开【分层切削】选项卡,勾选【分层切削】选项,设置【粗加工】/【次数】为 3,【间距】为 1.0mm,【精加工】/【次数】为 1,【间距】为 0.25mm,勾选【不提刀】选项。

打开【共同参数】选项卡,设置【参考高度】为 5.0mm,【进给下刀位置】为 2.0mm,【工件表面】为 0.0mm,【深度】为 -31.0mm,勾选所有【绝对坐标】选项。

单击 按钮,生成刀具路径如图 5-91 所示。

按下 Alt+Z,显示第 4 图层。

在菜单栏选择【刀具路径】/【外形铣削】选项,选择凹槽轮廓并确定,注意箭头方向,如图 5-92 所示。

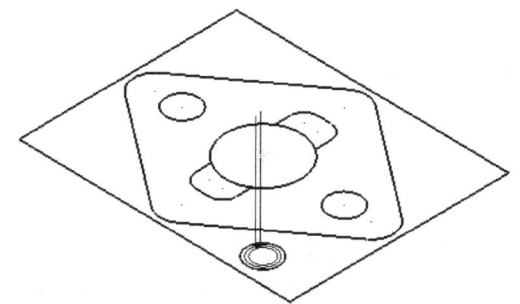

图 5-91 生成扩孔刀路

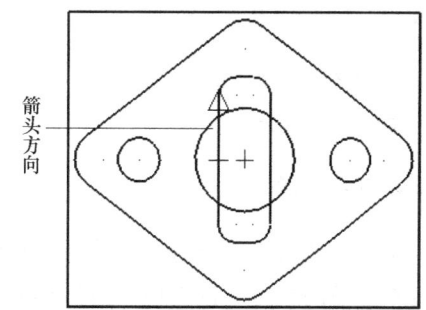

图 5-92 选择凹槽轮廓

系统弹出【2D 刀具路径-等高外形】对话框,打开【刀具】选项卡,选择 "8. FLAT ENDMILL" 的平底刀,设置【进给速率】为 1200.0mm/min,【下刀速率】为 600.0mm/min,【主轴转速】为 3000.0r/min,勾选【快速提刀】选项。

打开【切削参数】选项卡,设置【补正方向】为【右补偿】,加工余量为 0.0mm,其余参数默认。

打开【进/退刀参数】选项卡,选择【相切】选项,设置【长度】为 0.0%,【圆弧】/【半径】为 2.0mm,【扫描(角度)】为 30.0°,单击按钮 ▶,即将进退刀参数设为一致。

打开【分层切削】选项卡,勾选【分层切削】选项,设置【粗加工】/【次数】为 5,【间距】为 0.5mm,【精加工】/【次数】为 1,【间距】为 0.25mm,勾选【不提刀】选项。

打开【共同参数】选项卡,设置【参考高度】为 5.0mm,【工件表面】为 0.0mm,【深度】为 -5.0mm,勾选所有【绝对座标】选项。

单击 ✓ 按钮,生成刀具路径如图 5-93 所示。

单击【选择所有的操作】按钮 ✓,单击【验证已选择的操作】按钮 ⬢,单击【播放】按钮 ▶,结果如图 5-94 所示。至此顶块刀具路径编制完成。

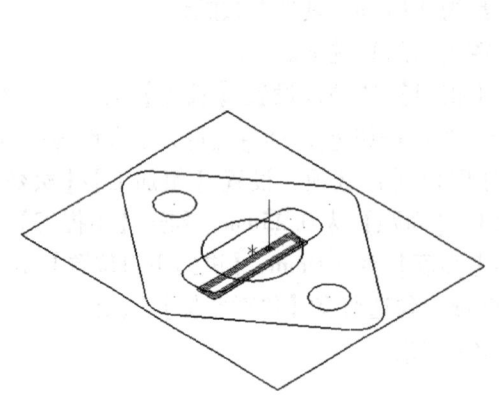
图 5-93 凹槽轮廓刀路

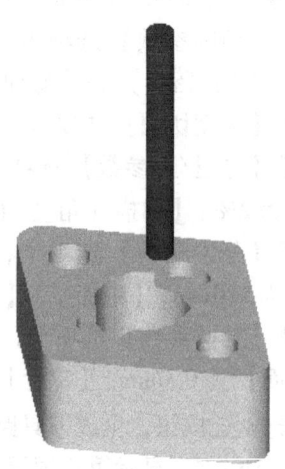
图 5-94 仿真效果

 技术指导:

对于只具有二维特征的零件,进行编程加工时可不绘制其立体图,直接采用相关的线框进行编程加工即可。

 任务总结

本任务的难点是对各个刀路参数具体意义的理解,需特别注意斜降式下刀的使用方法。通过本任务的学习,读者应掌握外形铣削、钻孔加工与平面铣削刀路的创建方法,并对其中各个参数的意义有一定的理解。建议初学者对各个参数进行不同设置,然后结合生成的刀路效果进行对比,以更加深入理解参数意义,为将来进一步深入编程打下基础。一般而言,粗加工的目的是为了取得好的加工效率,精加工的目的是为了取得好的加工质量。因此,粗加工的目的是快速去除余量,可采用大进给率,大切削量或采用"轻刀快走"方式进行加工,而精加工则往往是小进给,高转速。

提高练习

根据随书光盘：素材 \ 模块五 二维加工 \ 任务 2 中的 "TG5-2. MCX-5" 文件，如图 5-95 所示，对垫座零件进行编程加工。

图 5-95 TG5-2

任务 3 铝腔体加工

 任务目标

➢ 学会对图素的参数进行分析。
➢ 掌握挖槽加工与全圆铣削加工的创建方法。
➢ 学会根据刀具类型和规格建立刀具路径群组，以方便管理。

 任务导入

根据随书光盘：素材 \ 模块五 二维加工 \ 任务 3 中的 "铝腔体 . MCX-5" 文件，如图 5-96 所示，对铝腔体零件进行编程加工。

任务分析

该铝腔体外形为 150.0mm × 105.0mm × 300.0mm 的长方体，中间部分由半封闭与全封闭的凹槽组成，中心有厚度为 5.0mm 的直壁，四角均布直径为 5.0mm 的通孔。结合零件特点，加工时可先加工外形和顶面，接着进行凹槽加工，最后进行文字雕刻与钻孔加工。

图 5-96 铝腔体

 知识准备

1. 对象分析

Mastercam 系统提供了图素属性分析、两点距离分析、串连分析、角度分析、动态分析及曲面/实体进行检测角度和曲率进行分析等。常用的有图素属性、点位分析、串连分析和动态分析，由于操作较简单，这里只介绍图素属性分析与动态分析，对于其他分析用户可自行尝试操作。

（1）图素属性分析

通过图素属性分析可进一步了解相关图素的属性，如图层、线型等，常用于对图档的分析。

打开随书光盘：素材\ 模块五　二维加工\ 任务3中的"图形分析.MCX-5"文件，如图5-97a所示。

在菜单栏选择【分析】/【图素属性】选项，通过"单一"的过滤方式选择如图5-97a所示的直线，系统弹出如图5-97b所示的【线的属性】对话框，通过该对话框可知两直线端点的座标分别为 X50.0mm，Y-40.0mm，Z0.0mm 和 X-50.0mm，Y-40.0mm，Z0.0mm，二维与三维的长度都为100.0mm，所在层别为第1图层等相关信息。

（2）动态分析

通过动态分析可以动态地了解到指定图素的具体位置、圆弧大小和角度等信息。

在菜单栏选择【分析】/【动态分析】选项，选择如图5-98所示箭头所在圆柱曲面，系统即显示出相关结果，如图5-98所示。从图中可知该圆柱曲面半径为15.0mm，最大深度为10.0mm。

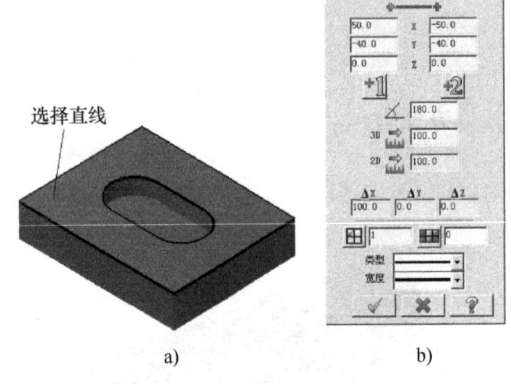

图5-97　图素属性分析

a）图形分析.MCX-5　b）属性分析结果

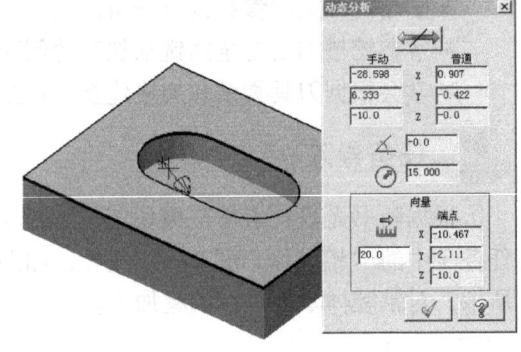

图5-98　动态分析结果

 技术指导：

在实际应用中常常采用【动态分析】得知圆弧大小与深度位置等信息，以方便选择刀具与确定加工深度等。

2. 挖槽加工

挖槽加工是将指定外形区域内的材料进行清除，也称为口袋式加工，一般用于槽的加工。在定义的区域外形中可以嵌套岛屿，使加工区域为岛屿与最大外形之间的区域。所谓岛屿是在最大外形的边界内，但不能被切削加工的区域。

打开随书光盘：素材\ 模块五三　二维加工\ 任务3中的"挖槽加工.MCX-5"文件，

如图 5-99 所示。

（1）定义加工区域

在菜单栏选择【刀具路径】/【标准挖槽】选项，接受默认的"挖槽加工"新 CN 名称，系统弹出【串连选项】对话框，选择如图 5-99 所示的外形所包括的区域为需加工区域并确定。

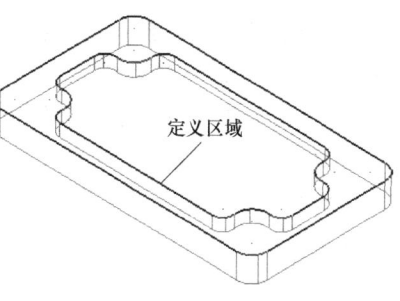

图 5-99　定义区域

（2）设置刀具参数

打开【刀具】选项卡，接受默认的刀具参数，其中刀具直径为 12.0mm。

（3）设置切削参数

打开【切削参数】选项卡，在【类型】选项的下拉列表中选择【标准】选项，设置【壁边预留量】与【底面预留量】为"0.0"，其他参数默认，如图 5-100 所示。

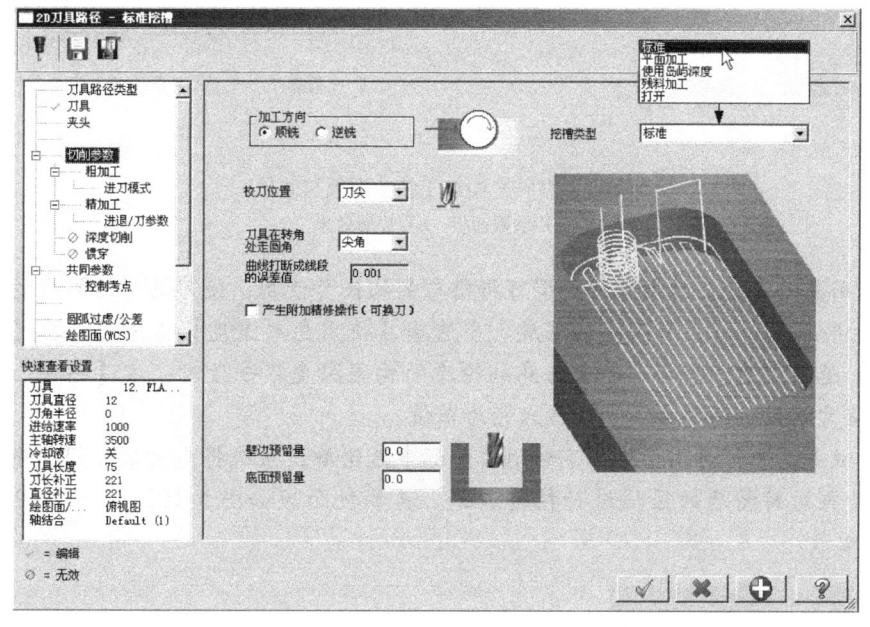

图 5-100　切削参数选项卡

技术指导：

下面将重点介绍加工方向与挖槽类型。

1. 定义加工方向

加工方向分为顺铣与逆铣两种，当刀具或工件旋转方向与工件进给方向相同时为顺铣，反之则为逆铣。它们的切削效果可形象地描述为顺铣是"鸡往后刨"，逆铣是"猪向前拱"。

2. 挖槽类型

系统提供了标准挖槽、平面加工、使用岛屿深度、残料加工与开放式加工 5 种挖槽类型，前 4 种加工方式必须选择封闭的串连轮廓。当选择没有封闭的串连轮廓时，则仅能采用开放式加工。

1）标准挖槽：为系统默认挖槽方式，只铣削所选择封闭凹槽内的材料，而不会对封闭边界以外或岛屿的材料进行铣削。

2）平面加工：相当于平面铣削加工，只加工指定深度的表面，不考虑是否会对边界外或岛屿的材料进行加工，其相对应的参数面板如图 5-101a 所示，刀路效果如图 5-101b 所示，各相关参数意义可结合图 5-101b 所示的刀具轨迹效果与平面铣削的面板参数进行理解，在此不再介绍。

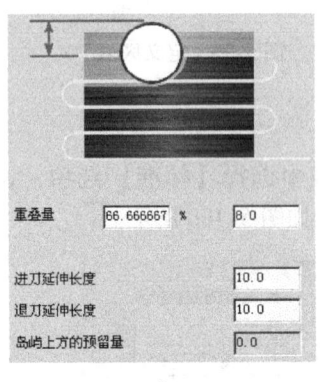 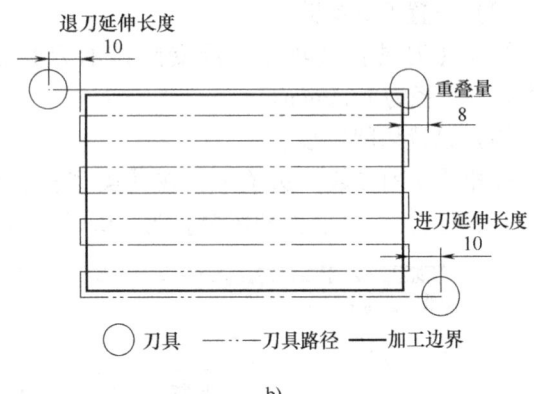

图 5-101　平面加工参数面板与效果
a) 参数面板　b) 设置效果

3）使用岛屿深度：采用此种类型可将槽与岛屿嵌套使用，使刀具对边界内的材料进行铣削，同时将岛屿铣削至所设置的深度。当选择【使用岛屿深度】类型时，其【岛屿上方的预留量】选项可选。当外形轮廓与岛屿轮廓的构图深度不一致时，该【岛屿上方的预留量】的设置才有效，否则无效。该值只能为正值。

4）开放式加工：适用于选择不封闭的外形串连轮廓，系统将先对未封闭的串连作封闭处理，然后再对封闭后的区域进行挖槽加工。其参数面板如图 5-102a 所示，刀路效果如图 5-102b 所示。

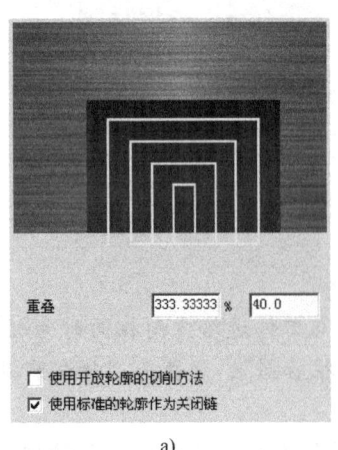 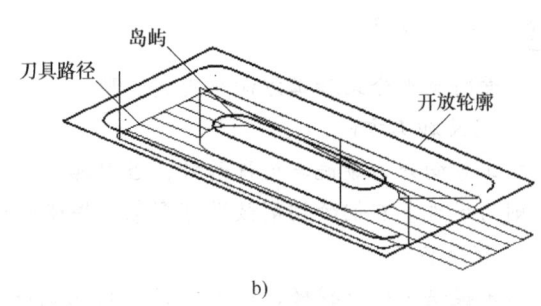

图 5-102　开放式加工参数面板与效果
a) 参数面板　b) 设置效果

◆【重叠】：该选项用于设置系统将未封闭串连两个端点连线向外偏移的距离，以确定封闭区域加工的范围，具有扩大加工区域的效果。当勾选【使用标准的轮廓作为关闭链】选项时，可以存在岛屿，若勾选【使用开放轮廓的切削方法】选项，则不能存在岛屿。

5)【产生附加精修操作（可换刀）】选项用于将分别生成粗加工与精加工两个刀路，以方便后处理时能分开处理，如进行换刀操作。

(4) 设置粗加工参数

打开【粗加工】选项卡，勾选【粗加工】选项，选择【切削方式】为【双向】，设置【切削间距（直径%）】为"75.0"，其他参数默认，如图5-103所示。

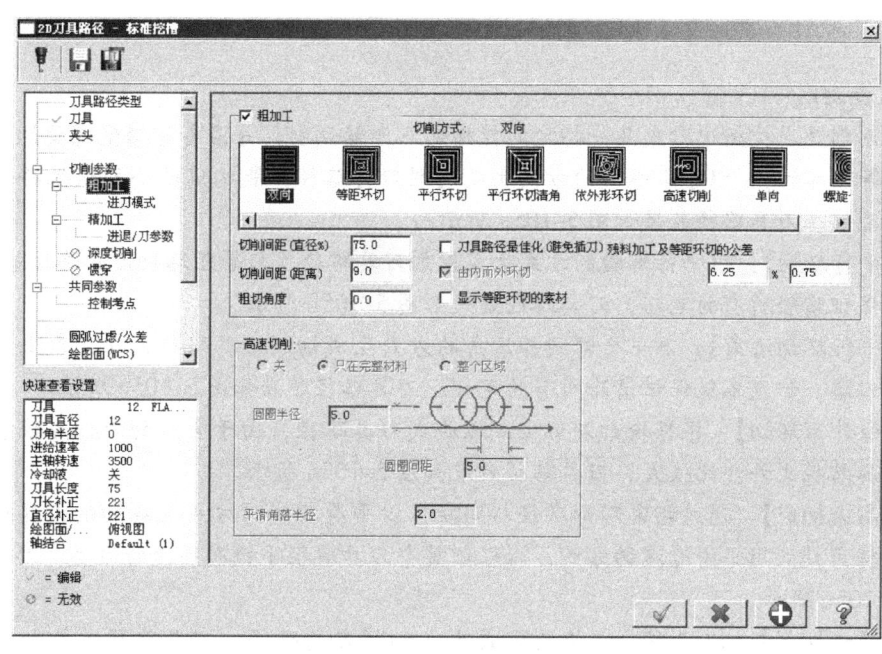

图 5-103　粗加工选项卡

 技术指导：

粗加工切削参数介绍如下：

切削方式：系统提供了8种切削方式，不同的切削方式决定了刀具的切削方法。走刀方式还决定了铣削速度的快慢与刀痕所留下的纹路，从而影响加工质量。因此，合理地选择切削方式可获得好的加工质量。对于这8种切削方式又可分为直线切削与螺旋切削两大类。

1. 直线切削

直线切削包括了双向切削与单向切削。双向切削方式将生成一组来回的直线铣削刀路，由于产生的刀具路径为直线，相互平行且不提刀，其走刀方式最节省时间且效率最高，特别适合于粗加工，刀路效果如图5-104a所示。与双向切削不同的是，单向切削是按同一个方向进行切削，刀路效果如图5-104b所示。其进给方向取决于【粗切角度】，其中【粗切角度】指生成的刀具路径与X轴的夹角，逆时针为正，顺时针为负。

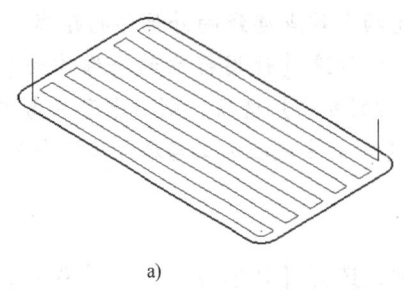
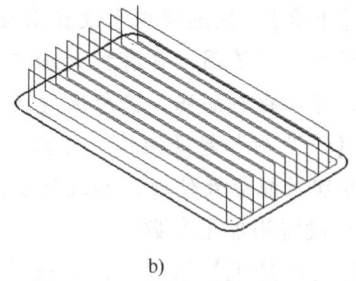

图 5-104 直线切削
a) 双向切削   b) 单向切削

2. 螺旋切削

螺旋切削是在挖槽中心或某一特定的挖槽起点开始切削，并沿着挖槽壁螺旋切削。

◆【等距环切】：以等距螺旋的方式生成切削刀具路径，能构建较小的线性移动，可清除所有的毛坯。刀具路径效果如图 5-105a 所示。

◆【平行环切】：以平行螺旋的方式生成切削刀具路径，与等距环切刀具路径基本相同，但是不能保证清除所有的毛坯，刀具路径效果如图 5-105b 所示。

◆【平行环切清角】：以平行螺旋并清角的方式生成切削刀具路径，在交角上可以增加清角小的刀路，但是不能保证清除所有的毛坯，刀具路径效果如图 5-105c 所示。

◆【依外形环切】：根据轮廓外形生成螺旋式刀具路径，由于生成的刀位点较多，所以生成的刀具路径文件会比较大，刀具路径效果如图 5-105d 所示。

◆【高速切削】：通过指定环形半径与间距，以平滑摆线的方式生成切削刀具路径，在各行间与转角处采用平滑过渡的方式，以保证整个刀具路径平稳而高速的运动，刀具路径效果如图 5-105e 所示。

◆【螺旋切削】：以圆形、螺旋的方式生成切削刀具路径，刀具路径效果如图 5-105f 所示。

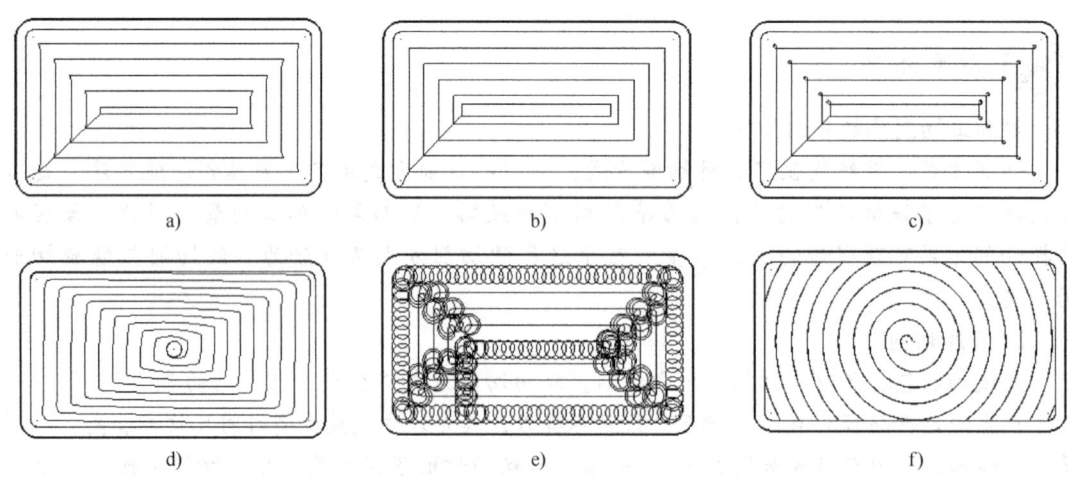

图 5-105 各种螺旋切削刀具效果示意图
a) 等距环切   b) 平行环切   c) 平行环切清角   d) 依外形环切   e) 高速切削   f) 螺旋切削

【切削间距】：用于设置两切削刀具路径之间的距离，粗加工时一般不超过刀具直径的80%，设置时只要确定【切削间距（直径%）】或【切削间距（距离）】其中一项即可，因为这两个参数相互关联，只要改变其中一项，另一项也会随之改变。【切削间距（直径%）】选项是指切削间距以刀具直径的百分比进行计算，【切削间距（距离）】选项是指直接设定间距的大小。

刀具路径最佳化（避免插刀）残料加工及等距环切的公差：用于设置环绕切削刀具路径的计算方法，从而优化刀具路径，避免损坏刀具。选中该项时将以刀具损耗最小为目标进行刀路计算，不选则以最少的切削时间为目标进行计算。

由内而外环切：用于设置刀具切削时是从凹槽边界开始向凹槽中心环切，还是从凹槽中心开始向凹槽边界环切。

(5) 设置粗加工进刀方式

打开【进刀模式】选项卡，点选【螺旋形】选项，接受默认参数，如图5-106所示。

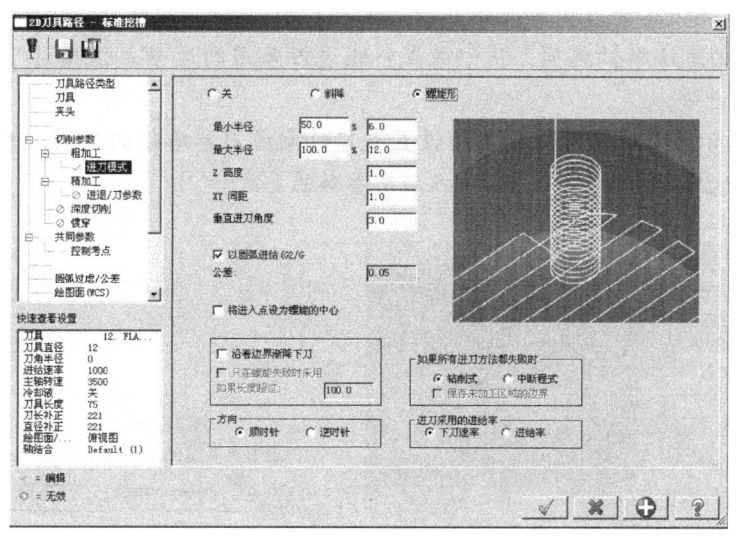

图 5-106 设置进刀模式

 技术指导：

粗加工时一般采用平底刀，由于平底刀是以侧面切削刃进行切削，轴线方向切削能力差，特别是对于端面带孔的平底刀，往往不能垂直下刀，否则容易损坏刀具。为此系统提供了3种下刀方式。

1）关：直接垂直插入进刀，一般用于能直插铣削的特殊刀具。

2）斜降：以斜线形成的方式进刀。

【最小长度】和【最大长度】选项：用于设置斜插下刀时，斜线在XY平面上的投影距离，即该值的大小处于【最小长度】和【最大长度】之间，设置时需结合下刀位置空间的大小和加工深度进行确定。

【Z高度】选项：设置开始以斜线方式进刀时，离工件表面Z方向的高度。该高度值以加工深度为Z0.0mm作为起点，可设为粗加工每层切深的厚度，若Z高度较大则刀具的空运行时间较长。

【XY 间距】选项：开始以斜线方式进刀时，距离挖槽边界 XY 方向的安全距离。粗加工时建议取大值，如 1.0mm，以防止因吃刀量大引起弹刀，导致过切。

【进刀角度】/【退刀角度】选项：用于设置斜线进刀时与工件表面的角度，该值不宜太大，特别是进刀时容易产生端刃切削的情况不利于保护刀具。

【XY 角度】选项：设置斜线位置与 XY 方向的角度。

【附加槽的宽度】选项：在每一条斜线的末端增加一个额外的过渡圆弧，使刀具平滑过渡，其中圆弧半径为该宽度的一半。

【斜插位置与进入点对齐】选项：使斜插位置与进刀点位置对齐。

【由进刀点执行斜插】选项：表示进刀位置由指定点开始进行。选择此选项时，需在选择了加工边界后加选进刀点。若没有选择进刀点，系统将自动设置，但该进刀点可能不是理想位置。

【如果斜插下刀失败】选项：当斜线下刀失败时，可设置为【钻削式】直接插入进刀，或【中断程式】不进行加工。

【进刀采用的进给率】选项：用于设置斜线进刀采用的速率是根据【下刀速率】还是【进给率】进行进给。

图 5-107 所示为采用【斜降】选项设置进刀时生成刀具路径的效果示意图，对于其他参数用户可自行尝试对比，以便更加深入理解参数的意义。

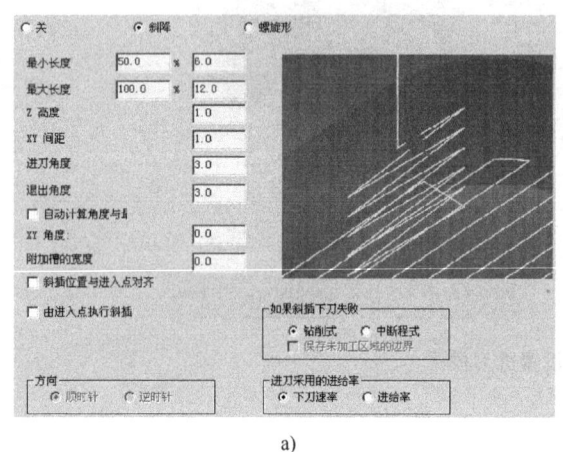
a)

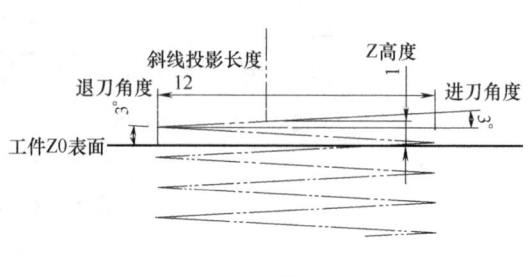
b)

图 5-107 斜降进刀
a) 斜降进刀参数设置　b) 斜降进刀效果

3）螺旋形：以螺旋线的方式进刀。由于部分参数意义与【斜降】进刀方式相同，这里只介绍不同参数。

【最小半径】和【最大半径】选项用于设置螺旋下刀的螺旋线在 XY 平面上的投影半径，即该值的大小处于【最小半径】和【最大半径】之间，设置时需结合刀下位置空间的大小和加工深度进行确定。

【沿着边界渐降下刀】选项可设置根据工件的形状渐降进给，自行设定刀具边界的移动方式，特别是当设置螺旋方式下刀失败时，启用该选项可以使刀具根据工件形状特点环绕下至工件的最深处，从而避免直插。一般建议选择，尤其是采用曲面挖槽粗加工刀路开粗时。

图 5-108 所示为采用【螺旋形】选项设置进刀时生成刀具路径的效果示意图。

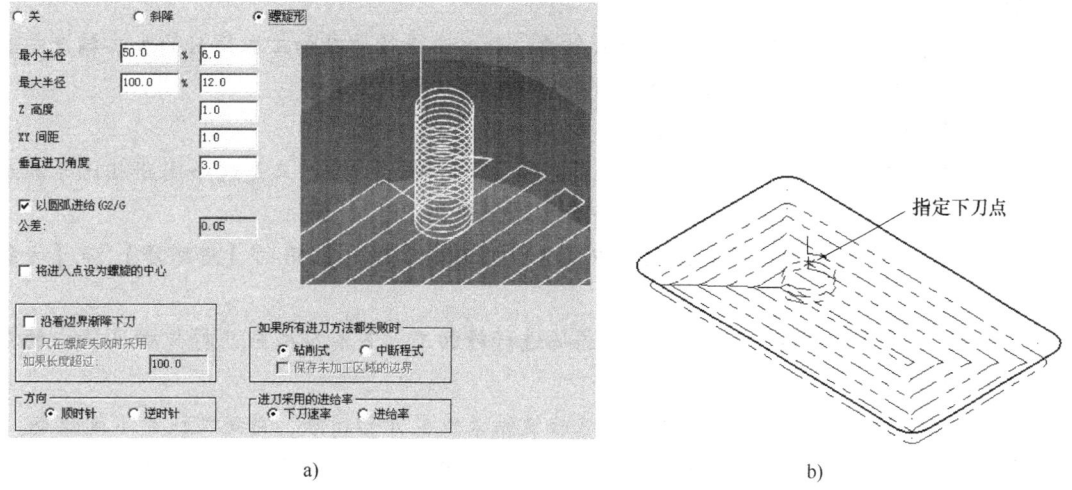

图 5-108 螺旋形进刀
a) 螺旋形进刀参数设置　b) 螺旋进刀效果

通过对比用户会发现，采用【斜降】方式进刀，若不设置【附加槽的宽度】选项，其进刀时所需要的空间比采用【螺旋形】方式要小。因此当进刀空间比较小时可考虑采用【斜降】方式进刀，以保证成功进刀，但一般情况下优先推荐采用【螺旋形】方式进刀。

（6）设置精加工参数

打开【精加工】选项卡，勾选【精加工】选项，设置【次数】为"1"，【间距】为"0.25"，【修光次数】为"0"，【刀具补正方式】为【电脑】，勾选【壁边】选项，设置【每层深度的精修次数】为"2"，其他参数默认，如图 5-109 所示。

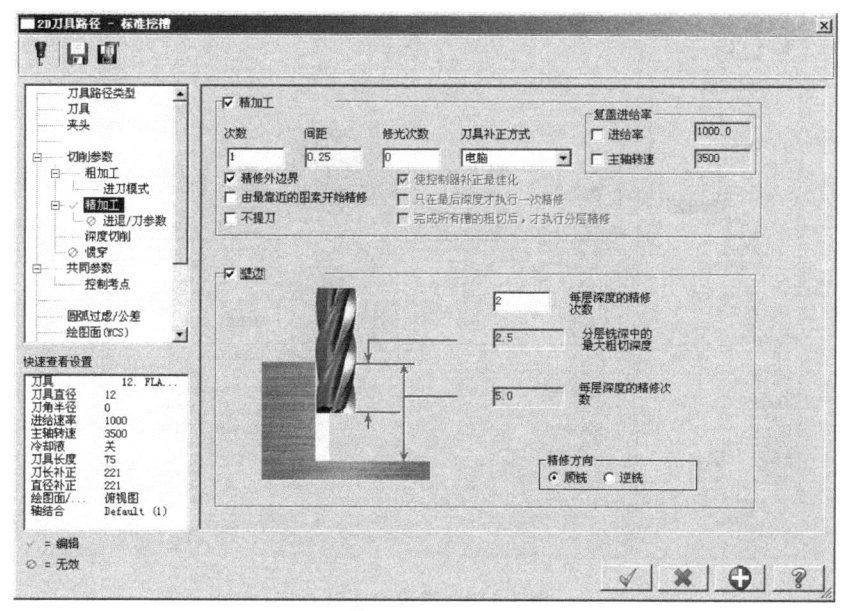

图 5-109 精加工选项卡

技术指导：

这里进行精加工的目的是为了使加工余量均匀，为后续的精加工取得好的加工精度与表面质量，挖槽精加工的形式类似于轮廓加工。

【次数】选项：用于设置精修的次数。

【间距】选项：用于设置精加工的加工余量，即为切削间距，只是这个间距相比于粗加工设置的切削间距要小很多，相当于半精加工的余量。

用户可以在【覆盖进给率】选项栏中额外设置精加工时所采用的【进给率】和【主轴转速】。

【精修外边界】选项：对挖槽边界和岛屿进行精加工。若不勾选则只对挖槽区域中的岛屿进行精加工。

【由最靠近的图素开始精修】选项：从粗铣结束位置开始精修，系统默认为不选状态。

【不提刀】选项：设置刀具在精加工时保持刀具向下铣削，而不是先退回安全高度后再进行精加工。

【只在最后深度才执行精修】选项：只在粗铣削至最后深度时才执行精修加工，否则在每粗铣完一层深度后立即执行精修加工。

【完成所有槽的粗切后才执行分层精修】选项：当挖槽的加工区域有多个时，勾选该选项则在完成了所有槽的粗加工后再进行精加工。否则，将在完成某个区域的粗精加工后才进行下一个区域的粗精加工。

【壁边】：用于设置薄壁件的精加工，通过对【每一层铣削深度】再次进行细分加工，以保证薄壁件不发生变形。

(7) 设置进/退刀参数

打开【进/退刀参数】选项卡，接受默认参数，如图 5-110 所示。

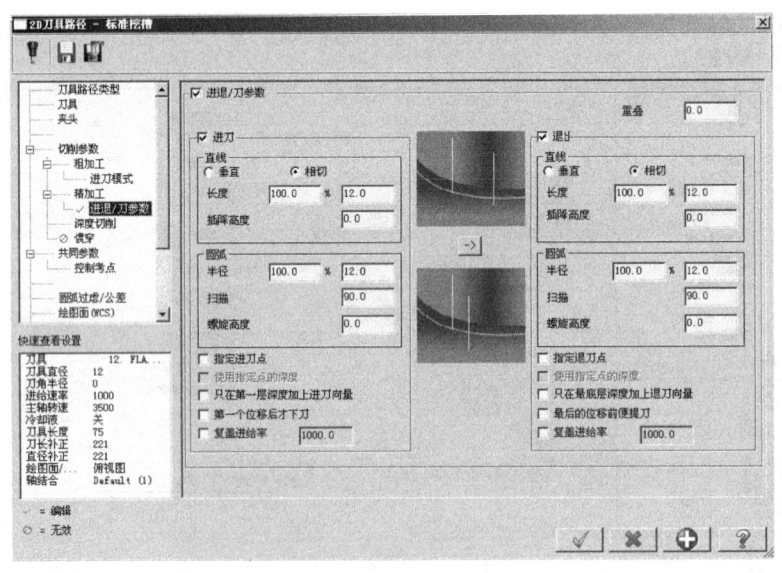

图 5-110　进退刀选项卡

(8) 设置深度切削参数

打开【深度切削】选项卡,勾选【深度切削】选项,相关参数设置如图 5-111 所示。

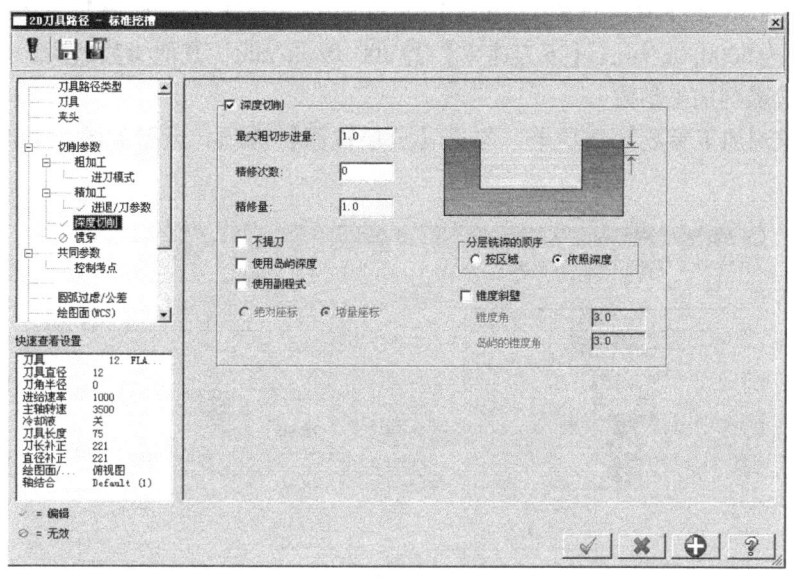

图 5-111　深度切削选项卡

(9) 设置共同参数

单击【深度切削】选项,勾选【深度切削】选项,勾选【参考高度】并设置为 10.0mm,【进给下刀位置】为 2.0mm,【深度】为 -8.0mm,点选所有【绝对座标】选项,其他参数默认。

单击 ✓ 按钮,生成刀具路径轨迹如图 5-112 所示。

3. 雕刻加工

雕刻加工常用于一些文字、图案和花纹的雕刻等。

打开随书光盘:素材\模块五　二维加工\任务 3 中的"雕刻加工.MCX-5"文件,如图 5-113 所示。

在菜单栏中选择【刀具路径】/【雕刻】选项,接受新的 NC 名称,分别选择如图 5-113 所示的"abc"文字的所有轮廓线并确定。

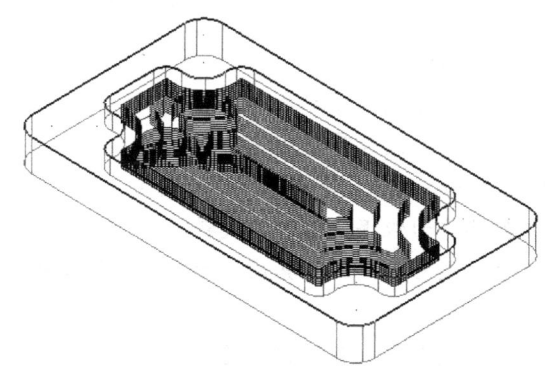

图 5-112　刀具路径轨迹

图 5-113　雕刻加工.MCX-5

(1) 设置刀具路径参数

系统弹出【雕刻】对话框，打开【刀具路径参数】选项卡，从刀库中选择名称为【5. MM 120 DEGREE ENGRAVE TOOL 1】的雕刻刀，设置【进给率】为 500.0mm/min，【主轴转速】为 5000.0r/min，【下刀速率】为 300.0mm/min，其他参数默认。

(2) 设置雕刻加工参数

打开【雕刻加工参数】选项卡，勾选【分层铣深】选项，设置如图 5-114 所示的加工参数。

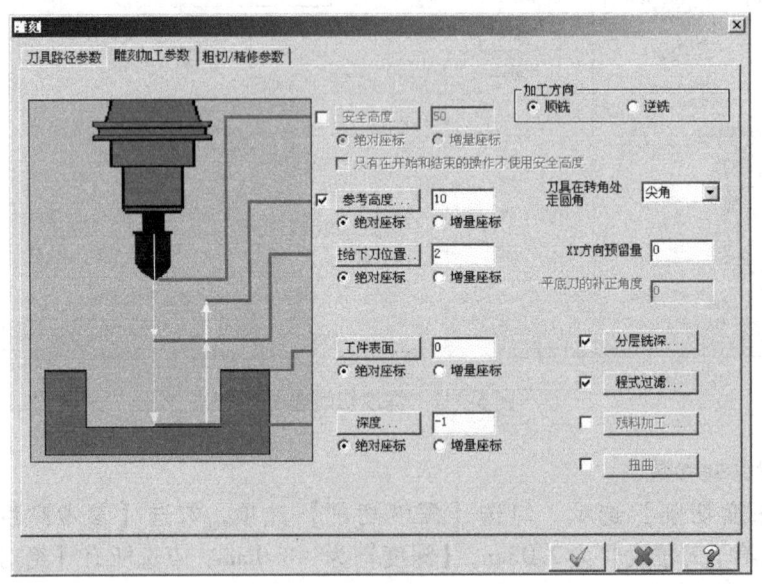

图 5-114　雕刻加工参数选项卡

单击【分层铣深】按钮，弹出【深度切削】对话框，设置【切削次数】为"2"，选择【相等的切削深度】选项，如图 5-115 所示。

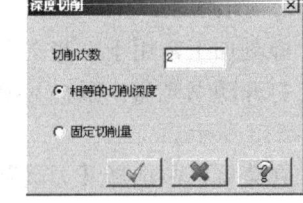

图 5-115　【深度切削】对话框

 技术指导：

下面介绍【雕刻加工参数】中的其他选项。

【深度切削】对话框各选项说明：

◆【切削次数】选项：用于设置分层切削加工的次数。

◆【相等的切削深度】选项：采用相等深度的方式计算刀具路径。

◆【固定切削量】选项：按每层相等切削量的方式计算刀具路径。

【残料加工】选项相对应的控制面板如图 5-116 所示，各选项意义如下：

◆【前一个操作】选项：以前一个加工刀路作为依据计算工件残料。

◆【自设的粗加工刀具路径】选项：以自定义的粗加工刀具尺寸为依据计算工件残料。

◆【大头直径】选项：用于设置刀具的大径值。

◆【角度】选项：用于设置刀具大头直径过渡至小头直径的角度值。

◆【小头直径】选项：用于设置刀具的小径值。

◆【粗加工完后再精修】选项：在粗加工完后再生成精加工刀具路径，从而获得更高的加工精度。

【扭曲】选项：用于四轴或五轴加工，相对应的控制面板如图 5-117 所示，各选项意义如下：

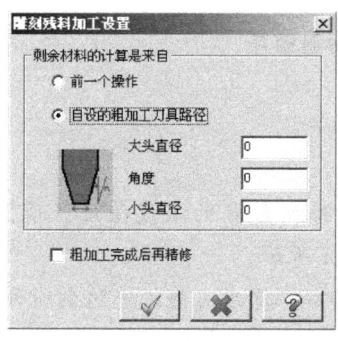

图 5-116　雕刻残料加工设置

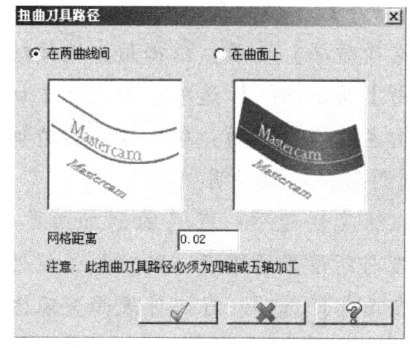

图 5-117　扭曲刀具路径设置

◆【在两曲线间】选项：在两曲线间确定刀具路径的放置位置。

◆【在曲面上】选项：在曲面上确定其刀具路径的放置位置。

◆【网格距离】选项：设置刀具路径的投影精度，该值越小则加工精度越高，相对应的刀具路径计算速度就会延长。

（3）设置粗切/精修参数

打开【粗切/精修参数】选项卡，勾选【粗加工】选项，选择切削方式为【双向】，勾选【平滑轮廓】选项，在【切削顺序】下拉选项中选择【由左至右】选项，设置【切削间距（直径%）】为"50.0"，【公差】为"0.025"，在【切削图形】选项栏中选择【在顶部】选项，【起始在】设置为【在直线的中心】，如图 5-118 所示。

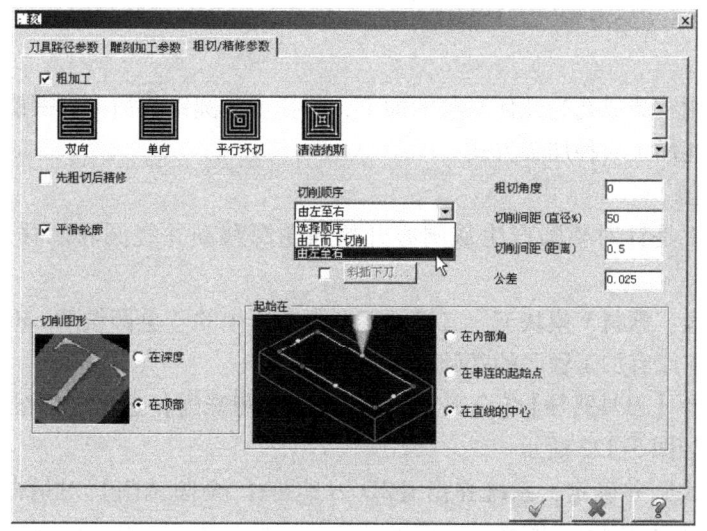

图 5-118　粗切/精修参数选项卡

技术指导：

由于一些选项在前面已作介绍，现介绍其他选项参数的意义：

【粗切角度】选项用于设置刀具斜向下刀的角度。

【切削顺序】下拉选项说明：

◆【选择顺序】选项：根据用户选择的顺序确定切削顺序。

◆【由上而下切削】选项：由上往下切削。

◆【由左至右】选项：从左边向右边切削。

【切削图形】选项说明：

◆【在深度】选项：在【雕刻加工参数】选项卡处所设置的深度值处呈现图形轮廓，即加工深度与所设置的深度一致，加工效果如图 5-119a 所示。

◆【在顶部】选项：在工件表面呈现图形轮廓，其加工深度可能没有达到所设置的深度值，具体深度将由图形的轮廓大小决定，加工效果如图 5-119b 所示。

【起始在】选项用于设置刀具加工的起始点，为所选串连的【在内部角】、【在串连的起点】或【在直线的中心】上。

单击 按钮，生成刀具路径轨迹如图 5-120 所示。

 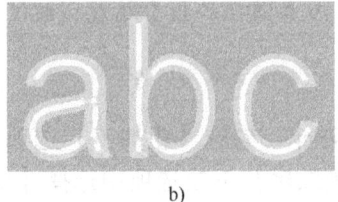 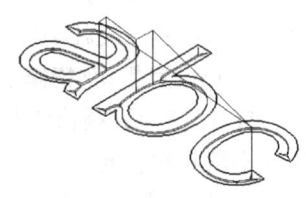

a)   b)

图 5-119　切削深度的不同效果对比　　　　图 5-120　生成刀具路径
a)【在深度】效果　b)【在顶部】效果

4. 全圆铣削

全圆铣削适用于圆或孔为几何对象的加工，包括了全圆铣削加工、螺旋铣削加工、铣键槽加工和螺旋钻孔加工 6 种加工方式。

（1）全圆铣削

全圆铣削加工是针对整圆产生从圆心开始向轮廓移动并绕圆轮廓移动而成形的刀具路径。

打开随书光盘：素材\模块五　二维加工\任务 3 中的"全圆铣削.MCX-5"文件，如图 5-121 所示，在原有加工程序的基础上继续编制刀路。

在菜单栏选择【刀具路径】/【全圆铣削路径】/【全圆铣削】选项，系统弹出【选取钻孔的点】对话框，如图 5-122 所示。

选择工件最大圆并确定，系统弹出【2D 刀具路径-全圆铣削】对话框，单击【刀具】选项卡，选择直径为 10.0mm 的平刀，设置【进给速率】为 800.0mm/min，【主轴转速】为 3000.0mm/min，【下刀速率】为 300.0mm/min，其他参数默认。

打开【切削参数】选项卡，参数设置如图 5-123 所示。

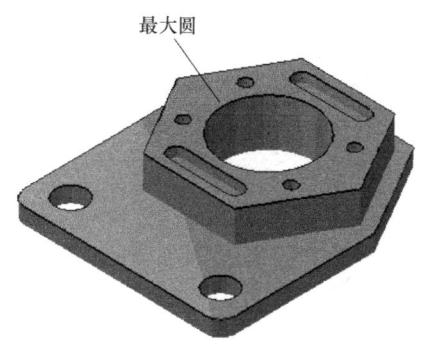

图 5-121　全圆铣削.MCX-5

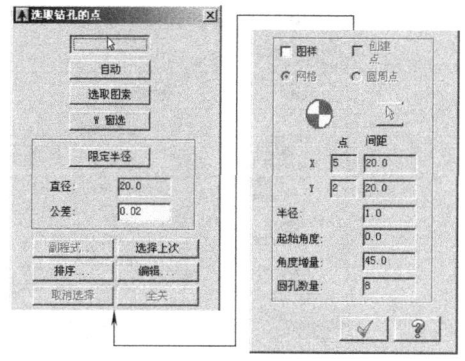

图 5-122　【选取钻孔的点】对话框

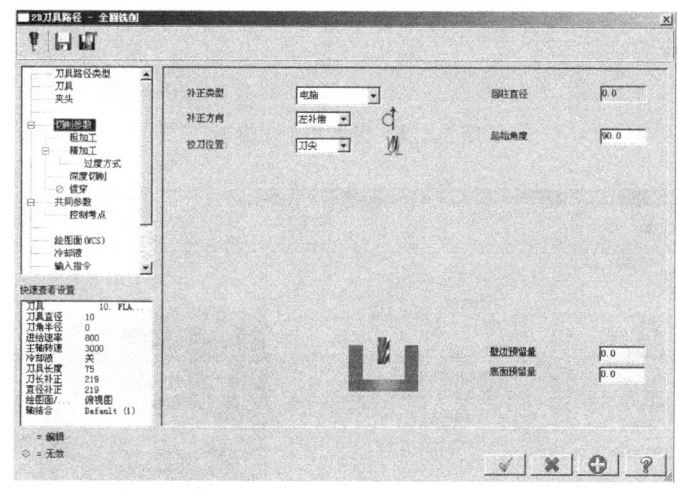

图 5-123　设置切削参数

技术指导：

【切削参数】选项各项参数的意义如下：

◆【圆柱直径】选项：当选择的图素为点时，通过该选项输入需加工圆柱直径的大小。
◆【起始角度】选项：用于设置全圆加工刀具路径的起始角度。

打开【粗加工】选项卡，参数设置如图 5-124 所示。

打开【精加工】选项卡，参数设置如图 5-125 所示。

技术指导：

系统将精加工分为半精加工与精加工，为了取得好的加工质量，用户可勾选并设置【覆盖进给率】选项中的【进给率】与【主轴转速】。

打开【过渡方式】选项卡，设置精加工进退刀参数，参数设置如图 5-126 所示。

打开【深度切削】选项卡，勾选【深度切削】选项，设置【最大粗切步进量】为 1.0mm，【精修次数】为 1，【精修量】为 0.25mm，勾选【不提刀】选项，其他参数默认。

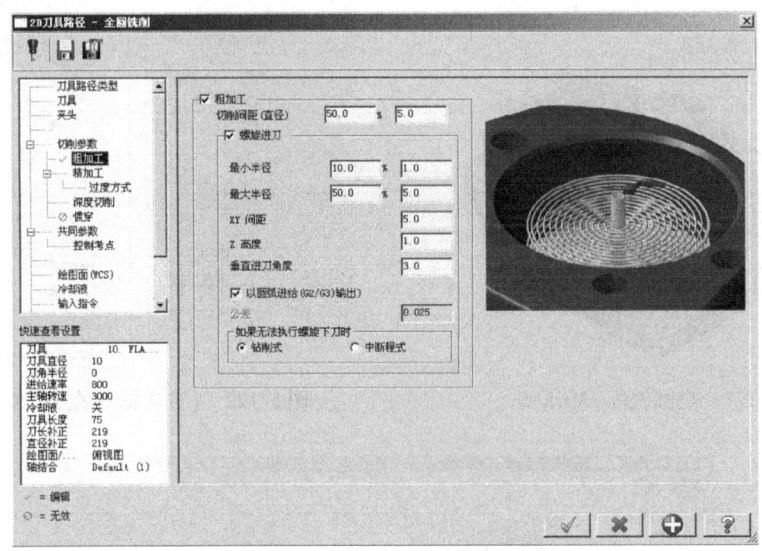

图 5-124　设置粗加工参数

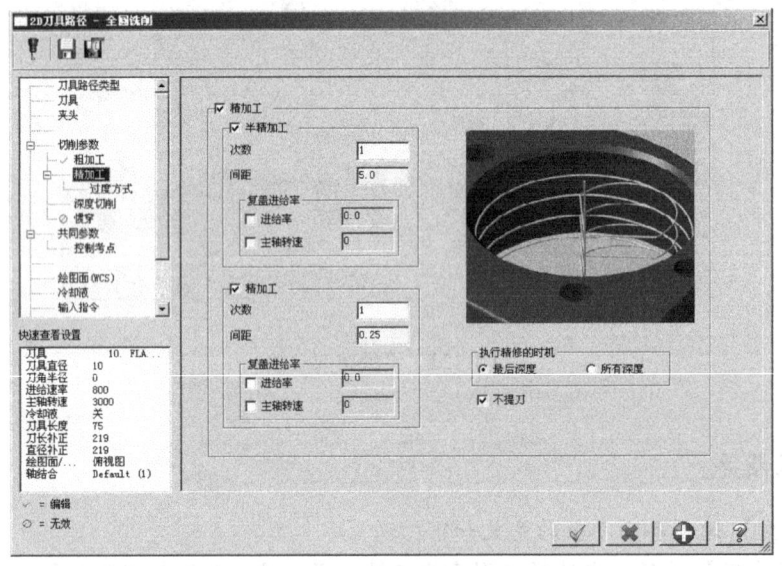

图 5-125　设置精加工参数

打开【共同参数】选项卡，勾选【安全高度】，并设为 50.0mm，【进给下刀位置】为 5.0mm，【工件表面】为 0.0mm，【深度】为 –31.0mm，点选所有【绝对座标】选项。

单击 ✓ 按钮，生成刀具路径如图 5-127 所示。

（2）自动钻孔

自动钻孔是根据用户指定需加工的孔后，系统自动选择相应的刀具和加工参数完成钻孔刀具路径的编制，用户也可以根据需要进行修改，以满足加工要求，主要用于标准孔的加工。

在菜单栏选择【刀具路径】/【全圆铣削路径】/【自动钻孔】选项，系统弹出【选取钻孔的点】对话框。分别选择如图 5-127 所示的四个孔并确定。

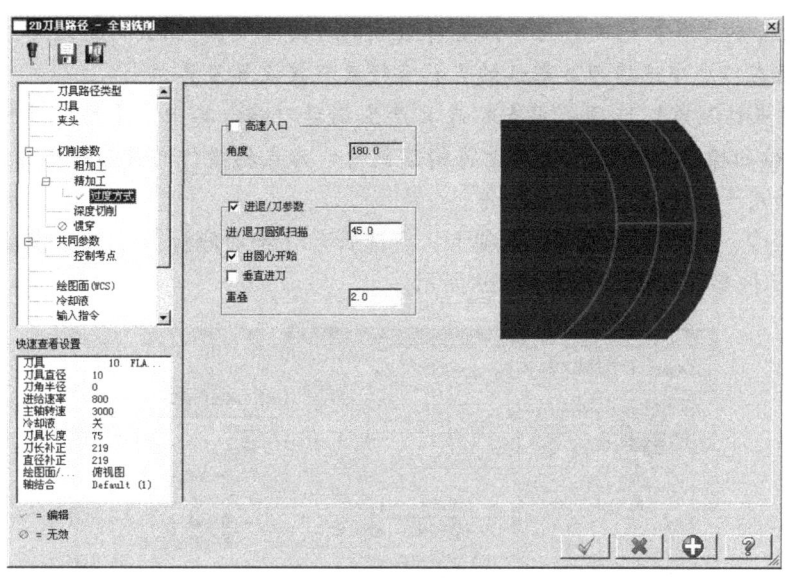

图 5-126　设置过渡参数

 技术指导：

在确定加工孔时，用户可以直接选择点或通过选择图素的相关点进行确定。

系统弹出【自动圆弧钻孔】对话框，系统打开【刀具参数】选项卡，设置【精加工刀具形式】为【钻孔】，【默认的点钻直径】为 8.0mm，其他参数默认，如图 5-128 所示。

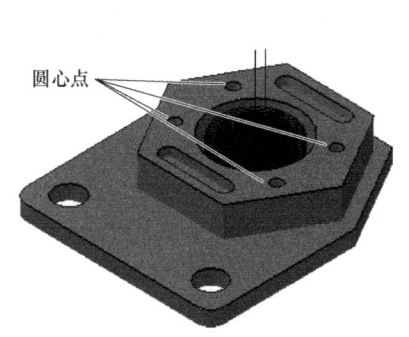

图 5-127　全圆刀路

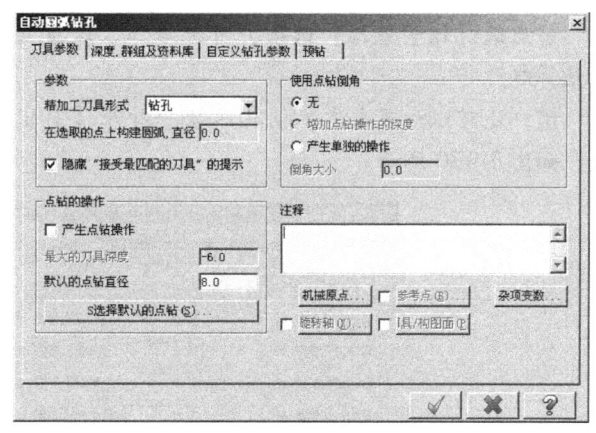

图 5-128　设置刀具参数

 技术指导：

【刀具参数】选项卡用于设置刀具参数、点钻和倒角工艺操作等。

◆【精加工刀具形式】选项：用于设置刀具形式，包括钻孔、攻螺纹、铰刀和镗孔等类型。

◆【产生点钻操作】选项：可以设置【最大的刀具深度】。用户可通过单击【选择默认的点钻】选项在刀库中选择刀具默认的点钻直径或直接设置刀具大小。

◆【使用点钻倒角】选项：用点钻刀具产生倒角刀路。其中，【无】选项为不构建倒角，【增加点钻的操作深度】选项用于将构建倒角作为点钻操作的最后一部分，【产生单独的操作】选项用于产生独立的倒角操作。

打开【深度、群组及资料库】选项卡，点选所有【绝对座标】选项，设置【深度】为 -33.0mm，其他参数默认，如图5-129所示。

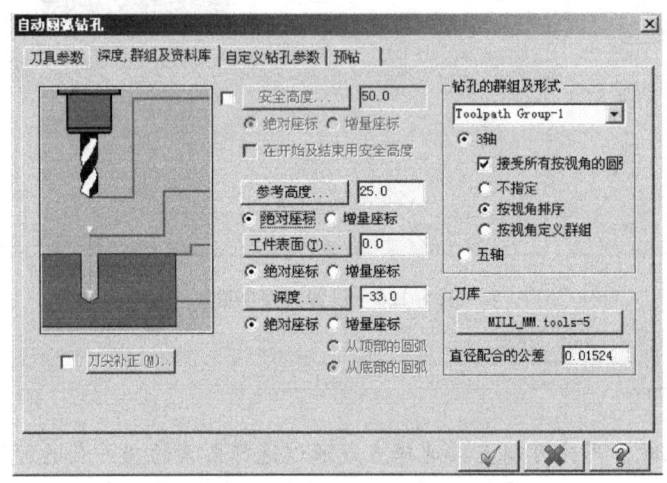

图5-129 设置深度、群组及资料库

 技术指导：

若点选【增量座标】选项，可激活加工深度是【从顶部的圆弧】或【从底部的圆弧】开始算起。

用户还可以设置自定义钻孔参数，打开【自定义钻孔参数】选项卡，进行设置钻孔参数，如图5-130所示。

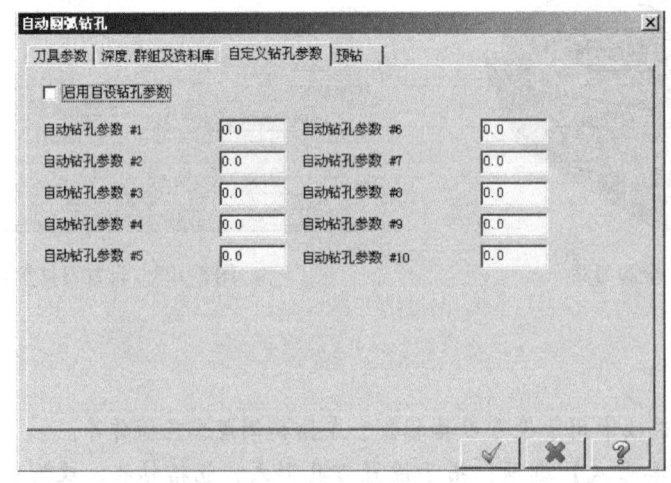

图5-130 设置自定义钻孔参数

当所加工的孔较大且精度要求高时,可在钻孔前先预钻较小的孔,然后再进行扩孔。这时可通过设置【预钻】选项卡,设置预钻刀具的直径大小,各参数如图5-131所示。

单击  铵钮,单击【重建所有已失败的操作】按钮,生成钻孔刀具路径如图5-132所示。

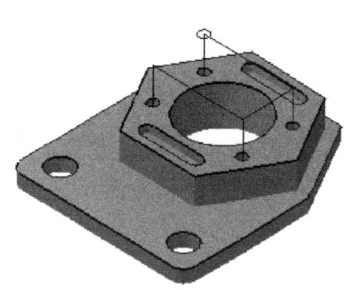

图5-131 设置预钻参数　　　　　图5-132 钻孔刀路

(3) 钻起始孔

对于一些较大或较深的孔,或在一些特殊的加工中,可在加工前先进行钻孔,以降低刀具磨损,保证刀具加工平稳。创建钻起始孔刀具路径前,须有创建好的刀具路径,生成的钻起始孔刀具路径将插到被选择的刀具路径前。

如这里对"第1步-标准挖槽(标准)"增加起始孔刀路,在菜单栏选择【刀具路径】/【全圆铣削路径】/【钻起始孔】选项,系统弹出【钻起始孔】对话框,选择"第1步-标准挖槽(标准)"刀路,其他参数默认,如图5-133所示。

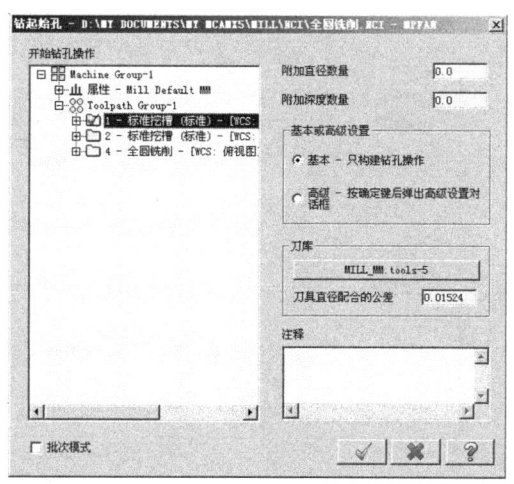

图5-133 【钻起始孔】对话框

技术指导：

【钻起始孔】对话框各选项意义说明：

【开始孔操作】选项：用于设置起始孔加工放置的位置。

【附加工直径数量】选项：用于设置加工孔比后续孔加工直径的超出量。为方便下刀，预钻孔的直径一般应大于后续加工的刀具直径，所以一般情况下不为0，当为0时，则起始孔直径与刀具直径相同。

【附加工深度数量】选项：用于设置加工的孔比后续铣削加工深度的超出量。

单击 按钮，单击【重建所有已失败的操作】按钮 ，生成起钻孔刀具路径如图5-134所示。

 技术指导：

用户可以在【操作管理器】的【刀具路径】中单击【参数】选项，对相关的加工参数进行修改，以满足加工要求。

(4) 螺旋钻孔

螺旋钻孔一般用于大直径孔的粗精加工。

单击【移动插入箭头到下一项】按钮 至所有刀具路径的最后处，以使生成的刀具路径放在最后。在菜单栏选择【刀具路径】/【全圆铣削路径】/【螺旋钻孔】选项，系统弹出【选取钻孔的点】对话框，如图5-134所示，两通孔圆心并确定。

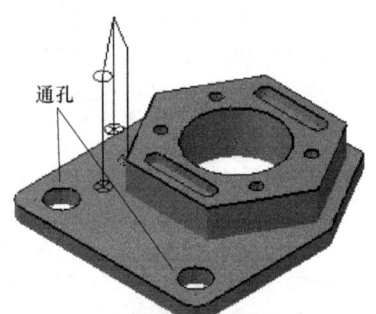

图5-134 起始孔刀路

系统弹出【2D-刀具路径-螺旋式钻孔】对话框，打开【刀具】选项卡，选择直径为10.0mm的平刀，其他参数默认。

打开【切削参数】选项卡，参数设置如图5-135所示。

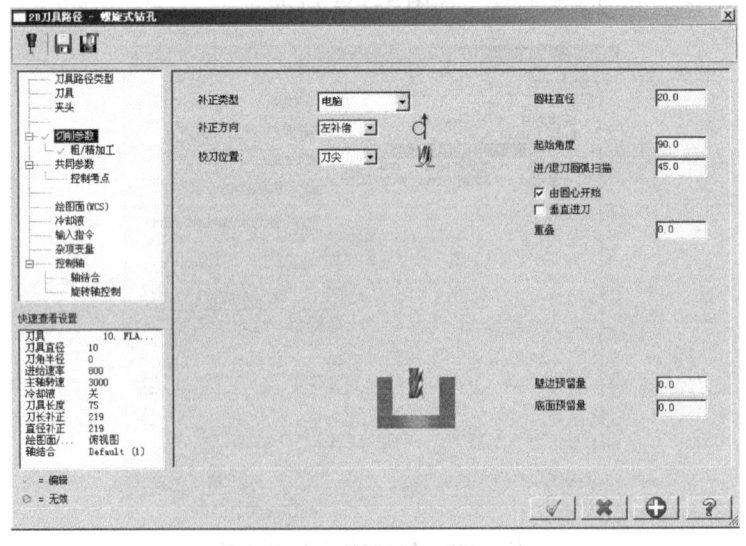

图5-135 设置切削参数

技术指导：

由于选择的图素为圆心而不是圆，因此用户可定义【圆柱直径】的大小。否则若选择圆时，系统默认【圆柱直径】大小为圆的大小。

打开【粗/精加工】选项卡，参数设置如图 5-136 所示。

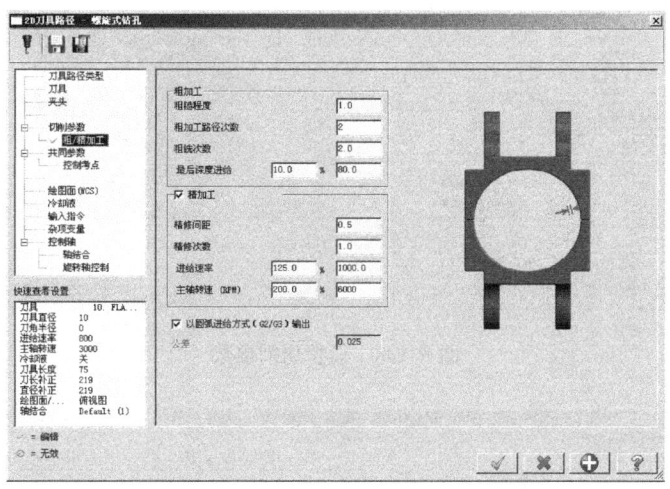

图 5-136　粗/精加工参数设置

打开【共同参数】选项卡，勾选所有【绝对座标】选项，并设置【参考高度】为 10.0mm，【进给下刀位置】为 5.0mm，设置【工件表面】为 -20.0mm，【深度】为 -31.00mm，生成螺旋钻孔刀具路径如图 5-137 所示。

（5）铣键槽

铣键槽刀路专用于加工两条平行线与圆弧组成的凹槽，对于此类凹槽也可采用挖槽方式进行加工。

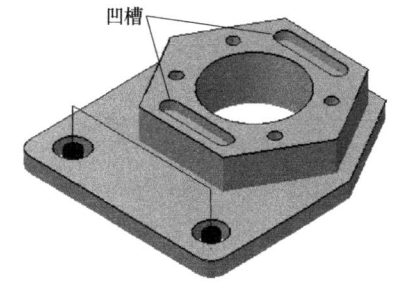

图 5-137　螺旋钻孔刀路

在菜单栏选择【刀具路径】/【全圆铣削路径】/【铣键槽】选项，选择如图 5-137 所示的两凹槽轮廓并确定。

系统弹出【2D-刀具路径-螺旋式钻孔】对话框，打开【刀具】选项卡，选择直径为 10.0mm 的刀具，其他参数默认。打开【切削参数】选项卡，参数设置如图 5-138 所示。

打开【粗/精加工】选项卡，参数设置如图 5-139 所示。

打开【深度切削】选项卡，勾选【深度切削】选项，设置【最大粗切步进量】为 0.5mm，【精修次数】为 1，【精修量】为 0.25mm，勾选【不提刀】选项，其他参数默认。

打开【共同参数】选项卡，勾选所有【绝对座标】选项，并设置【参考高度】为 10.0mm，【进给下刀位置】为 5.0mm，【工件表面】为 0.0mm，【深度】为 -6.0mm，生成的铣键槽刀具路径如图 5-140 所示。

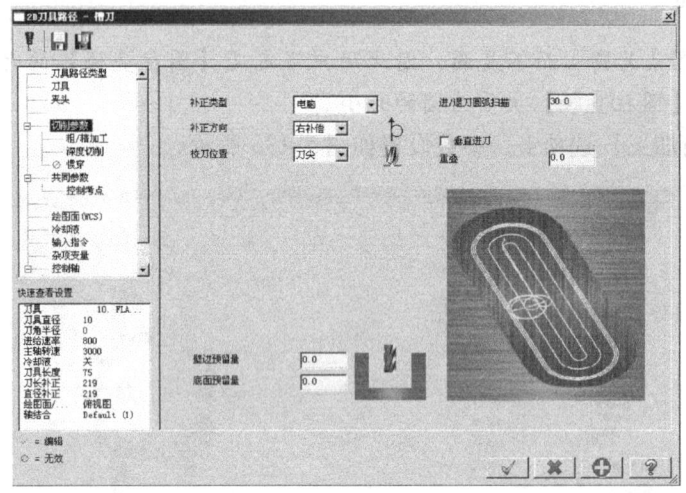

图 5-138　设置切削参数

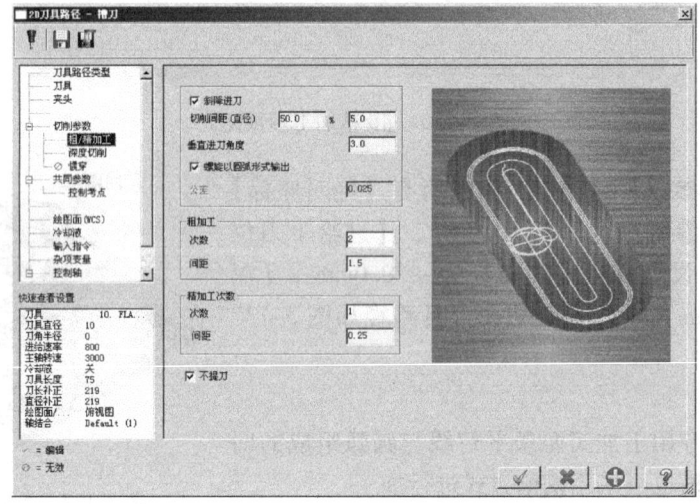

图 5-139　设置粗/精加工参数

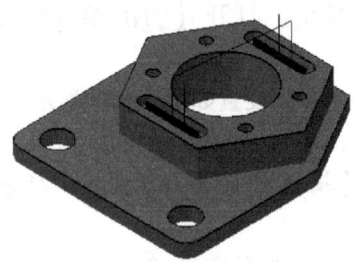

图 5-140　铣键槽刀具路径

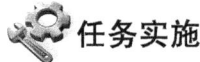 **任务实施**

打开随书光盘：素材 \ 模块五 二维加工 \ 任务 3 中的"铝腔体.MCX-5"文件，结合图形分析，分别选择 φ10.0mm 平刀、φ8.0mm 钻头和 φ5.0mm 雕刻刀具进行加工，为了方便后续的编程加工，提前创建刀具及刀具路径群组。

在菜单栏选择【刀具路径】/【刀具管理】选项，通过【刀具管理】对话框，分别选择 "8. DRILL"、"10FLAT. ENDMILL" 和 "5. MM 60 DEGREE ENGRAVE TOOL 1 TIP 5.0-30"。

在【刀具管理】对话框中的 "5. MM 60 DEGREE ENGRAVE TOOL 1 TIP 5.0-30" 处单击鼠标右键，选择【编辑刀具】选项，系统弹出【定义刀具】对话框，在【雕刻刀具】选项卡中修改【直径】为 0.3mm，如图 5-141a 所示。打开【参数】选项卡，修改切削参数如图 5-141b 所示，单击 ✓ 按钮，完成刀具参数定义。采用相同的方法继续修改其他刀具切削参数，其中 φ10.0mm 平刀的进给速度为 1000.0mm/min，下刀速度为 300.00mm/min，提刀速率为 1000.0mm/min，主轴转速为 3000.0r/min。φ5.0mm 钻头进给速度为 120.0mm/min，下刀速度为 50.0mm/min，提刀速率为 200.0mm/min，主轴转速为 1000.0r/min，其他参数默认。

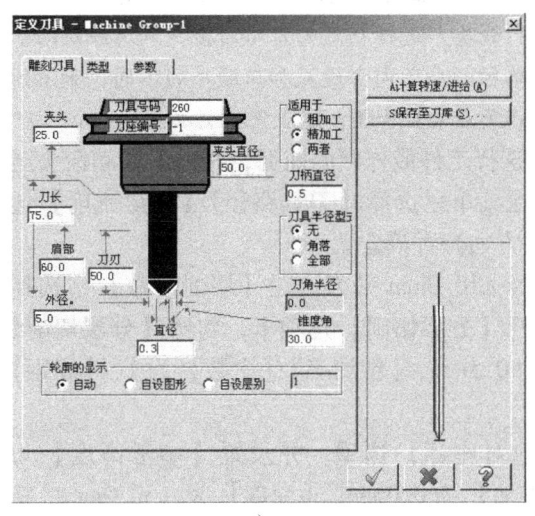
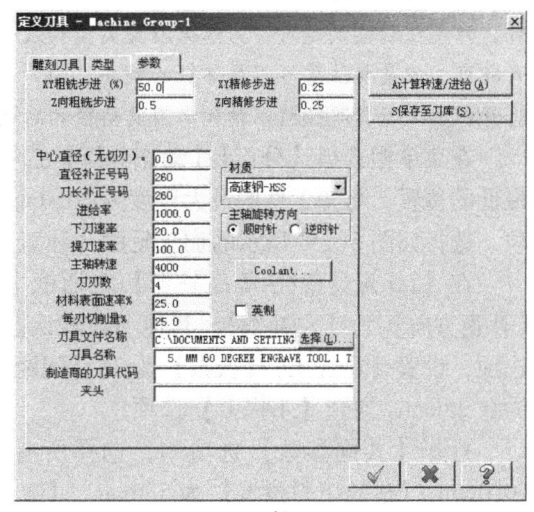

a) b)

图 5-141 修改刀具参数
a) 定义刀具几何参数 b) 定义切削参数

打开【刀具路径】选项卡，在【Toolpath Group-1】中单击鼠标右键，在弹出的快捷菜单中选择【群组】/【重命名】选项，如图 5-142a 所示，输入名称为 "10R0"。继续在【刀具路径】选项卡中的【Machine Group-1】中单击鼠标右键，在弹出的快捷菜单中选择【群组】/【新建刀具路径群组】选项，创建 "ENGRAVE 5" 群组和 "DRILL5R0" 群组，单击按钮 ▲，使刀具路径开始点置于 "10R0" 群组下方，结果如图 5-142b 所示。

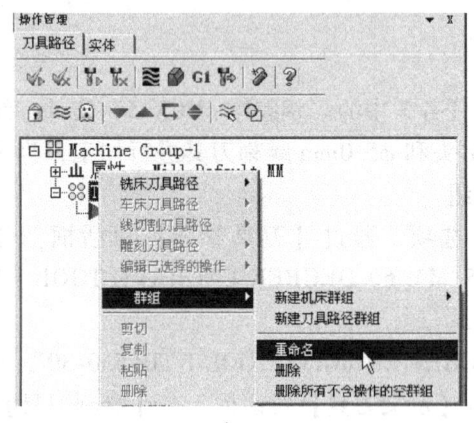
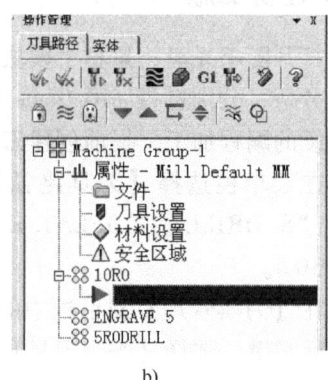

a)   b)

图 5-142 创建刀具路径群组

a) 重命名   b) 结果

 技术指导：

创建刀具路径群组是为了方便后续进行刀具路径的后处理，保证后处理程序准确，不漏选。对于刀具路径群组，用户可在创建刀具路径前创建，也可在创建完刀具路径后再创建，方法一样，只是在后续创建时，需根据刀具类型和大小进行分类，选择指定的刀路后拖曳到所在群组松开即可。但是要注意各刀具路径的顺序，因为刀具路径顺序不同会造成加工顺序的不同，如不能将开粗加工刀具路径放在精加工刀具路径的后面，以免后处理出错，这点需特别注意。

在菜单栏选择【分析】/【动态分析】选项，选择工件最外侧的曲面，并向下移动箭头至最低的位置，可知工件的最大厚度为 30.0mm。在菜单栏选择【刀具路径】/【外形铣削】选项，选择如图 5-143 所示的加工轮廓（注意箭头方向）并确定。

在【2D 刀具路径-等高外形】对话框中选择 φ10.0mm 平刀，在【切削参数】中选择【补正方向】为【左补偿】，其他参数默认。打开【分层切削】选项卡，勾选【分层切削】选项，设置【粗加工】/【次数】为 3，【间距】为 0.5mm，【精加工】/【次数】为 1，【间距】为 0.25mm，勾选【不提刀】选项。

打开【共同参数】选项卡，选择所有【绝对坐标】选项，并设置【参考高度】为 10.0mm，【进给下刀位置】为 5.0mm，【工件表面】为 0.0mm，【深度】为 -30.0mm，其他参数默认。单击 ✓ 按钮，生成外形铣削刀具路径如图 5-144 所示。

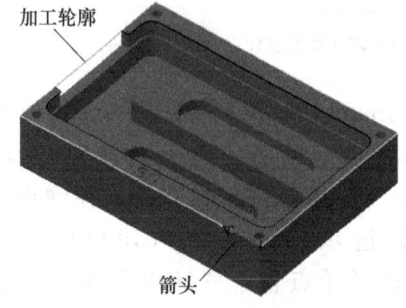
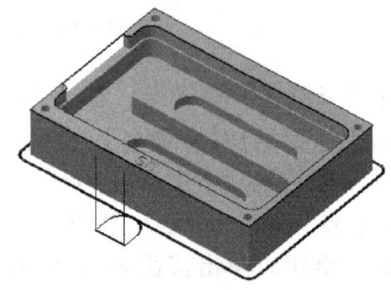

图 5-143 选择轮廓   图 5-144 外形铣削刀路

在菜单栏选择【刀具路径】/【外形铣削】选项，选择与上一步相同的加工轮廓（注意箭头方向亦与图 5-143 所示的箭头方向一致），并确定。在【2D 刀具路径-等高外形】对话框中选择 φ10.0mm 平刀，修改【进给速率】为 400.0mm/min，【主轴转速】为 3500.0r/min，【下刀速率】为 200.0mm/min。在【切削参数】选项中设置【补正方向】为【左补偿】，设置【壁边预留量】为 -11.0mm，其他参数默认。

 技术指导：

设置【壁边预留量】为 -11.0mm 是为了使生成的刀具路径向工件中心靠拢，这里进行外形铣削的目的是为了达到平面铣削的效果，不采用平面铣削刀路是为了只加工工件的上表面，提高加工效率。

打开【分层切削】选项卡，勾选【分层切削】选项，设置【粗加工】/【次数】为 2，【间距】为 0.5mm，勾选【不提刀】选项，其他参数默认。

打开【共同参数】选项卡，选择所有的【绝对座标】选项，设置【工件表面】为 0.0mm，【深度】为 0.0mm，其他参数默认。单击 ✓ 按钮，生成外形铣削刀具路径如图 5-145 所示。

通过动态分析可知开口凹槽的深度为 -8.0mm。在菜单栏选择【刀具路径】/【标准挖槽】选项，选择如图 5-146 所示的开口凹槽轮廓并确定。在【2D 刀具路径-标准挖槽】对话框中选择 φ10.0mm 平刀，其他参数默认。

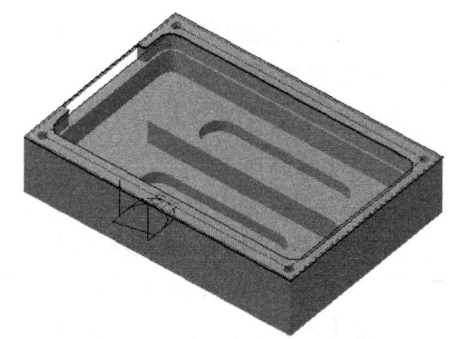 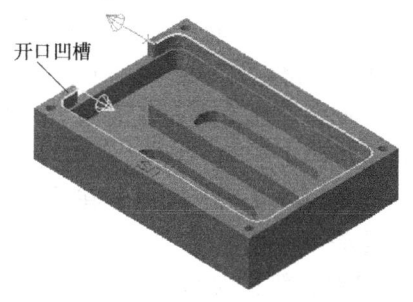

图 5-145　加工工件表面刀路　　　　图 5-146　选择开口凹槽轮廓

打开【切削参数】选项卡，选择【挖槽类型】为【打开】，设置【重叠】为 12.0mm，设置【壁边预留量】与【底面预留量】都为 0.0mm，勾选【使用开放轮廓的切削方法】与【使用标准的轮廓作为关闭链】选项，其他参数默认。

打开【粗加工】选项卡，勾选【粗加工】选项，选择【等距环切】方式，设置【切削间距（距离）】为 6.0mm，勾选【由内而外】选项，其他参数默认。

打开【精加工】选项卡，勾选【精加工】选项，设置【次数】为 1，【间距】为 0.25mm，勾选【不提刀】与【只在最后深度才执行一次精修】选项，其他参数默认。

打开【进退/刀具参数】选项卡，选择【相切】选项，设置【长度】为 30%，【圆弧】【半径】为 30%，【扫描（角度）】为 90.0°，单击按钮 ⇥，即将进退刀参数设为一致。

打开【深度切削】选项卡，勾选【深度切削】选项，设置【最大粗切步进量】为 0.5mm，【精修次数】为 1，【精修量】为 0.3mm，勾选【不提刀】选项，其他参数默认。

打开【共同参数】选项卡，选择所有的【绝对坐标】选项，并设置【参考高度】为 10.0mm，【进给下刀位置】为 5.0mm，【工件表面】为 0.0mm，【深度】为 −8.0mm，其他参数默认。单击 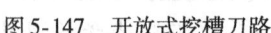 按钮，生成开放式挖槽铣削刀具路径如图 5-147 所示。

通过动态分析可知开口凹槽的深度为 −20.0mm。在菜单栏选择【刀具路径】/【标准挖槽】选项，选择如图 5-148 所示的封闭凹槽轮廓并确定。在【2D 刀具路径-标准挖槽】对话框中选择 φ10.0mm 平刀，其他参数默认。

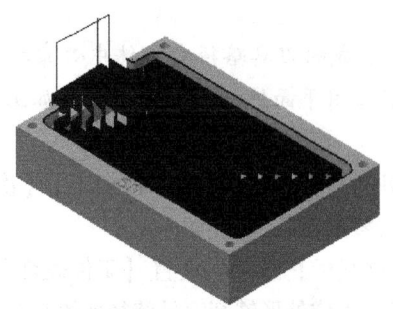 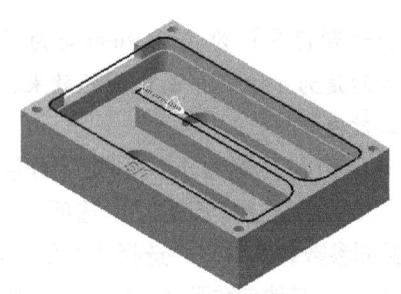

图 5-147　开放式挖槽刀路　　　　图 5-148　选择封闭凹槽轮廓

打开【切削参数】选项卡，选择【挖槽类型】为【标准】，设置【壁边预留量】与【底面预留量】为 0.0mm，其他参数默认。

打开【粗加工】选项卡，勾选【粗加工】选项，选择【等距环切】方式，设置【切削间距（距离）】为 6.0mm，勾选【由内而外】选项，其他参数默认。

打开【进刀模式】选项卡，点选【螺旋形】选项，设置【Z 高度】为 1.0mm，【XY 间距】为 1.0mm，勾选【沿着边界渐降下刀】选项，其他参数默认。

打开【精加工】选项卡，勾选【精加工】选项，设置【次数】为 1，【间距】为 0.25mm，勾选【不提刀】与【只在最后深度才执行一次精修】选项，其他参数默认。

打开【深度切削】选项卡，勾选【深度切削】选项，设置【最大粗切步进量】为 0.5mm，【精修次数】为 1，【精修量】为 0.3mm，勾选【不提刀】选项，其他参数默认。

打开【共同参数】选项卡，选择所有的【绝对坐标】选项，设置【工件表面】为 −8.0mm，【深度】为 −20.0mm，其他参数默认。单击 按钮，生成标准挖槽铣削刀具路径如图 5-149 所示。

通过动态分析可知键槽的深度为 −26.0mm。在菜单栏选择【刀具路径】/【全圆铣削】/【铣键槽】选项，选择如图 5-150 所示的键槽轮廓并确定。

在【2D 刀具路径-槽刀】对话框中选择 φ10.0mm 平刀，其他参数默认。打开【切削参数】选项卡，设置【补正方向】为【左补偿】，【进/退刀圆弧扫描】为 30.0°，设置【壁边预留量】与【底面预留量】为 0.0mm，其他参数默认。

打开【粗/精加工】选项卡，勾选【斜降进刀】选项，设置【切削间距】为 5.0mm，【粗加工】/【次数】为 1，【间距】为 2.0mm，【精加工】/【次数】为 1，【间距】为 0.5mm，其他参数默认。

打开【深度切削】选项卡，勾选【深度切削】选项，设置【最大粗切步进量】为 0.5mm，【精修次数】为 1，【精修量】为 0.25mm，勾选【不提刀】选项，其他参数默认。

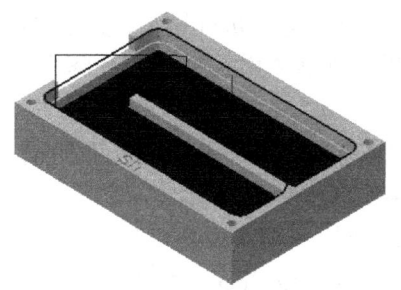
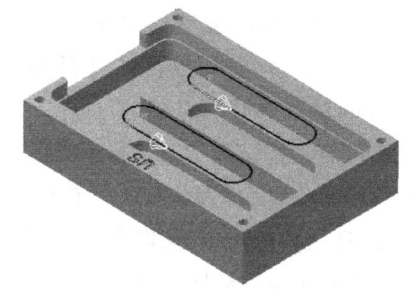

图 5-149　生成挖槽刀具路径　　　　图 5-150　选择槽轮廓

打开【共同参数】选项卡，选择所有的【绝对座标】选项，设置【参考高度】为 10.0mm，【进给下刀位置】为 5.0mm，【工件表面】为 -20.0mm，【深度】为 -26.0mm，其他参数默认。单击 按钮，生成标准挖槽铣削刀具路径如图 5-151 所示。

单击按钮 ，使刀具路径开始点置于"ENGRAVE 5"群组下方。在菜单栏中选择【刀具路径】/【雕刻】选项，"SN"文字的所有轮廓线并确定。

系统弹出【雕刻】对话框，打开【刀具路径参数】选项卡，从刀库中选择名称为【5. MM 60 DEGREE ENGRAVE TOOL 1 TIP 5.0-30】的雕刻刀，其他参数默认。

打开【雕刻加工参数】选项卡，勾选【分层铣深】选项，设置【参考高度】为 25.0mm，【进给下刀位置】为 5.0mm，【工件表面】为 0.0mm，【深度】为 -0.6mm，点选所有【绝对座标】选项，【XY 方向预留量】为 0.0mm，勾选【分层铣深】与【程式过滤】选项，其他参数默认。

单击【分层铣深】按钮，弹出【深度切削】对话框，设置【切削次数】为 4，选择【相等的切削深度】选项。

打开【粗切/精修参数】选项卡，勾选【粗加工】选项，选择【双向】方式，勾选【先粗后精】与【平滑轮廓】选项，设置【切削顺序】为【由左至右】选项，【粗切角度】为 "90.0"，【切削间距（距离）】为 0.3mm，【切削图形】为【在浓度】，【起始在】/【在内部角】。

单击 按钮，生成雕刻加工刀具路径如图 5-152 所示。

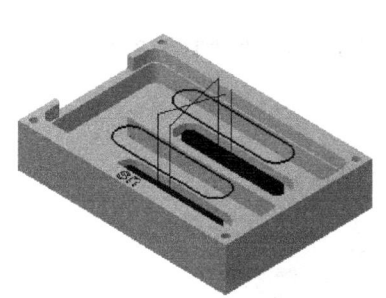
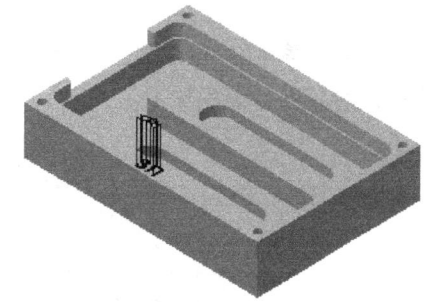

图 5-151　挖槽铣削刀具路径　　　　图 5-152　雕刻加工刀具路径

单击按钮 ，使刀具路径开始点置于"DRILL5R0"群组下方。

在菜单栏选择【刀具路径】/【钻孔】选项，选择四周孔的孔心并确定。在【2D 刀具路径-钻孔/全圆铣削　深孔啄钻-完整回缩】对话框中选择 φ5.0mm 钻头，其他参数默认。

打开【切削参数】选项卡，在【循环】选项下拉菜单中选择【深孔啄孔（G83）】选项，设置【Peck】为 2.0mm。

打开【共同参数】选项卡，选择所有的【绝对座标】选项，设置【工件表面】为 0.0mm，【深度】为 –31.0mm，其他参数默认。单击 √ 按钮，生成钻孔刀具路径如图 5-153 所示。

在【刀具路径】操作管理器中单击【材料设置】选项，设置毛坯大小为 X150.0mm、Y105.0mm、Z30.0mm，素材原点视角座标在 X0.0mm、Y0.0mm、Z0.5mm。

单击【选择所有的操作】按钮 ，单击【验证已选择的操作】按钮 ，单击【播放】按钮 ，结果如图 5-154 所示。至此铝腔体刀具路径编制完成。

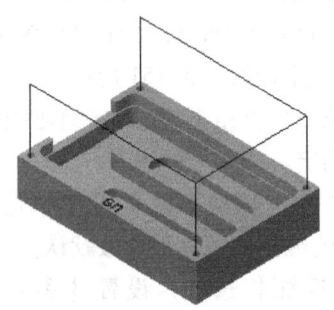　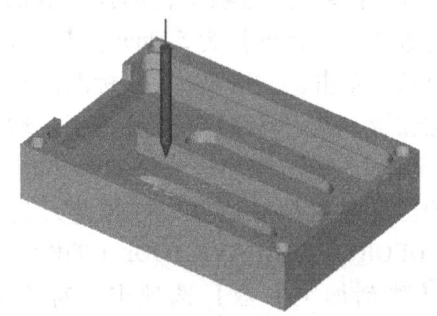

图 5-153　钻孔刀具路径　　　　　　图 5-154　模拟结果

任务总结

本任务的难点是封闭式挖槽与开放式挖槽在使用上的区别，以及理解其进退刀参数设置的意义。通过本任务的学习，读者应学会采用分析功能对图素进行分析，以便于了解图形更多的信息。同时，掌握挖槽加工与全圆铣削加工的创建方法。在实际应用中，建议养成针对不同刀具创建不同名称的刀路群组，以方便对刀具路径进行编辑操作。二维加工中，巧妙地设置负余量往往可获得意想不到的效果，如本任务中采用外形铣削刀路，结合负余量的设置达到了只加工局部平面的效果，对于负余量的设置还可用于二维加工的配合件中，用户可尝试使用。

提高练习

根据随书光盘：素材 \ 模块五　二维加工 \ 任务 3 中的"TG5-3.MCX-5"文件，如图 5-155 所示，对其进行编程加工。

图 5-155　TG5-3

模块六

曲面加工

对于造型复杂的零件只采用二维刀具路径并不能满足要求，因此如何根据零件曲面造型特点创建相适宜的刀具路径是 CAD/CAM 软件主要解决的问题。Mastercam 对曲面加工提供了 8 种粗加工刀路与 11 种精加工刀路，各种刀路都有自身的特点，相对应设置的参数也不一样。在应用中，用户需将曲面造型特点与刀路特点相结合，选择最适宜的刀路，使编程效率得到有效提高。

任务1　表壳样板加工

任务目标

➢ 掌握边界盒的创建方法。
➢ 掌握曲面平行铣削粗加工、等高外形粗加工刀路的创建方法。
➢ 掌握曲面等高外形、平行铣削与残料清角精加工刀路的创建方法。
➢ 学会干涉曲面的运用。
➢ 能结合工件特点适时做一些辅助设计，使加工质量得到有效保证。
➢ 学会同时选取多条曲线创建外形铣削刀具路径的方法。

任务导入

根据随书光盘：素材 \ 模块六　曲面加工 \ 任务 1 中的"表壳样板.MCX-5"文件，如图 6-1 所示，对其进行编程加工。

图 6-1　表壳样板

任务分析

该零件曲面造型较复杂，中心为一凸圆，圆周均布 6 个通孔，外侧凸圆颈部有一倒圆角圆弧曲面与表盖相连接。表盖上表面由圆弧扫描而成，底座由一拔模角度为 5.0°的矩形体构成。加工时，可先采用曲面平行铣粗加工刀路对上部分进行开粗，接着采用曲面等高外形粗加工刀路进行二次开粗。圆弧曲面可采用平行铣削刀路完成，采用曲面等高外形精加工刀路对矩形侧面进行清角加工。凸圆的圆弧颈部曲面部分采用残料清角精加工刀路，表壳样板矩形体的平底面采用轮廓铣削刀路加工，最后进行钻孔。

知识准备

1. 动态平移

动态平移可将所选图素以移动或复制的形式按指定方向平移、旋转,具有随意性。

打开随书光盘:素材\模块六 曲面加工\任务1中的"动态平移.MCX-5"文件,如图6-2所示。

在菜单栏选择【转换】/【动态平移】选项或在转换工具栏上单击【动态平移】按钮,窗选所有图素并确定,系统显示动态座标系,移动动态座标系至图形中心并单击,如图6-3所示。系统弹出【动态平移-平移-XYZ-三角形】工具栏,如图6-4所示。

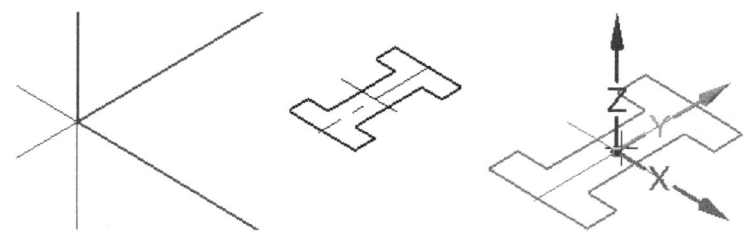

图6-2 动态平移.MCX-5   图6-3 指定平移基点

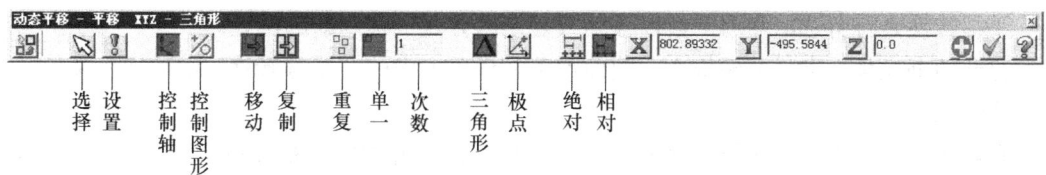

图6-4 【动态平移-平移-XYZ-三角形】工具栏

单击【相对座标】按钮,移动光标至如图6-3所示的Y轴,系统显示直尺,如图6-5所示。

单击鼠标右键,系统弹出【动态平移-平移-沿着轴移动】工具栏,单击【复制】按钮,朝Y轴正方向移动鼠标至110.0mm的位置,如图6-6所示。

图6-5 显示移动方向

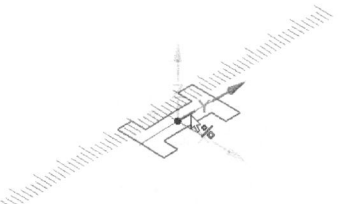

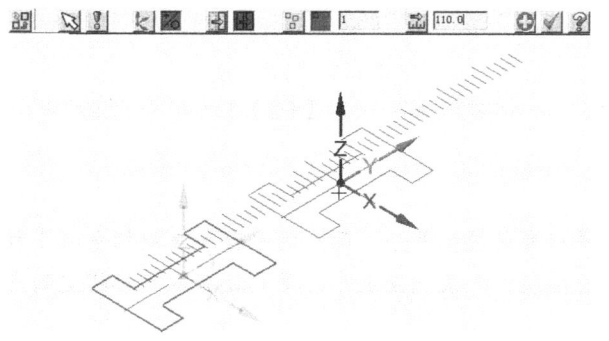

图6-6 移动控制

单击鼠标右键，单击 按钮，结果如图6-7所示。

技术指导：

用户还可以移动光标到指定轴，使其显示旋转标尺，如图6-8所示，接着按住鼠标旋转至指定角度后松开。

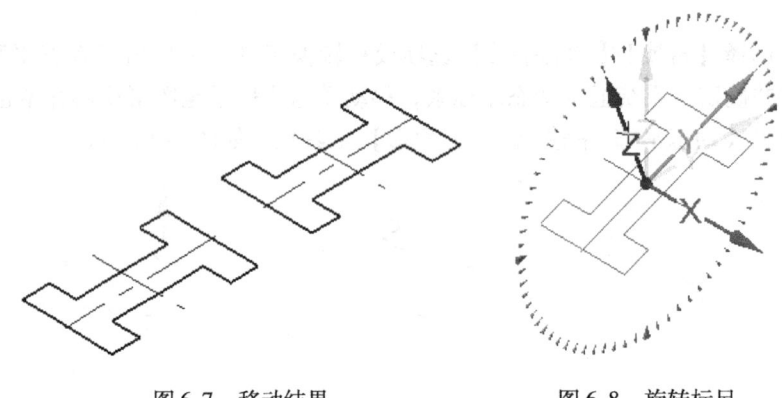

图6-7　移动结果　　　　图6-8　旋转标尺

2. 平移转换

平移转换是将所选的几何图素以移动或复制的方式平移到新的位置。

打开随书光盘：素材 \ 模块六　曲面加工 \ 任务1 中的"平移转换.MCX-5"文件，如图6-9a所示。

在转换工具栏单击【平移】按钮，窗选所有曲面并确定。系统弹出【平移】对话框，设置以【复制】的形式复制【次数】为"3"，在【直角座标】选项下输入 X 为"250.0"，Y 为"200.0"，如图6-9b所示。单击 按钮，结果如图6-9c所示。

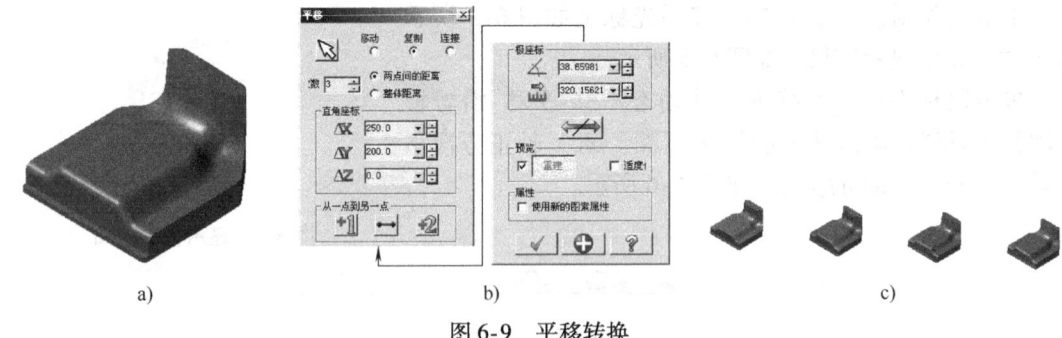

图6-9　平移转换

a) 平移转换.MCX-5　b)【平移】对话框　c) 平移结果

技术指导：

系统分别提供了平移直角座标平移、两点间平移和极座标平移3种方式。其中直角座标与极座标两种方式相互关联，效果相互统一。用户还可以直接指定两点进行平移。

3. 移动至原点

移动至原点是将所选的几何图素以指定参考点为基点移动至系统座标系原点。

打开随书光盘：素材\模块六 曲面加工\任务1中的"移动至原点.MCX-5"文件，按F9键，如图6-10a所示。在转换工具栏单击【移动至原点】按钮，选择如图6-10a所示的直线的中心为平移起点，结果如图6-10b所示。

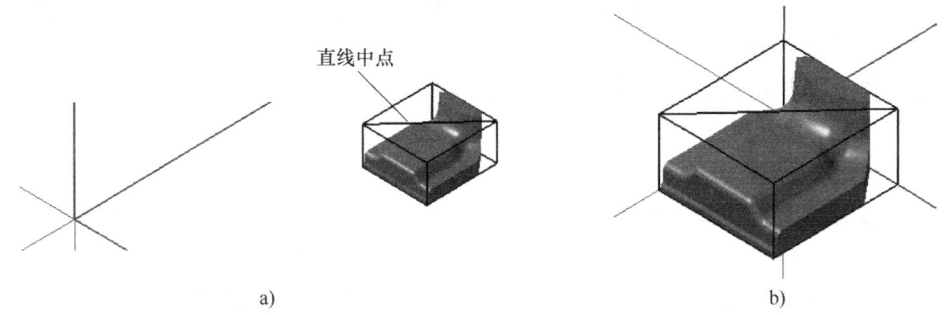

图 6-10 移动至原点
a) 移动至原点.MCX-5 b) 移动结果

4. 平行铣削粗加工

平行铣削粗加工是生成具有某一特定角度并分层平行切削的刀具路径，加工后的工件表面刀路呈平行条状。该刀路计算时间长，提刀较多，加工效率低，实际应用较少。

打开随书光盘：素材\模块六 曲面加工\任务1中的"相机.MCX-5"文件，如图6-11a所示。

在菜单栏选择【刀具路径】/【曲面粗加工】/【粗加工平行铣削加工】选项，系统弹出【选取工件的形状】对话框，单击【凸】选项并确定，如图6-11b所示，接受默认的NC名称。

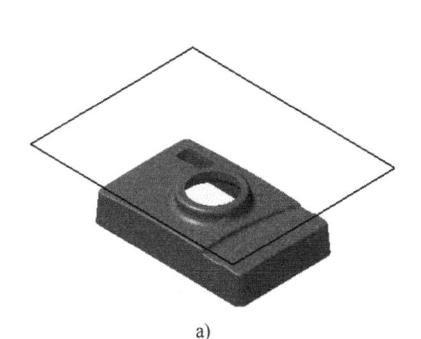
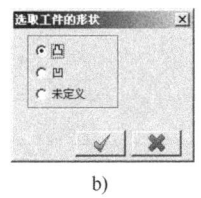
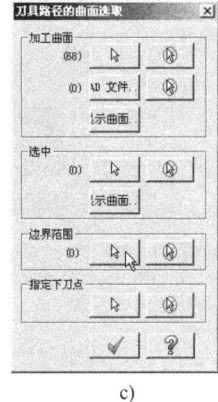

a)   b)   c)

图 6-11 确定加工对象
a) 相机.MCX-5 b)【选取工件的形状】对话框 c) 确定工件形状

 技术指导：

当选择【凸】选项时，默认的【加工方式】为【单向】，【下刀的控制】为【双侧切削】，同时选中【允许沿面下降切削（-Z）】选项。

当选择【凹】选项时，默认的【加工方式】为【双向】，【下刀的控制】为【切削路径允许连续下刀提刀】，并选中【允许沿面下降切削（-Z）】与【允许沿面上升切削（+Z）】

选项。

当选择【未定义】选项时，采用默认参数，一般默认为上一次生成平行切削粗加工刀具路径的参数设置。

窗选所有曲面并确定，系统弹出【刀具路径的曲面选取】对话框，此时系统显示所选择的加工曲面对象有 68 个，如图 6-11c 所示。

在【边界范围】选项中单击【选择】按钮 ，选择如图 6-11a 所示的矩形并确定。

技术指导：

在进行曲面加工时，需首先选择加工曲面作为加工对象，同时粗加工一般情况下都应选择边界轮廓以确定加工范围，使加工余量得到有效去除。若不选择边界范围时则系统将以曲面在 Z 方向的最大投影面积作为加工范围，精加工时则可不选择边界范围。

有时选择部分曲面作为加工或干涉曲面，为了清楚地确定所选的曲面正确与否，可单击【显示曲面】按钮进行显示检查。若需撤销选取，可单击【取消】按钮 。

粗加工时，可通过【指定下刀点】作为下刀的位置，以更好地保护刀具。

在【刀具路径的曲面选取】对话框上单击 按钮，系统弹出【曲面粗加工平行铣削】对话框，接受默认刀具参数，直接打开【曲面加工参数】选项卡，设置【（加工曲面）预留量】为 0.3mm，其他参数设置如图 6-12 所示。

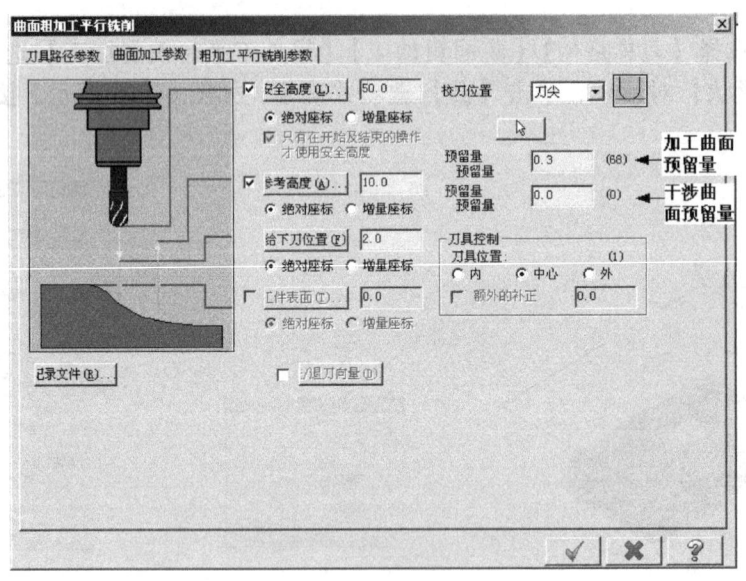

图 6-12 设置曲面粗加工参数

技术指导：

【曲面加工参数】选项卡是所有曲面加工中的共有参数卡，主要用于设置曲面加工对象的加工余量与干涉曲面的加工余量。其中，【（加工曲面）预留量】为 X、Y、Z 三个方向的预留量。

【（干涉曲面）预留量】选项用于设置干涉曲面在加工时 X、Y、Z 三个方向的预留量。

所谓干涉曲面是指加工时禁止加工的曲面，主要起到保护与限制加工范围的作用，具体用法将在后续的任务中进行介绍。

【刀具控制】选项组用于设置加工时刀具的切削范围，主要以刀具中心作为补偿参照。其中，【内】选项表示刀具中心位置在轮廓线之内偏移一个刀具半径值，【中心】选项表示刀具中心位置在轮廓线上，【外】选项表示刀具中心在轮廓线之外偏移一个刀具半径值。若要使加工范围进一步变大或变小，可在【额外的补正】文本框中设置。

打开【粗加工平行铣削参数】选项卡，参数设置如图 6-13 所示。

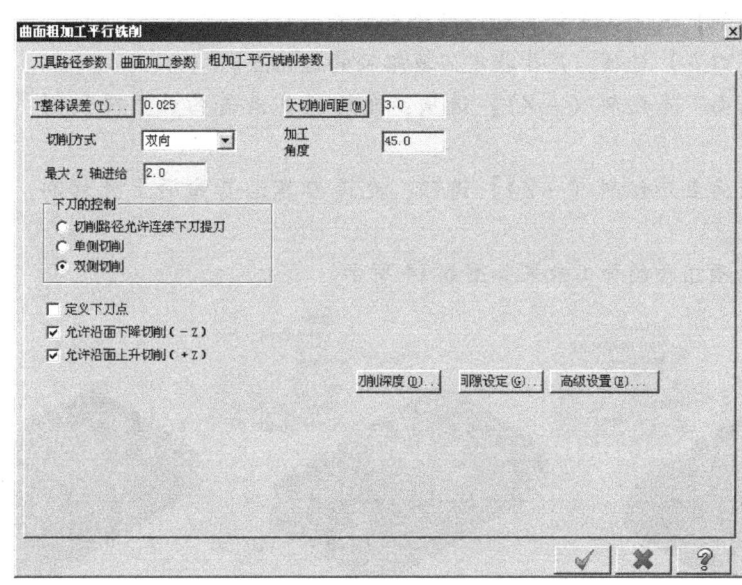

图 6-13　设置粗加工平行铣削参数

 技术指导：

【粗加工平行铣削参数】选项卡各选项说明如下。

【整体误差】选项：用于设置刀具路径与几何模型的精度误差。该值越小则越逼近几何模型，但加工效率越低。为提高加工效率，粗加工时该值可稍大一些，如为 0.05mm，精加工时改为 0.01mm。

【最大切削间距】选项：用于设置同一深度层中，相邻两切削路径的最大距离，该值越大则加工得到的表面越粗糙，反之则越平滑。粗加工时，可取刀具直径的 50%~75%，精加工时，根据表面粗糙度要求进行设定，如采用球刀时可取为 0.05~0.3mm。

【切削方式】选项：分为单向切削与双向切削。

【加工角度】选项：用于设置生成的刀具路径与 X 轴的角度，对于不规则曲面采用 45.0°可取得较好的加工效果。

【最大 Z 轴进给】选项：用于设置相邻两层切削路径在 Z 轴方向的最大距离，即为切削深度。一般情况下，对于曲面加工，特别是具有一定拔模斜度的曲面，较小的切深可以取得较好的加工质量，但是加工效率亦较低，反之则加工效率高，但表面质量较差。该值将影响加工残留余量的大小，所以在设置时除了考虑机床、刀具等因素外，还应考虑后续加工所使用的刀具种类与大小等。如后续加工采用直径较小的刀进行最后一步的精加工，则应将该值设得小一些，不但可降低刀具的加工难度，而且可取得好的加工质量。

【下刀的控制】选项组：用于设置刀具在Z方向进给与退刀的移动方式，有如下3种方式。

◆【切削路径允许连续下刀提刀】选项：用于设置允许刀具沿曲面连续提刀与下刀，适用于具有多重凹凸的表面。

◆【单侧切削】选项：只在单侧进给或退刀。

◆【双侧切削】选项：允许在双侧进给或退刀。

◆【定义下刀点】选项：用于指定刀具路径的起始点。

◆【允许沿面下降切削（-Z）】选项：允许刀具沿着曲面下降切削，使加工表面更光滑。

◆【允许沿面上升切削（+Z）】选项：允许刀具沿着曲面上升切削，使加工表面更光滑。

以上几个选项组合的加工效果如图6-14所示。

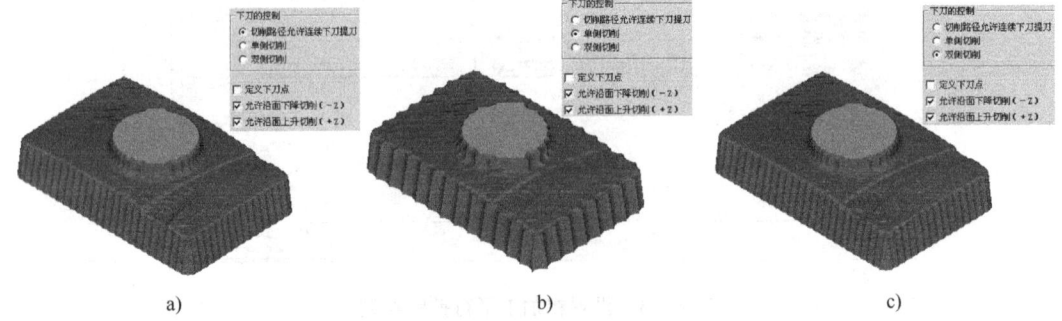

图6-14　下刀控制与Z向运动方式不同组合加工效果

单击【切削深度】按钮，系统弹出【切削深度的设定】对话框，参数设置如图6-15所示。

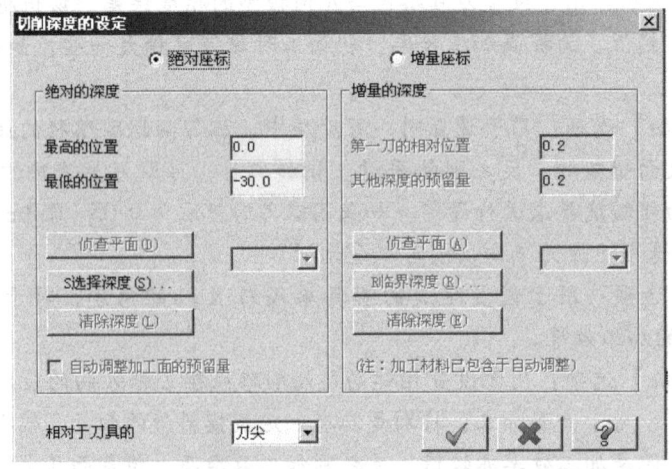

图6-15　设置切削深度参数

技术指导：

切削深度设置方式分为【绝对座标】与【增量座标】两种。当选择【绝对座标】时，需输入【最高的位置】与【最低的位置】，以确定最小深度与最大深度。当选择【增量座标】时，需输入【第一刀的相对位置】以确定刀具最低点与顶部切削边界的距离，以及【其他深度的预留量】，再确定刀具切深与其他切削边界的距离。细心的用户会发现，本例所选择的矩形加工边界处在高于工件的最高点之上，说明加工边界轮廓所处的位置对加工深度不造成影响，仅起到确定 X、Y 方向的加工范围。

单击【间隙设定】按钮，系统弹出【刀具路径的间隙设置】对话框，设置参数如图 6-16 所示。

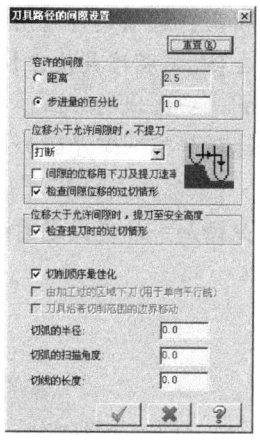

图 6-16 设置刀具路径的间隙

 技术指导：

【间隙设定】选项用于设置在不同间距时的运动方式。

【容许的间隙】可通过【距离】或【步进量的百分比】进行确定。

【位移小于允许间隙时，不提刀】选项的过渡方式有如下 4 种。

◆【不提刀】选项：刀具直接从前一个曲面刀具路径以直线的方式移动至下一个曲面刀具路径的起点，不提刀。

◆【打断】选项：刀具的移动方式分为先沿 Z 方向（或 XY 方向）移动，再沿 XY 方向（或 Z 方向）移动至下一个曲面刀具路径的起点。

◆【平滑】选项：刀具以平滑方式越过间隙。

◆【按照表面（s）】选项：刀具从前一个曲面刀具路径沿着曲面外形移动至下一个曲面刀具路径的起点。

【检查间隙位移的过切情况】选项：当移动量小于允许间隙时，系统自动对进给与退刀进行过切检查。

在实际应用中，有时为了避免过多的跳刀，可将【容许的间隙】设得大一些，达到【位移小于允许间隙时，不提刀】的效果。如图 6-17 所示，其中图 6-17a 所示的【步进量的百分比】为 100%，图 6-17b 所示的【步进量的百分比】为 3000%。

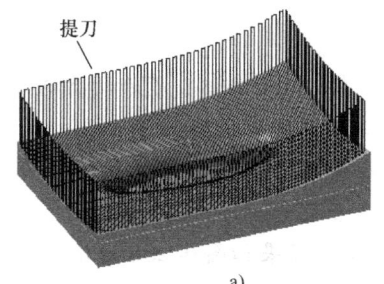
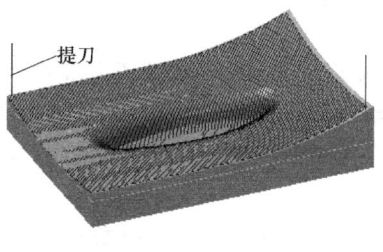

a)　　　　　　　　　　　　　　　b)

图 6-17 不同容许间隙距离设置效果

a) 较小的容许间隙　b) 较大的容许间隙

当选中【位移大于允许间隙时，提刀至安全高度】时，用户可勾选【检查提刀时的过切情形】选项进行过切检查。

【切削顺序最佳化】选项：用于优化刀具路径，勾选后可使刀具将某一区域切削完后才进行下一区域的加工，有助于减少提刀。否则刀具先将所有的加工区域统一加工至同一深度后才进行下一深度的加工。

【切弧的半径】、【切弧的扫描角度】、【切线的长度】三个选项用于在加工边界的进退刀处增加一段直线或圆弧进行连接，设置效果如图 6-18 所示。

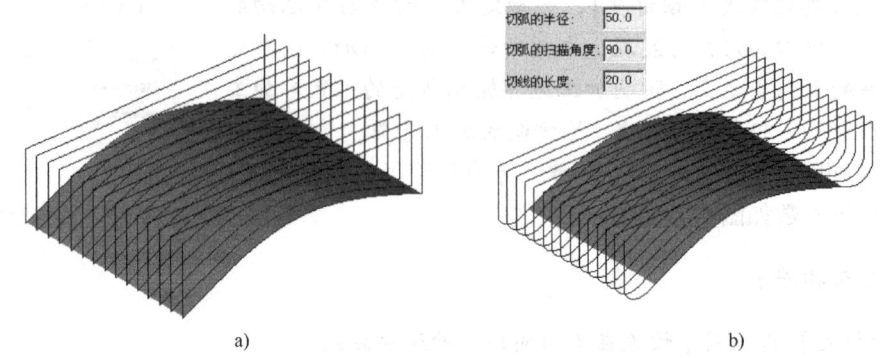

图 6-18　进退刀设置效果

a) 不设置直线圆弧过渡　b) 增加直线圆弧过渡

单击【高级设置】按钮，系统弹出【高级设置】对话框，参数设置如图 6-19 所示。

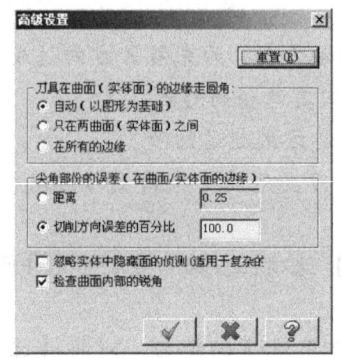

图 6-19　【高级设置】对话框

 技术指导：

【高级设置】选项用于设置刀具在曲面或实体边界的运动方式，有如下 3 种方式。

◆ 自动（以图形为基础）：由系统决定是否在曲面边缘走圆角。

◆ 只在两曲面（实体面）之间：刀具只在两曲面间的边界处走圆角，效果如图 6-20a 所示。

◆ 在所有的边缘：刀具在曲面所有边界处走圆角，效果如图 6-20b 所示。

单击 ✓ 按钮，生成刀具路径如图 6-21 所示。

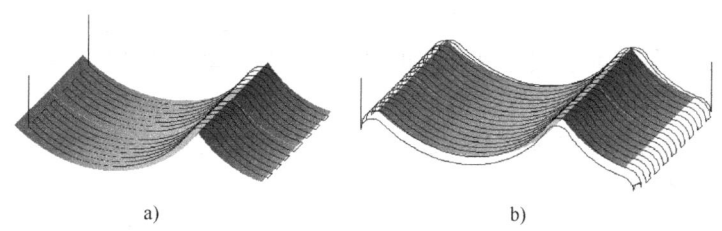

图 6-20 曲面边界运动方式
a）曲面间 b）在所有的边缘

5. 等高外形粗加工

等高外形粗加工是沿着曲面外形生成等高的粗加工刀路的加工方式，适用于加工比较陡的曲面，通常用于二次粗加工。

在菜单栏选择【刀具路径】/【曲面粗加工】/【粗加工等高外形加工】选项，选择所有曲面并确定。

在【刀具路径的曲面选取】对话框上单击 ✓ 按钮，系统弹出【曲面粗加工等高外形】对话框，选择 $\phi 8.0mm$ 球刀。直接打开【曲面加工参数】选项卡，设置【（加工曲面）预留量】为 0.0mm，【（干涉曲面）预留量】为 0.0mm，其他参数默认。

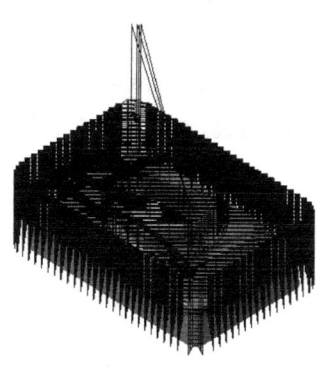

图 6-21 平行铣削粗加工刀路

打开【等高外形粗加工参数】选项卡，勾选【浅平面加工】选项，如图 6-22 所示。

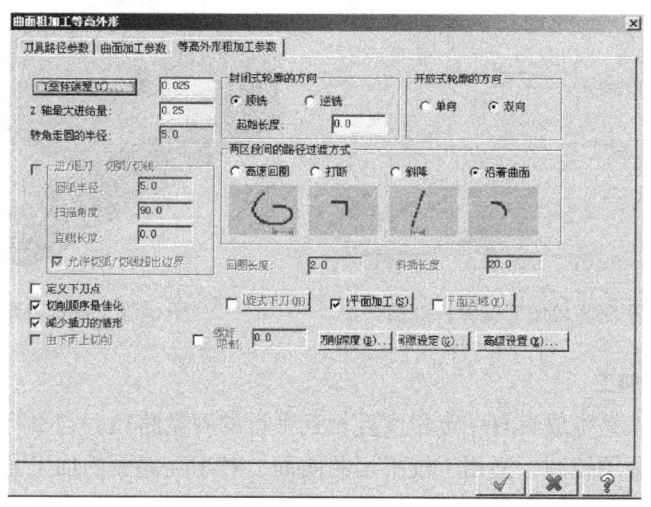

图 6-22 设置等高外形粗加工参数

单击【浅平面加工】按钮，系统弹出【浅平面加工】对话框，参数设置如图 6-23 所示。

 技术指导：

在【等高外形粗加工参数】选项卡中，参数选项与前面介绍的基本相似。主要增加了

【螺旋式下刀】、【浅平面加工】与【平面区域】3个选项。

◆【螺旋式下刀】选项：用于设置采用螺旋式进刀，需要设置的参数如图6-24所示。

◆【浅平面加工】选项：由于等高外形加工陡斜面的效果较好，但对于陡斜面中存在的浅平面加工效果并不好，这时可添加【浅平面加工】，以达到对一些比较平坦的曲面增加或移除刀具路径的效果。

◆【平面区域】选项：对平面区域添加刀具路径，单击【平面区域】即可打开如图6-25所示的【平面区域加工设置】对话框，进行相关参数设置。

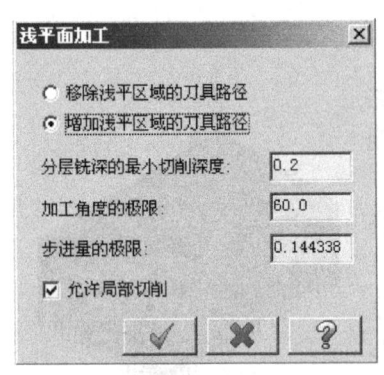
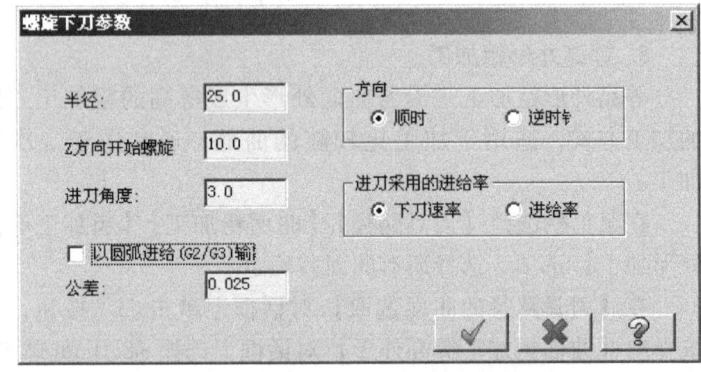

图6-23 浅平面加工参数设置　　　　图6-24 螺旋下刀参数设置

在【曲面粗加工等高外形】对话框上单击 ✓ 按钮，生成刀具路径如图6-26所示。

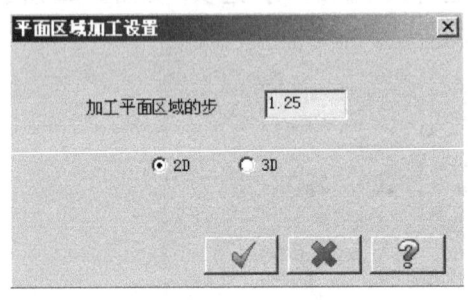
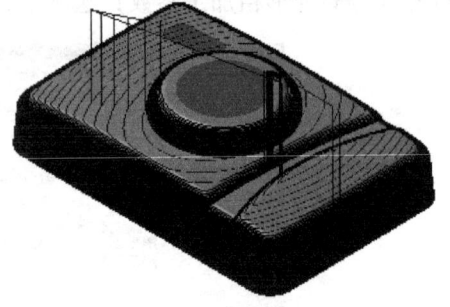

图6-25 【平面区域加工设置】对话框　　图6-26 等高外形刀路

6. 平行铣削精加工

平行铣削精加工是生成具有一定角度且相互平行的刀具路径，与平行铣削粗加工类型相似，只是没有深度分层控制，适用于较平坦的曲面，对于陡斜面的加工需要控制角度。精加工时经常采用此方法，有时也用于粗加工。

按下 Alt + Z，显示第4图层（face_hold），以显示封闭孔曲面。

 技术指导：

用户可通过在菜单栏选择【绘图】/【曲面】/【填补曲面】选项完成这两个封闭曲面的创建。

在菜单栏选择【刀具路径】/【曲面精加工】/【精加工平行铣削加工】选项。窗选如

图 6-27 所示的加工曲面并确定，在【刀具路径的曲面选取】对话框上单击【干涉曲面】按钮，选择如图 6-27 所示的干涉曲面，最后确定。

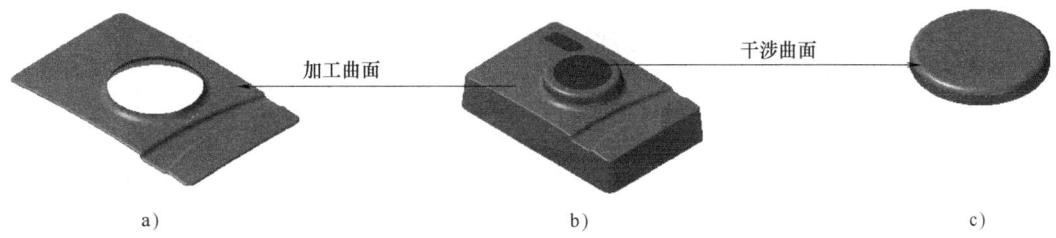

图 6-27　选择加工曲面与干涉曲面
a）加工曲面　b）零件　c）干涉曲面

 技术指导：

增加【干涉曲面】是为了更好地防止过切现象的发生，如这里没有增加干涉曲面，则模拟效果如图 6-28 所示，发生了过切。

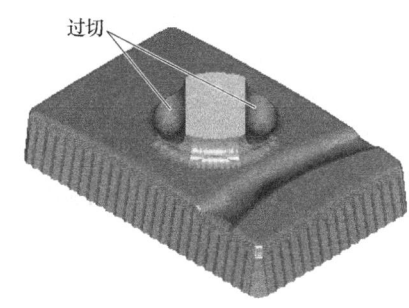

图 6-28　产生过切

在【刀具路径的曲面选取】对话框上单击 ✓ 按钮，系统弹出【曲面粗加工平行铣削】对话框，选择 φ8.0mm 球刀。直接打开【曲面加工参数】选项卡，设置【(加工曲面)预留量】为 0.0mm，【(干涉曲面)预留量】为 0.1mm，其他参数默认。

打开【精加工平行铣削参数】选项卡，设置参数如图 6-29 所示。

 技术指导：

采用球刀对曲面进行精加工时，设置【最大切削间距】需考虑表面粗糙度要求，一般可设为 0.1~0.3mm。这里将【加工角度】设置为 135.0°是为了与前面设置成 45.0°的刀具路径形成直角相交，以获得更好的加工质量。

单击【间隙设定】按钮，系统弹出【刀具路径的间隙设置】对话框，勾选【切削顺序最佳化】选项，其他参数默认。

在【曲面粗加工平行铣削】对话框上单击 ✓ 按钮，生成刀具路径如图 6-30 所示。

7. 曲面等高外形精加工

曲面等高外形精加工与粗加工刀路一样，生成等高分层刀路，适用于比较陡的曲面，常用于侧壁外形或清角精加工。

在菜单栏选择【刀具路径】/【曲面精加工】/【精加工等高外形】选项，窗选所有曲面并确定，在【刀具路径的曲面选取】对话框的【指定下刀点】选项上单击按钮 ，在如图 6-31 所示的位置单击并确定。

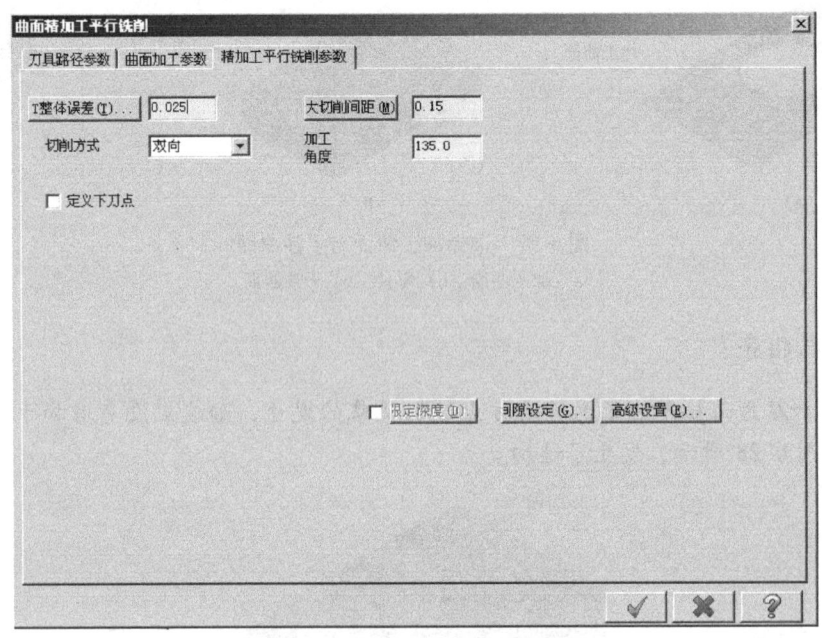

图 6-29 设置精加工平行铣削参数

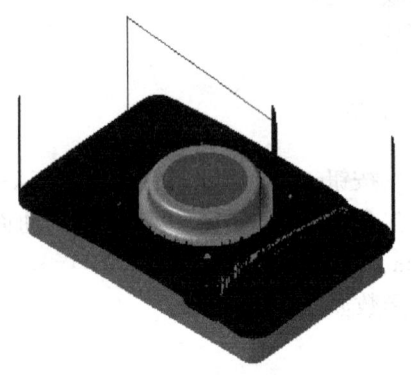

图 6-30 生成精加工刀路

图 6-31 指定下刀点

在【刀具路径的曲面选取】对话框上单击 ✓ 按钮，系统弹出【曲面粗加工等高外形】对话框，选择 φ12.0mm 平刀。直接打开【曲面加工参数】选项卡，设置【（曲面加工）预留量】为 0.0mm，【（干涉曲面）预留量】为 0.0mm，其他参数默认。

打开【等高外形精加工参数】选项卡，设置参数如图 6-32 所示。

 技术指导：

勾选【进/退刀 切弧/切线】与【定义下刀点】选项是为了使刀具在进退刀时形成圆弧进退刀，同时指定下刀点。若不勾选【定义下刀点】选项，则系统将自动选择下刀点。

单击【切削深度】按钮，系统弹出【切削深度的设定】对话框，设置参数如图 6-33 所示。

模块六　曲面加工

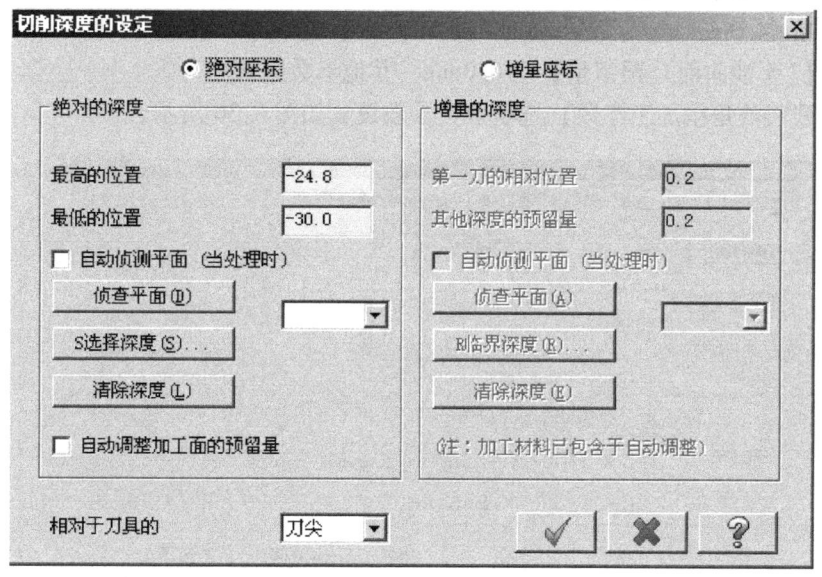

图 6-32　设置等高外形精加工参数

图 6-33　设置切削深度参数

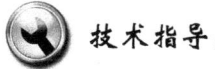 技术指导：

这里将【最高的位置】设为 −24.8mm，【最低的位置】设为 −30.0mm，差值为 5.2mm 的目的是为了采用平刀清除上一步半径为 5.0mm 的球刀加工侧壁面在工件底部所留下的余量（图 6-34），从而起到清角与接刀的作用。

其他参数默认，单击 ✓ 按钮，生成刀具路径如图 6-35 所示。

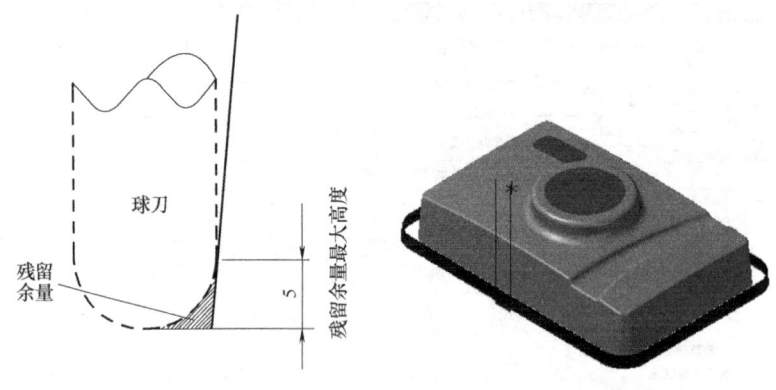

图 6-34　残留余量示意图　　　图 6-35　等高外形刀路

8. 曲面精加工残料清角

曲面精加工残料清角加工用于清除因大直径的刀加工导致较窄的区域无法加工的材料，常用于精加工中的补加工。

在菜单栏选择【刀具路径】/【曲面精加工】/【精加工残料加工】选项，窗选所有曲面并确定。

在【刀具路径的曲面选取】对话框上单击 ✓ 按钮，系统弹出【曲面精加工残料清角】对话框，选择φ4.0mm 球刀。打开【曲面加工参数】选项卡，设置【（曲面加工）预留量】为 0.0mm，【（干涉曲面）预留量】为 0.0mm，其他参数默认。

打开【残料清角精加工参数】选项卡，参数设置如图 6-36 所示。

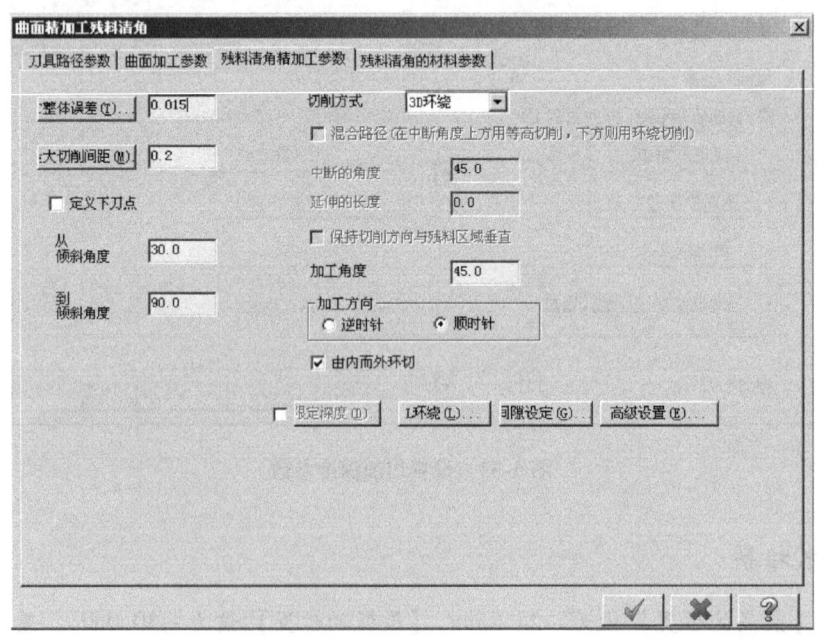

图 6-36　设置残料清角精加工参数

技术指导：

在【残料清角精加工参数】选项卡中可设定倾斜曲面的加工范围，系统只加工从倾斜角度（需要加工的最小起始倾斜坡度）到倾斜角度（需要加工的最大起始倾斜坡度）的区域。

系统分别提供了【双向】、【单向】与【3D环绕】的切削方式。

单击【环绕】按钮，系统弹出【环绕设置】对话框，参数设置如图 6-37 所示。

打开【残料清角的材料参数】选项卡，设置参数如图 6-38 所示。

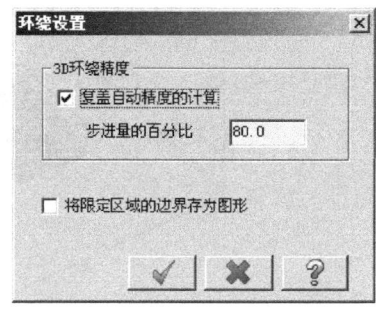

图 6-37　【环绕设置】对话框

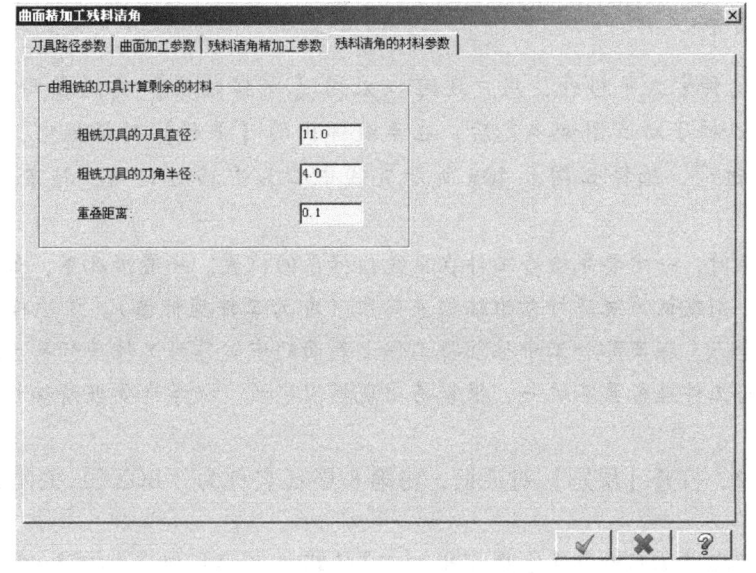

图 6-38　残料清角的材料参数设置

单击 按钮，生成刀具路径如图 6-39 所示。

任务实施

打开随书光盘：素材 \ 模块六　曲面加工 \ 任务 1 中的"表壳样板.MCX-5"文件，按 F9 键，如图 6-40a 所示。在转换工具栏单击【移动至原点】按钮 ，选择如图 6-40a 所示直线的中心为平移起点，结果如图 6-40b 所示。

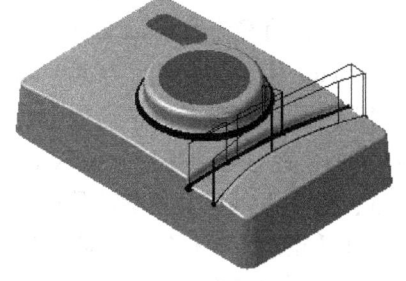

图 6-39　生刀残料清角刀路

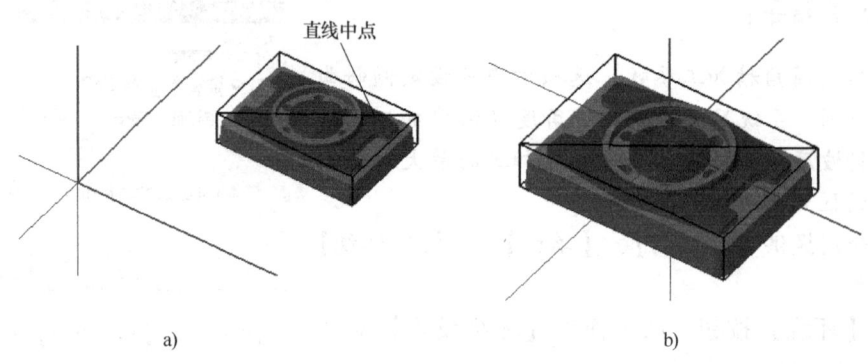

图 6-40 移动至系统座标系
a) 选择起始点 b) 移动结果

技术指导：

除了采用这种方式平移外，用户还可以采用【平移转换】功能在两点间平移的方式。方法是：选择了所有图素确定后，在系统弹出的【平移】对话框中，点选【平移】选项，单击按钮，选择如图 6-40a 所示直线中心为平移起始点，接着选择系统座标系原点即可。

在进行编程时，一定要先检查工件在系统座标系的位置。一般情况下，如果没有指定其他工件座标系，则默认系统座标系为编程座标系（即为工件座标系）。该座标系是生成刀具轨迹数据的参考点。在实际加工中往往将工件上表面的中心作为工件座标系原点，如果编程时编程座标系与工件座标系不统一，很容易出现撞刀事故。初学者要理清编程座标系与工件座标系的关系。

按下 Alt+Z，打开【层别】对话框，将第 8 层（名称为"BOX"）关闭，显示第 7 层（名称为"rec"）。

在菜单栏选择【刀具路径】/【曲面粗加工】/【粗加工平行铣削加工】选项，系统弹出【选取工件的形状】对话框，点选【未定义】选项并确定，接受默认的 NC 名称。

窗选所有曲面并确定，系统弹出【刀具路径的曲面选取】对话框，在【边界范围】选项中单击【选择】按钮，选择矩形并确定。

在【刀具路径的曲面选取】对话框上单击 按钮，系统弹出【曲面粗加工平行铣削】对话框，创建直径为 8.0mm 的平刀，设置【进给速率】为 2000.0mm/min，【主轴转速】为 2600.0r/min，【下刀速率】为 300.0mm/min，【提刀速率】为 3500.0mm/min。

打开【曲面加工参数】选项卡，在【绝对座标】方式下勾选【参考高度】选项并设置为 10.0mm，在【增量座标】方式下设置【进给下刀位置】为 2.0mm，设置【（加工曲面）预留量】为 0.3mm，其他参数默认。

打开【粗加工平行铣削参数】选项卡，设置【最大切削间距】为 2.0mm，【切削方式】为【双向】，【加工角度】为 0.0，【最大 Z 轴进给】为 0.5mm，【下刀控制】为【切削路径允许连续下刀提刀】，勾选【允许沿面下降切削（-Z）】和【允许沿面下降切削（+Z）】，其他参数默认。

技术指导：

这里将【最大切削间距】设为 2.0mm，相对刀具直径而言比较小，其目的是为了避免因切削间距过大导致一些较窄的区域没法加工，用户可尝试采用较大的切削间距对比生成刀具路径的效果。因切削间距较小，为了提高加工效率，故将【进给速率】设得比较大。

单击【切削深度】按钮，打开【切削深度的设定】对话框，点选【绝对坐标】选项，设置【最高的位置】为 -0.1mm，【最低的位置】为 -10.0mm。

 技术指导：

这里将【最高的位置】设为 -0.1mm，目的是为了使生成的刀路不在 Z0.0mm 的表面加工，这里需特别注意实际所加工的毛坯尺寸要与工件尺寸非常接近，否则容易使第一刀切深较大导致撞刀。将【最低的位置】设为 -10.0mm 的目的是为了只加工工件的平底上表面，不加工拔模曲面部分。

单击【间隙设定】按钮，系统弹出【刀具路径的间隙设置】对话框，勾选【切削顺序最佳化】选项。

单击 ✓ 按钮，生成刀具路径如图 6-41 所示。

按下 Alt + Z，打开【层别管理】对话框，增加显示第 4 图层（名称为 "face_ hold"），关闭第 7 图层（名称为 "rec"），结果如图 6-42 所示。

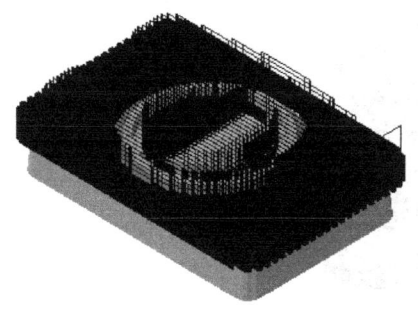

图 6-41　生成曲面平行铣削粗加工刀路　　　图 6-42　显示封顶曲面

 技术指导：

将凹圆柱顶面进行封顶的目的是为了不在此部分生成等高外形刀路，起到限制作用。

在菜单栏选择【刀具路径】/【曲面粗加工】/【粗加工等高外形加工】选项，选择所有曲面并确定。在【刀具路径的曲面选取】对话框上单击 ✓ 按钮，系统弹出【曲面粗加工等高外形】对话框，选择直径为 φ8.0mm 的平刀，设置【进给速率】为 2000.0mm/min，【主轴转速】为 2600.0r/min，【下刀速率】为 1000.0mm/min，【提刀速率】为 3500.0mm/min。

打开【曲面加工参数】选项卡，在【绝对坐标】方式下勾选【参考高度】选项并设置为 10.0mm，在【增量坐标】方式下设置【进给下刀位置】为 2.0mm，设置【（加工曲面）预留量】为 0.3mm，其他参数默认。

打开【等高外形粗加工参数】选项卡，设置【最大 Z 轴进给】为 0.3mm，勾选【进/

退刀 切弧/切线】选项，勾选【切削顺序最佳化】与【减少插刀的情形】选项，勾选【浅平面加工】与【平面区域】选项，其他参数默认。

单击【浅平面加工】按钮，系统弹出【浅平面加工】对话框，参数设置如图6-43a所示。
单击【平面区域】按钮，系统弹出【平面区域加工设置】对话框，参数设置如图6-43b所示。
单击【切削深度】按钮，系统弹出【切削深度的设定】对话框，参数设置如图6-43c所示。

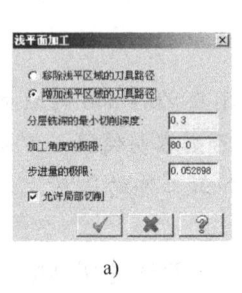
a)
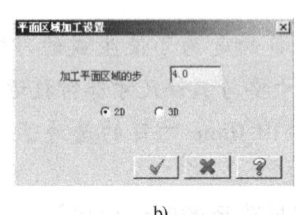
b)
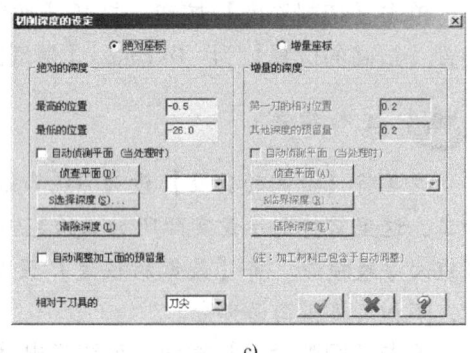
c)

图 6-43　设置其他参数
a）浅平面参数设置　b）平面区域加工参数设置　c）切削深度设置

在【曲面粗加工等高外形】对话框上单击 ✓ 按钮，生成刀具路径如图6-44所示。

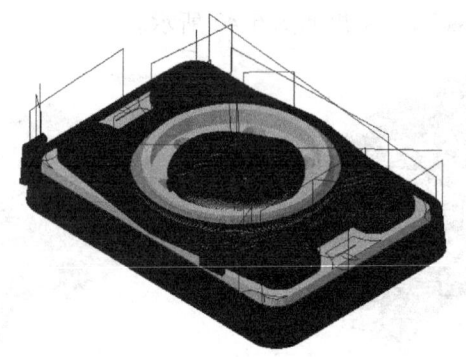

图 6-44　生成曲面等高粗加工刀路

按下 Alt + Z，打开【层别管理】对话框，不显示第4图层（名称为"face_ hold"）。
在菜单栏选择【刀具路径】/【曲面精加工】/【精加工等高外形】选项，选择如图6-45所示的加工曲面并确定，在【刀具路径的曲面选取】对话框上单击【干涉曲面】按钮，选择如图6-45所示的干涉曲面并确定。

图 6-45　选择加工曲面与干涉曲面

在【刀具路径的曲面选取】对话框上单击 ✓ 按钮，系统弹出【曲面精加工等高外形】对话框，选择直径为 φ8.0mm 的平刀，设置【进给速率】为 2000.0mm/min，【主轴转速】为 2600.0r/min，【下刀速率】为 1000.0mm/min，【提刀速率】为 3500.0mm/min，其他参数默认。

打开【曲面加工参数】选项卡，在【绝对座标】方式下勾选【参考高度】选项并设置为 10.0mm，在【增量座标】方式下设置【进给下刀位置】为 2.0mm，设置【(加工曲面)预留量】为 0.0mm，其他参数默认。

打开【等高外形精加工参数】选项卡，打开【等高外形精加工参数】选项卡，设置【最大 Z 轴进给】为 0.1mm，勾选【进/退刀　切弧/切线】选项，设置【圆弧半径】为 3.0mm，【扫描角度】为 90.0°，【直线长度】为 0.0mm。勾选【切削顺序最佳化】与【减少插刀的情形】选项，其他参数默认。

单击【切削深度】按钮，打开【切削深度的设定】对话框，点选【绝对座标】选项，设置【最高的位置】为 -21.9mm，【最低的位置】为 -26.0mm。

单击 ✓ 按钮，生成刀具路径如图 6-46 所示。

按下 Alt + Z，打开【层别管理】对话框，显示第 6 图层（名称为"c2"），如图 6-47 所示。

 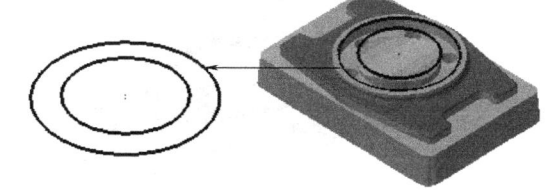

图 6-46　生成等高外形精加工清角刀路　　　图 6-47　显示两个整圆

在菜单栏选择【刀具路径】/【外形铣削】选项，根据如图 6-48 所示的顺序与箭头方向选择两个整圆并确定，注意箭头方向。

 技术指导：

这里同时选择了两个整圆作为加工轮廓线，为了保证所有加工轮廓线的刀具半径补偿方向一致，需注意将后续所选择的加工轮廓线方向与第一条加工轮廓线所形成的刀具补正方向为参照。

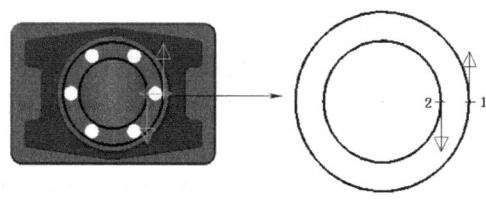

图 6-48　选择加工轮廓线

在【串连选项】对话框上单击 ✓ 按钮，系统弹出【2D 刀具路径-等高外形】对话框，打开【刀具】选项卡，选择直径为8.0mm的平刀，设置【进给速率】为400.0mm/min，【下刀速率】为200.0mm/min，【主轴转速】为3000.0r/min，勾选【快速提刀】选项。

打开【切削参数】选项卡，设置【补正方向】为【左补偿】，【壁边预留量】与【底面预留量】都为0.0mm，【外形铣削类型】为【斜降】，【插斜的位置方式】为【深度】，勾选【在最终深度补平】选项，其他参数默认。

打开【分层切削】选项卡，勾选【分层切削】选项，设置【粗加工】/【次数】为1，【间距】为4.0mm，【精加工】次数为1，【间距】为0.15mm，【执行精修的时机】为【最后深度】，勾选【不提刀】选项。

不设置【进退/刀参数】选项。

打开【共同参数】选项卡，设置【参考高度】为5.0mm，【进给下刀位置】2.0mm，【工件表面】为0.0mm，【深度】为-6.0mm，勾选所有【绝对坐标】选项。

单击 ✓ 按钮，生成刀具路径如图6-49所示。

按下Alt+Z，打开【层别管理】对话框，显示第5图层（名称为"2d_1"），不显示其他图层。

在菜单栏选择【刀具路径】/【外形铣削】选项，根据如图6-50所示的顺序与箭头方向选择刚显示的轮廓线并确定，注意箭头方向。

 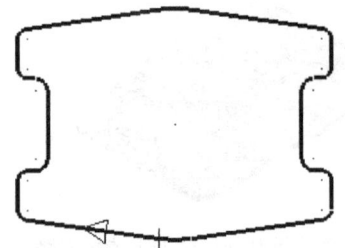

图6-49 圆柱凹槽加工　　　　图6-50 选择加工轮廓线

在【串连选项】对话框上单击 ✓ 按钮，系统弹出【2D刀具路径-等高外形】对话框，此时系统默认选择了【等高外形】刀路。

打开【刀具】选项卡，创建直径为6.0mm的平刀，设置【进给速率】为400.0mm/min，【下刀速率】为200.0mm/min，【主轴转速】为3000.0r/min，勾选【快速提刀】选项。

打开【切削参数】选项卡，设置【补正方向】为【左补偿】，【外形铣削类型】为【2D】，【壁边预留量】与【底面预留量】为0.0mm。

打开【进退/刀参数】选项卡，选择【相切】选项，设置【长度】为30%，【圆弧】/【半径】为30%，【扫描（角度）】为90°，单击按钮 ▶，即将进退刀参数设为一致。

打开【分层切削】选项卡，勾选【分层切削】选项，设置【粗加工】/【次数】为4，【间距】为4.0mm，【精加工】次数为1，【间距】为0.3mm，其他参数默认。

打开【共同参数】选项卡，设置【参考高度】为5.0mm，【进给下刀位置】2.0mm，【工件表面】为0.0mm，【深度】为-10.0mm，勾选所有【绝对坐标】选项。

单击 ✓ 按钮，生成刀具路径如图 6-51 所示。

按下 Alt+Z，只显示第 3 图层（face）。

在菜单栏选择【刀具路径】/【曲面精加工】/【精加工平行铣削加工】选项。选择如图 6-52 所示的蓝色曲面并确定。在【刀具路径的曲面选取】对话框上单击【干涉曲面】按钮，选择如图 6-52 所示的曲面后进行确定。

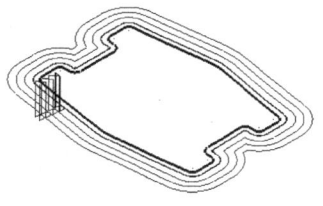

图 6-51　生成外形轮廓清角刀路

图 6-52　选择加工曲面与干涉曲面

在【刀具路径的曲面选取】对话框上单击 ✓ 按钮，系统弹出【曲面粗加工平行铣削】对话框，创建直径为 8.0mm 的球刀，设置【进给速率】为 1200.0mm/min，【主轴转速】为 3000.0r/min，【下刀速率】为 600.0mm/min，【提刀速率】为 3000.0mm/min。

打开【曲面加工参数】选项卡，设置【(加工曲面)预留量】为 0.0mm，【(干涉曲面)预留量】为 0.1mm，其他参数默认。

打开【精加工平行铣削参数】选项卡，设置【整体误差】为 0.01mm，【最大切削间距】为 0.25mm，【切削方式】为【双向】，【加工角度】为 45°。

单击 ✓ 按钮，生成刀具路径如图 6-53 所示。

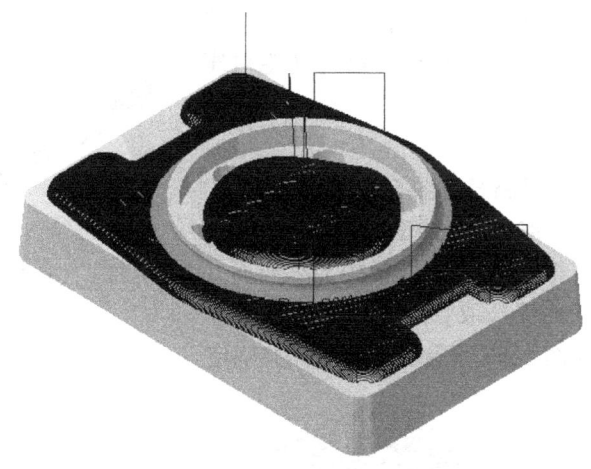

图 6-53　生成平行铣削精加工刀路

在【刀具路径】/【操作管理器】的"第 3 步：曲面精加工等高外形"刀路上单击右键，在弹出的快捷菜单栏中选择【复制】选项，如图 6-54 所示，接着按 Ctrl+V，进行粘贴。

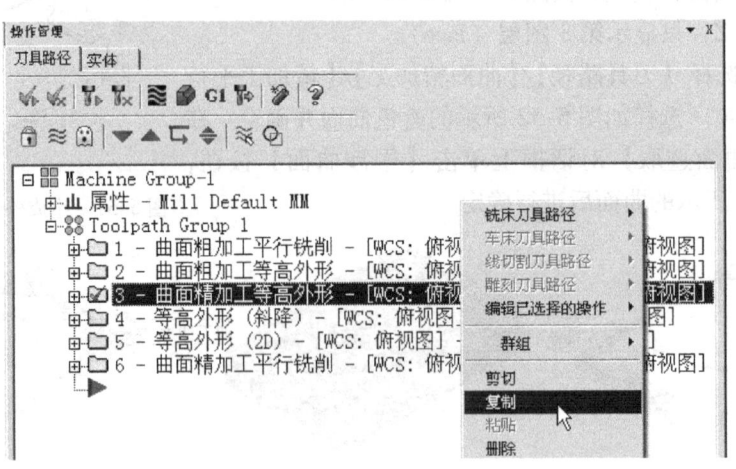

图 6-54 复制第 3 步刀路

在"第 7 步：曲面精加工等高外形"刀路的子菜单上单击【参数】选项。

系统弹出【曲面粗加工等高外形】对话框，选择直径为 8.0mm 的球刀，设置【进给速率】为 1200.0mm/min，【主轴转速】为 3000.0r/min，【下刀速率】为 600.0mm/min，【提刀速率】为 3000.0mm/min。

打开【曲面加工参数】选项卡，在【绝对座标】方式下勾选【参考高度】选项并设置为 10.0mm，在【增量座标】方式下设置【进给下刀位置】为 2.0mm，设置【（加工曲面）预留量】为 0.0mm，【（干涉曲面）预留量】为 0.1mm，其他参数默认。

打开【等高外形精加工参数】选项卡，将【Z 轴最大进给量】修改为 0.3mm。单击【切削深度】按钮，打开【切削深度的设定】对话框，点选【绝对座标】选项，设置【最高的位置】为 −13.9mm，【最低的位置】为 −26.0mm。

单击 按钮，生成刀具路径如图 6-55 所示。

在菜单栏选择【刀具路径】/【曲面精加工】/【精加工残料加工】选项，选择如图 6-56 所示的加工曲面并确定，在【刀具路径的曲面选取】对话框上单击【干涉曲面】按钮，选择如图 6-56 所示的干涉曲面并确定。

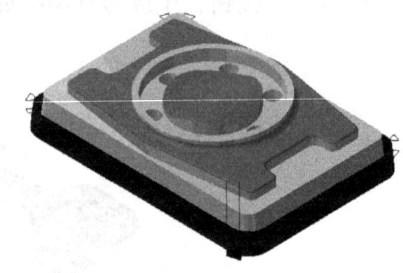

图 6-55 生成曲面等高外形精加工刀路

图 6-56 选择加工曲面与干涉曲面

技术指导：

这里的加工曲面由两个曲面组成，干涉曲面为圆柱，以及加工曲面的连接部分。

在【刀具路径的曲面选取】对话框上单击 ✓ 按钮，系统弹出【曲面精加工残料清角】对话框，选择 φ4.0mm 球刀并设置【进给速率】为 800.0mm/min，【下刀速率】为 400.0mm/min，【主轴转速】为 3000.0r/min，【提刀速率】为 1000.0mm/min。打开【曲面加工参数】选项卡，设置【（加工曲面）预留量】为 0.0mm，【（干涉曲面）预留量】为 0.0mm，其他参数默认。

打开【残料清角精加工参数】选项卡，设置【整体误差】为 0.01mm，【最大切削间距】为 0.15mm，【从倾斜角度】为 0.0°，【到倾斜角度】为 90.0°，【切削方式】为【3D 环绕】，【加工角度】为 0.0，其他参数默认。

单击【环绕】按钮，系统弹出【环绕设置】对话框，勾选【复盖自动精度的计算】选项，并设置【步进量的百分比】为 "80.0"。

打开【残料清角的材料参数】选项卡，设置【粗铣刀具的刀具直径】为 8.0mm，【粗铣刀具的刀角半径】为 4.0mm，【重叠距离】为 0.3mm。

单击 ✓ 按钮，生成刀具路径如图 6-57 所示。至此表壳样板编程完成。

 任务总结

本任务的难点是如何划分加工区域并采用与之相适应的刀路，以及对干涉曲面用途的理解。通过本任务的学习，读者应掌握曲面平行铣削与等高外形粗加工刀路，曲面平行铣削与残料清角精加工刀路的创建方法。曲面等高外形与平行铣削精加工刀具路径应用广泛，读者应深入理解其中的加工参数，以提高应用能力。能根据曲面造型特点，结合创建刀路的需要适时地设置一些辅助图素（如创建外形曲线、曲面等），并添加干涉曲面。在同时选取多条轮廓线创建外形铣削刀具路径时，要特别注意箭头方向对刀具半径补偿的影响。

提高练习

根据随书光盘：素材\模块六　曲面加工\任务 1 中的 "TG6-1.MCX-5" 文件，如图 6-58 所示，对其进行编程加工。

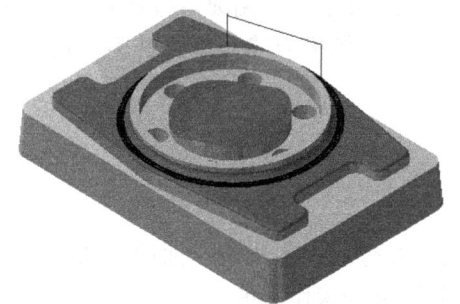

图 6-57　生成残料清角刀路

图 6-58　TG6-1

任务 2　充电器加工

 任务目标

➢ 掌握曲面粗加工挖槽铣削刀路的创建方法。
➢ 掌握曲面精加工浅平面、环绕等距、交线清角和熔接刀路创建方法。
➢ 提高创建图素（如辅助曲面、线）进行刀具路径编程的能力。
➢ 提高二维挖槽、钻孔和平行铣削精加工刀路的应用能力。

 任务导入

根据随书光盘：素材\模块六　曲面加工\任务 2 中的"充电器.MCX-5"文件，如图 6-59 所示，对其进行编程加工。

图 6-59　充电器

 任务分析

该零件由圆弧拉伸形成充电器的主体，由厚度为 5.0mm 的底座组成，主体内部有一 44.0mm×22.0mm 的凹槽，凹槽均布 4 个 φ5mm 通孔。结合零件造型，可先采用曲面挖槽粗加工进行整体开粗，底边侧面精加工可采用轮廓铣削或曲面挖槽粗加工刀路，圆弧曲面部分采用等距环绕铣削刀路进行精加工。为获得好的表面质量，降低精加工时的余量，可对圆弧拉伸曲面部分采用曲面浅平精加工刀路进行半精加工。其他曲面倒圆角部分采用交线清角或残料铣削精加工进行清角。凹槽部分加工，可采用二维挖槽刀路与平行铣削刀路进行精加工，最后进行钻孔。

 知识准备

1. 曲面挖槽粗加工

曲面挖槽粗加工是根据曲面形态在 Z 方向上等高分层，生成位于曲面与加工边界之间所有材料的刀路，加工后的工件表面呈梯田状。这种方法操作简单，刀路生成时间短，能很好地去除加工余量，相对于其他粗加工刀路应用广泛，常作为粗加工的首选方案。

打开随书光盘：素材\模块六　曲面加工\任务 2 中的"塑料盖.MCX-5"文件，如图 6-60 所示。

在菜单栏选择【刀具路径】/【曲面粗加工】/【粗加工挖槽加工】选项，接受新建 NC 名称，选择所有曲面并确定，选择矩形为边界范围并确定。

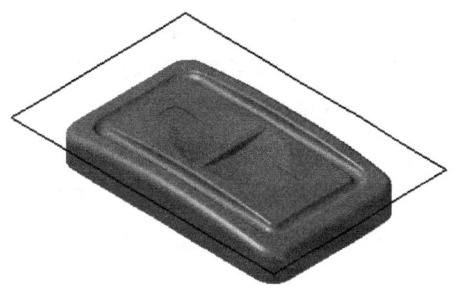

图 6-60　塑料盖.MCX-5

在系统弹出的【刀具路径的曲面选取】对话框上单击 ✓ 按钮，系统弹出【曲面粗加工挖槽】对话框，选择 φ10mm 平刀。直接打开【曲面加工参数】选项卡，以【绝对坐标】的方式设置【参考高度】为 10.0mm，以【增量坐标】的方式设置【进给下刀位置】为 2.0mm，设置【（加工曲面）预留量】为 0.3mm，其他参数默认。

打开【粗加工参数】选项卡，设置【Z 轴最大进给量】为 0.5mm，勾选【螺旋式下刀】选项与【由切削范围外下刀】选项，如图 6-61 所示。

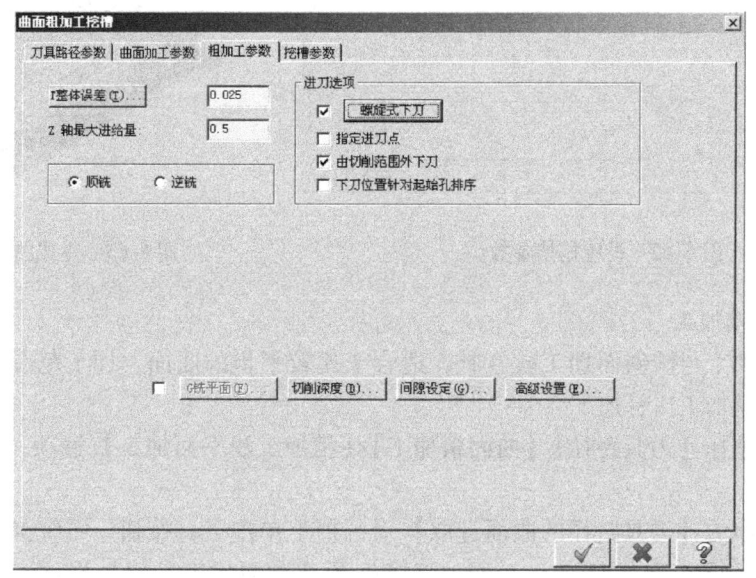

图 6-61　设置粗加工参数

 技术指导：

在创建曲面挖槽刀具路径过程中，当加工的曲面存在敞开曲面，适宜从毛坯外边进刀时（如本例中加工边界与零件曲面之间的区域），一般建议勾选【由切削范围外下刀】选项，以保证刀具在毛坯外进刀。当加工曲面只存在着凹槽时（如本例的旋钮区域），一般建议只勾选【螺旋式下刀】选项，若勾选【由切削范围外下刀】选项，则容易因为侧向进刀而产生过切。反之，两种情况都存在时（如本例），则同时勾选【螺旋式下刀】选项与【由切削范围外下刀】选项，以保证不会踩刀。

当加工曲面中存在平整曲面的加工，用户可选择【铣平面】选项进行平面的加工。

单击【螺旋式下刀】按钮，打开【斜降】选项卡，设置【最小长度】为 1.0mm，【最大长度】为 3.0mm，其他参数默认。

不设置【切削深度】参数，即采用默认的【增量座标】方式。

单击【间隙设定】按钮，打开【刀具路径的间隙设置】对话框，只勾选【切削顺序最佳化】选项，其他参数默认。

打开【挖槽参数】选项卡，参数设置如图 6-62 所示。

单击 ✓ 按钮，生成曲面挖槽粗加工刀具路径如图 6-63 所示。

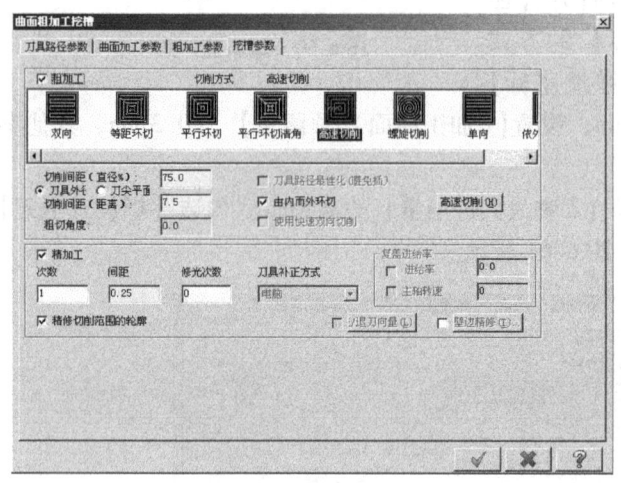

图 6-62　设置挖槽参数

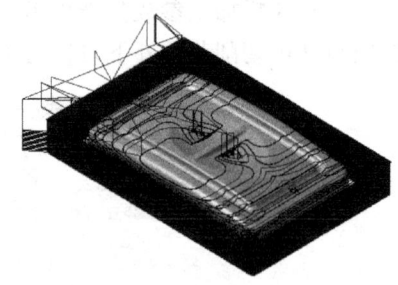

图 6-63　生成曲面挖槽刀路

2. 浅平面精加工

浅平面精加工与陡斜面加工成互补，适合于比较平坦的曲面，加工范围由倾斜角度控制，常用于半精加工或补加工。

在菜单栏选择【刀具路径】/【曲面精加工】/【精加工浅平面加工】选项，选择所有曲面并确定。

在系统弹出的【刀具路径的曲面选取】对话框上单击 ✓ 按钮，系统弹出【曲面精加工浅平面】对话框，选择 φ10mm 平刀。直接打开【曲面加工参数】选项卡，以【绝对座标】的方式设置【参考高度】为 10.0mm，以【增量座标】的方式设置【进给下刀位置】为 2.0mm，设置【(加工曲面)预留量】为 0.15mm，其他参数默认。

打开【浅平面精加工参数】选项卡，设置【最大切削间距】为 1.5mm，【加工角度】为 0.0mm，【切削方式】为【3D 环绕】选项，【从倾斜角度】为 0.0°，【到倾斜角度】为 45.0°，勾选【切削顺序依照最短距离】选项，如图 6-64 所示。

 技术指导：

系统分别提供了单向切削、双向切削与 3D 环绕切削方式。加工范围为【从倾斜角度】、【到倾斜角度】这两个角度所包含的加工曲面。其中，【剪切延伸量】选项在选择切削方式为【单向】或【双向】时有效，用于在进刀时根据曲面曲率添加延伸量。【环绕设置】选项用于设置 3D 环绕切削方式的加工精度，从而控制刀具的平滑度，该值越小则越平滑。

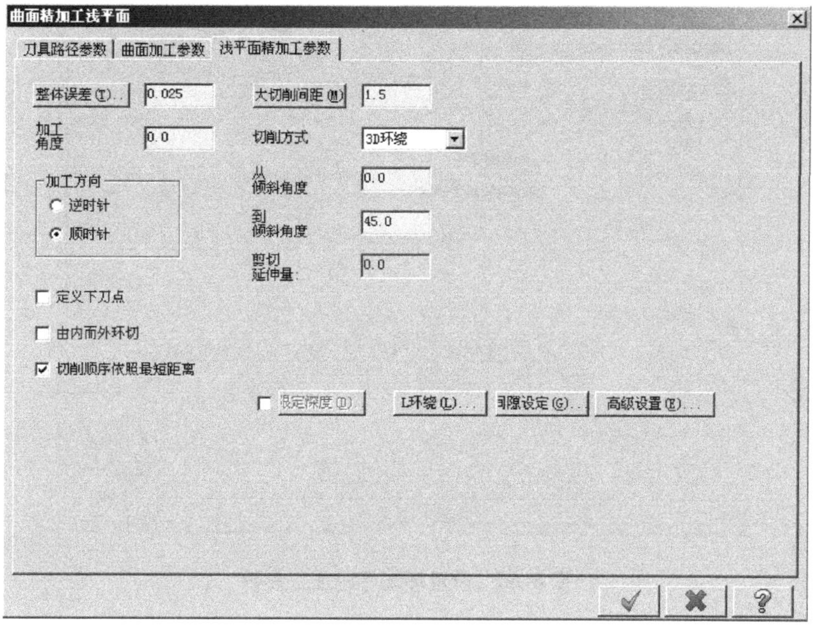

图 6-64 设置浅平面加工参数

单击 ✓ 按钮，生成曲面精加工浅平面刀具路径如图 6-65 所示。

3. 环绕等距精加工

环绕等距精加工不但适合于平坦曲面，而且还适合于陡斜曲面，生成等步距环绕加工的刀具路径，因为可以保持比较固定的残脊高度，在精加工时使用也比较广泛。

在菜单栏选择【刀具路径】/【曲面精加工】/【精加工环绕等距加工】选项，选择所有曲面并确定。

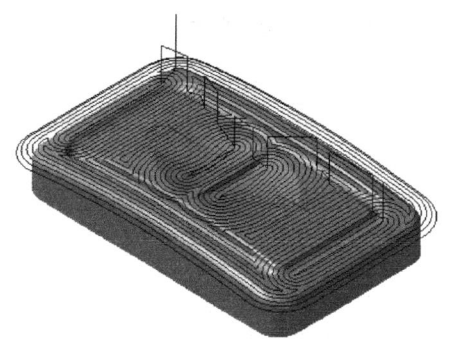

图 6-65 生成浅平面精加工刀路

在系统弹出的【刀具路径的曲面选取】对话框上单击 ✓ 按钮，系统弹出【曲面精加工环绕等距】对话框，选择 φ8mm 球刀。直接打开【曲面加工参数】选项卡，以【绝对坐标】的方式设置【参考高度】为 10.0mm，以【增量坐标】的方式设置【进给下刀位置】为 2.0mm，设置【（加工曲面）预留量】为 0.0mm，其他参数默认。

打开【环绕等距精加工参数】选项卡，设置【最大切削间距】为 0.25mm，【斜线角度】为 0.0°。勾选【由内而外环切】和【转角过滤】选项，设置【角度】为 165.0°，【最大环绕】为 0.3mm，勾选【限定深度】选项，如图 6-66 所示。

单击【限定深度】按钮，打开【限定深度】对话框，以【相对于刀尖】的方式设置【最高的位置】为 0.0mm，【最低的位置】为 -10.0mm 并确定。

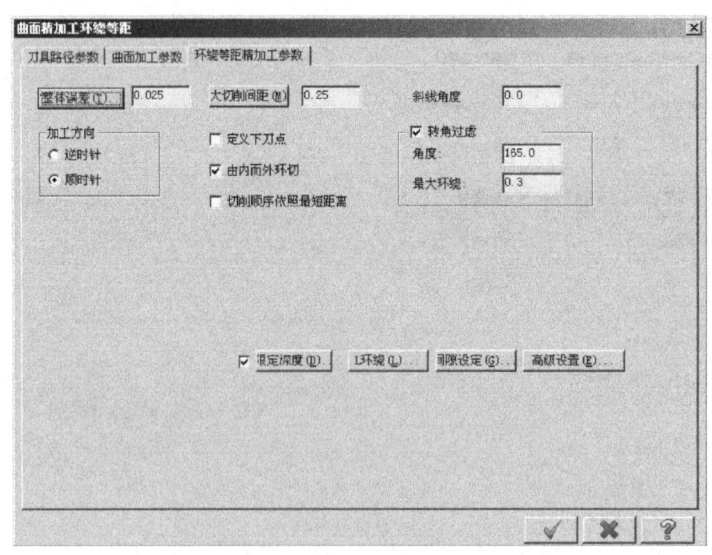

图 6-66 设置环绕等距加工参数

 技术指导：

【转角过滤】选项用于将刀具路径中的尖角刀路采用圆弧过渡，使刀具路径更加平滑，效果对比如图 6-67 所示。

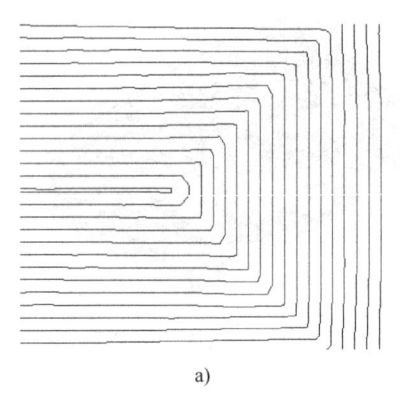
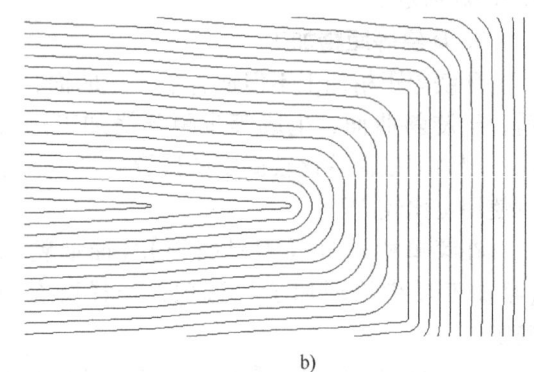

a)   b)

图 6-67 转角过滤设置对比
a) 不设置   b)【角度】为 165.0°，【最大环绕】为 0.3mm

单击 按钮，生成曲面精加工环绕等距刀具路径如图 6-68 所示。

4. 交线清角精加工

交线清角精加工用于在曲面交线处生成刀具路径，以达到清除残料的目的，清角时比较常用。

在菜单栏选择【刀具路径】/【曲面精加工】/【精加工交线清角加工】选项，选择所有曲面并确定。

在系统弹出的【刀具路径的曲面选取】对话框上单击 按钮，系统弹出【曲面精加工交线清角

图 6-68 生成浅平面精加工刀路

对话框，选择 φ4mm 球刀。直接打开【曲面加工参数】选项卡，以【绝对坐标】的方式设置【参考高度】为 10.0mm，以【增量坐标】的方式设置【进给下刀位置】为 2.0mm，设置【(加工曲面)预留量】为 0.0mm，其他参数默认。

打开【交线清角精加工参数】选项卡，设置【单侧加工次数】为 2，其他参数设置如图 6-69 所示。

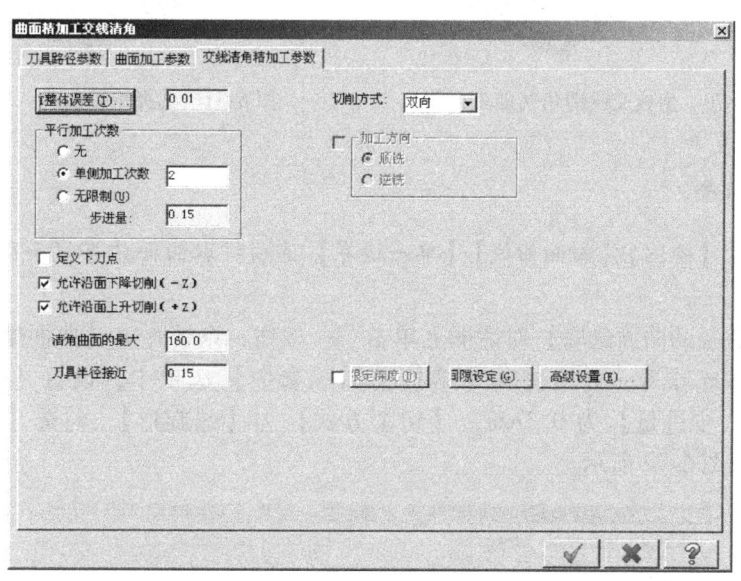

图 6-69　设置交线清角精加工参数

 技术指导：

【平行加工次数】选项用于设置清角加工时刀具的走刀次数。其中，选中【无】选项后，只在交线处生成一条加工刀具路径；选中【单侧加工次数】选项后，可生成多条刀具路径，各路径间的间距可通过【步进量】进行设定；若选择【无限制】选项，将对整个加工曲面生成全面清角的刀具路径。

用户可通过设置【清角曲面的最大（角度）】选项对清角加工区域进行控制。当加工区域出现不均匀切削时，系统将根据【刀具半径接近】值调整切削范围，并自动增加该区域的切削刀路。

单击 ✓ 按钮，生成曲面精加工交线清角刀具路径如图 6-70 所示。

5. 熔接精加工

熔接精加工是在两熔接曲线内部生成刀具路径，主要用于局部精加工。熔接曲线可以是开放的串连或封闭的串连曲线。

按下 Alt + Z，打开第 8 图层（名称为 "cur"）并设为当前工作图屋，关闭第 1 图层。在菜单栏选择【刀具路径】/【曲面精加工】/【精加工熔接加工】选项，选择所有曲面并确定。

系统弹出【刀具路径的曲面选取】对话框，在【熔接】选项中单击 按钮，分别选择如图 6-71 所示的两条曲线并确定，注意箭头方向需保持为一致。

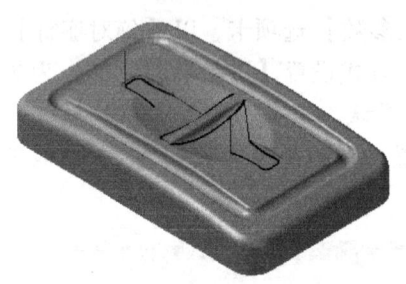
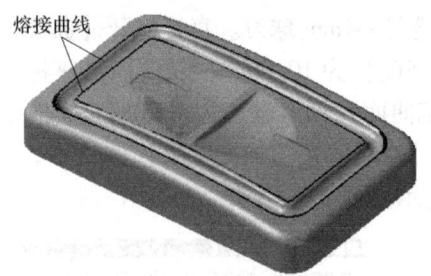

图 6-70　生成交线清角精加工刀路　　　　图 6-71　选择熔接曲线

 技术指导：

该曲线通过【绘图】/【曲面曲线】/【单一边界】选项提取曲面边界线而得到，用户可尝试创建。

在【刀具路径的曲面选取】对话框上单击 ✓ 按钮，系统弹出【曲面熔接精加工】对话框，选择ϕ4mm 球刀，直接打开【熔接精加工参数】选项卡，设置【整体误差】为 0.01mm，【最大步进量】为 0.3mm，【切削方式】为【螺旋形】，勾选【引导方向】与【3D】选项，如图 6-72 所示。

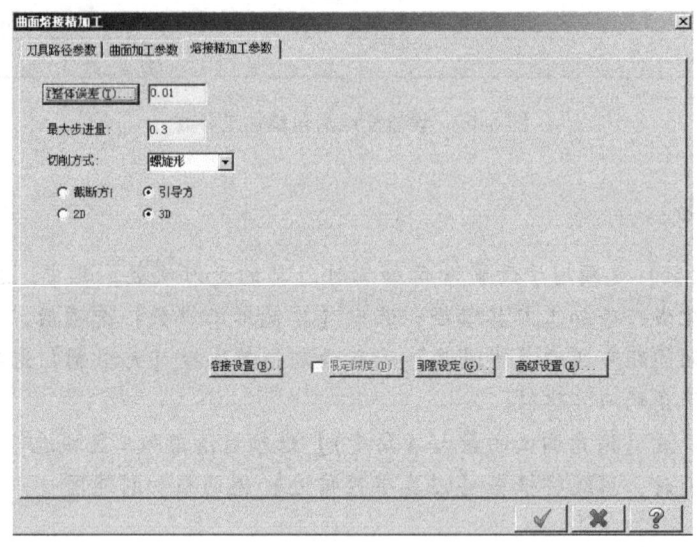

图 6-72　设置熔接精加工参数

 技术指导：

【截断方向】选项用于创建从一个串连曲线到另一个串连曲线的刀具路径，从第一个串连曲线的起点开始加工。

【引导方向】选项主要用于创建二维或三维刀具路径，从第一个串连曲线的起点开始。【2D】选项用于创建二维刀具路径，【3D】选项用于创建三维刀具路径。

单击【熔接设置】按钮，系统弹出【引导方向熔接设置】对话框，设置【距离】为

0.3mm，点选【快速生成】选项，如图 6-73 所示。

技术指导：

【快速生成】选项适用于普通曲面的熔接加工，能快速生成加工刀具路径。【完全的，支持垂直面与陡斜面】选项适用于陡斜曲面的精加工。

单击 ✓ 按钮，生成曲面熔接精加工刀具路径如图 6-74 所示。

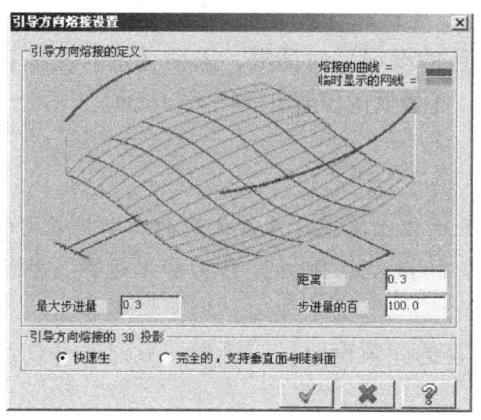

图 6-73 【引导方向熔接设置】对话框　　图 6-74 生成熔接精加工刀路

技术指导：

用户可继续尝试完成整个零件的编程加工，其中，塑料盖的侧面部分可采用等高外形曲面精加工刀路，中间小凹槽部位可采用轮廓铣削刀路。

任务实施

打开随书光盘：素材\模块六　曲面加工\任务 2 中的"充电器.MCX-5"文件。

在菜单栏选择【刀具路径】/【曲面粗加工】/【粗加工挖槽加工】选项，接受新建 NC 名称，选择所有曲面并确定，继续选择零件最大外形为边界范围并确定。

在【刀具路径的曲面选取】对话框上单击 ✓ 按钮，系统弹出【曲面粗加工挖槽】对话框，选择 φ8mm 平刀，设置【进给速率】为 600.0mm/min，【主轴转速】为 2600.0r/min，【下刀速率】为 100.0mm/min，【提刀速率】为 3000.0 mm/min，其他参数默认。

打开【曲面加工参数】选项卡，以【绝对座标】的方式设置【参考高度】为 10.0mm，以【增量座标】的方式设置【进给下刀位置】为 2.0mm，设置【（加工曲面）预留量】为 0.3mm，在【刀具控制】选项中点选【外】选项，并设置【额外的补正】为 3.0mm，其他参数默认。

技术指导：

将【刀具控制】设为【外】选项，并设置【额外的补正】距离，可起到扩大加工范围的效果。

打开【粗加工参数】选项卡，设置【Z轴最大进给量】为1.0mm，勾选【螺旋式下刀】选项与【由切削范围外下刀】选项，其他参数默认。

单击【螺旋下刀】按钮，系统弹出【螺旋形/斜插式下刀参数】对话框，打开【斜降】选项卡，设置【最小长度】为10.0mm，【最大长度】为2.4mm，【Z方向开始螺旋】为0.5mm，【XY方向预留间隙】为0.5mm，其他参数默认。

 技术指导：

为保证刀具能成功地斜降式进刀，【最小长度】与【最大长度】不宜太大。

单击【切削深度】按钮，打开【切削深度的设定】对话框，采用【绝对座标】方式设置切削深度，其中【最高的位置】为0.0mm，【最低的位置】为-13.0mm。

 技术指导：

为了提高加工效率，这里只加工底座上表面以上深度，底座侧边的加工将采用轮廓铣削刀路。用户也可创建一个较大的矩形（如90.0mm×90.0mm）作为加工边界，然后设置加工深度为-20.0mm，即可进行整体开粗。

单击【间隙设定】按钮，打开【刀具路径的间隙设置】对话框，只勾选【切削顺序最佳化】选项，其他参数默认。

打开【挖槽参数】选项卡，勾选【粗加工】选项，选择【等距环切】方式，设置【切削间距（直径%）】为70.0。勾选【精加工】选项，设置【次数】为1，【间距】为0.25mm，勾选【精修切削范围的轮廓】选项，其他参数默认。单击 ✓ 按钮，生成曲面挖槽粗加工刀具路径如图6-75所示

在【操作管理器】中的【刀具路径】选项卡上单击右键，在弹出的快捷菜单中选择【复制】选项。继续在【刀具路径】选项卡中单击右键，在弹出的快捷菜单中选择【粘贴】选项。

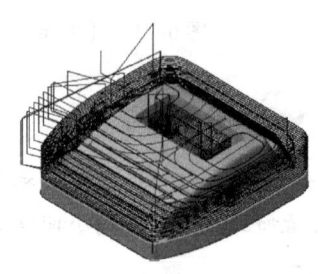

图6-75 生成曲面挖槽刀路

在粘贴后的第2步刀具路径中的子菜单上单击【参数】选项。

系统弹出【曲面粗加工挖槽】对话框，选择φ8mm平刀，设置【进给速率】为400.0mm/min，【主轴转速】为3500.0r/min，【下刀速率】为100.0mm/min，【提刀速率】为3000.0mm/min。打开【曲面加工参数】选项卡，以【绝对座标】的方式设置【安全高度】为10.0mm，设置【（加工曲面）预留量】为0.0mm，其他参数默认。

打开【粗加工参数】选项卡，设置【Z轴最大进给量】为1.0mm，不勾选【螺旋式下刀】，其他参数默认。

单击【切削深度】按钮，打开【切削深度的设定】对话框，采用【绝对座标】方式设置切削深度，其中【最高的位置】与【最低的位置】为-13.0mm。

单击 ✓ 按钮，单击 ▶ 按钮，生成曲面挖槽精加工刀具路径如图6-76所示。

 技术指导：

当下一步的刀具路径与上一步的刀具路径一样时，采用复制粘贴的方式往往可以起到事

半功倍的效果,如这里除了可以修改加工参数外,用户还可通过单击【图形】选项,重新选择加工曲面与加工边界,从而快速编程。

实际应用中粗加工刀路只要参数设置合理,也可用于精加工刀路中。

在菜单栏选择【刀具路径】/【外形铣削】选项,选择零件最大轮廓并确定,注意箭头方向,如图 6-77 所示。

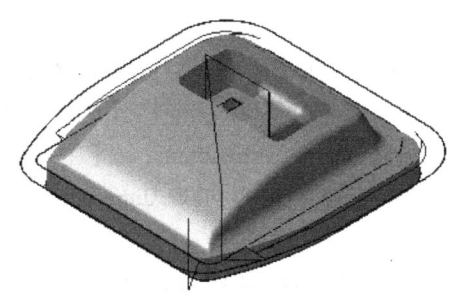
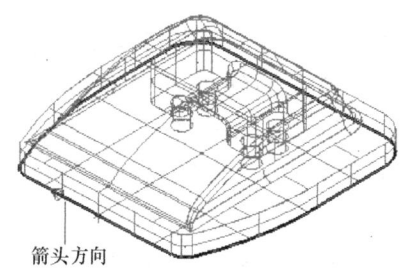

图 6-76 生成曲面挖槽精刀路　　　　　　图 6-77 选择加工轮廓

系统弹出【2D 刀具路径-等高外形】对话框,选择 φ8mm 平刀,设置【进给速率】为 600.0mm/min,【主轴转速】为 3500.0r/min,【下刀速率】为 100.0mm/min,【提刀速率】为 3000.0mm/min。

打开【切削参数】选项卡,设置【补下方向】为【左补偿】,【壁边预留量】与【底面预留量】都为 0.3mm,其他参数默认。

打开【分层切削】选项卡,勾选【分层切削】选项,设置【粗加工】/【次数】为 3,【间距】为 0.5mm,【精加工】/【次数】为 1,【间距】为 0.25mm,勾选【不提刀】选项。

打开【共同参数】选项卡,点选所有【绝对座标】选项,设置【参考高度】为 10.0mm,【进给下刀位置】为 2.0mm,【工件表面】为 -13.0mm,【深度】为 -20.0mm。

单击 ✓ 按钮,生成外形铣削粗加工刀具路径如图 6-78 所示。

继续对上一步外形铣削刀路采用复制粘贴的方式创建外形铣削精加工刀路。其中,设置【壁边预留量】与【底面预留量】都为 0.0mm。打开【分层切削】选项卡,设置【粗加工】/【次数】为 2,【间距】为 4.0mm,【精加工】/【次数】为 1,【间距】为 0.25mm,勾选【不提刀】选项。其他参数不变,最后重新计算刀具路径,结果如图 6-79 所示。

图 6-78 生成外形铣削粗刀路　　　　　　图 6-79 生成外形铣削精刀路

同时按下 Alt + Z,打开第 7 图层(名称为 "face_hold"),以显示凹槽的封闭曲面。

技术指导：

该曲面可通过【绘图】/【曲面】/【填补内孔】选项，然后选取R100.0mm圆弧曲面确定后得到，用户可尝试创建。将凹槽部分进行封闭，目的是为了避免接下来创建刀路时在凹槽内生成刀具路径，同时也为了使刀路具有较好的连续性。用户可尝试对比不同加工对象的效果。

在菜单栏选择【刀具路径】/【曲面精加工】/【精加工浅平面加工】选项，选择所有曲面并确定。在【刀具路径的曲面选取】对话框上单击 ✓ 按钮，系统弹出【曲面精加工浅平面】对话框，选择φ8mm平刀，设置【进给速率】为600.0mm/min，【主轴转速】为3000.0r/min，【下刀速率】为100.0mm/min，【提刀速率】为3000.0mm/min，其他参数默认。

打开【曲面加工参数】选项卡，设置【(加工曲面)预留量】为0.15mm，其他参数默认。打开【浅平面精加工参数】选项卡，设置【最大切削间距】为2.0mm，【加工角度】为90.0°，【切削方式】为【双向】，【从倾斜角度】为0.0°，【到倾斜角度】为90°，勾选【限定深度】选项。

单击【限定深度】按钮，采用【相对于刀具的】/【刀尖】方式，设置【最高的位置】为1.0mm，【最低的位置】为–12.9mm。

 技术指导：

这里不将【最高的位置】设为0.0mm，而是1.0mm，目的是为了使刀具在0.0mm的位置时产生连续的刀路，否则会出现间断的不连续的刀路。设置【最低的位置】为–12.9mm是为了避免对底座上表面进行加工防止过切，用户也可以通过添加干涉曲面进行设置。

单击【间隙设定】按钮，打开【刀具路径的间隙设置】对话框，只勾选【切削顺序最佳化】选项，其他参数默认。

单击【高级设置】按钮，打开【高级设置】对话框，设置【刀具在曲面（实体面）的边缘走圆角】选项为【在所有的边缘】。

单击 ✓ 按钮，生成浅平面精加工刀具路径如图6-80所示。

在菜单栏选择【刀具路径】/【曲面精加工】/【精加工环绕等距加工】选项，窗选如图6-81所示的加工曲面并确定。

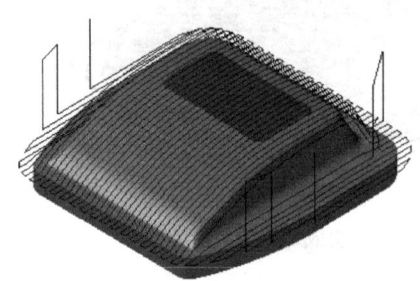

图6-80　生成浅平面精加工刀路

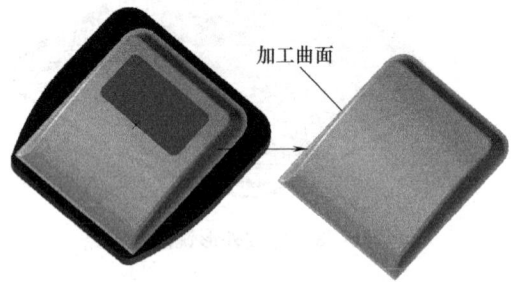

图6-81　选择加工曲面

技术指导：

在选择图素时，巧妙地从不同视角进行窗选往往可以起到事半功倍的效果。如这里，可先单击【前视图】按钮，然后按照如图6-82所示矩形窗口进行窗选。选择方式为【窗口内】时，只会将窗口内的所有曲面都被选取，包括背面的曲面，但与窗口相交的曲面并不会被选取，因此该矩形窗口只要稍大于所选取的曲面即可。

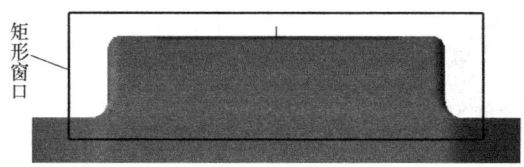

图6-82 窗选方法

在【刀具路径的曲面选取】对话框上单击 ✓ 按钮，系统弹出【曲面精加工环绕等距】对话框，选择φ6mm球刀，设置【进给速率】为1200.0mm/min，【主轴转速】为3000.0r/min，【下刀速率】为100.0mm/min，【提刀速率】为3000.0mm/min，其他参数默认。直接打开【环绕等距精加工参数】选项卡，设置【整体误差】为0.01mm，【最大切削间距】为0.25mm，【斜线角度】为0.0，勾选【定义下刀点】与【由内而外环切】选项，不设置【转角过滤】选项，勾选【限定深度】选项，其他参数默认。

 技术指导：

这里勾选【由内而外环切】选项可以防止刀具从下往上切削，否则刀具从下往上切削时容易因直壁处加工余量较大而导致断刀。

单击【限定深度】按钮，打开【切削深度的设定】对话框，采用【相对于刀具的】/【刀尖】方式，设置【最高的位置】为1.0mm，【最低的位置】为-12.9mm。

单击【环绕设置】按钮，打开【环绕设置】对话框，勾选【复盖自动精度的计算】选项，设置【步进量的百分比】为60.0，其他参数默认。

 技术指导：

用户可尝试对比不进行环绕设置的效果，以更好地理解进行3D环绕精度设置的作用。

单击【间隙设定】按钮，打开【刀具路径的间隙设置】对话框，只勾选【切削顺序最佳化】选项，其他参数默认。

单击【高级设置】按钮，打开【高级设置】对话框，设置【刀具在曲面（实体面）的边缘走圆角】选项为【在所有的边缘】。

单击 ✓ 按钮，选择系统坐标系的原点作为加工的起点，生成等距环绕精加工刀具路径如图6-83所示。

在菜单栏选择【刀具路径】/【曲面精加工】/【精加工交线清角加工】选项，选择所有曲面并确定。在【刀具路径的曲面选取】对话框上单击 ✓ 按钮，系统弹出【曲面精加工交线清角】对话框，选择φ6mm球刀，设置【进给速率】为400.0mm/min，【主轴转速】为3500.0r/min，【下刀速率】为100.0mm/min，【提刀速率】为3000.0mm/min。直接打开

【交线清角精加工参数】选项卡,在【平行加工次数】选项栏中点选【单侧加工次数】选项,并设置为1,勾选【允许沿面下降切削(-Z)】和【允许沿面下降切削(+Z)】,【清角曲面的最大角度】为174.0°,【切削方式】为【双向】,其他参数默认。

单击 ✓ 按钮,生成曲面精加工交线清角刀具路径如图6-84所示。

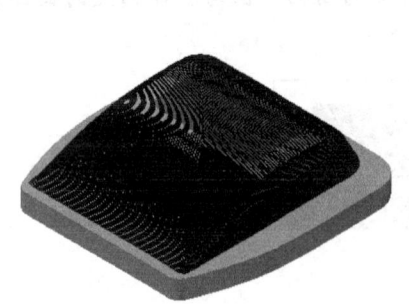
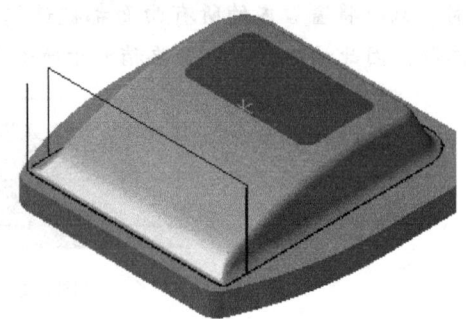

图6-83 等距环绕精加工刀路　　　　图6-84 曲面精加工交线清角刀路

 技术指导:

对于此处R3mm圆弧曲面的清角加工,用户可尝试创建如图6-85所示的曲面边界线(直接提取曲面的边界线),采用轮廓铣削并以此线为刀具中心轨迹进行编程加工。

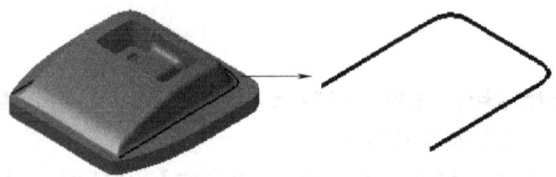

图6-85 提取边界线

按下Alt+Z,关闭第7图层(名称为"face_hold")。

在菜单栏选择【刀具路径】/【曲面精加工】/【精加工平行铣削加工】选项。选择如图6-86所示的曲面并确定,在【刀具路径的曲面选取】对话框上单击【干涉曲面】按钮,选择如图6-86所示的曲面并确定。

图6-86 选择加工曲面与干涉曲面

在【刀具路径的曲面选取】对话框上单击 ✓ 按钮,系统弹出【曲面精加工交线清角】对话框,选择φ6mm球刀,设置【进给速率】为800.0mm/min,【主轴转速】为3500.0r/min,

【下刀速率】为 200.0mm/min，【提刀速率】为 3000.0mm/min。直接打开【精加工平行铣削参数】选项卡，设置【整体误差】为 0.01mm，【最大切削间距】为 0.25mm，【切削方式】为【双向】，【加工角度】为 0.0°，其他参数默认。单击 ✓ 按钮，生成曲面精加工平行铣削刀具路径如图 6-87 所示。

按下 Alt + Z，打开第 11 图层（名称为"edg_contour"）。

图 6-87 平行铣削精加工刀路

在菜单栏选择【刀具路径】/【外形铣削】选项，分别选择如图 6-88 所示的矩形轮廓并确定，注意箭头方向。

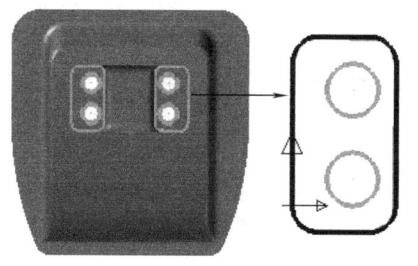
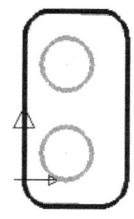

图 6-88 选择加工轮廓

系统弹出【2D 刀具路径-等高外形】对话框，新建 φ5mm 平刀，设置【进给速率】为 200.0mm/min，【主轴转速】为 3500.0r/min，【下刀速率】为 100.0mm/min，【提刀速率】为 3000.0mm/min。

打开【切削参数】选项卡，设置【补正方向】为【右补偿】，加工余量都设为 0.0mm。打开【分层切削】选项卡，参数设置如图 6-89a 所示。打开【共同参数】选项卡，参数设置如图 6-89b 所示。

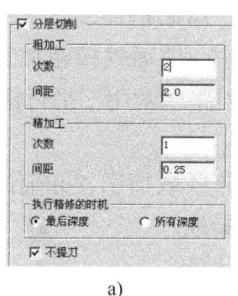
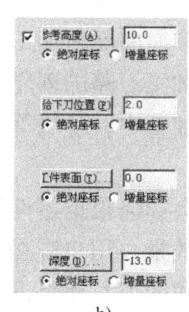

a)   b)

图 6-89 设置相关加工参数
a）设置分层切削 b）设置加工深度

单击 ✓ 按钮，生成矩形底面精加工刀具路径如图 6-90 所示。

在菜单栏选择【刀具路径】/【钻孔】选项，分别选择 4 个圆心并确定。系统弹出【2D 刀具路径-钻孔/全圆铣削 深孔钻-无啄孔】对话框，单击【刀具】选项，新建 φ5mm 钻头。设置【进给率】为 100.0mm/min，【主轴转速】为 1000.0r/min。打开【共同参数】选项卡，设置【参考高度】为10.0mm，【工件表面】为-15.0mm，【深度】为-22.0mm，勾选所有【绝对座标】选项。单击 按钮，生成钻孔刀具路径如图6-91所示。

图6-90 生成轮廓切削刀路

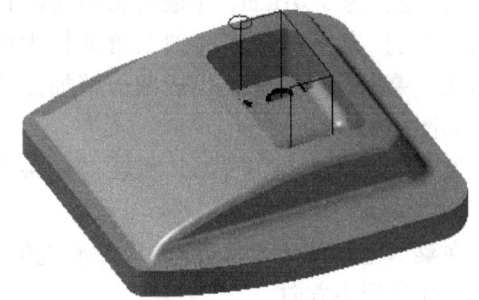

图6-91 生成钻孔刀路

最后进行实体模拟加工，效果如图6-92所示，至此编程加工完成。

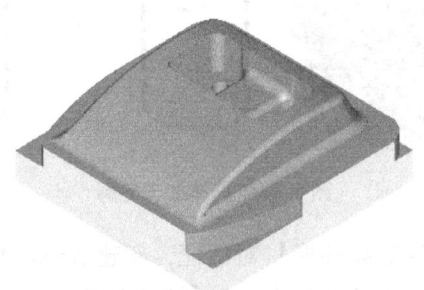

图6-92 实体模拟效果

 任务总结

本任务的难点是如何根据零件造型特点辅助设计一些曲面和曲线以帮助控制刀路。通过本任务的学习，用户应掌握曲面粗加工挖槽刀路，曲面精加工浅平面刀路、环绕等距切削、交线清角刀路与熔接精加工刀路的创建方法。其中，曲面挖槽粗加工刀路的应用非常广泛，浅平面刀路常用于半精加工中，环绕等距精加工刀路则常用于平行铣削加工效果不明显的曲面加工中。

在实际编程中，学会如何根据零件特点进行分区域加工，并辅助创建一些曲面与曲线，往往可以取得好的加工效果。用户应在练习中不断地设置不同的参数，对生成的刀具路径进行对比，从而进一步理解各加工参数，提高刀路的控制能力。

提高练习

根据随书光盘：素材\模块六 曲面加工\任务2中的"TG6-2.MCX-5"文件，如图6-93所示，对其进行编程加工。

图6-93 TG6-2

任务3　盘子凸模加工

任务目标

➢ 掌握曲面钻削式粗加工与放射状粗加工刀路的创建方法。
➢ 掌握曲面放射状精加工刀具路径的创建方法。

任务导入

根据随书光盘：素材\模块六　曲面加工\任务3中的"盘子凸模.MCX-5"文件，如图6-94所示，对其进行编辑加工。

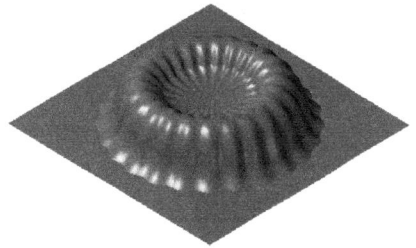

图6-94　盘子凸模

任务分析

该零件外形呈圆形，结构比较简单。结合零件造型，可先采用曲面钻削粗加工进行整体开粗，接着采用放射状粗加工刀路进行半精加工，最后继续采用放射状精加工刀路加工，分模面采用轮廓铣削刀路。

知识准备

1. 钻削式粗加工

钻削式粗加工采用钻孔的方式进行粗加工，这种加工方式加工速度快，但是刀具运动方式为直插，因此对刀具与机床的要求比较高。

打开随书光盘：素材\模块六　曲面加工\任务3中的"按钮.MCX-5"文件，如图6-95所示。

在菜单栏选择【刀具路径】/【曲面粗加工】/【粗加工钻削式加工】选项，窗选所有曲面并确定。

在【刀具路径的曲面选取】对话框上单击

图6-95　按钮.MCX-5

按钮，系统弹出【曲面粗加工钻削式】对话框，直接打开【曲面加工参数】选项卡，并设置【(加工曲面)预留量】为1.0mm。打开【钻削式粗加工参数】选项卡，设置【最大Z轴进给】为2.0mm，在【下刀路径】选项组点选【双向】选项，【最大路径步进量】为6.0mm。

技术指导：

系统提供了两种走刀方式，分别为【NCI】与【双向】。其中，【NCI】方式采用已生成的NCI文件生成钻削式刀路，【双向】方式为采用Z形的刀路。这里用户可尝试采用【NCI】方式选择"第2步：曲面粗加工挖槽刀路"与采用【双向】方式进行对比，观察加工效果。

单击 ✓ 按钮，选择如图 6-96a 所示的 A、B 两点以确定加工范围，生成刀具路径如图 6-96b 所示。

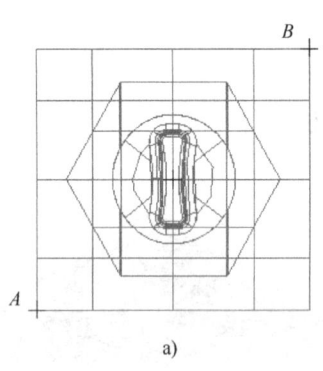 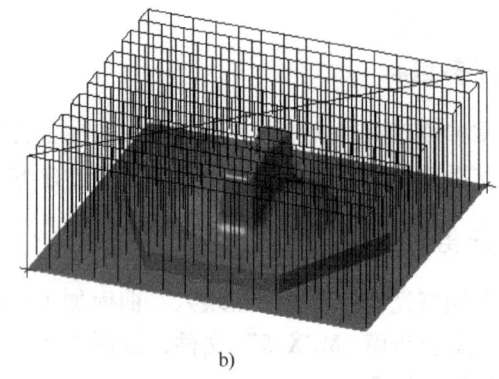

a)   b)

图 6-96 设置加工范围与生成刀路
a) 选择对角点 b) 生成钻削刀路

2. 放射状粗加工

放射状粗加工用于生成以指定点为放射中心向外扩散的放射状分层铣削刀具路径，适合于圆形造型的零件。

在菜单栏选择【刀具路径】/【曲面粗加工】/【粗加工放射状加工】选项，在【选取工件的形状】对话框中选择【凸】选项并确定。窗选如图 6-97 所示的曲面并确定。

在【刀具路径的曲面选取】对话框上单击 ✓ 按钮，系统弹出【曲面粗加工放射状】对话框，直接打开【曲面加工参数】选项卡，并设置【(加工曲面) 预留量】为 0.3mm。打开【放射状粗加工参数】选项卡，参数设置如图 6-98 所示。

图 6-97 选择加工曲面

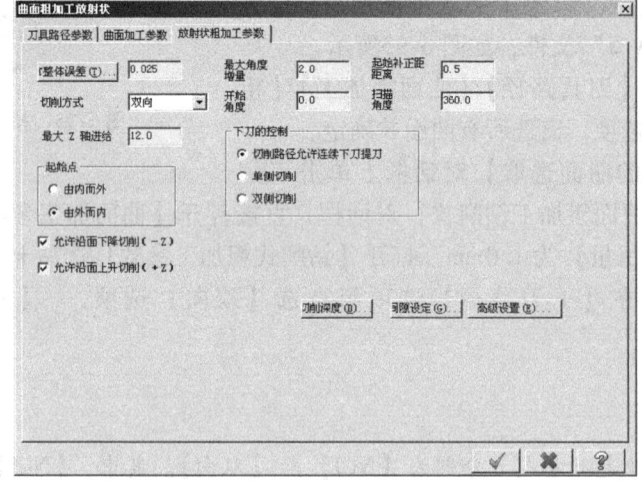

图 6-98 设置放射状粗加工参数

技术指导：

一般情况下优先考虑【切削方式】为【双向】，以提高加工效率。其他选项说明如下。
- ◆【最大角度增量】选项：指生成的放射状刀具路径中两相邻轨迹线之间的夹角。
- ◆【起始补正距离】选项：指放射状加工起始点与中心点的距离。
- ◆【开始角度】选项：指放射状刀路加工的起始位置，以 X 轴为正方向。
- ◆【扫描角度】选项：指放射状刀路的覆盖范围。

切削范围越大，最大外形边界处两相邻刀具路径的步距越大，显然不利于加工质量的保证。为了保证加工质量，可以先确定最大外形边界处的最大步距，再求增量角度值的大小。假设圆的直径为 100.0mm，如图 6-99a 所示，需通过增量角度的设置得到最大圆边界上的步距为 5.0mm。圆周长（最大外形长度）为 $L = 3.14 \times 2 \times R = 3.14 \times 2 \times 50\text{mm} = 314.0\text{mm}$，最大增量步距为 5.0mm，整圆的步距数为 $N = L/5 = 314\text{mm}/5\text{mm} = 62.80$，可求得角度增量值为 $A = 360/N = 360°/62.8 \approx 5.732°$，最终生成刀具路径如图 6-99b 所示。

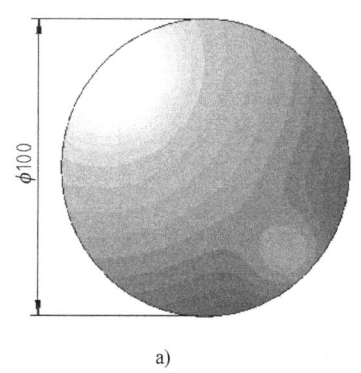
a)

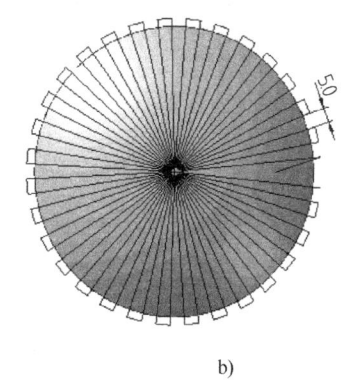
b)

图 6-99 反求增量角度
a) 已知圆直径 b) 生成刀具轨迹效果

单击【切削深度】按钮，打开【切削深度的设定】对话框，点选【绝对坐标】选项，设置【最高的位置】为 -2.0mm，【最低的位置】为 -15.0mm。

 技术指导：

这里设置【最高的位置】为 -2.0mm 目的是为了使刀具从 Z-2.0mm 的深度开始加工。

单击【间隙设定】按钮，打开【刀具路径的间隙设置】对话框，只勾选【切削顺序最佳化】选项，其他参数默认。

单击【高级设置】按钮，打开【高级设置】对话框，设置【刀具在曲面（实体面）的边缘走圆角】选项为【在所有的边缘】，其他参数默认。

在【曲面粗加工放射状】对话框上单击 按钮，选择系统原点作为放射中心，生成刀具路径如图 6-100

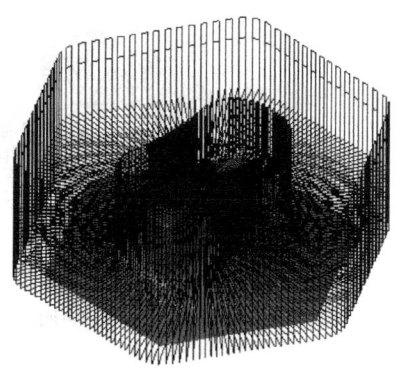

图 6-100 生成放射状粗加工刀路

所示。

3. 放射状精加工

放射状精加工用于生成以指定点为放射中心，并向外扩散的放射状刀具路径，适合于圆形造型的零件。

在菜单栏选择【刀具路径】/【曲面精加工】/【精加工放射状加工】选项，在【选取工件的形状】对话框中选择【凸】选项并确定。窗选如图 6-100 所示的曲面并确定。

在【刀具路径的曲面选取】对话框上单击 按钮，系统弹出【曲面精加工放射状】对话框，选择直径为 6.0mm 的球刀。直接打开【曲面加工参数】选项卡，设置【(加工曲面) 预留量】为 0.0mm。打开【放射状精加工参数】选项卡，参数设置如图 6-101 所示。

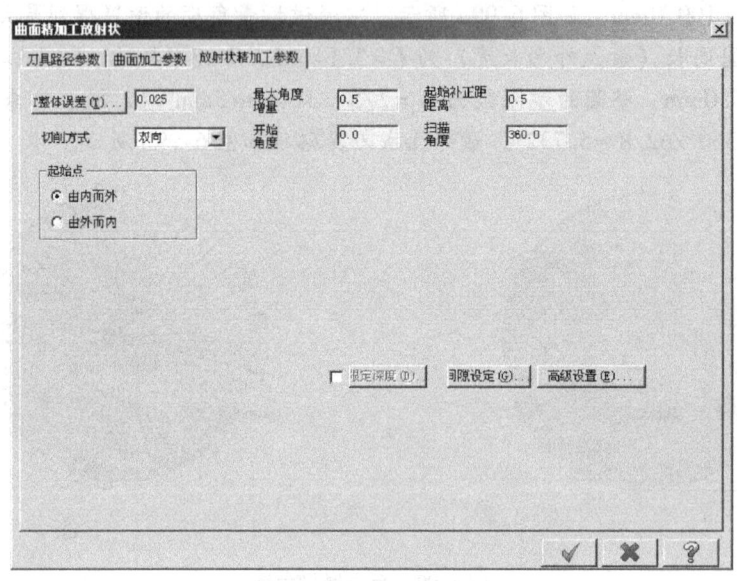

图 6-101　设置放射状精加工参数

在【曲面精加工放射状】对话框上单击 按钮，选择系统原点作为放射中心，生成刀具路径如图 6-102 所示。

最后用平刀进行轮廓铣削进行清角刀路，完成按钮的加工，模拟效果如图 6-103 所示。

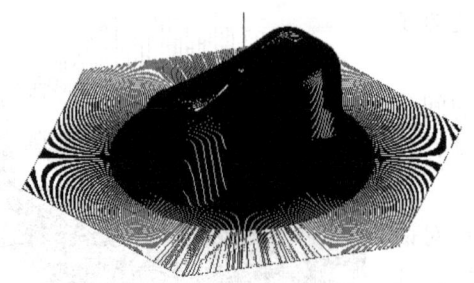
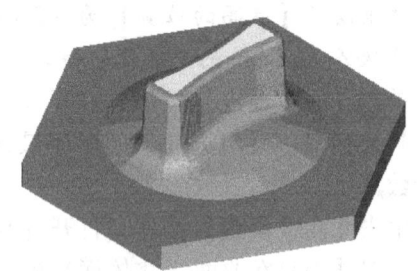

图 6-102　生成放射状精加工刀路　　　图 6-103　最后仿真加工结果

 **任务实施**

打开随书光盘：素材\模块六 曲面加工\任务3中的"盘子.MCX-5"文件。

在菜单栏选择【刀具路径】/【曲面粗加工】/【粗加工钻削式加工】选项，接受系统默认的NC名称，窗选所有曲面并确定。

在【刀具路径的曲面选取】对话框上单击 ✓ 按钮，系统弹出【曲面粗加工钻削式】对话框，选择直径为12.0mm的平刀，设置【进给速率】为300.0mm/min，【主轴转速】为1600.0r/min，【下刀速率】为100.0mm/min，【提刀速率】为3000.0mm/min。打开【曲面加工参数】选项卡，以【绝对座标】的方式设置【安全高度】为10.0mm，【(加工曲面)预留量】为0.5mm，其他参数默认。

打开【钻削式粗加工参数】选项卡，设置【最大Z轴进给】为2.0mm，在【下刀路径】选项栏中点选【双向】选项，【最大距离步进量】为6.0mm，其他参数默认。

单击 ✓ 按钮，选择如图6-104a所示的A、B两点以确定加工范围，生成刀具路径如图6-104b所示。

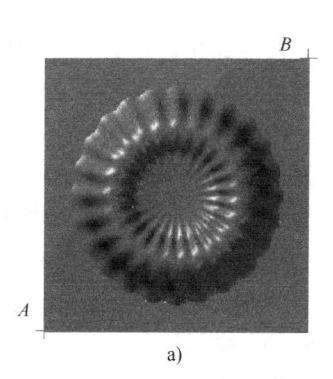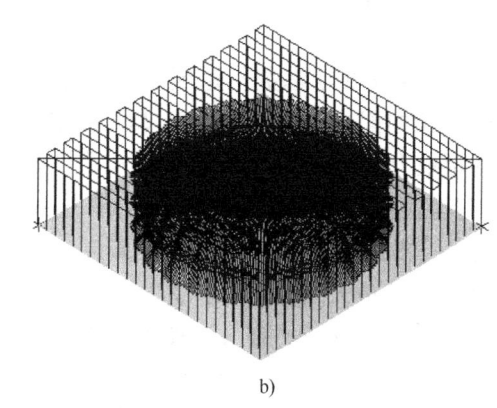

图6-104 设置加工范围与生成刀路
a) 选择对角点 b) 生成钻削刀路

按下Alt+Z，打开【层别管理】对话框，显示第2图层。

在菜单栏选择【刀具路径】/【外形铣削】选项，选择盘子轮廓线（图6-105）并确定，注意箭头方向。

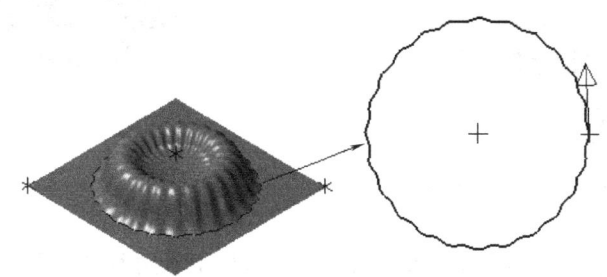

图6-105 选择加工轮廓

系统弹出【2D刀具路径-等高外形】对话框，选择φ12mm平刀，设置【进给速率】为

400.0mm/min，【主轴转速】为2500.0r/min，【下刀速率】为200.0mm/min，【提刀速率】为3000.0mm/min。

打开【切削参数】选项卡，设置【补下方向】为【右补偿】，【壁边预留量】与【底面预留量】为0.0mm，其他参数默认。

打开【分层切削】选项卡，勾选【分层切削】选项，设置【粗加工】/【次数】为6，【间距】为7.0mm，勾选【不提刀】选项，其他参数默认。

打开【共同参数】选项卡，点选所有【绝对座标】选项，设置【参考高度】为10.0mm，【进给下刀位置】为2.0mm，【工件表面】为–13.0mm，【深度】为–28.0mm。

单击 按钮，生成外形铣削精加工刀具路径如图6-106所示。

在菜单栏选择【刀具路径】/【曲面粗加工】/【粗加工放射状加工】选项，在【选取工件的形状】对话框中选择【凸】选项并确定，窗选盘子曲面（除分模面）为加工曲面并确定。

在【刀具路径的曲面选取】对话框上单击 按钮，系统弹出【曲面粗加工放射状】对话框，选择直径为8.0mm的球刀，设置【进给速率】为800.0mm/min，【主轴转速】为3000.0r/min，【下刀速率】为400.0mm/min，【提刀速率】为3000.0mm/min，其他参数默认。

打开【曲面加工参数】选项卡，以【绝对座标】的方式设置【安全高度】为10.0mm，设置【（加工曲面）预留量】为0.2mm，单击【选择】按钮 ，在【刀具路径的曲面选取】对话框上的【选择】选项上单击【选择】按钮 ，选择分模面为干涉曲面并确定。在【刀具路径的曲面选取】对话框上单击 按钮，其他参数默认。

打开【放射状粗加工参数】选项卡，设置【切削方式】为【双向】，【最大Z轴进给】为15.0mm，【最大角度增量】为2.0，【开始角度】为1.0，【起始补正距离】为1.0mm，【扫描角度】为360.0，在【起始点】选项栏点选【由内而外】选项，勾选【允许沿面下降切削（–Z）】和【允许沿面下降切削（+Z）】选项，在【下刀的控制】栏中点选【切削路径允许连续下刀提刀】选项，在【曲面粗加工放射状】对话框上单击 按钮，选择系统原点作为放射中心，生成刀具路径如图6-107所示。

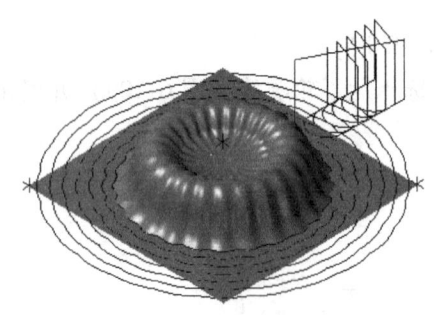
图6-106 生成轮廓铣削精加工刀路

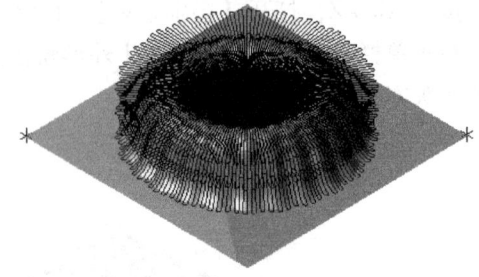
图6-107 生成放射状粗加工刀路

在菜单栏选择【刀具路径】/【曲面精加工】/【精加工放射状加工】选项，在【选取工件的形状】对话框中选择【凸】选项并确定。窗选盘子曲面（除分模面外，如图6-108所示）为加工曲面并确定。

在【刀具路径的曲面选取】对话框上单击 按钮，系统弹出【曲面精加工放射状】

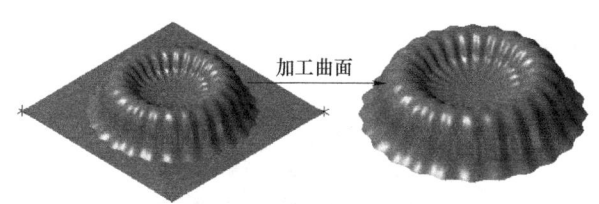

图 6-108　选择加工曲面

对话框，选择直径为 3.0mm 的球刀，设置【进给速率】为 500.0mm/min，【主轴转速】为 3000.0r/min，【下刀速率】为 100.0mm/min，【提刀速率】为 2000.0mm/min，其他参数默认。

打开【曲面加工参数】选项卡，以【绝对坐标】的方式设置【安全高度】为 10.0mm，设置【(加工曲面) 预留量】为 0.0mm，单击【选择】按钮 ，在【刀具路径的曲面选取】对话框上的【选择】选项上单击【选择】按钮 ，选择分模面为干涉曲面并确定。在【刀具路径的曲面选取】对话框上单击 ✓ 按钮，其他参数默认。

打开【曲面加工参数】选项卡，设置【(加工曲面) 预留量】为 0.0mm。打开【放射状精加工参数】选项卡，设置【切削方式】为【双向】，【最大 Z 轴进给】为 15.0mm，【最大角度增量】为 0.2°，【开始角度】为 0.0°，【起始补正距离】为 0.5mm，【扫描角度】为 360.0°，在【起始点】选项栏点选【由内而外】选项，在【曲面精加工放射状】对话框上单击 ✓ 按钮，选择系统原点作为放射中心，生成刀具路径如图 6-109 所示。

设置模拟毛坯尺寸为 150.0mm×150.0mm×30.0mm，仿真效果如图 6-110 所示。至此盘子凸模加工完成。

图 6-109　生成放射状精加工刀路

图 6-110　仿真效果

任务总结

本任务的难点的如何理解放射状刀路具体参数的意义。通过本任务的学习，读者应掌握曲面钻削式与放射状粗加工刀具径路，以及放射状精加工刀具路径的创建方法。放射状加工刀路适合于圆形造型的曲面，可以取得较好的加工效果，但由于离放射中心距离越远，在最大轮廓边界上产生的步距就越大，因此需控制适合的最大轮廓加工步距，可通过角度换算的方法得到最大加工步距。

提高练习

根据随书光盘：素材\模块六　曲面加工\任务 3 中的"TG6-3.MCX-5"文件，如

图 6-111 所示，对其进行编程加工。

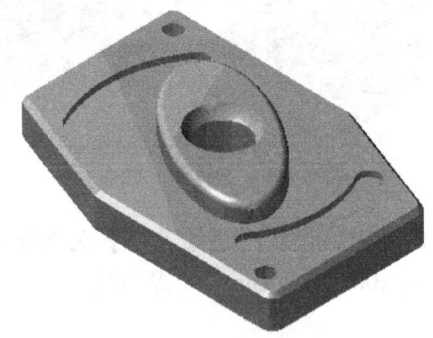

图 6-111　TG6-3

任务 4　电极加工

　任务目标

- 掌握曲面投影粗加工刀具路径的创建方法。
- 掌握曲面投影精加工刀具路径的创建方法。
- 掌握平行式陡斜面精加工刀具路径的创建方法。
- 较好地理解相关的参数与注意事项，对加工工艺有一定的理解。
- 对电极的数控加工有一定的了解。

　任务导入

根据随书光盘：素材 \ 模块六　曲面加工 \ 任务 4 中的"电极.MCX-5"文件，如图 6-112 所示，对其进行编程加工。

　任务分析

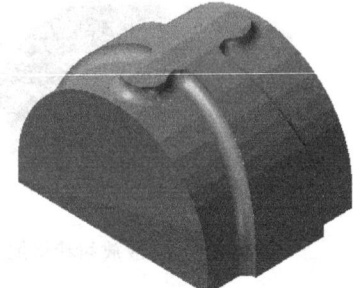

图 6-112　电极

该电极整体外形由圆弧拉伸而成，中间有凸形的带状图案，造型比较简单，但加工时要求保证圆角轮廓，因此也有一定的难度。这里先采用曲面投影粗加工刀路进行整体开粗，圆弧曲面部分采用平行式陡斜面精加工刀路，最后倒圆角曲面部分采用曲面投影精加工刀路。

　知识准备

1. 曲面投影粗加工

曲面投影粗加工是将已有的刀具路径或几何图素投影到加工曲面生成新的粗加工刀具路径。

打开随书光盘：素材 \ 模块六　曲面加工 \ 任务 4 中的"石墨电极.MCX-5"文件，如

图6-113所示。

在菜单栏选择【刀具路径】/【曲面粗加工】/【粗加工投影加工】选项,系统弹出【工件的形状】对话框,点选【凸】选项并确定。窗选所有曲面并确定。

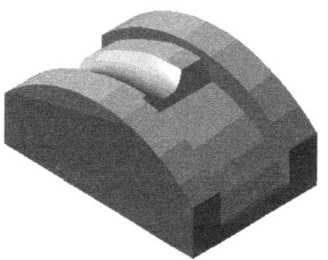

图6-113 石墨电极.MCX-5

在【刀具路径的曲面选取】对话框上单击 ✓ 按钮,系统弹出【曲面粗加工投影】对话框,选择直径为10.0mm的平刀。直接打开【曲面加工参数】选项卡,设置【(加工曲面)预留量】为0.3mm。打开【投影粗加工参数】选项卡,点选【投影方式】为【NCI】选项,在【原始操作】列表框中勾选"第2步:平面加工"刀具路径,其他参数如图6-114所示。

图6-114 设置投影粗加工参数

 技术指导:

系统提供了3种投影方式,分别如下。

◆【NCI】选项:采用已有刀具路径生成新的刀具路径,需在【原始操作】列表框中选择所采用的刀具路径。

◆【曲线】选项:以选取的曲线为参照进行投影,从而生成刀具路径。

◆【点】选项:以选取的点为参照进行投影,从而生成刀具路径。

单击【间隙设定】按钮,打开【刀具路径的间隙设置】对话框,只勾选【切削顺序最佳化】选项,其他参数默认。

单击【高级设置】按钮,打开【高级设置】对话框,设置【刀具在曲面(实体面)的边缘走圆角】选项为【在所有的边缘】,其他参数默认。

在【曲面粗加工投影】对话框上单击 ✓ 按钮,生成刀具路径如图6-115所示。

2. 平行式陡斜面精加工

平行式陡斜面精加工刀具路径用于清除斜坡曲面上残留的余量,常作为补加工,与其他刀具路径组合使用。

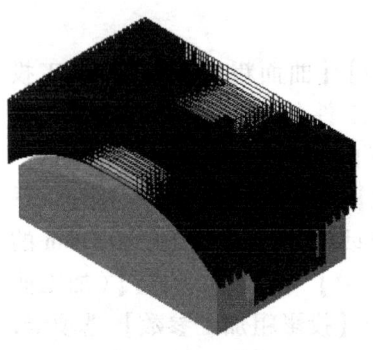

图 6-115　生成曲面投影粗加工刀路

在菜单栏选择【刀具路径】/【曲面精加工】/【精加工平行陡斜面加工】选项,选择如图 6-116 所示的加工曲面并确定,在【刀具路径的曲面选取】对话框上单击【选中】按钮,选择如图 6-116 所示的干涉曲面并确定。

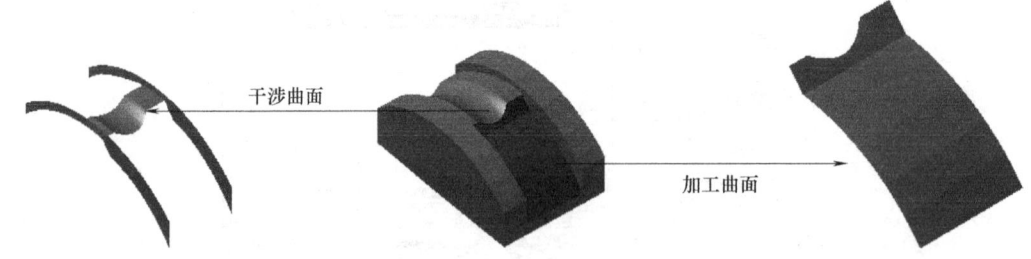

图 6-116　选择加工曲面与干涉曲面

在【刀具路径的曲面选取】对话框上单击 ✓ 按钮,系统弹出【曲面精加工平行式陡斜面】对话框,选择直径为 4.0mm 的球刀。打开【曲面加工参数】选项卡,设置【(加工曲面)预留量】为 0.0mm。打开【陡斜面精加工参数】选项卡,参数设置如图 6-117 所示。

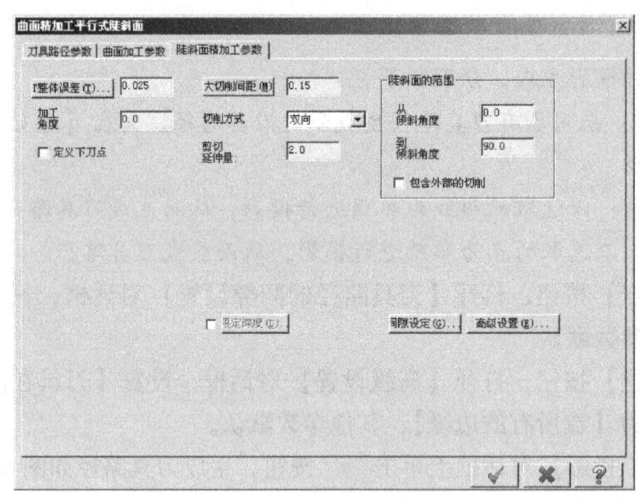

图 6-117　设置陡斜面精加工参数

技术指导：

【剪切延伸量】选项用于在切削方向增加延伸量。【陡斜面的范围】为由【从倾斜角度】到【到倾斜角度】之间的区域，其中【从倾斜角度】和【到倾斜角度】的参考平面是水平面，为刀具轨迹与水平面之间的夹角，而不是加工表面与水平面之间的夹角。

单击 ✓ 按钮，生成刀具路径如图 6-118 所示。

 技术指导：

对于其他曲面，用户可采用曲面平行铣削精加工刀路径完成。

3. 曲面投影精加工

曲面投影精加工刀具路径是将已有的刀具路径或几何图素投影至加工曲面，从而生成新的刀具路径。通过这种方式生成的刀具路径仅改变原刀具路径 NC 文件或几何图素中的 Z 坐标，并不改变 X、Y 坐标。

按下 Alt + Z，打开【层别管理】对话框，显示第 9 图层（名称为"line"），以显示两条直线，如图 6-119 所示。

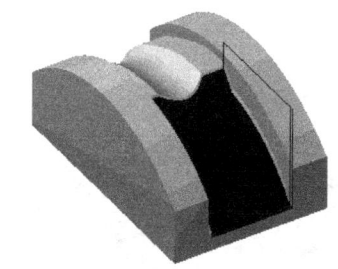

图 6-118　生成曲面平行式陡斜面精加工刀路

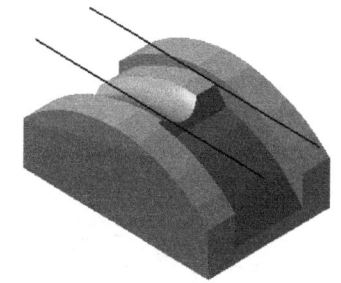

图 6-119　显示两直线

 技术指导：

构建这两条直线的目的是为了以此曲线为参照进行投影加工。该曲面的创建方法是在距离石墨电极中间凹槽直壁边为 5.0mm 的位置处绘制直线，设置距离为 5.0mm 是为了接下来采用直径为 10.0mm 的平刀进行精修改加工。用户也可以直接在凹槽直壁边为 0.0mm 的位置处绘制直线，然后以这两条直线创建外形轮廓铣削刀路，以备接下来曲面投影精加工采用 NCI 的方式产生新的刀具路径，这个效果与本例介绍的方法一样，而且简便，便于修改。

在菜单栏选择【刀具路径】/【曲面精加工】/【精加工投影加工】选项，窗选所有曲面并确定。

在【刀具路径的曲面选取】对话框上单击 ✓ 按钮，系统弹出【曲面精加工投影】对话框，选择直径为 10.0mm 的平刀，打开【曲面加工参数】选项卡，设置【参数高度】为 10.0mm，【进给下刀位置】为 2.0mm，点选所有【绝对座标】选项，【（加工曲面）预留量】为 0.0mm，勾选【进/退刀向量】选项，单击【进/退刀向量】按钮，系统弹出【方向】对话框，设置参数如图 6-120 所示。

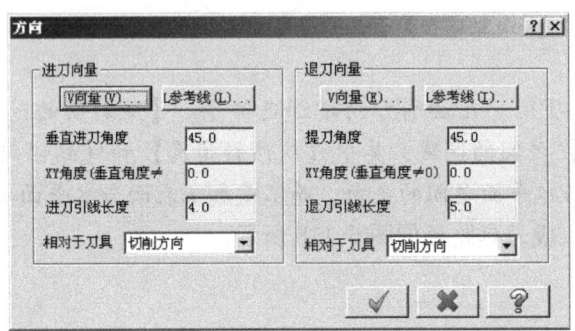

图 6-120 【方向】对话框

 技术指导：

此处进行【进/退刀向量】设置，目的是为了避免刀具直插，影响加工质量。

打开【投影精加工参数】选项卡，点选【投影方式】为【曲线】选项，在【曲面精加工投影】对话框上单击 ✓ 按钮，分别选择如图 6-121a 所示的两条直线并确定，生成刀具路径如图 6-121b 所示。

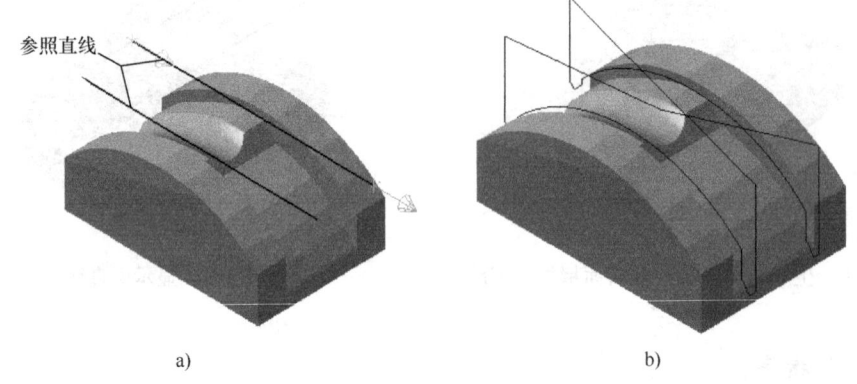

a) b)

图 6-121 曲线投影刀路

a) 选择参照曲线 b) 生成曲面投影精加工刀路

 技术指导：

当选择【投影方式】为【NCI】选项时，【增加深度】选项可选。增加深度是指在投影至曲面的表面上继续增加一定的深度，如在不规则曲面上加工文字时常采用。

 任务实施

打开随书光盘：素材\模块六 曲面加工\任务 4 中的"电极.MCX-5"文件，按下 Alt + Z，打开【层别管理】对话框，显示第 3 图层（名称为"rec"），以显示矩形线框。

在菜单栏选择【刀具路径】/【平面铣】选项，接受默认的"电极"为新 CN 名称，系统弹出【串连选项】对话框，选择矩形并确定。

系统弹出【2D 刀具路径-平面加工】对话框，单击【刀具】选项卡，创建直径为

10.0mm 的平刀，其他参数默认。

打开【切削参数】选项卡，在【类型】选项的下拉列表中选择【双向】选项，设置【底面预留量】为 0.0mm，设置【横向超出量】、【纵向超出量】、【进刀延伸长度】为 10.0mm，【退刀延伸长度】为 5.0mm，【最大步进量】为 3.0mm，其他参数默认。

打开【共同参数】选项卡，设置【参考高度】为 10.0mm，【进给下刀位置】为 5.0mm，【工件表面】为 0.0mm，【深度】为 0.0mm，勾选所有【绝对坐标】选项。单击 按钮，生成平面铣削刀具路径如图 6-122 所示。

在菜单栏选择【刀具路径】/【曲面粗加工】/【粗加工投影加工】选项，系统弹出【工件的形状】对话框，点选【凸】选项并确定。窗选所有曲面并确定，在【刀具路径的曲面选取】对话框上单击 按钮。

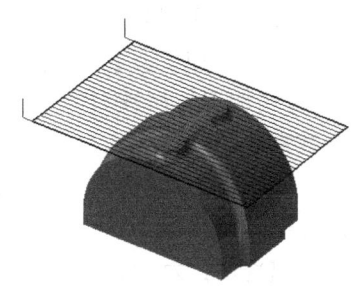

系统弹出【曲面粗加工投影】对话框，选择直径为 10.0mm 的平刀，设置【进给速率】为 2000.0mm/min，【下刀速率】为 300.0mm/min，【主轴转速】为 2000.0r/min，【提刀速率】为 3000.0mm/min，勾选【快速提刀】选项。

图 6-122　生成平面铣削刀具路径

打开【曲面加工参数】选项卡，设置【(加工曲面)预留量】为 0.25mm。

打开【投影粗加工参数】选项卡，点选【投影方式】为【NCI】选项，设置【最大 Z 轴进给量】为 0.5mm。在【原始操作】列表框中勾选"第 1 步：平面加工"刀具路径，在【下刀的控制】选项栏中勾选【切削路径允许连续下刀提刀】选项，同时选中【允许沿面下降切削（-Z）】与【允许沿面上升切削（+Z）】选项。

单击【间隙设定】按钮，打开【刀具路径的间隙设置】对话框，只勾选【切削顺序最佳化】选项，其他参数默认。

单击【高级设置】按钮，打开【高级设置】对话框，设置【刀具在曲面（实体面）的边缘走圆角】选项为【在所有的边缘】，其他参数默认。

在【曲面粗加工投影】对话框上单击 按钮，生成刀具路径如图 6-123 所示。

按下 Alt + Z，打开【层别管理】对话框，显示第 6 图层（名称为"contour"）。

在菜单栏选择【刀具路径】/【外形铣削】选项，选择如图 6-124 所示的外形曲线，并确定，注意箭头方向。

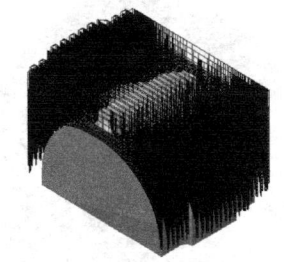

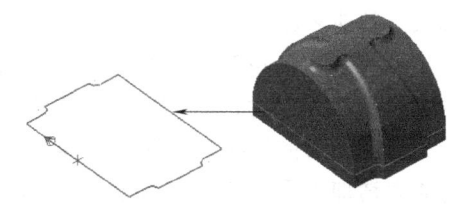

图 6-123　曲面整体开粗刀路　　　　　图 6-124　选择外形轮廓曲线

系统弹出【2D 刀具路径-等高外形】对话框，选择直径为 6.0mm 的平刀，设置【进给速率】为300.0mm/min,【下刀速率】为200.0mm/min,【主轴转速】为3000.0r/min,勾选【快速提刀】选项。

打开【切削参数】选项卡,设置【补正类型】为【电脑】,【补正方向】为【左补偿】,其他参数默认。

打开【进退/刀参数】选项卡,设置进退刀,选择【相切】选项,设置【长度】为30%,【圆弧】/【半径】为50%,【扫描(角度)】为90°,单击 按钮,即将退刀参数设置为与进行参数一致。

打开【分层切削】选项卡,勾选【分层切削】选项,设置【粗加工】/【次数】为3,【间距】为1.5mm,【精加工】次数为1,【间距】为0.25mm,其他参数默认。

打开【共同参数】选项卡,勾选所有【绝对座标】选项,设置【参考高度】为10.0mm,【进给下刀位置】为5.0mm,【深度】为-51.0mm,其他参数默认。

单击 按钮,生成刀具路径如图6-125所示。

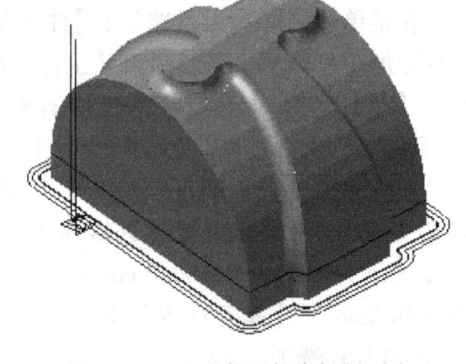

图6-125 生成外形轮廓铣削刀路

 技术指导:

这里没有留加工余量,而是直接加工到位,用户可将此步分为粗、精加工进行编程。

在菜单栏选择【刀具路径】/【曲面精加工】/【精加工平行陡斜面加工】选项,窗选所有曲面并确定,在【刀具路径的曲面选取】对话框上单击 按钮。

系统弹出【曲面精加工平行式陡斜面】对话框,选择直径为6.0mm的球刀,设置【进给速率】为1200.0mm/min,【下刀速率】为400.0mm/min,【主轴转速】为3500.0r/min,【提刀速率】为3500.0mm/min,勾选【快速提刀】选项。

打开【曲面加工参数】选项卡,设置【(加工曲面)预留量】为0.0mm。打开【陡斜面精加工参数】选项卡,设置【加工角度】为0.0,【最大切削间距】为0.08mm,【切削方式】为【双向】,【剪切延伸量】为8.0mm,在【陡斜面的范围】选项栏中设置【从倾斜角度】为0.0°,【到倾斜角度】为170.0°,其他参数默认。

单击【间隙设定】按钮,打开【刀具路径的间隙设置】对话框,在【容许的间隙】选项栏中设置【步进量的百分比】为3000.0,勾选【切削顺序最佳化】选项,其他参数默认。

单击【高级设置】按钮,打开【高级设置】对话框,设置【刀具在曲面(实体面)的边缘走圆角】选项为【在所有的边缘】,其他参数默认。

在【曲面精加工平行式陡斜面】对话框上单击 按钮,生成刀具路径如图6-126所示。

按下Alt+Z,打开【层别管理】对话框,显示第4图层(名称为"contour-3D")。

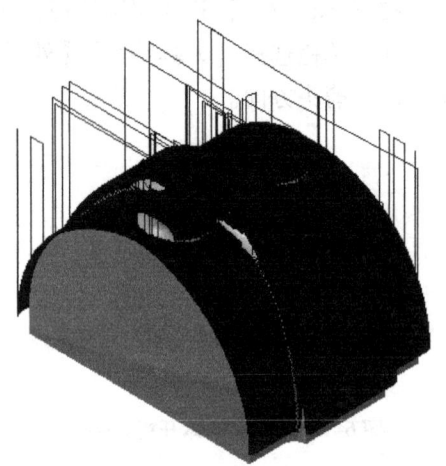

图6-126 陡斜面精加工刀路

技术指导：

为方便观察，用户可将第 2 图层（名称为"face"）关闭，不显示，待接下来创建曲面投影精加工时才显示。

在菜单栏选择【刀具路径】/【外形铣削】选项，选择如图 6-127 所示的两条外形曲线并确定，注意箭头方向，此时可判定刀具补偿为右补偿。

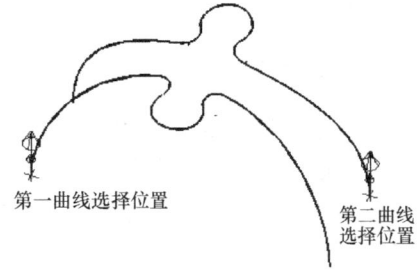

图 6-127 选择 3D 曲线

 技术指导：

具体选择曲线的方法如图 6-127 所示，以假想这两条曲线连成一体进行选择即可，通过这种选择方法可以很好地保证刀具补偿方向不发生改变，以利于编程。

系统弹出【2D 刀具路径-等高外形】对话框，选择直径为 6.0mm 的球刀，其他参数默认。单击【切削参数】选项卡，设置【补正类型】为【电脑】，【补正方向】为【右补偿】。单击【分层切削】选项卡，勾选【分层切削】选项，设置【粗加工】/【次数】为 6，【间距】为 0.15mm，【精加工】次数为 1，【间距】为 0.05mm，其他参数默认。在【曲面粗加工投影】对话框上单击 ✓ 按钮，生成刀具路径如图 6-128 所示。

在菜单栏选择【刀具路径】/【曲面精加工】/【精加工投影加工】选项，窗选所有曲面并确定，在【刀具路径的曲面选取】对话框上单击 ✓ 按钮。

系统弹出【曲面精加工投影】对话框，选择直径为 6.0mm 的球刀，设置【进给速率】为 800.0mm/min，【下刀速率】为 300.0mm/min，【主轴转速】为 3500.0r/min，【提刀速率】为 3000.0mm/min，勾选【快速提刀】选项。打开【曲面加工参数】选项卡，设置【（加工曲面）预留量】为 0.0mm。打开【投影精加工参数】选项卡，点选【投影方式】为【NCI】选项，勾选"第 6 步：等高外形"刀路，勾选【两切削间提刀】选项。

在【曲面精加工投影】对话框上单击 ✓ 按钮，生成刀具路径如图 6-129 所示。

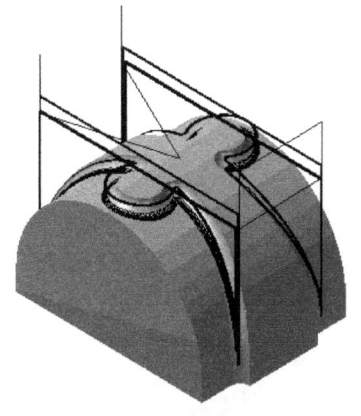

图 6-128 生成轮廓铣削刀路

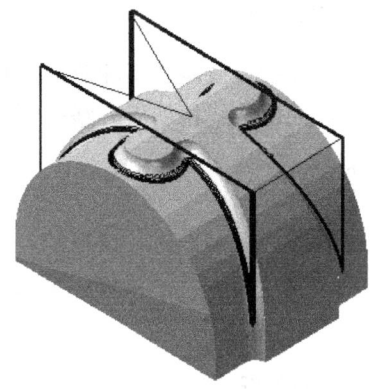

图 6-129 生成投影清角刀路

按住 Ctrl 键，只选择第 1 步（平面铣削刀路）与第 5 步（外形铣削刀路），在操作管理器中单击【切换已选取的后处理操作】按钮，以将其后处理操作进行关闭。至此电极零件编程完成。

 任务总结

本任务的难点是如何保证圆角曲面的加工。通过本任务的学习，读者应掌握曲面投影粗（精）加工刀具路径，以及平行式陡斜面精加工刀具路径的创建方法。本任务的难点是如何保证倒圆角曲面，以及其他圆弧表面质量。投影刀路除了作为补加工外，还可以实现在曲面上进行图案如文字的雕刻加工。

 提高练习

根据随书光盘：素材 \ 模块六 曲面加工 \ 任务 4 中的"TG6-4.MCX-5"文件，如图 6-130 所示，对其进行编程加工。

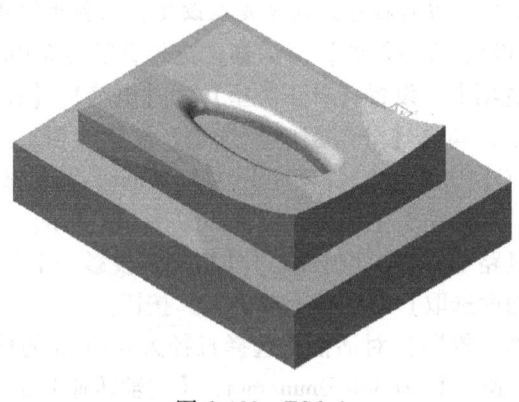

图 6-130 TG6-4

任务 5 手柄凹模加工

 任务目标

➢ 掌握曲面流线粗加工和曲面残料粗加工刀路的创建方法。
➢ 掌握曲面流线精加工刀路的创建方法。

 任务导入

根据随书光盘：素材 \ 模块六 曲面加工 \ 任务 5 中的"手柄凹模.MCX-5"文件，如图 6-131 所示，对其进行编程加工。

 任务分析

该手柄凹模的分模面为一连续曲面，凹模内侧为手柄外型。根据造型特点可采用曲面流线粗加工刀路对分模面进行粗加工，然后对凹模内侧采用曲面残料粗加工刀路进

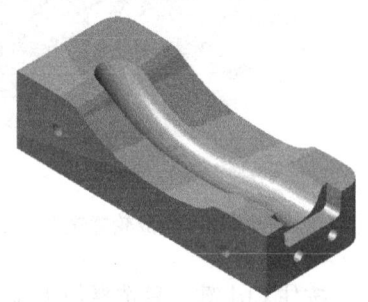

图 6-131 手柄凹模

行开粗。精加工时，对分模面采用曲面流线精加工，手柄曲面部分采用平行铣削精加工刀路。

 知识准备

1. 曲面流线粗加工

曲面流线粗加工刀路适用于外形非常规律的曲面加工，如以牵引、举升、扫描和昆氏等方式创建的曲面，因为这些曲面往往流向一致。相比于平行铣削粗加工刀路，由于曲面流线粗加工能较好地控制残脊高度，因而能获得精确的加工曲面。

打开随书光盘：素材 \ 模块六　曲面加工 \ 任务 5 中的"支承块.MCX-5"文件，如图 6-132 所示。

按下 Alt + Z，打开【层别管理】对话框，显示第 2 图层（名称为"face_hold"），关闭其他图层，以显示接下来用到的加工曲面，如图 6-133 所示。

图 6-132　支承块.MCX-5

图 6-133　加工曲面

在菜单栏选择【刀具路径】/【曲面粗加工】/【粗加工流线加工】选项，系统弹出【工件的形状】对话框，点选【凸】选项并确定。窗选如图 6-133 所示曲面并确定，在【刀具路径的曲面选取】对话框上单击【曲面流线】按钮 ，以设置曲面流线。

系统弹出【曲面流线设置】对话框，同时用箭头与曲线显示，如图 6-134 所示，此时刀具方向补正正确，单击 按钮。

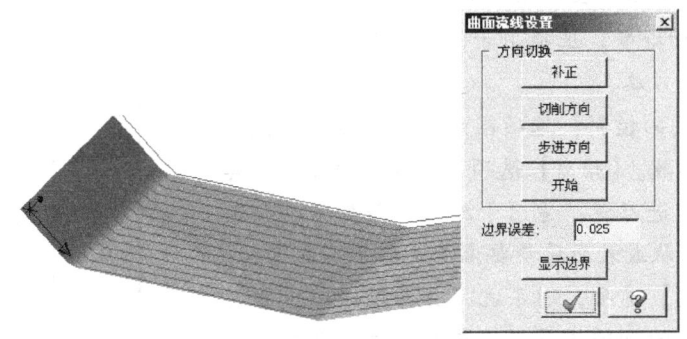
图 6-134　曲面流线设置与状态显示

 技术指导：

用户可通过单击【补正】按钮，以设置刀具的补正方向，如此处箭头方向若处于曲面的下方，可单击【补正】按钮将其调整为上方。其中，【切削方向】选项用于设置刀具是沿纵向方向还是横向方向进行切削；【步进方向】选项用于设置切削的起始方向；【开始】选项用于设置刀具加工的起始位置；【显示边界】选项用于显示共同边界线与接触点。

在【刀具路径的曲面选取】对话框上单击 ✓ 按钮，系统弹出【曲面粗加工流线加工】对话框，选择直径为 10.0mm 圆角半径为 1.0mm 的圆鼻刀。打开【曲面加工参数】选项卡，设置【(加工曲面) 预留量】为 0.3mm，其他参数默认。打开【曲面流线粗加工参数】选项卡，参数设置如图 6-135 所示。

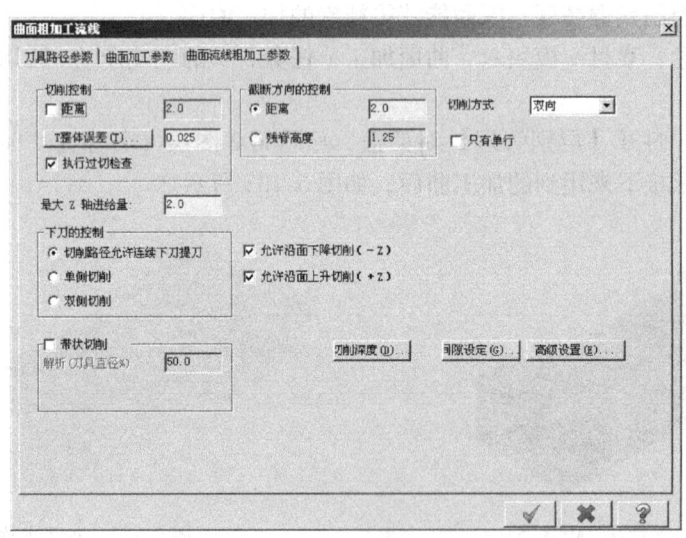

图 6-135　设置曲面流线粗加工参数

 技术指导：

【曲面流线精加工参数】选项卡主要参数介绍如下。

1)【切削控制】选项栏用于控制刀具在纵深方向移动的相关参数。其中，【距离】选项用于设置两相邻刀具路径在纵深方向的进刀量。

2)【执行过切检查】选项用于优化刀路，当出现圆凿切削时自动调整刀路。

3)【横断方向的控制】选项栏用于控制刀具在截面方向移动的相关参数。【距离】选项用于设置两相邻刀具路径在横断方向的进刀量，适用于加工曲面曲率半径较大且没有尖锐的形状或表面质量要求不是非常高的曲面。若采用【残脊高度】选项，则系统将自动根据该值的大小计算在横断方向的切削增量。残脊高度的高度指的是因刀具形状关系在两相邻切削路径之间留下未切削的凸起高度，如图 6-136 所示。该选项适用于曲面曲率半径较小且有尖锐形状的加工曲面，或表面质量要求非常高的曲面。

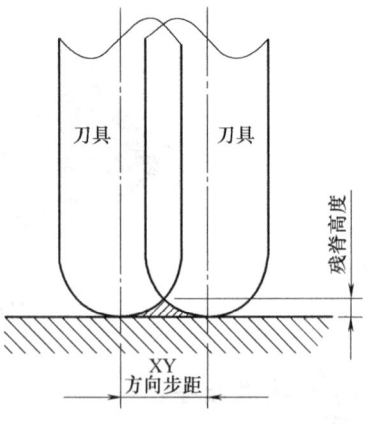

图 6-136　残脊高度示意图

单击 ✓ 按钮，生成刀具路径如图 6-137 所示。

2. 曲面残料粗加工

曲面残料粗加工用于其他加工刀路未切削或因刀具直径较大未能清除完毕的材料加工，一般用于二次开粗，但是刀路生成时间长，刀路也不规则，因此比较少用。

按下 Alt+Z，打开【层别管理】对话框，显示第 1 图层（名称为"face"）与第 3 图层（名称为"rec"），关闭其他图层，显示结果如图 6-138 所示。

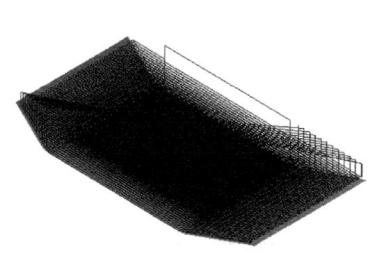 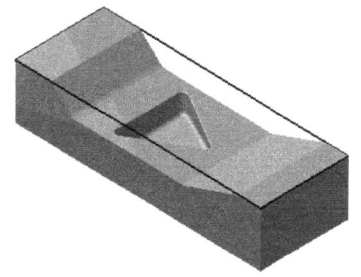

图 6-137　曲面流线粗加工刀路　　　图 6-138　显示加工曲面与边界线

在菜单栏选择【刀具路径】/【曲面粗加工】/【粗加工残料加工】选项，选择所有曲面并确定，在【刀具路径的曲面选取】对话框上的【边界范围】上单击 ▷ 按钮，选择矩形框并确定，在【刀具路径的曲面选取】对话框上单击 ✓ 按钮。

系统弹出【曲面粗加工残料加工】对话框，选择直径为 10.0mm，圆角半径为 1.0mm 的圆鼻刀。打开【曲面加工参数】选项卡，设置【(加工曲面）预留量】为 0.3mm，其他参数默认。

打开【残料加工参数】选项卡，参数设置如图 6-139 所示。

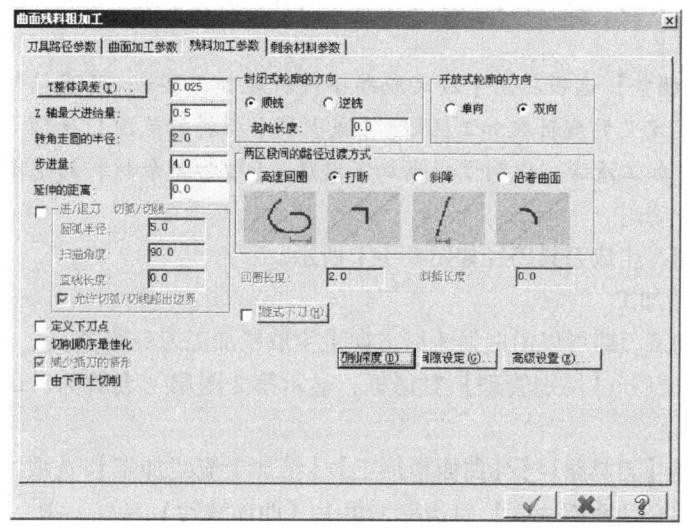

图 6-139　设置残料加工参数

单击【切削深度】按钮，打开【切削深度的设定】对话框，点选【绝对坐标】选项，设置【最高的位置】为 -23.5mm，【最低的位置】为 -45.0mm。

打开【剩余材料参数】选项卡,参数设置如图6-140所示。

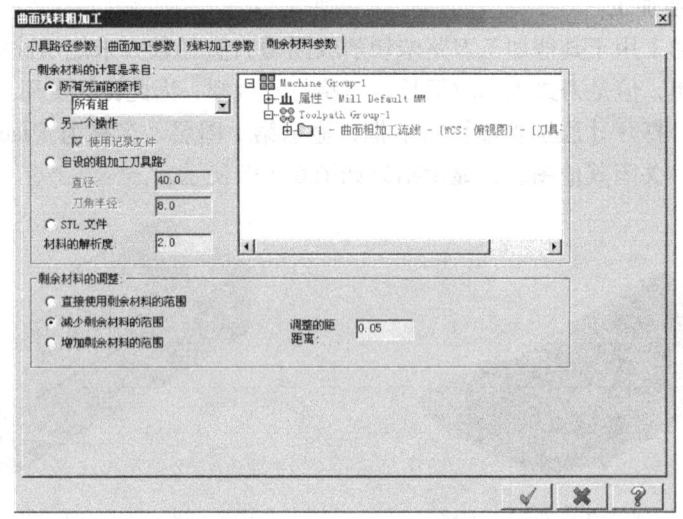

图6-140 设置剩余材料参数

 技术指导:

对于【剩余材料的计算来自】方式有4种,用于设置计算残料粗加工中清除剩余材料的方式。【所有先前的操作】选项是将前面加工模组中不能切削的区域作为残料粗加工需切削的区域;【另一个操作】选项是指定某一加工模组不能切削的区域作为残料粗加工需切削的区域;【自设的粗加工刀具】选项将根据刀具直径与刀角半径的大小计算残料粗加工需切削的区域;【STL文件】选项将对STL文件进行残料计算,【材料的解析度】越小则加工质量越好,反之则越差。

【剩余材料的调整】选项栏用于放大或缩小残料粗加工区域。【直接使用剩余材料的范围】选项指不改变定义的残料粗加工区域。【减少剩余材料的范围】选项允许残余小的尖角材料通过后续的精加工清除,以利于提高加工速度。【增加剩余材料的范围】选项用于对小的尖角材料进行清除。

单击 按钮,生成刀具路径如图6-141所示。

3. 曲面流线精加工

曲面流线精加工刀路可以沿曲面流线方向上生成精加工刀具路径。

按下Alt+Z,打开【层别管理】对话框,显示第2图层(名称为"face_hold"),关闭其他图层。

在菜单栏选择【刀具路径】/【曲面精加工】/【精加工流线加工】选项,选择所有曲面并确定。在【刀具路径的曲面选取】对话框上单击【曲面流线】按钮 ,系统弹出【曲面流线设置】对话框,单击【补正】按钮 补正 ,使刀具补正方向由曲面底面调整为顶面,如图6-142所示。

在【刀具路径的曲面选取】对话框上单击 按钮,系统弹出【曲面粗加工流线加工】对话框,选择直径为8.0mm的球刀。打开【曲面加工参数】选项卡,设置【(加工曲面)】预留量】为 0.0，其他参数默认。

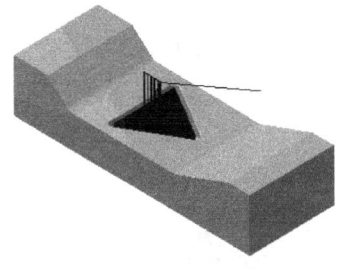

图 6-141　生成残料粗加工刀路

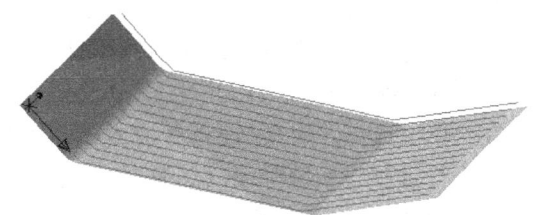

图 6-142　曲面流线设置与状态显示

打开【曲面流线精加工参数】选项卡，参数设置如图 6-143 所示。

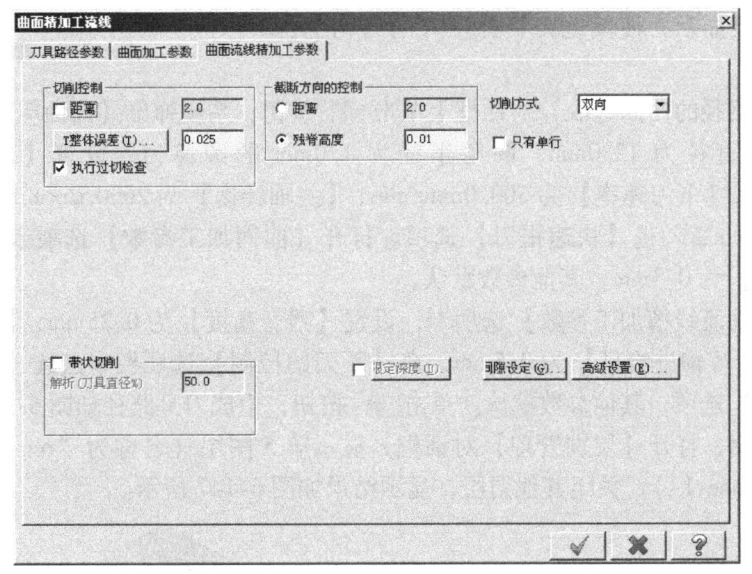

图 6-143　设置曲面流线精加工参数

单击 ✓ 按钮，生成刀具路径如图 6-144 所示。

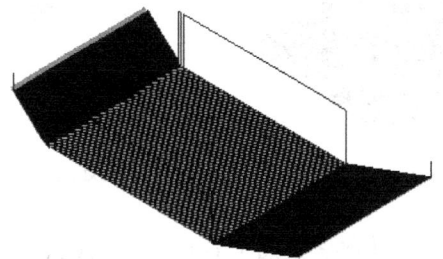

图 6-144　生成曲面流线精加工刀路

 技术指导：

对于其他部位的加工，用户可采用平行铣削刀路进行加工。

任务实施

打开随书光盘：素材\模块六 曲面加工\任务5中的"手柄凹模.MCX-5"文件。按下 Alt+Z，打开【层别管理】对话框，只显示第8图层（名称为"face_2"），关闭其他图层，如图6-145所示。

在菜单栏选择【刀具路径】/【曲面粗加工】/【粗加工流线加工】选项，系统弹出【工件的形状】对话框，点选【凸】选项并确定。接受系统默认NC名称，窗选如图6-145所示曲面并确定。

在【刀具路径的曲面选取】对话框上单击【曲面流线】按钮，系统弹出【曲面流线设置】对话框，同时用箭头与曲线显示，使其他刀具补正方向为朝上，单击 按钮。

图6-145 加工曲面

在【刀具路径的曲面选取】对话框上单击 按钮，系统弹出【曲面粗加工流线加工】对话框，选择直径为12.0mm，圆角半径为1.0mm的圆鼻刀，设置【进给速率】为2000.0mm/min，【下刀速率】为500.0mm/min，【主轴转速】为2600.0r/min，【提刀速率】为3000.0mm/min，勾选【快速提刀】选项。打开【曲面加工参数】选项卡，设置【(加工曲面)预留量】为0.3mm，其他参数默认。

打开【曲面流线精加工参数】选项卡，设置【残脊高度】为0.25mm，【切削方式】为【双向】，【最大Z轴进给量】为0.5mm，在【下刀的控制】选项栏中点选【切削路径允许连续下刀提刀】选项，其他参数默认。单击 按钮，生成刀具路径如图6-146所示。

按下Alt+Z，打开【层别管理】对话框，显示第5图层（名称为"rec-3"）和第6图层（名称为"face-1"），关闭其他图层，显示结果如图6-147所示。

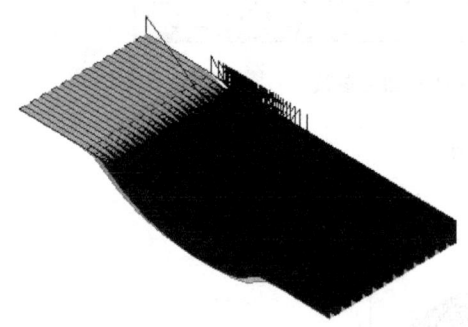

图6-146 图面开粗刀路

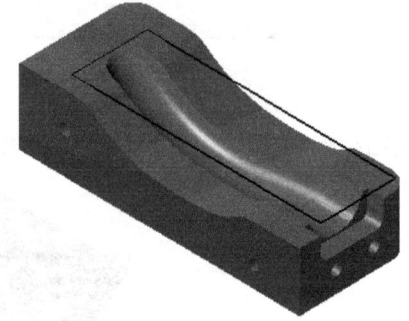

图6-147 显示加工曲面与矩形框

在菜单栏选择【刀具路径】/【曲面粗加工】/【粗加工残料加工】选项，选择所有曲面并确定。在【刀具路径的曲面选取】对话框上的【边界范围】上单击 按钮。选择矩形框并确定。在【刀具路径的曲面选取】对话框上单击 按钮。

系统弹出【曲面粗加工残料加工】对话框，选择直径为12.0mm，圆角半径为1.0mm的圆鼻刀，设置【进给速率】为2000.0mm/min，【下刀速率】为500.0mm/min，【主轴转速】为2600.0r/min，【提刀速率】为3000.0mm/min，勾选【快速提刀】选项。打开【曲面加工参数】选项卡,设置【(加工曲面)预留量】为 0.3mm,其他参数默认。

打开【残料加工参数】选项卡,设置【Z 轴最大进给量】为 0.5mm,【步进量】为 2.0mm,【延伸距离】为 1.0mm,勾选【切削顺序最佳化】与【减少插刀的情形】选项。单击【切削深度】按钮,打开【切削深度的设定】对话框,点选【绝对座标】选项,设置【最高的位置】为 0.0mm,【最低的位置】为 -32.0mm。

打开【剩余材料参数】选项卡,点选【减少剩余材料的范围】选项,其他参数默认,单击 ✓ 按钮,生成刀具路径如图 6-148 所示。

按下 Alt+Z,打开【层别管理】对话框,显示第 6 图层(名称为"face-1")和第 9 图层(名称为"2d"),关闭其他图层。

在菜单栏选择【刀具路径】/【外形铣削】选项,选择如图 6-149 所示的轮廓线并确定,注意箭头方向。在【串连选项】对话框上单击 ✓ 按钮。

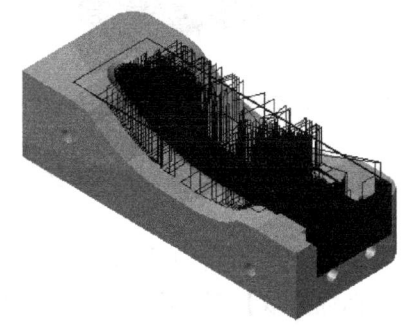
图 6-148 曲面残料粗加工刀路

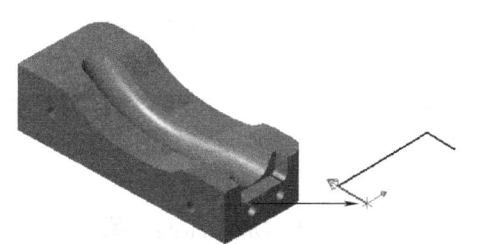
图 6-149 选择加工轮廓线

系统弹出【2D 刀具路径-等高外形】对话框,打开【刀具】选项卡,选择直径为 12.0mm,圆角半径为 1.0mm 的圆鼻刀,设置【进给速率】为 500.0mm/min,【下刀速率】为 300.0mm/min,【主轴转速】为 2600.0r/min,勾选【快速提刀】选项。

打开【切削参数】选项卡,设置【补正方式】为【右补偿】,【壁边预留量】与【底面预留量】为 0.0mm,其他参数默认。

打开【进退/刀参数】选项卡,选择【相切】选项,设置【长度】为 100%,【圆弧】【半径】为 0.0%,【扫描(角度)】为 0.0,单击按钮 ,即将进退刀参数设为一致。

打开【分层切削】选项卡,勾选【分层切削】选项,设置【粗加工】/【次数】为 3,【间距】为 5.0mm,【精加工】次数为 0,【间距】为 0.0mm,勾选【不提刀】选项。

打开【共同参数】选项卡,设置【参考高度】为 5.0mm,【进给下刀位置】为 2.0mm,【工件表面】为 0.0mm,【深度】为 -30.0mm,勾选所有【绝对座标】选项。

单击 ✓ 按钮,生成刀具路径如图 5-150 所示。

按下 Alt+Z,打开【层别管理】对话框,只显示第 8 图层(名称为"face_2"),关闭其他图层。

在菜单栏选择【刀具路径】/【曲面精加工】/【精加工流线加工】选项,选择所有曲面并确定。在【刀具路径的曲面选取】对话框上单击【曲面流线】按钮 ,系统弹出【曲面流线设置】对话框,刀具补正方向为曲面上侧。

在【刀具路径的曲面选取】对话框上单击 ✓ 按钮,系统弹出【曲面粗加工流线加工】

对话框,创建直径为 8.0mm 球刀,设置【进给速率】为 2000.0mm/min,【下刀速率】为 500.0mm/min,【主轴转速】为 3000.0r/min,【提刀速率】为 3000.0mm/min,勾选【快速提刀】选项。打开【曲面加工参数】选项卡,设置【(加工曲面)预留量】为 0.0mm,其他参数默认。打开【曲面流线精加工参数】选项卡,设置【残脊高度】为 0.001mm,【切削方式】为【双向】,其他参数默认。单击 ✓ 按钮,生成刀具路径如图 6-151 所示。

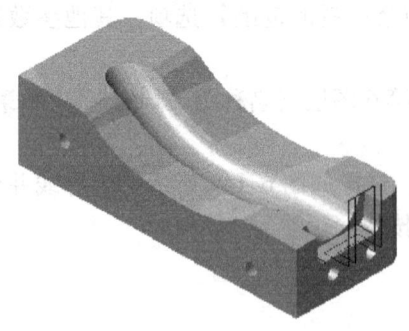

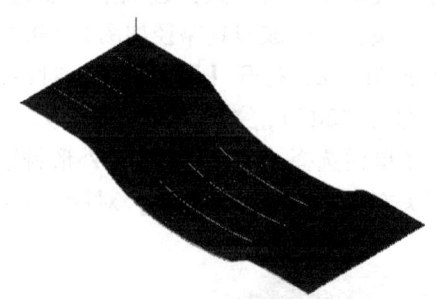

图 6-150　生成轮廓清角刀路　　　　图 6-151　曲面流线精加工表面刀路

按下 Alt + Z,打开【层别管理】对话框,显示第 8 图层(名称为"rec_2"),第 6 图层(名称为"face-1"),关闭其他图层。

在菜单栏选择【刀具路径】/【曲面精加工】/【精加工平行铣削加工】选项。窗选如图 6-152 所示的曲面为加工曲面并确定,在【刀具路径的曲面选取】对话框上单击【干涉曲面】按钮,选择如图 6-152 所示干涉曲面并确定。

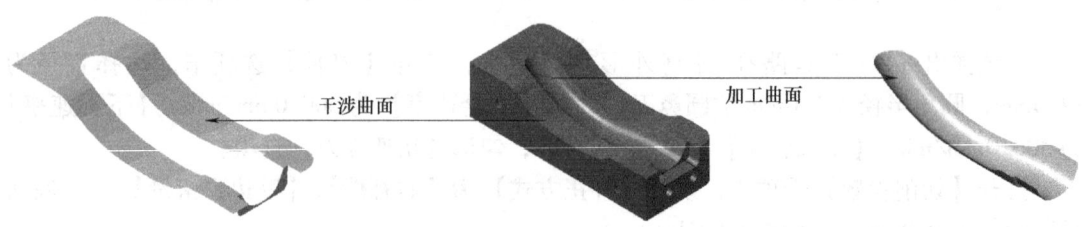

图 6-152　选择加工曲面与干涉曲面

在【刀具路径的曲面选取】对话框上单击 ✓ 按钮,系统弹出【曲面精加工平行铣削】对话框,选择直径为 8.0mm 球刀,设置【进给速率】为 1200.0mm/min,【主轴转速】为 3500.0r/min,【下刀速率】为 600.0mm/min,【提刀速率】为 3000.0mm/min。打开【曲面加工参数】选项卡,勾选【参考高度】选项并设置为 10.0mm,【进给下刀位置】为 2.0mm,点选所有【绝对座标】选项,设置【(加工曲面)预留量】为 0.0mm,【(干涉曲面)预留量】为 0.1mm,其他参数默认。打开【精加工平行铣削参数】选项卡,设置【整体误差】为 0.01mm,【最大切削间距】为 0.15mm,【切削方式】为【双向】,【加工角度】为 0.0°,其他参数默认。单击 ✓ 按钮,生成曲面精加工平行铣削刀具路径如图 6-153 所示。

在菜单栏选择【刀具路径】/【曲面精加工】/【精加工残料加工】选项,选择如图 6-154 所示的加工曲面并确

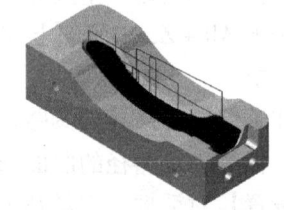

图 6-153　生成平行铣削精加工刀路

定，在【刀具路径的曲面选取】对话框上单击【干涉曲面】按钮，选择如图 6-154 所示的干涉曲面并确定。

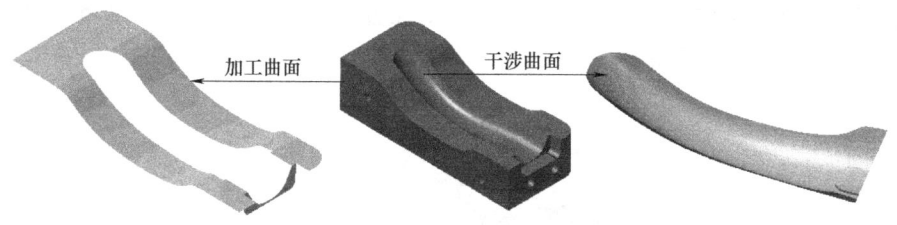

图 6-154　选择加工曲面与干涉曲面

在【刀具路径的曲面选取】对话框上单击 ✓ 按钮，系统弹出【曲面精加工残料清角】对话框，创建直径为 3.0mm 的球刀并设置【进给速率】为 300.0mm/min，【下刀速率】为 100.0mm/min，【主轴转速】为 3500.0r/min，【提刀速率】为 1000.0mm/min。打开【曲面加工参数】选项卡，设置【(加工曲面) 预留量】为 0.0mm，【(干涉曲面) 预留量】为 0.0mm，其他参数默认。

打开【残料清角精加工参数】选项卡，设置【最大切削间距】为 0.15mm，【切削方式】为【双向】，【从倾斜角度】为 0.0°，【到倾斜角度】为 90.0°，【加工角度】为 0.0°，其他参数默认，单击【间隙设定】按钮，打开【刀具路径的间隙设置】对话框，在【容许的间隙】选项栏中设置【步进量的百分比】为 3000.0，勾选【切削顺序最佳化】选项。

打开【残料清角的材料参数】选项卡，设置【粗铣刀具的刀具直径】为 10.0mm，【粗铣刀具的刀角半径】为 5.0mm，【重叠距离】为 0.0mm。

单击 ✓ 按钮，生成刀具路径如图 6-155 所示。至此零件加工完成。

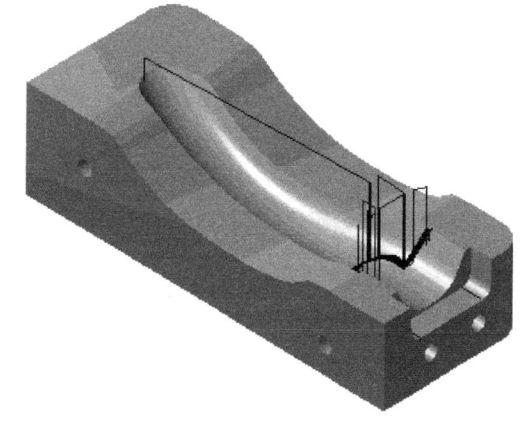

图 6-155　生成残料清角精加工刀路

 技术指导：

对于手柄前端的清角，可将零件竖起，然后采用轮廓铣削进行加工。

 任务总结

本任务的难点如何加工手柄部分的曲面并选择与之相适应的刀路。通过本任务的学习，用户应掌握曲面流线粗加工、曲面残料粗加工和曲面流线精加工刀路的创建方法。流线加工刀路对加工的曲面规律性要求比较高，但由于其加工效果较好，因此对于表面质量要求比较特殊的加工曲面可考虑这种刀路，否则可采用平行铣削刀路代替。

提高练习

根据随书光盘：素材\模块六 曲面加工\任务5中的"TG6-5.MCX-5"文件，如图6-156所示，对其进行编程加工。

图6-156 TG6-5

模块七

刀具路径转换与后处理

对于具有重复特征零件的编程加工，如模具和电极，Mastercam 系统提供了刀具路径转换功能，可将其进行平移、旋转或镜像达到复制的效果，而且生成的刀具路径与源刀路文件相关联，能有效节省刀路编辑修改的时间。在完成编程加工后，需将 NCI 文件进行后处理变成 NC 文件，使 CNC 控制器能进行解读。

任务　拨叉加工

 任务目标

- 掌握刀路转换的创建方法，包括平移、旋转和镜像。
- 提高重复零件的编程效率。
- 掌握后处理的一般方法。

 任务导入

根据随书光盘：素材 \ 模块七　刀路转换与后处理 \ 任务 1 中的"拨叉.MCX-5"文件，如图 7-1a 所示，结合已有的刀具路径对其进行编程，结果如图 7-1b 所示。并将其 NCI 刀具路径文件转换为 NC 程序输出。

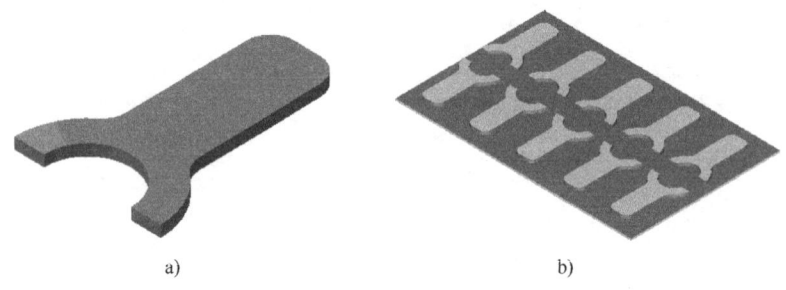

图 7-1　拨叉加工
a）拨叉.MCX-5　b）阵列加工结果

 任务分析

该零件结构简单，编程时可先对其中的一个进行编程加工，这里采用二维挖槽刀路可起到撤底地清除其他材料的效果。在阵列时，由于各零件间为对称关系，可先将其中编程完毕的一个零件进行镜像，然后再进行平移阵列。

 知识准备

刀具路径转换

刀具路径转换是将已经生成的刀具路径通过平移、旋转和镜像的方式进行复制，从而生成新的刀具路径，适用于具有相同特征零件的编程加工，如一模多腔的零件加工，能有效地提高编程效率。

(1) 平移刀具路径

平移刀具路径是通过控制 X、Y 方向，按指定的复制次数与路径阵列刀路。

打开随书光盘：素材\ 模块七 刀路转换与后处理\ 任务 1 中的"平移刀路.MCX-5"文件。

在菜单栏选择【刀具路径】/【刀具路径转换】选项，系统弹出【转换操作之参数设定】对话框，在【类型】选项栏中点选【平移】选项，平移【方式】为【座标】，在【原始操作】列表中勾选"第 1 步：Drill/Counterbore"刀路，其他参数默认，如图 7-2 所示。

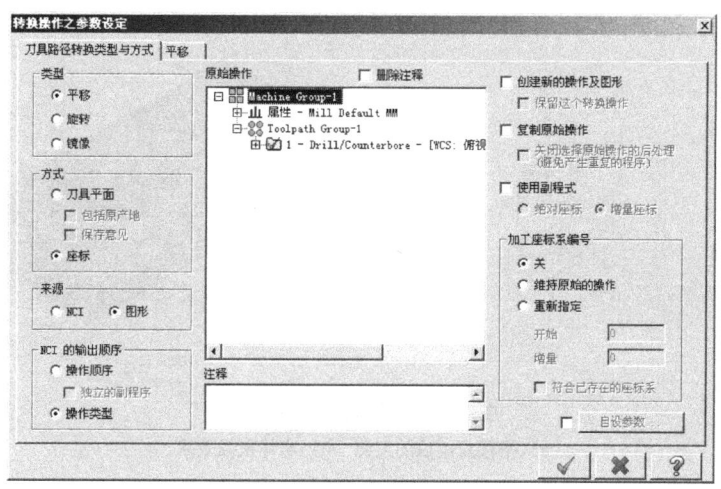

图 7-2 设置平移转换参数

 技术指导：

选择不同的【类型】选项，将打开不同的参数设置面板。在【原始操作】列表中按住 Ctrl 键可同时选择多个刀具路径。

打开【平移】选项卡，在【方式】选项栏中点选【矩形】选项，设置【实例】的【X】为"5"，【Y】为"3"，点选【整体距离】选项，在【矩形】输入框中输入【X】为 100.0mm，【Y】为 50.0mm，如图 7-3 所示。

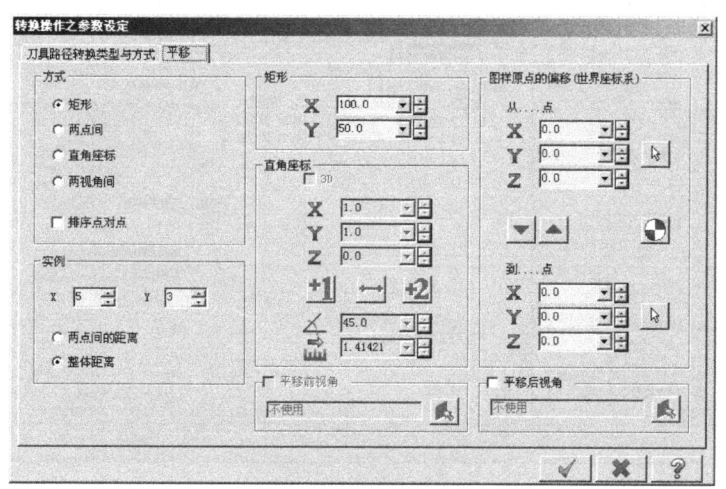

图 7-3 设置平移参数

技术指导：

设置【实例】的【X】为"5",【Y】为"3",相当于创建 3 行 5 列的重复刀路,以【整体距离】选项进行阵列,即刀路阵列复制的填充空间在【X】为 100.0mm,【Y】为 50.0mm 的范围内。【两点间的路径】选项为两相邻平移刀路之间的距离。

单击 按钮,生成刀具路径如图 7-4a 所示,将所有刀路进行模拟,结果如图 7-4b 所示。

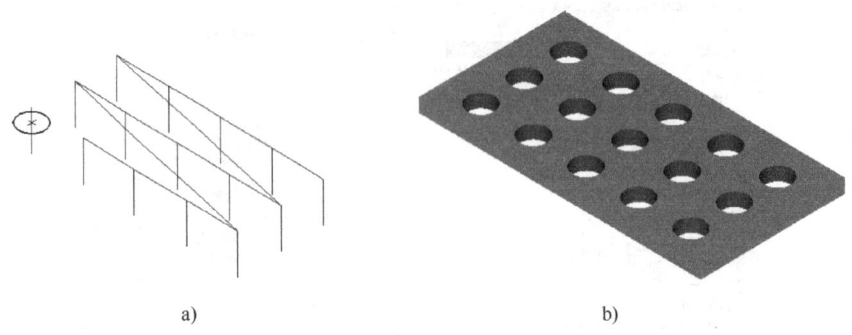

图 7-4　平移后的刀路效果
a) 平移复制后的刀路　b) 实体模拟效果

（2）旋转刀具路径

旋转刀具路径是将指定的刀具路径围绕指定的中心点,按指定的次数与角度进行复制。

打开随书光盘：素材\模块七　刀路转换与后处理\任务 1 中的"旋转刀路.MCX-5"文件。

在菜单栏选择【刀具路径】/【刀具路径转换】选项,系统弹出【转换操作之参数设定】对话框,在【类型】选项栏中点选【旋转】选项,平移【方式】为【座标】,在【原始操作】列表中勾选"第 3 步：等高外形"刀路,其他参数默认,如图 7-5 所示。

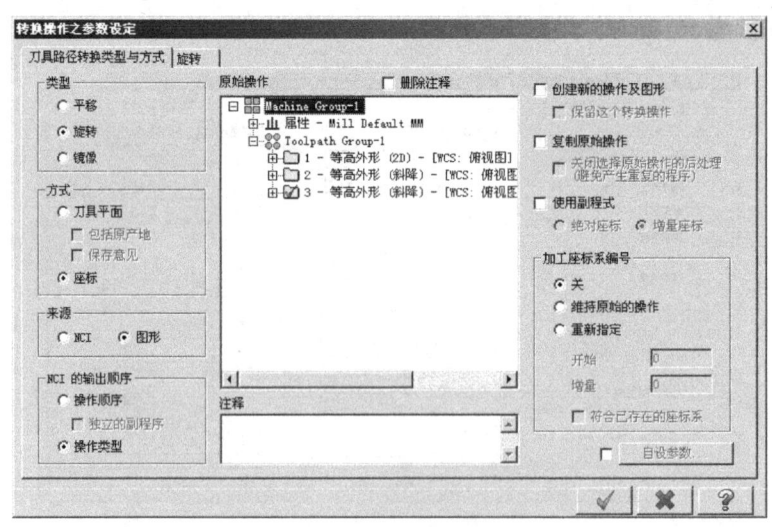

图 7-5　设置旋转转换参数

打开【旋转】选项卡,设置【实例】【次数】为"5",点选【整体旋转角度】选项,单击【定义中心点】按钮 ,在绘图区选择系统座标系原点,输入【起始角度】为72.0°,【整体旋转角度】为360.0°,如图7-6所示。

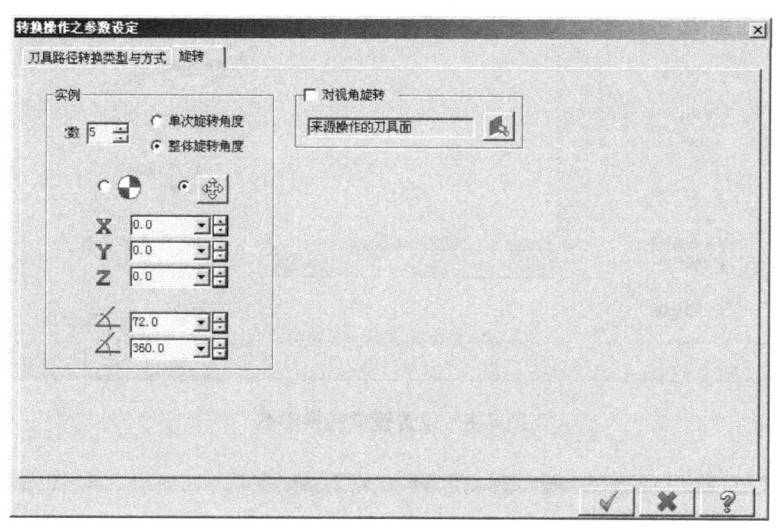

图7-6 设置旋转参数

单击 按钮,生成刀具路径如图7-7a所示,将所有刀路进行模拟,结果如图7-7b所示。

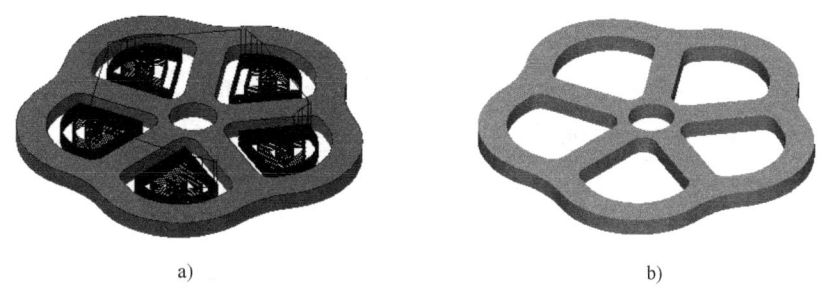

图7-7 旋转后的刀路效果
a)旋转复制后的刀路 b)实体模拟效果

(3)镜像刀具路径

镜像刀具路径是将指定的刀具路径按指定的对称轴进行镜像复制。

打开随书光盘:素材 \ 模块七 刀路转换与后处理 \ 任务1中的"镜像刀路.MCX-5"文件。

在菜单栏选择【刀具路径】/【刀具路径转换】选项,系统弹出【转换操作之参数设定】对话框,在【类型】选项栏中点选【镜像】选项,平移【方式】为【座标】,在【原始操作】列表中勾选"第1步:标准挖槽(标准)"刀路,其他参数默认,如图7-8所示。

打开【镜像】选项卡,参数设置如图7-9所示。

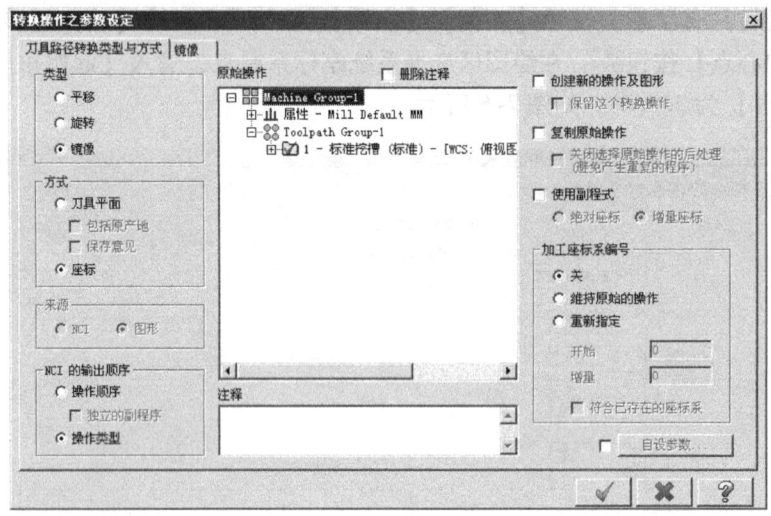

图 7-8　设置镜像转换参数

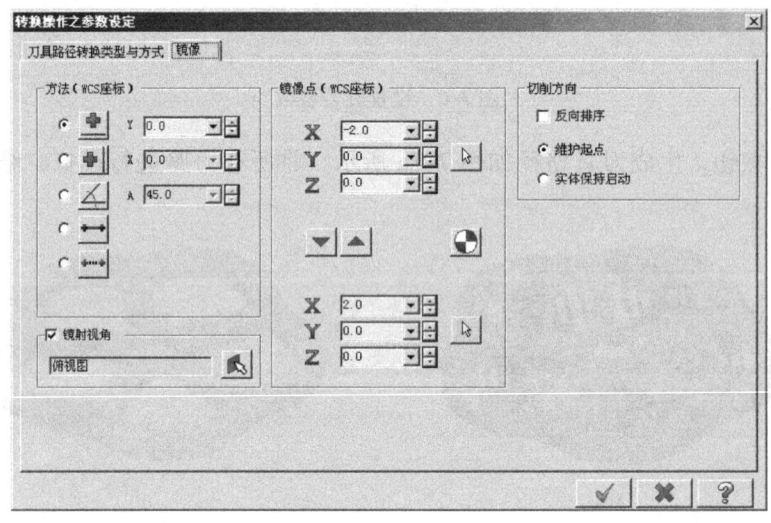

图 7-9　设置镜像参数

单击 ✓ 按钮，生成刀具路径如图 7-10a 所示，将所有刀路进行模拟，结果如图 7-10b 所示。

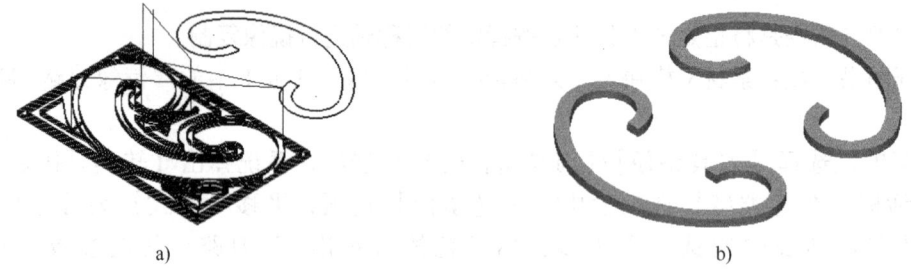

a)　　　　　　　　　　　　　　b)

图 7-10　镜像后的刀路效果
a）镜像复制后的刀路　b）实体模拟效果

(4) 后处理

编制完刀具路径后，将刀具路径产生的刀位文件转换为 CNC 控制器可以识别的 NC 码的过程称为后处理。在进行后处理时，用户需根据不同系统的数控机床选择相应的后处理器，系统默认后处理器为 MPFAN. PST（为日本 FANUC 控制器）。

打开随书光盘：素材 \ 模块七　刀路转换与后处理 \ 任务 1 中的"镜像刀路_OK. MCX-5"文件。

单击 G1 按钮，系统弹出【后处理程式】对话框，勾选【NC 文件】选项与【编程】选项，如图 7-11a 所示。接受默认设置，单击 ✓ 按钮，系统弹出【另存为】对话框，指定保存路径为：随书光盘：素材 \ 模块七　刀路转换与后处理 \ 任务 1 文件夹，文件名为"10R0"，如图 7-11b 所示。

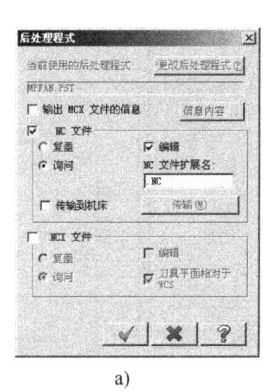
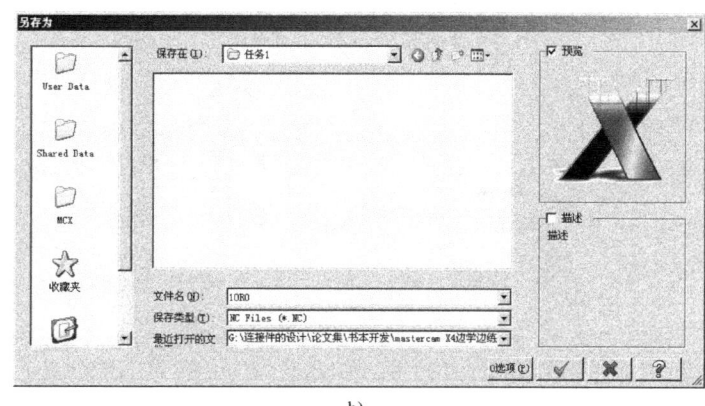

图 7-11　产生后处理 NC 文件

a)【后处理程式】对话框　b) 指定保存路径

单击 ✓ 按钮，系统弹出【Mastercam X 编辑器】对话框，系统生成数控加工程序如图 7-12 所示。

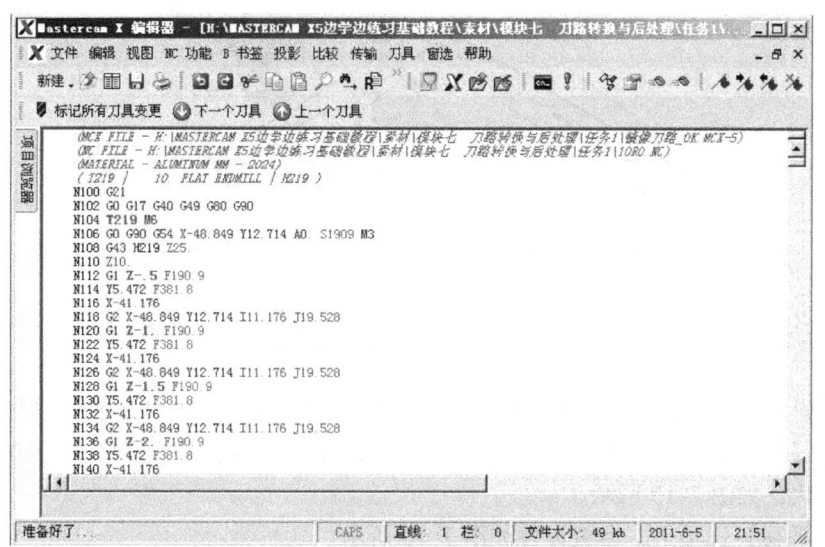

图 7-12　【Mastercam X 编辑器】对话框

任务实施

打开随书光盘：素材\ 模块七　刀路转换与后处理\ 任务 1 中的"拨叉.MCX-5"文件，在菜单栏选择【刀具路径】/【刀具路径转换】选项，系统弹出【转换操作之参数设定】对话框，在【类型】选项栏中点选【镜像】选项，其他参数默认。

打开【镜像】选项卡，参数设置如图 7-13 所示。

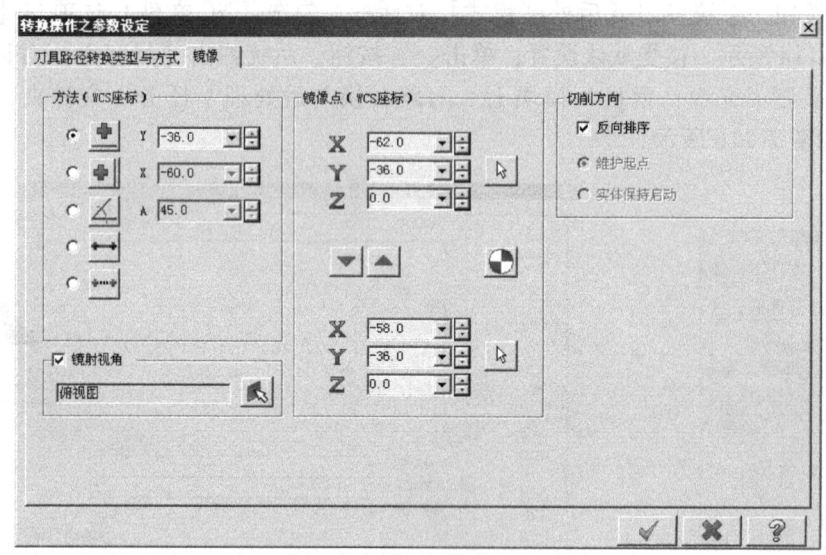

图 7-13　设置镜像参数

单击 ✓ 按钮，生成刀具路径如图 7-14 所示。

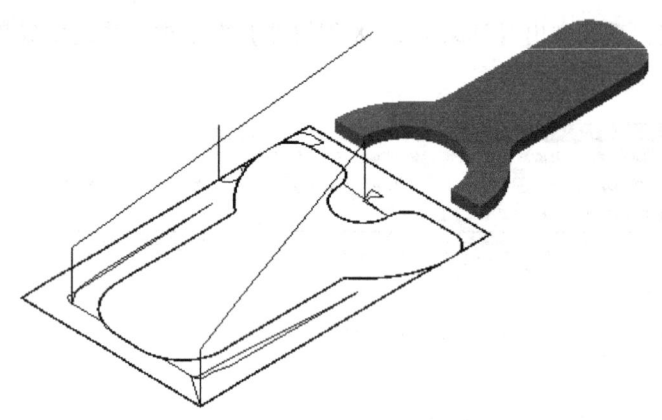

图 7-14　镜像复制后的刀路

在菜单栏选择【刀具路径】/【刀具路径转换】选项，系统弹出【转换操作之参数设定】对话框，在【类型】选项栏中点选【平移】选项，在【原始操作】列表中勾选所有刀路，其他参数默认，如图 7-15 所示。

打开【平移】选项卡，参数设置如图 7-16 所示。

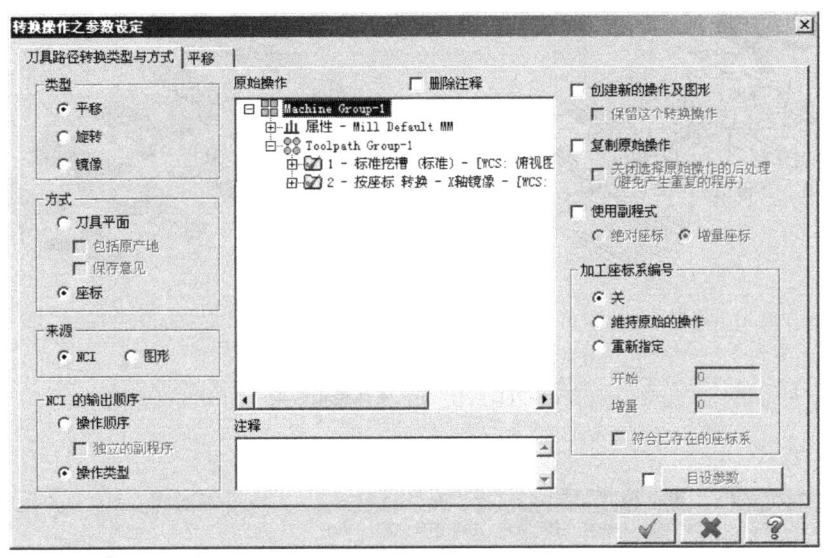

图 7-15　设置平移转换参数

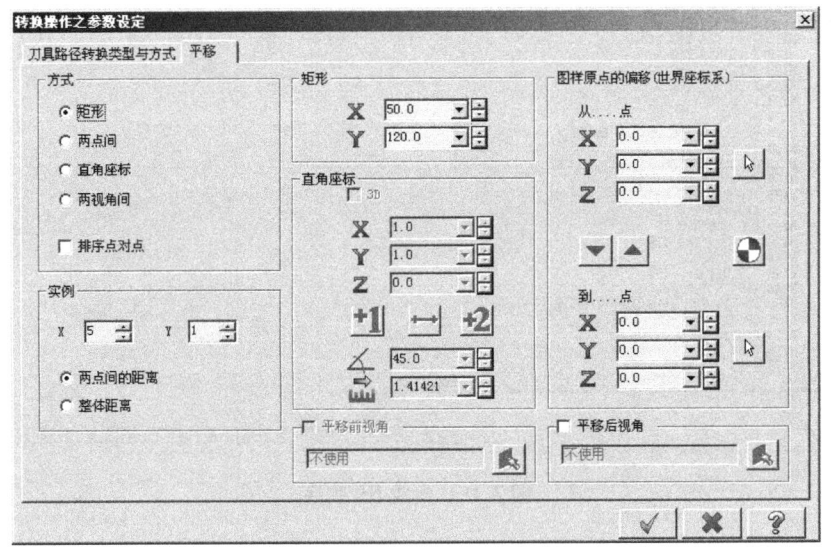

图 7-16　设置平移参数

单击 ✓ 按钮，生成刀具路径如图 7-17a 所示，将所有刀路进行模拟，结果如图 7-17b 所示。

在【刀具路径】/【操作管理器】上单击 ✓ 按钮，选择所有刀具路径。单击 G1 按钮，系统弹出【后处理程式】对话框，勾选【NC 文件】选项与【编程】选项，其他参数默认，单击 ✓ 按钮。系统弹出【另存为】对话框，指定保存路径为：随书光盘：素材 \ 模块七 刀路转换与后处理 \ 任务 1 文件中，文件名为：O1000。

单击 ✓ 按钮，系统弹出【Mastercam X 编辑器】对话框，如图 7-18 所示。

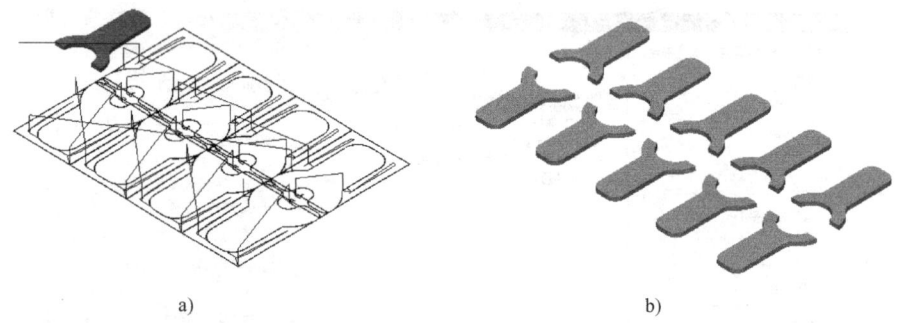

图 7-17 平移复制后的刀路
a) 刀具路径　b) 实体模拟效果

图 7-18 生成 NC 程序

任务总结

通过本任务的学习，读者应掌握刀具路径的平移、旋转和镜像 3 种转换的使用方法和适用特点，特别是对于具有相同特征零件的编辑加工，如相同排列电极的加工。同时，读者应对后处理的操作有一定的认识。

提高练习

根据随书光盘：素材 \ 模块七　刀路转换与后处理 \ 任务 1 中的 "TG7-1. MCX-5" 文件，如图 7-19a 所示，结合已有的刀具路径对其进行编程，结果如图 7-19b 所示。

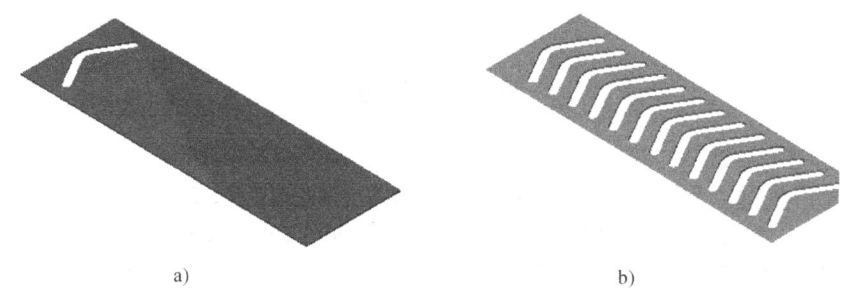

图 7-19 TG7-1
a) 叉.MCX-5   b) 阵列加工结果

参 考 文 献

[1] 沈建锋. CAD/CAM 应用技术 [M]. 北京：中国劳动社会保障出版社, 2009.
[2] 杨志义. Master CAMX3 数据编程案例教程 [M]. 北京：机械工业出版社, 2009.
[3] 王卫兵. Master CAM 数据编辑实用教程 [M]. 北京：清华大学出版社, 2004.
[4] 施庆. Mastercam X3 实用教程 [M]. 北京：清华大学出版社, 2009.
[5] 孙晓菲, 王立新, 温玲娟, 等. Mastercam X3 中文版标准教程 [M]. 北京：清华大学出版社, 2009.